THIS IS
PARIS

THIS IS
PARIS

초판 1쇄 발행 2022년 7월 15일
개정 1판 1쇄 발행 2023년 3월 20일
개정 2판 1쇄 발행 2024년 5월 17일

지은이 김민준, 박영희, 윤유림, 임현승, 정희태

발행인 박성아
편집 김민정
교정 김현신
디자인 & 지도 일러스트 the Cube
경영 기획·제작 총괄 홍사여리
마케팅·영업 총괄 유양현

펴낸 곳 테라(TERRA)
주소 03908 서울시 마포구 월드컵북로 375, 2104호(상암동, DMC 이안상암1단지)
전화 02 332 6976
팩스 02 332 6978
이메일 terra@terrabooks.co.kr
인스타그램 @terrabooks
등록 제2009-000244호
ISBN 979-11-92767-20-8 13980
값 20,000원

THIS IS
디 스 이 즈 파 리
PARIS

글·사진 김민준 박영희 윤유림 임현승 정희태

TERRA

작가 소개

김민준

유럽에 첫발을 디딘 일곱 살 때부터 호기심 어린 눈으로 유럽의 이 골목 저 골목을 탐험하다 국제 미아가 된 경험을 꼽으면 열 손가락이 넘는다. 레오나르도 다빈치의 작품에 매료되어 화가의 길을 선택했고, 오랜 세월 보고 듣고 느낀 유럽을 어려운 예술 작품이 아닌 쉬운 말로 설명해 달라는 주변 사람들의 끈질긴 요구에 '친절한 여행 작가 되기'를 선언했다. 여행자들이 이 책을 쉽고 편안한 길동무 삼아 수많은 예술가가 사랑한 길을 걸으며 한 폭의 명화를 감상하듯 여유롭게 파리를 즐기길 바란다. 지은 책으로는 <자신만만 세계여행 유럽>과 <프랑스 데이>(공저)가 있다.

박영희

대학에서 연기를 전공하고 패션 관련 일을 했다. 프랑스의 패션과 그림, 조각 공부에 푹 빠져 파리행을 결심한 후, 유로자전거나라 가이드로 일하며 파리의 미술관을 종횡무진했다. 파리에 산 지 어느덧 12년이 흐른 지금도, 파리는 여전히 수많은 영감과 설렘을 주는 도시다. 한국의 독자들이 궁금해하는 프랑스 여행 정보를 알려주기 위한 글을 꾸준히 쓰고 있다. 지은 책으로는 <쁘띠 파리>(공저) <비-하인드 파리> <프랑스 데이>(공저)가 있다.

INSTAGRAM @younghee_paris

윤유림

전직 서울대병원 마취과 간호사. 평생 한국에서 의료인으로 살아갈 줄 알았는데, 우연한 계기로 프랑스에 온 지 8년째가 됐다. 때론 사랑하는 가족과 친구들이 그립기도 하지만, 날마다 축제 같은 낭만의 도시 파리에서 프랑스 미술과 패션을 공부하며 틈틈이 파리의 갤러리와 부티크를 부지런히 돌아다닌다. 프라이빗 도슨트와 퍼스널 쇼퍼로 활동하고 있다. 지은 책으로는 <쁘띠 파리>(공저)가 있다.

INSTAGRAM @jjoie.paris

임현승

유럽 전문 지식가이드 그룹 유로자전거나라 프랑스 지점장이자 프랑스 공인 문화해설 전문 가이드. 현대인이 체감하는 시간의 속도로 따지면 강산이 몇 번은 변했을 만큼 오랜 세월을 프랑스에서 생활하고 있지만, 아직 한 번의 권태기도 못 느꼈을 정도로 프랑스에 대한 애정이 지극하다. 매 순간 즐거움과 행복을 추구하는 유로자전거나라 프랑스 팀 동료들의 '기'를 팍팍 받아, 이 책을 들고 여행을 나선 독자들의 발걸음이 설렘으로 가득하길 바라는 마음으로 작업했다. 지은 책으로는 <90일 밤의 미술관: 루브르 박물관>(공저)과 <프랑스 데이>(공저), <파리의 미술관>(공저)이 있다.

정희태

유로자전거나라 프랑스 가이드이자 프랑스 공인 문화해설 전문 가이드. 대학에서 요리를 공부하고 와인에 빠져 무작정 프랑스로 유학을 떠나왔다. 와인의 중심 부르고뉴 지역에서 소믈리에 과정과 와인 시음 전문과정을 수료했고, 이후 프랑스 역사와 문화 그리고 미술 등을 전문적으로 공부하여 프랑스 국가 공인 가이드 자격을 취득하였다. 현재는 루브르 박물관과 오르세 미술관을 비롯한 프랑스 문화재에서 12년째 문화 해설사로 활동을 이어가고 있다. 지은 책으로는 <그림을 닮은 와인 이야기>와 <90일 밤의 미술관: 루브르 박물관>(공저), <파리의 미술관>(공저)이 있다.

유로자전거나라를 아시나요?

유로자전거나라는 세계 최초로 지식가이드 서비스를 만들어낸 유럽 전문 가이드 회사입니다. 2000년대 초반 '어떻게 하면 더 만족스럽고 행복한 여행을 할 수 있을까?'란 고민에서 시작해, 지난 24년간 프랑스, 이탈리아, 스페인, 영국 등 유럽을 방문한 수십만 명의 개인 여행자들에게 숙련된 현지 가이드의 깊이 있고 알찬 해설을 제공해왔습니다. 앞으로도 유로자전거나라는 새로운 변화를 시도하며, 여러분께 유럽 여행의 진정한 의미와 감동을 전해드리도록 노력하겠습니다.

유로자전거나라 www.eurobike.kr

About <This is PARIS>

더 이상의 파리 가이드북은 없다!

● **파리 현지 작가들이 발로 뛰며 찾아낸, 생생한 여행 정보!**

유럽 최고의 지식가이드 그룹 유로자전거나라의 베테랑 가이드와 12년 차 유럽 전문 여행 작가가 파리 구석구석을 발로 뛰며 알아낸 파리 여행 정보로 가득합니다.

● **계획 '1'도 없이 떠나도 좋아! 요즘 파리 트렌드 총정리**

현지에서 살고 있지 않으면 알기 어려운 트렌디한 정보들을 한 권에 깔끔하게 정리했습니다. 일일이 인터넷을 검색하거나 커뮤니티에 질문 글을 올리는 번거로움을 덜어드립니다.

● **아는 만큼 보인다! 재밌고 풍부한 읽을거리**

관광지 정보뿐 아니라 역사적인 건물과 예술품의 배경 설명을 풍부하게 싣고, 박물관과 미술관이 소장하고 있는 대표 작품 이미지와 구조도까지 수록하여 여행자들의 이해를 도왔습니다.

● **여행 일정 짜기 참 쉬워요! 최적의 이동 동선을 고려한 관광지 순서**

지역별 추천 관광지를 이동 동선에서 가까운 순서대로 나열해 초보 여행자도 어려움 없이 최적의 동선으로 나만의 여행 코스를 설계할 수 있습니다.

● **꾹 눌러 담은 파리의 '찐' 맛집 대방출**

세계 최고의 식도락 국가 프랑스의 식문화를 A부터 Z까지 제대로 즐길 수 있도록, 프랑스 음식 문화를 낱낱이 파헤쳐 소개했습니다.

● **용도에 따라 활용하기 좋은 2가지 버전의 지도**

실제로 현지에서 들고 다니며 길 찾기에 도움을 주는 세밀 지도가 실린 맵북과 관광지와 맛집, 상점의 위치를 한눈에 파악할 수 있는 본책 내 구역별 개념도가 동선과 방향 감각을 익힐 수 있도록 돕습니다.

● **복잡한 현지 교통 정보가 머릿속에 쏙!**

궁금했던 교통 정보를 쉽고 간결하게 설명했습니다. 또한 기차와 지하철 출구 정보, 원어로 된 행선지 안내판까지 꼼꼼하게 기록해 여행자들의 이동 시간을 줄일 수 있도록 도왔습니다.

PARIS
9
JULY
2023
FRANCE

일러두기

● 이 책에 수록된 요금 및 영업시간, 교통 패스, 스케줄 등의 정보는 현지 사정에 따라 수시로 변동될 수 있습니다. 여행에 불편함이 없도록 방문 전 공식 홈페이지 또는 현장에서 다시 확인하길 권합니다.

● 이 책에서 '예약 필수' 또는 '예매 필수'라고 표기한 곳은 인터넷에서 티켓을 예약 또는 예매하고 가야 하며, 예약할 때 수수료가 부과될 수 있습니다. 예약·예매 필수인 곳이라도 현장에서 잔여분을 구매할 수 있는 경우가 있으니 확인하기를 바랍니다. 성수기에는 예약·예매 필수가 아니더라도 예약·예매하고 가는 것이 안전합니다. 예약·예매 필수인 곳에 방문할 때는 17세 이하 및 뮤지엄 패스 소지자도 예약(무료)해야 입장할 수 있습니다.

● 파리와 파리 근교의 대부분 박물관과 미술관은 17세 이하 청소년과 어린이들에게 무료로 개방하고 있습니다. 이 책에서 특별히 언급하지 않은 경우 17세 이하는 무료입장입니다.

● 외래어 표기는 국립국어원의 외래어 표기법을 따랐으나, 우리에게 익숙하거나 이미 굳어진 지명과 인명, 관광지명, 상호 및 상품명 등은 관용적 표현을 사용함으로써 독자의 이해와 인터넷 검색을 도왔습니다.

● 이 책에서 **GOOGLE MAPS**는 온라인 지도 서비스인 구글맵스(www.google.com/maps)의 검색 키워드를 의미합니다. 구글맵스에서 한국어로 검색할 수 있는 곳의 검색 키워드는 한국어로 적었고, 그렇지 않은 곳은 간단한 프랑스어나 영어 또는 구글맵스에서 제공하는 '플러스 코드(Plus Code, ⋅⦂⋅)'로 표기했습니다. 플러스 코드는 'V75V+8Q 파리'와 같이 알파벳(대소문자 구분 없음)과 숫자로 이루어진 6~7개의 문자와 도시명으로 이루어져 있습니다. 도시명은 한국어로 입력할 수 있으며, 현재 내 위치가 있는 도시에서 장소를 검색할 경우 생략해도 됩니다.

● 구글맵스에서 목적지를 검색할 때 대소문자는 구분하지 않으며, à â é ê è ë ô î ï ù û ü ÿ ç 등의 특수문자는 악센트 부호를 생략하고 a e o i u y c 등으로 입력해도 됩니다. œ(Œ)는 oe로 입력하면 됩니다.

● 프랑스에서는 우리나라와 마찬가지로 생일을 기준으로 계산하는 '만 나이'를 사용하고 있습니다. 이 책에 수록된 나이 기준은 모두 만 나이입니다.

● 프랑스는 건물의 층수를 셀 때 '0'부터 시작합니다. 즉, 우리나라의 1층이 프랑스에서는 0층, 우리나라의 2층이 프랑스에서는 1층인 식입니다. 이 책에서는 현지에서 활용하기 쉽도록 프랑스식으로 층수를 표기했습니다.

Contents

BON VOYAGE! PARIS

파리 여행 준비

파리 음식 & 쇼핑

탐구일기

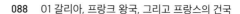

PARIS TRANSPORTATION

파리 교통 가이드

PARIS SUBURBS GUIDE

파리 근교 가이드

BON VOYAGE! PARIS

파리 여행 준비

PARIS Overview

누구나 한 번쯤 꿈꿔봤을 도시, 파리. 전 세계 여행자의 로망을 자극하는 에펠탑과 센강, 미술 백과사전이라 불리는
루브르 박물관, 어디선가 종지기 콰지모도가 나와 종을 칠 것만 같은 노트르담 대성당 등 수없이 많은 볼거리와
이야기가 있는 도시다. 빈티지와 앤티크의 고풍스러움이 물씬 풍기는 작은 상점부터 끝없는 맛집의 향연까지.
이제 우리는 설렘과 기대를 가득 품고 파리를 향해 한 걸음 내디디려고 한다.

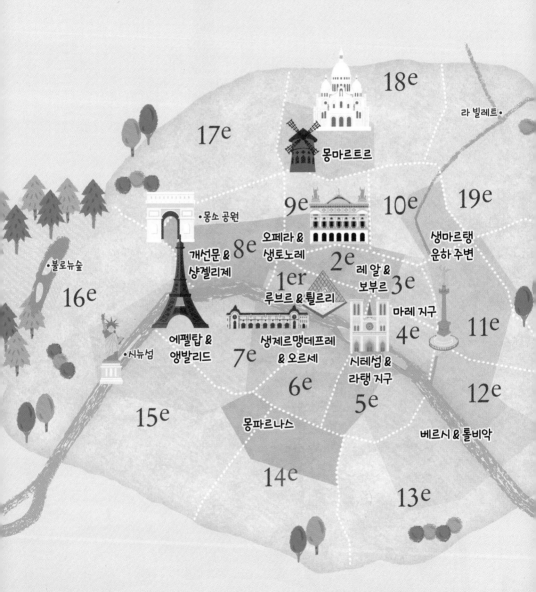

18e

라 빌레트•

17e

몽마르트르

9e   10e   19e

생마르탱
운하 주변

•몽소 공원

개선문 &   8e
샹젤리제

오페라 &
생토노레

2e 레 알 &
보부르

3e

1er
루브르 &튈르리

마레 지구

4e

11e

•불로뉴숲

16e

에펠탑 &
앵발리드

•시뉴섬

7e

생제르맹데프레
& 오르세

시테섬 &
라탱 지구

5e

12e

6e

15e

몽파르나스

베르시 & 톨비악

14e

13e

에펠탑 & 앵발리드

출발은 여기로 정했다! 인증샷 0순위이자, 파리의 상징!

→ 164p

개선문 & 샹젤리제

화려함으로 파리에서 두 번째라면 자존심 상하는 곳. 울창한 가로수가 거리의 품격을 더한다.

→ 188p

루브르 & 튈르리

루브르, 오랑주리, 튈르리, 콩코르드…. 모든 것이 아름답다.

→ 200p

팔레 루아얄 & 오페라

프랑스 패션의 메카이자, 역사의 현장

→ 218p

시테섬 & 라탱 지구

압도적인 스케일의 건축물 & 시대의 아픔과 열정을 품은 대학가 산책

→ 244p

생제르맹데프레 & 오르세

유럽 지성의 산실. 세련된 상점과 로컬 식당이 뒤섞인, 찐 파리 감성

→ 264p

레 알 & 보부르

클래식과 모던이 어우러진 거리 산책의 즐거움

→ 292p

마레 지구

힙한 편집숍, 감각적인 독립 서점, 개성 가득한 카페로 무장한 파리 트렌드세터들의 아지트

→ 304p

생마르탱 운하와 그 주변

젊은 파리지앵들이 열렬히 사랑하는 핫 플레이스

→ 326p

몽마르트르

옛 파리의 향수가 진하게 남아있는 낭만 특구. 언덕 꼭대기에 올라서면 파리의 전망이 시원하게 펼쳐진다.

→ 344p

몽파르나스

여행의 피날레를 멋진 야경과 함께 장식하고 싶은 여행자의 필수 코스. '묘지 산책'이란 이색 체험도 할 수 있다.

→ 360p

베르시 & 톨비악

지금까지 알던 파리는 잊어라! 파리의 대표적 도시재생 지구로 떠나는 로컬 투어

→ 366p

20ᵉ

• 뱅센숲

: WRITER'S PICK :

파리의 지역 구분

파리는 동서의 길이 12km, 남북의 길이 9km로 그리 크지 않은 면적이지만 도시 전체가 명소라 할 만큼 볼거리가 많다. 파리 시내는 20개 구(Arrondissement)로 나뉘어 있으며 파리의 발상지인 시테섬 서쪽을 1구(1er)로 하여 시계방향 나선형으로 돌아가며 20구(20e)까지 이어진다. 주소 끝에 붙는 5자리 숫자 중 앞자리 '75'는 파리를, 마지막 두 자리는 구를 뜻한다(75001=1구, 16구는 75016와 75116로 나뉨). 또 파리 시내는 센강을 중심으로 북쪽 지역은 우안(右岸, Rive Droite, 리브 드루아트), 남쪽 지역은 좌안(左岸, Rive Gauche, 리브 고슈)으로 구분된다.

About PARIS

PARIS

우리나라 ⇆ 파리 직항편 소요시간

인천 → 파리

약 **12** 시간

파리 → 인천

약 **11** 시간

비자

우리나라와 무비자 협정을 체결해 비자 없이 최대 90일간 머물 수 있다. 단, 셍겐 우선국으로 180일 내 셍겐 가입국 전체 통합 총 90일만 체류할 수 있다.

입국 심사

관광을 목적으로 입국하는 여행자에게는 별다른 질문 없이 여권만 확인하고 바로 입국 허가를 내준다.

국경일 & 공휴일

신년 1월 1일
성금요일 4월 18일*
부활절 다음 월요일 4월 21일*
노동절 5월 1일
제 2차대전 승전기념일 5월 8일
예수승천일 5월 29일*
성령 강림일과 다음 월요일
6월 8~9일*
혁명기념일(바스티유 데이) 7월 14일
성모승천일 8월 15일
만성절 11월 1일
제1차 세계대전 종전기념일 11월 11일
크리스마스 12월 25일

*표시는 매년 날짜가 바뀜, 2025년 기준

환율

1EURO(EUR, €) ≒

약 **1465** 원

(2024년 5월 매매기준율)

날씨 정보

프랑스 기상청

www.meteofrance.com
앱 meteo france

위도

북위 **48.9**°

(서울은 북위 37.6°)

인구

약 **210** 만 명

(2023년 기준, 수도권 일드프랑스 포함 약 1120만 명)

인구밀도

약 **2** 만/km²

(서울 약 1만6000/km², 부산 약 4400/km²)

면적

약 **105** km²

(수도권 일드프랑스 포함 1만2012km², 우리나라 서울은 약 605km², 수도권은 약 1만1745km²)

시차

-8 시간

(서머타임(3월 마지막 일요일~10월 마지막 일요일) 동안에는 -7시간)

언어

프랑스어

관광지나 레스토랑, 상점에서는 영어가 잘 통한다. 영어를 못한다고 해도 여행하는 데 별 지장은 없다.

전압

220V 50Hz

우리나라에서 사용하는 핀 2개짜리 플러그가 일반적이다. 한국에서 쓰던 전기 제품을 그대로 가져가면 된다.

전화

프랑스 국제전화 번호
33

프랑스 내에서 전화할 때는 같은 시내라도 0을 포함한 지역번호와 전화번호를 눌러야 한다.

인터넷(와이파이)

파리는 인터넷 환경이 비교적 잘 돼 있다. 식당 등에서 무료 제공할 경우 비밀번호를 알려달라고 요청한다.

심 카드(유심)

프랑스만 여행한다면 프랑스 통신회사 오랑주(Orange), SFR, FREE 등의 심 카드를 구매하는 것이 좋다.

긴급 연락처

경찰 17　　**구급차 15**　　**화재 18**
*무료, 번호만 누르면 됨

24시간 긴급 출동 의료진
SOS Médicine 01 4707 7777
앰뷸런스 01 4567 5050

주요 교통수단

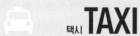

지하철 **METRO**
16개 노선, 300여 개 역이 파리 지하를 촘촘하게 연결하고 있다.

고속 교외 전철 **RER**
시내와 근교를 연결하는 전철로 A, B, C, D, E 5개 노선이 있다.

버스 **BUS**
01:00~05:30에 운행하는 심야버스(Noctilien)가 유용하다.

택시 **TAXI**
승차장(Station de Taxi)에서 빈 택시를 잡는다.

파리의 물가 수준

1€ ≒1465원, 2024년 5월 매매기준율, 일부 상품은 상점에 따라 다름

스타벅스 아메리카노 톨 사이즈
3.75~4.45€
(약 5490~6520원, 서울 4500원)

맥도날드 빅맥
6.50€~
(약 9520원~, 서울 6300원)

콜라(50cl)
1.80€(약 2640원, 서울 2300원)

에비앙 생수(50cl)
0.80€(약 1170원, 서울 2200원)

담배(말보로)
11.50€(약 1만 6850원, 서울 4500원)

1664 캔(50cl)
1.50€(약 2200원, 서울 4500원)

메트로 1구간
2.15€(약 3150원, 서울 1400원(카드))

택시
기본 요금 3~4.40€
(약 440~64500원, 서울 4800원)
최소 요금 8€(약 1만 1720원, 서울 4800원)

대중교통 요금 체계

일드프랑스(Île-de-France)의 총 5개 존(Zone, 구역)으로 나뉘며 존과 사용 기간에 따라 승차권의 종류와 요금이 다르다.

내 두 눈에 예쁨 저장!
파리에서 가장 아름다운 뷰 포인트

프랑스의 중심이자 전 세계의 예술과 패션을 주도하는 파리는 어딜 가든 매력적인 볼거리로 가득하다.
가장 완벽한 고딕 양식 건축물로 손꼽히는 노트르담 대성당과 세계의 보물창고인 루브르 박물관,
21세기 프랑스 문화의 상징인 퐁피두 센터까지, 파리의 아름다움을 만끽할 수 있는 최고의 뷰 포인트들로 안내한다.

몽파르나스 타워 전망대

이보다 아름다울 순 없다네

⋯ 전망대가 문 닫기 약 30분 전에 올라가면 사람이 적어
　사진 찍기 편하다. 삼각대 사용 가능. **361p**

샤이요 궁전 앞 트로카데로 정원

그림처럼 펼쳐지는 에펠탑 풍경

⋯ 줌을 적절히 조절해가며 다양한 사진을 남겨보자.
169p

에펠탑 앞 카루젤

100년 전 파리로 타임슬립!

⋯ 에펠탑과 카루젤에 불이 환하게 켜지기 시작하는
저녁이나 해 질 무렵이 좋다. 164p

센강 유람선

유람선 위에서 만난 에펠탑

⋯ 풍경만 감상할 목적이리면
가장 저렴한 바토무슈를 추천.
026p

오르세 미술관

19세기 기차역
모습 그대로

… 광각 촬영이
포인트.
271p

퐁 데자르(아르교)

시테섬의 황홀한 노을 속으로

… 퐁 데자르에서 시테섬을 바라보며
빛이 예쁘게 떨어지는 순간을
포착하자. **025p**

루브르 박물관

파리 웨딩 스냅 촬영 0순위!

··· 박물관이 문을 닫아 사람이 적은 화요일,
　빛이 가장 화려한 해 질 무렵을 노린다. **204p**

갤러리 라파예트

도심 한가운데 빼꼼~ 파리의 반전 매력

··· 사람이 많다면 근처 프렝탕 백화점
　남성관 8층의 무료 테라스나 옥상으로
　자리를 옮겨보자. **224p**

개선문 전망대

영원히 간직하고 싶은 인생 노을

··· 일몰 직전 전망대에 올라가 에펠탑에
　조명이 켜지기 시작할 때를 기다리자.
　189p

Jeff Whyte / Shutterstock.com

좌안의 고서점가(부키니스트)

헤밍웨이의 발자취를 따라

··· 이른 아침에 가면 노트르담 대성당 뒤쪽
하늘을 가장 아름답게 담을 수 있다. **250p**

테르트르 광장

몽마르트르 풍경의 정석

··· 새벽이나 일몰 후 사람이 가장 적은 때를 기다렸다
찍는다. **347p**

크레미유 거리

알록달록, 파리의 부라노섬

··· 일출이나 일몰 시간대에 사진이 예쁘게 나온다. 사진 촬영을
원치 않는다는 표지판을 세워둔 집들은 주의! **342p**

사크레쾨르 대성당 돔 전망대

가슴이 웅장해지는 풍경

··· 전망대는 날씨에 따라 유동적으로 개방하니 오픈 여부를 확인하고 간다. **346p**

알렉상드르 3세교

도심의 야경, 영화 속 그 장면

··· 낮에는 페가수스 상의 금색 월계관을, 밤에는 불을 밝힌
램프를 함께 담아 이미지에 생동감을 더하자. **195p**

눈부신 순간을 드려요
센강

파리의 낭만은 센강(La Seine)을 타고 흐른다.
강변에 조성된 둑길을 따라 여유롭게 산책하거나 유람선을 타며, 아름다운 센강의 다리를 감상해보자.

비르아켐교 Pont de Bir-Hakeim

영화 <로스트 인 파리>의 무대가 된 2층 철골 다리다. 하층으로는 자동차와 사람이 다니고, 상층으로는 메트로가 통과한다. 시뉴섬(Île aux Cygnes) 북쪽에 걸쳐 있으며 에펠탑이나 샤이요 궁전에서 시작해 산책하기 좋은 코스의 중심에 있다. 파리 감성 충만한 포토 포인트 중 하나. 1906년 완공.

Pont de l'Alma
자유의 불꽃
팔레 드 도쿄
샤이요 궁전
Passerelle Debilly
Pont d'Iéna
에펠탑
시뉴섬
Pont Rouelle
Pont de Grenelle
자유의 여신상

Pont du Garigliano

Pont Aval

미라보교 Pont Mirabeau

초현실주의 시인 기욤 아폴리네르의 시집 <알코올(Alcools)>에 실린 시 '미라보 다리 위에서'로 유명해진 다리다. 이 시는 유독 음악가들의 사랑을 받아 많은 노래로 작곡되었다. 오묘한 연둣빛의 금속제 아치형 다리로, 소박한 느낌을 준다. 1897년 완공.

: WRITER'S PICK :

센강의 다리들

센강을 가로질러 파리의 좌안과 우안을 연결하는 다리는 1존에만 37개나 된다. 그중 걸어서 건널 수 있는 다리는 보행자 전용 다리 5개를 포함해 23개다. 각각의 다리는 아름다운 조각상과 가로등으로 장식돼 있으며 다리에 얽힌 사연이 알려지거나 영화나 소설 속에 등장하면서 주목받기도 했다. 센강은 그다지 넓지 않으므로 이 다리들을 걸어서 건너보는 것도 멋진 추억거리가 될 수 있다.

알렉상드르 3세교 Pont Alexandre III

1900년 파리 엑스포에 맞춰 개통한 다리로, 대단히 화려하다. 총 길이 107.5m, 너비 40m의 아치형 다리 네 모퉁이에는 그리스 신화의 여신과 페가수스 상이 금색으로 빛난다. 좌안의 앵발리드와 우안의 그랑팔레·프티 팔레를 연결하고 있다.

콩코르드교 Pont de la Concorde

콩코르드 광장과 프랑스 하원 의사당인 부르봉 궁전을 연결하는 다리다. 건축 중이던 루이 15세 다리를 허물고 프랑스 혁명 당시 파괴된 바스티유 감옥의 잔해로 재건설했다. 이는 왕실과 구체제의 상징물이 다리를 오가는 수많은 파리 시민들에게 쉼 없이 짓밟히길 바랐기 때문이라고 한다.

그랑
팔레
프티
팔레
오랑주리 미술관
Passerelle
Léopold-
Sédar-
Senghor
Pont
Royal
튈르리 정원
Pont du
Carrousel
루브르 박물관
사마리탱 백화점
Pont des
Invalides
오르세 미술관
앵발리드
Pont au Change
파리 시청사
콩시에르주리
노트르담 대성당

퐁 데자르(아르교) Pont des Arts

루브르 박물관과 프랑스 학사원(Institut de France)을 연결하는 다리라서 '예술의 다리'라는 이름이 붙여졌다. 파리지앵이 가장 사랑하는 보행자 전용 다리답게 온갖 사연을 간직한 자물쇠로 가득했으나, 무게를 견디지 못한 난간이 무너지는 사고가 잇따르면서 이제 자물쇠는 걸지 못한다. 하지만 와인을 마시고 거리 예술을 즐기는 사람들로 북적이는 다리 분위기는 예전 그대로다. 1804년 완공.

Pont
Saint-Michel
Pont de
l'Archevêché
생루이섬
Pont de
la Tournelle
파리 식물원
바생 드 라르제날
Pont
d'Austerlitz

Pont Charles-de-Gaulle

패션과
디자인 시티
Pont de Bercy
베르시 공원
프랑스
국립도서관

퐁 뇌프(뇌프교) Pont Neuf

1607년 '새로운 다리'라는 뜻의 이름으로 완공됐으나, 이제는 파리에서 가장 오래된 다리가 됐다. 한때 영화 <퐁 뇌프의 연인들>로 유명세를 떨쳤는데, 실제 촬영은 퐁 뇌프 다리가 아니라 별도 제작한 세트에서 이뤄졌다고. 다리 중간쯤에는 퐁 뇌프를 건설한 앙리 4세의 기마상이 서 있다.

낭만이 출렁출렁

센강 유람선 투어

하얀 물거품을 만들며 센강을 유유히 가로지르는 유람선을 바라보고 있으면, 누구든 한 번쯤
타보고 싶은 욕구가 샘솟기 마련이다. 센강에는 다양한 종류의 유람선이 있지만,
일행이 많고 오래 타고 싶다면 '바토무슈', 좋은 분위기를 원한다면 '바토 파리지앵',
유람선을 시티 투어 버스처럼 자유롭게 타고 내리며 교통수단으로 이용할 계획이라면 '바토뷔스'를 권한다.

바토무슈 Bateaux-Mouches

한국어 안내 서비스를 제공하고 위층은 지붕과 옆 창문 없이 뻥 뚫려
있어 인기가 많다. 한인 민박이나 투어 회사에서 할인 티켓을 판매하
기도 한다. 약 1시간 10분 소요. 음식과 음료를 제공하는 런치·디너
크루즈는 1시간 30분~2시간 15분 소요된다. MAP ❼-B

ADD Port de la Conférence, 75008(알마교 근처)
TIME 4~9월 월~목요일 10:15~15:30/45분 간격·16:00~22:30/30분간격,
금~일요일 10:00~22:30/30분 간격, 10~3월 10:15~15:30·16:00~22:00/45분
간격/50인 이상 승선 시 출발
PRICE 15€(4~11세 6€, 3세 이하 무료)/토·일·공휴일 런치 크루즈 80€
(12:00까지 승선)/디너 크루즈 85~155€(17:30~20:00까지 승선/디너 종류에
따라 다름)
METRO 9 Alma-Marceau 또는 **BUS** 42·63·72·80·92 Alma-Marceau
하차, 표지판을 따라 강가로 내려가면 선착장이 보인다.
WEB www.bateaux-mouches.fr

팔레 드 도쿄 •
알마교

샤이요 궁전 •

이에나교

비르아켐교

바토무슈 선착장

바토 파리지앵 선착장

바토뷔스 선착장

*노선은 일반 관광 크루즈 기준

• 자유의 여신상

미라보교

바토 파리지앵 Bateaux Parisiens

한국어를 포함한 개별 오디오 가이드를 제공하고 내부도 깔끔하다. 디너 크루즈의 인기가 높은데, 드레스 코드가 조금 까다로운 편이니 가벼운 정장을 준비하자. 기본 약 1시간 소요. 그 외 크루즈 종류에 따라 승선 시간과 루트, 소요 시간이 다르다. MAP ❼-B

ADD Port de la Bourdonnais, 75007(이에나교 근처)
TIME 4월 중순~9월 초 10:00~22:30(7~8월 ~23:00)/30분 간격, 9월 중순~4월 초 10:30~22:00/1~2시간 간격
PRICE 18€(4~11세 9€, 3세 이하 무료)/런치 크루즈 75~115€(12:30까지 승선) /디너 크루즈 95~215€(18:00·20:15까지 승선)/온라인 예약 시 할인
METRO 4 Bir-Hakeim, **RER** C Champ de Mars-Tour Eiffel 하차, 강가로 내려가면 선착장이 보인다./4~10월에는 **METRO** 4 Saint-Michel 근처 선착장(노트르담 대성당에서 센강 남쪽)에서도 승선 가능
WEB www.bateauxparisiens.com

바토뷔스 Batobus

에펠탑, 오르세 미술관, 노트르담 대성당, 루브르 박물관 등 주요 명소 근처의 9군데 선착장에서 유효시간 동안 무제한 승·하선할 수 있다. 내리지 않고 일주할 경우 약 2시간 소요. MAP ❼-B(기·종점)

ADD Port de la Bourdonnais, 75007(이에나교 근처 에펠탑 선착장)
TIME 10:00~19:00(시즌·요일에 따라 유동적, 동절기 단축 운행)/20~45분 간격
PRICE 24시간권 23€(3~15세 13€), 48시간권 27€(3~15세 17€)/온라인 예약 시 할인
ACCESS 운항 루트 중 가까운 선착장에서 승선. 강가로 내려가면 'Batobus' 표지판이 있다.
ROUTE 에펠탑 → 앵발리드 → 오르세 미술관 → 생제르맹데프레 → 노트르담 대성당 → 식물원 → 시청사 → 루브르 박물관 → 콩코르드 광장 → 에펠탑
WEB www.batobus.com

알렉상드르 3세교
콩코르드교
•튈르리 정원
•루브르 박물관
풍 데자르 (아르교)
오르세 미술관
풍 뇌프 (뇌프교)
상쥬교
•파리 시청사
생-미셸교
•노트르담 대성당
아르슈베셰교
투르넬교
파리 식물원 • 오스테를리츠교

BATOBUS
STATION
TOUR EIFFEL

🛡️ 브데트 드 파리 Vedettes de Paris

오디오 가이드를 제공하고, 에펠탑 근처에서 출발한다는 점은 다른 유람선들과 같지만, 전문 가이드가 동승해 질문하고 대답하는 방식으로 진행한다는 점이 흥미롭다. 바생 드 라르제날 운하 입구까지 다녀온다. 약 1시간 소요. MAP ❼-B

ADD Port de Suffren, 75007(이에나교 남쪽)
TIME 11:00~18:00/30분~1시간 간격(요일·시즌에 따라 유동적/여름철 토·일요일 ~18:30)
PRICE 20€(4~11세 9€, 3세 이하 무료)
WALK 에펠탑에서 이에나교 방향으로 길을 건너 왼쪽으로 내려가면 표지판이 보인다.
WEB vedettesdeparis.fr

🛡️ 파리 카날 Paris Canal

해피 아워 크루즈가 오르세 미술관 근처 선착장에서 출발해 에펠탑까지 다녀오기 힘든 위치에 있을 때 유용하다. 바생 드 라르제날 운하 입구와 에펠탑 사이를 왕복 운항한다. 약 1시간 30분 소요. 오르세 미술관에서 생마르탱 운하를 지나 라 빌레트까지 운항하는 생마르탱 크루즈도 있다. MAP ❻-A

ADD Quai Anatole France, 75007
TIME 해피 아워 크루즈 18:30·20:30/1일 1~2회,
생마르탱 운하 크루즈 10:00·15:00(오르세 미술관 근처 선착장 출발),
14:30(라 빌레트 공원 근처 선착장 출발)
/상황에 따라 유동적으로 운항하므로 홈페이지 참고 필수
PRICE 해피 아워 크루즈 16€(4~14세 12€),
생마르탱 운하 크루즈 편도 23€(15~25세 20€, 4~14세 15€)
METRO 12 Assemblée Nationale 또는 **RER C** Musée d'Orsay 하차 후 센강변으로 내려가면 콩코르드교와 레오폴드 세다르 상고르교(Passerelle Léopold-Sédar-Senghor) 사이에 선착장(Port de Solférino)이 보인다.
WEB pariscanal.com

샤이오 궁전   알렉상드르 3세교   콩코르드교   튈르리 정원

알마교

이에나교

오르세 미술관   퐁 데자르(아르교)   퐁 뇌프(뇌프교)

🛡️ 브데트 드 파리 선착장

🛡️ 파리 카날 선착장

파리 식물원

여름엔 센강변을 걸어보아요
파리 플라주 Paris Plages

파리지앵들은 해변으로 바캉스를 떠나지 못해도 아쉽지 않다. 파리에선 센강변과 운하를 물놀이터로 만들어주는 여름 축제, 파리 플라주가 열리는 덕분이다. 축제 기간 센강변의 자동차 도로에는 5000톤 이상의 모래가 깔리고 야자수가 심어진다. 각종 전시회와 스포츠 경기, 어린이 물놀이 시설 등도 즐길 수 있다. 파라솔과 선베드도 이용할 수 있지만, 강에서 수영은 할 수 없다. 단, 2024년은 파리 올림픽 때문에 파리 플라주가 열리지 않는다.

WEB en.parisinfo.com/discovering-paris/major-events/paris-plages(파리 관광청)
paris.fr/quefaire(파리시 관광 정보 공식 사이트)

강변일까, 해변일까?
센강 수변 공원 Parc Rives de Seine

파리 시내 중심, 퐁 데자르(아르교)에서 쉴리교(Pont de Sully)까지 센강변 북쪽, 우안에 조성된다. 모래사장에 설치된 파라솔 아래에서 선탠과 모래 찜질을 하고, 강변을 산책하다가 임시 테이블에서 간식을 먹을 수도 있다. 어린이들을 위한 서커스와 연극도 열린다. 가장 인기 있는 구간은 퐁 뇌프(뇌프교)에서 생루이섬 동쪽의 루이 필리프교(Pont Louis Philippe)까지다. 시원스레 펼쳐진 파라솔의 행렬과 파리의 건물이 한눈에 들어와 여름의 더위를 잠시나마 잊게해 준다. 매년 개최 장소와 날짜가 조금씩 바뀌고 센강 남쪽의 좌안에 추가로 조성되기도 하니 파리 관광청 홈페이지를 참고.

OPEN 7월 초~8월 말 또는 9월 초   **PRICE** 무료   **METRO** 7 Pont Neuf에서 바로

수영장이 강 위에 둥둥
바생 드 라 빌레트 Bassin de la Villette

파리 19구에 있는 라 빌레트(La Villette) 남쪽, 파리에서 가장 큰 인공운하인 우르크 운하(Canal de l'Ourcq)에 떠다니는 수영장이 개장한다. 길이와 수심이 각각 다른 4개의 수영장에 정수 처리한 강물을 채워 만들며 어린이용 수영장도 있다. 주변에는 샤워 시설과 탈의실, 간이 화장실, 간이주점 등이 설치되고 카누, 집라인, 뗏목 타기를 즐길 수 있으며, 콘서트, 댄스 수업 등 다양한 문화 프로그램도 진행된다. **MAP ❹-B**

주말에는 운하 풍경을 감상할 수 있는 보트도 운항한다.
Tommy Larey / Shutterstock.com

GOOGLE MAPS V9PF+6V 파리
OPEN 7월 중순~9월 초 11:00, 13:30, 16:00, 18:30에 입장해 약 2시간 머물수 있다. (1회 500명) **PRICE** 무료   **METRO** 5 Laumière 또는 7 Riquet에서 도보 5분

나를 파리로 부른 그곳
영화와 드라마 속 무대가 된 파리

영화나 드라마 속에서 나를 설레게 한 파리의 바로 그곳, 지금 만나러 갑니다.

미드나잇 인 파리
Midnight in Paris, 2011

··· 데롤 Deyrolle

동물 박제 및 표본 전문점. 각종 곤충 표본과 동물 박제를 전시한 호기심 방(Cabinet de Curiosités)은 진귀한 것으로 가득한 '알라딘의 동굴'을 방불케 한다. 1831년 장 밥티스트 데롤이 교육용 차트 상점으로 시작해 박제 연구와 함께 교육용 재료의 범위를 확장하면서 박제 전문 상점으로 유명해졌다. **MAP ⑥-C**

ADD 46 Rue du Bac, 75007
WEB www.deyrolle.com

인셉션
Inception, 2010

··· 비르아켐교 Pont de Bir-Hakeim

타인의 꿈에 들어가 생각을 훔치는 특수 보안요원 코브(레오나르도 디카프리오)와 아드리아드네(엘렌 페이지)가 꿈 꾸는 법을 배웠던 장소. 세계 각지에서 몰려든 청춘들의 커플 사진 명소가 됐다. 자동차와 보행자가 다니는 하층에는 장식과 조명이 꾸며진 철제 기둥이 있고, 상층에는 메트로가 다니는 특이한 구조의 다리. 에펠탑을 예쁘게 담을 수 있는 사진 명소이기도 하다. **173p**

SCENE 03 레 미제라블
Les Miserables, 2012

··· 생폴 생루이 성당
Paroisse Saint-Paul Saint-Louis

코제트와 마리우스가 결혼식을 올리고 장발장의 임종을 지켜보던 성당이다. <레 미제라블>의 작가 빅토르 위고의 장녀 레오폴딘이 결혼식을 올린 곳이기도 하다. 성당 입구에는 딸의 결혼식을 기념해 위고가 교회에 기증한 조개껍데기 모양의 성수반이 있다. 17세기 바로크 양식의 성당 안에는 들라크루아의 <올리브 나무 정원의 그리스도> 등 많은 예술품이 있다. 마레 지구에 있다. MAP ❺-C

ADD 99 Rue St. Antoine, 75004 **WEB** spsl.fr

··· 바스티유 광장 Place de la Bastille

<레 미제라블>은 1832년에 군주제 폐지를 기치로 일어난 6월 봉기를 시대 배경으로 한 영화다. 영화 속에 등장하는 흰색 코끼리 상은 나폴레옹이 이곳에 세우려던 24m 높이의 거대한 코끼리 상을 재현한 것. 원래 청동으로 만들 계획이었지만 나폴레옹의 몰락으로 완성되지 못했고, 1833년이 되어서야 석고상을 세웠다가 1846년에 철거됐다. 실제 촬영은 영국에서 했다. **329p**

SCENE 04 비포 선셋
Before Sunset, 2004

··· 셰익스피어 앤 컴퍼니
Shakespeare and Company

<비포 선셋>, <줄리 & 줄리아>, <미드나잇 인 파리> 등 여러 영화에 배경으로 등장해 명소가 된 영미 문학 전문 서점이다. 헤밍웨이가 즐겨 방문했던 장소이기도 하다. **250p**

SCENE 05 에밀리 파리에 가다
Emily in Paris, 2020~2024

··· 레스트라파드 광장
Place de l'Estrapade

에밀리와 가브리엘이 사는 아파트와 가브리엘이 일하는 식당 레 두 콩페르(Les Deux Compères, 실제 이름은 Terra Nera), 에밀리가 감탄사를 내뱉으며 팽 오 쇼콜라를 먹던 불랑제리 모던(Boulangerie Moderne)이 모두 모인 곳. 라탱 지구의 팡테옹 근처에 있다. **MAP ❺-B**

ADD 1 Pl. de l'Estrapad, 75005

··· 라브르부아 거리
Rue l'Abreuvoir

반 고흐 전시에 영감을 얻은 에밀리가 침대 홍보 이벤트를 펼치던 몽마르트르 언덕길이다. 침대를 놓은 곳은 길 끝에 자리한 달리다 광장(Place Dalida)으로, 프랑스의 유명 샹송 가수 달리다의 흉상이 놓여 있다. 에밀리와 친구 민디가 함께 식사하던 식당 라 메종 로즈(La Maison Rose)는 드라마와 달리 맛집은 아니니 집 앞에서 사진만 찍는 것을 추천. **358p**

··· 아틀리에 데 뤼미에르
Atelier des Lumières

카미유가 에밀리에게 가브리엘과 같이 가자고 설득했던 장소. 140개의 영상 프로젝터와 최첨단 음향 시스템을 통해 유명 작가들의 작품을 디지털 아트로 만나볼 수 있는 파리 최초의 디지털 아트 센터. **329p**

SCENE 06 퐁 뇌프의 연인들
Les Amants du Pont-Neuf, 1991

··· 퐁 뇌프 Pont Neuf

시테섬 서쪽과 센강의 둑길 양쪽을 연결하는 다리. 실제 영화 촬영은 퐁 뇌프를 본떠 만든 곳에서 했다. **025p**

우리나라 개봉 당시
메인 포스터

SCENE 07 사랑해, 파리
Paris, Je t'Aime, 2006

··· **몽수리 공원** Parc Montsouris
드넓은 공원 잔디에 누워 파리지앵들이 자유롭게 시간을 보내는 아름다운 이 공원은 '몽수리 공원 찾아가기' 챕터에서 영화 속 주인공이 눈물 흘리던 곳이다. 무료한 일상을 탈출한 미국인 주부는 낭만의 도시 파리와 사랑에 빠진다. **379p**

··· **페르라셰즈 묘지** Cimetière Père-Lachaise
파리에서 가장 큰 공동묘지. 쇼팽, 발자크, 오스카 와일드, 에디트 피아프 등 유명인들이 묻혀 있다. 유머 감각 없는 까칠한 남편이 이곳에서 오스카 와일드의 유령에게 한 수 배우는 장면의 배경으로 등장한다. **339p**

우리나라 개봉 당시
메인 포스터

SCENE 08 다빈치 코드
The Da Vinci Code, 2006

··· **생쉴피스 성당** Église Saint-Sulpice
소설과 영화에 등장하는 '로즈 라인'을 볼 수 있는 성당. 햇빛에 반사되는 지점에 오벨리스크가 세워져 있고, 그 앞까지 구리선이 길게 이어지는 이 라인은 태양 광선의 변화에 따른 지구의 움직임을 연구하기 위한 것이었다고 한다. **267p**

SCENE 09 아멜리에
Amélie, 2001

··· **생마르탱 운하** Canal Saint-Martin
새빨간 드레스를 입은 아멜리에가 물수제비를 뜨는 개천으로 등장했다. 소형 유람선을 타고 운하를 따라 늘어선 산책로와 예쁜 카페를 구경하는 것도 꽤 낭만적이다. **327p**

··· **카페 데 두 물랭** Café des Deux Moulins
아멜리가 일한 카페. 시끌벅적한 분위기에 둘러싸여 편하게 웃고 떠들 수 있는 곳으로, 몽마르트르에 있다. 카페 안 노란 액자에는 영화 포스터가 걸려 있다. **MAP ❸-B**

파리
음식 & 쇼핑
탐구일기

파리 음식 탐구 일기

커 피 〈카페〉

문화를 마시다

17세기에 중동을 거쳐 프랑스로 건너온 커피는 파리지앵이 물 다음으로 가장 많이 마시는 음료다. 이 때문에 파리지앵과 카페는 떼려야 뗄 수 없는 관계. 파리에선 대부분 카페가 술과 음식도 판매하므로, 에스프레소 한 잔의 여유를 즐기러 온 이들뿐 아니라 점심을 해결하러 들른 각양각색의 파리지앵이 모여든다. 커피와 다과 외 본격적인 식사를 제공하는 곳은 살롱 드 테(Salon de Thé)라고 한다.

커피의 종류

카페 누아르
Café Noir
블랙커피. 에스프레소에
아주 약간의 물을 탄 느낌이다.

카페 에스프레소 Café Espresso
프랑스에서 '카페'는 보통 에스프레소
(Espresso)를 의미하는데, '카페'라고만
써놓은 곳도 많다. 드립 커피보다 카페인
을 적게 함유하며 맛이 강하고 풍부하다.

카페 알롱제
Café Allongé
에스프레소에 물을 넣은 커피. 아메리카노와
비슷하지만 물의 양이 조금 더 적다. 물의 양을
본인이 조절하도록 따로 제공하기도 한다.

카페 오 레
Café au Lait
에스프레소에 우유를 넣은 커피.
우리에게 익숙한 카페 라테와 달리
일반 커피 잔과 에스프레소, 따뜻한
우유를 따로따로 내오는 곳이 많다.

카페 라테
Café Latte
에스프레소에 우유를 넣어준다. 카푸치노보다 우유
거품이 적고 우유 함유량이 많아 연한 편이다.

카페 비엔누아
Café Viennois

비엔나커피. 카페 크렘과 비슷하지만
우유나 물을 넣어 커피의 양이 많다.
코코아 가루나 초코칩 등을 얹어주는
곳도 있다.

카푸치노
Cappuccino

커피의 양보다
우유 거품이 더
많은 커피. 카페에
따라 거품 위에 코코아
가루나 계핏가루를 뿌려
주기도 한다.

플랫 화이트 Flat White

호주와 뉴질랜드에서 시작된 커피.
커피잔 높이까지 평평하게 우유 거품을
올린 것이 특징이다. 카페 라테보다
우유가 적게 들어가고 거품도 아주
조금만 얹어 맛이 진하다.

카페 크렘 Café Crème

에스프레소에 약간의 크림이나
우유 거품을 얹어주는 커피. 샹크림을
듬뿍 얹은 커피(Café avec Crème
Chantilly)도 있다.

카페 누아제트 Café Noisette

에스프레소에 우유 거품이나
크림을 얹어준다. '누아제트'
는 커피색이 헤이즐넛과
같다고 해서 붙은 이름이다.

카페 글라세 Café Glacé

아이스커피. 뜨거운 에스프레소에 얼음
2~3개를 넣어주므로 커피를 받는 순간 얼음은
이미 다 녹고 흔적도 없다. 최근에는 큰 잔에
얼음을 가득 넣어주는 곳도 있다.

카페 구르망
Café Gourmand

커피나 차(Thé)와
함께 여러 종류의
작은 디저트를 곁들여
나오는 메뉴다.

쇼콜라 쇼 Chocolat Chaud

핫 초콜릿. 가루가 아닌 진짜 초콜릿을 녹여
만든다. 단것을 좋아하는 프랑스 사람들에게
사계절 내내 사랑받는 음료다.

이 맛있는 음식을 먹는 순간은 기록해야만 하는 것. 찰칵!

크로크무슈 Croque-Monsieur

빵 사이에 베샤멜 소스를 바르고 햄을 넣은
뒤, 빵 위에 치즈를 얹어 구운 토스트의 일종

크로크마담 Croque-Madame

크로크무슈 위에 달걀 프라이를 얹은 것. 둥글게
튀어나온 노른자가 여성이 쓰는 모자 같다 하여
붙여진 이름이다.

키슈 Quiche

햄, 달걀, 크림 등이
들어간 식사용 타르트

샌드위치 Sandwich

바삭한 바게트에 돼지 뒷다리살을 염장한 생햄(Jambon)과 고소한
버터(Beurre)를 넣은 잠봉뵈르(Jambon-beurre)는 매일 먹어도
질리지 않는다. 크루아상에 햄과 치즈를 끼운 샌드위치도 인기!

타르트 살레 Tarte Salée

'소금이 들어간 타르트'라는
뜻으로, 식사용 타르트를 말한다.

타르트 플랑베
Tarte Flambée

얇은 반죽 위에 사워크림을 바른 후 베이컨과
양파를 올려 화덕에서 구운 요리. 요즘에는
피자처럼 다양한 재료를 얹어 만든다.

기타
Others

미국식 팬케이크와 와플, 오믈렛,
프렌치토스트도 인기 있는
아침 식사 & 브런치 메뉴다.

샐러드 Salad

건강과 다이어트에
관심이 많은 파리지앵의
한 끼 식사!

#파리 #찐카페투어

분위기는 덤, 커피 맛은 찐! 지금 가장 핫한 카페들.

카페 키츠네 Café Kitsuné

MZ세대를 사로잡은 메종 키츠네의
유니크한 감성을 그대로 **233p**

쿠틈 카페 Coutume Café

젊고 재능 있는 바리스타들이 이끄는
최근 파리 카페 문화의 선봉장 **280p**

붓 카페 Boot Café

이 감성, 너무 파리스럽다.
314p

말롱고 Malongo

미식가인 프랑스인들이 인정한
공정무역 커피 브랜드 **255p**

텐 벨스 Ten Belles

<피가로>가 파리 5대 카페 중
하나로 선정한 젊은 카페 **334p**

드리민 맨 Dreamin' Man

숨은 고수의 커피를 맛보러
멀리서도 찾아가는 카페 **335p**

+MORE+

스타벅스 덕후들의 순례지, 파리 스타벅스 1호점

'파리까지 와서 무슨 스타벅스?'라고 생각한 사람도 궁전 같은 인테리어를 보면 생각이 바뀔 것.
천장화와 샹들리에, 탁자와 의자 등 휘황찬란한 금빛 향연에 내부를 구경하러 온 사람의 발길이
끊이지 않는다. 카페 문화의 발상지라는 자부심이 대단한 파리 시민의 반대로 엄청난 논쟁 끝에
2004년 간신히 문을 연 파리의 첫 스타벅스다. 내부와 외관 디자인 시안을 수없이 제출해 시에서
직접 검토한 후 허가를 받을 수 있었다고 한다. 맛이나 메뉴는 일반 스타벅스와 같다. **MAP ❸-D**

GOOGLE MAPS 스타벅스 카푸친스
ADD 3 Boulevard des Capucines, 75002
OPEN 07:00~22:00(토요일 07:30~23:00, 일
요일 07:30~)
MENU 카페라테 4.75€~, 아메리카노 3.75€~
WALK 오페라 가르니에에서 도보 2분
WEB www.starbucks.fr

디저트 (데세르)

달콤한 건 못 참지!

프랑스에서는 식후 달콤한 디저트를 먹어야 식사를 제대로 마쳤다고 여기는 사람이 많아서 디저트 문화가 매우 발달했다. 매일 새롭게 진화하는 파리 스타일 '달다구리'의 세계로 초대한다.

마카롱 Macaron

바삭한 가나슈 사이에 촉촉한 잼이나 크림을 발라 만든, 꽃보다 예쁜 디저트.
이탈리아가 원조라 알려졌지만 우리가 알고 있는 마카롱은 파리에서 시작되었다.

이스파한 a
Ispahan

a **얼그레이 홍차**
Thé Earl Grey

a **마카롱 열쇠고리**

a
원하는 맛의 마카롱 6개를
담은 상자 세트

우리가 아는 마카롱의 탄생지

a **라뒤레** Ladurée

파리식 마카롱을 처음 개발한 현대 마카롱의 조상님. 1862년 마들렌 성당 근처에 맨 처음 문을 열었다. 본점과 보나파르트·샹젤리제 지점은 기념품도 다양하게 갖추고 살롱 드 테를 운영해 차 한잔과 함께 쉬어가기에도 좋다.
→ 197p

파티스리계의 피카소

b **피에르 에르메** Pierre Hermé

라뒤레의 수석 파티시에였던 피에르 에르메가 독립해 독창적인 방식으로 만든 마카롱은 먹기 아까울 정도로 예쁘다. 라뒤레 마카롱이 촉촉하고 부드럽다면 피에르 에르메는 바삭하면서도 입에 넣자마자 사르르 녹는 것이 특징이다. → 198p, 278p

b 이스파한
Ispahan

b 원하는 맛의 마카롱 7개를 담은 상자 세트

c 마카롱 세트

밤 퓌레를 얹은 케이크. 실로 엮은 듯한 모양의 부드러운 밤 크림 속에 생크림과 머랭이 숨어 있는 앙젤리나의 몽블랑 케이크가 가장 유명하다. 초콜릿을 진하게 녹인 쇼콜라 쇼와 잘 어울린다.

d 오리지널 몽블랑
Le Mont-Blanc

쇼콜라 쇼 d
Chocolat Chaud

현지인이 꼽은 파리 최고의 마카롱
c 카레트 Carette

각종 미디어에서 선정하는 파티스리 순위에서 항상 상위권을 차지하는 곳. 마카롱은 물론 에클레르도 종종 1등을 하고 밀푀유 맛집으로도 유명하다. 귀족 저택처럼 꾸민 실내에서 고급스러운 도자기에 내오는 차와 함께 디저트를 즐길 수 있는 살롱 드 테도 운영한다. → **185p**

코코 샤넬도 사랑한 몽블랑
d 앙젤리나 Angelina

1903년 문을 열어 귀족과 부르주아의 사교장으로 애용된 살롱 드 테. 이 집의 몽블랑 케이크는 혀끝에 닿자마자 녹아버릴 정도로 부드럽고 달콤하다. 리볼리 거리(Rue de Rivoli) 본점을 포함해 파리 시내에 7개 매장이 있다. → **217p**

: **WRITER'S PICK** :
디저트를 맛있게 즐기는 법

달콤한 디저트는 홍차, 특히 얼 그레이를 곁들여 먹는 게 제일 맛있다. 단, 포장이 아닌 내부에서 먹으면 자릿세가 추가된다. 마카롱은 시간이 지나면 본래의 맛을 그대로 느끼기 어려우니 최대한 빨리 먹자. 공항 면세점에서 파는 마카롱은 보관 기간이 길어 맛이 떨어질 수 있다. 참고로 마카롱, 초콜릿, 치즈는 녹는 성질 때문에 액체로 취급돼 기내 반입이 불가능하다. 꼭 캐리어에 담아 수하물로 부치자.

밀푀유 Mille-Feuille

'1000겹의 잎사귀'라는 의미로, 잎사귀처럼 얇은
1000겹의 바삭한 파이 사이에 크림을 넣은 케이크다.
마카롱 못지않게 창의성이 돋보이는 디저트.

슈 Choux

슈는 '양배추'라는 뜻의 폭신한 구름 과자다.
슈 안에 크림을 넣은 것은 슈 아 라 크렘
(Chou à la Crème)이라고 한다.

b
슈 아 라 크렘
Chou à la Crème

b
슈로 만든 케이크

a
밀푀유
Mille-Feuille

c 슈 아 라 크렘
Chou à la Crème

보석 같은 디저트
a 위고 에 빅토르 Hugo & Victor

미슐랭 3스타 레스토랑 기 사부아의
총괄 파티시였던 위그 푸제가 설립
한 파티스리 & 쇼콜라티에. 제철 과
일을 활용한 밀푀유를 와인 한 잔과
페어링할 수 있다. → **278p**

고깔모자를 쓴 귀여운 슈
b 포펠리니 Popelini

카트린 드 메디시의 전속 요리사로,
16세기에 슈를 처음 개발한 포펠리니
의 이름을 딴 곳. 초콜릿, 커피, 피스
타치오 등 9가지 기본 맛에 초콜릿으
로 포인트를 주었다. → **317p**

파리를 평정한 슈크림
c 오데트 Odette

마카롱을 제치고 젊은 파리지앵의 입
맛을 사로잡은 슈 전문점. 진한 크림
을 감싼 바삭한 슈가 마치 베레모를
쓴 것 같은 깜찍한 모양이다. 크림에
따라 9가지 종류가 있다. → **254p**

타르트 Tarte

프랑스식 파이. 산딸기(Framboise), 딸기(Fraises),
사과(Pommes) 등 과일을 올린 것이 많다. 얇게 저민
사과 위에 버터와 설탕을 올려 구운 것은
타르트 타탱(Tarte Tatin)이라고 한다.

아이스크림 Glace

프랑스에서는 우유를 넣지 않거나 아주 조금만 넣어
만든 소르베(Sorbet, 영어로 셔벗)를 주로 먹는다.
일반 아이스크림은 글라스(Glace)라고 부르며, 젤라토
(Gelato)는 이탈리아식의 쫀득한 아이스크림을 말한다.

d 무화과 타르트
Tarte Aux Figues

f 콘 젤라토

e 소르베

d 산딸기 타르트
Tarte aux Framboises

f 컵 젤라토

상큼한 과일 타르트
d 팽 드 쉬크르 Pain de Sucre

바삭한 시트지에 올린 새콤한 과일과
달콤한 크림의 조화가 뛰어나다. 시
즌별로 제철 과일을 올린 다양한 타
르트를 선보인다. 이 중 아몬드 파이
위에 산딸기를 올린 타르트가 단연코
No.1! **→ 317p**

프랑스 아이스크림의 자존심
e 베르시용 Berthillon

1954년에 문을 연 '검증된' 아이스크
림 가게. 언제 가도 길게 줄을 서야 하
며 가격 대비 양이 매우 적은 편이다.
시원하고 상큼한 딸기(Fraise)와 레몬
(Citron) 맛 글라스나 소르베가 인기.
→ 255p

달콤하고 상큼한 '장미 젤라토'
f 아모리노 Amorino

2002년 이탈리아에서 온 두 젊은이
가 문을 연 젤라테리아. 젤라토를 골
라 콘으로 주문하면 장미꽃 모양으로
만들어 준다. 인기 메뉴는 요구르트
와 딸기 맛. 지점에 따라 살롱 드 테를
운영하는 곳도 있다. **→ 255p**

초콜릿(쇼콜라) Chocolat

프랑스 디저트의 끝판왕으로 초콜릿이 빠질 순 없다. 소규모 공방에서 직접 만든 초콜릿은
공장에서 대량 생산하는 초콜릿이 결코 따라갈 수 없는 맛과 향을 지녔다.

a 통카 Tonka
초콜릿 무스와 프랄린
등이 든 초콜릿 케이크

c 인기 No. 1
다양한 맛의 초콜릿 봉봉

16가지 맛의
수제 초콜릿 세트

b 트라비아 Traviata
아몬드, 헤이즐넛,
크렘브륄레가 들었다.

다양한 패키지의
선물 세트

c 모자이크 Mosaïque
다양한 양과자 모둠

수제 초콜릿의 명문
a 장폴 에뱅 Jean-Paul Hévin

수많은 초콜릿 관련 대회에서 우승한
초콜릿계의 거장, 장폴 에뱅. 그의 초
콜릿을 맛본 이들은 가히 '예술'이라
고 평한다. 루브르 지점은 살롱 드 테
도 운영해 진한 쇼콜라 쇼를 맛볼 수
있다. **MAP 본점 ⑥-A**

ADD 231 Rue Saint-Honoré, 75001(본점,
방돔 광장 근처)/108 Rue Saint-Honoré,
75001(루브르 지점)/파리 시내 지점 8개
OPEN 10:00~19:30/일요일·공휴일 휴
무/지점마다 다름
MENU 초콜릿 세트(9개 145g) 23€~
WEB jeanpaulhevin.com

초콜릿으로 만든 달콤한 집
b 라 메종 뒤 쇼콜라
La Maison du Chocolat

뷰티 살롱 같은 고급스러운 인테리어
가 눈길을 사로잡는다. 유혹적인 모양
에 다양한 패키지로 포장된 초콜릿은
선물용으로 좋다. 마카롱이나 케이크
종류도 다양하다. **MAP 본점 ❷-D**

ADD 225 Rue du Faubourg Saint-
Honoré, 75008(본점, 개선문 근처)/파리
시내 지점 7개
OPEN 10:00~19:00/7·8월 일요일·일부
공휴일 휴무/지점마다 다름
MENU 초콜릿 세트(16개 112g) 24€~
WEB lamaisonduchocolat.com

요즘 제일 핫한 쇼콜라티에
c 자크 주냉 Jacques Genin

메종 뒤 쇼콜라의 파티시에였던 자크 주
냉이 2008년 오픈한 쇼콜라티에. 초콜
릿뿐 아니라 한 입 크기의 젤리나 캐러
멜이 입맛을 사로잡는다. 밀푀유를 비롯
한 제과류는 주문 제작만 하는데, 주말
에는 일반 판매하는 경우도 있으니 직원
에게 문의하자. **MAP 본점 ❺-A**

ADD 133 Rue de Turenne, 75003(본점,
마레 지구)/27 Rue de Varenne, 75007
(바렌 지점, 르 봉 마르셰 백화점 근처)
OPEN 11:00~19:00(토 ~19:30)/월요일 휴무
MENU 초콜릿 9개 14€~
WEB jacquesgenin.fr

오페라 Opéra

커피에 적신 비스킷과 크림, 초콜릿 등을 여러 겹 쌓은 케이크. 달로와요의 파티시에 가스통 르노트르가 처음 만들어 오페라 가르니에의 발레리나에게 바친다는 의미로 이름을 붙였다.

에클레르 Éclair

먹는 순간 번개처럼 순식간에 사라진다고 해서 '번개'라는 이름이 붙여졌다. 긴 페이스트리 안에 크림을 채우고 위에는 초콜릿을 비롯한 다양한 재료의 크림을 올린다.

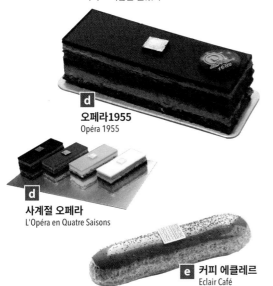

No. 317. 산딸기 에클레르
Éclair Framboise

오페라1955
Opéra 1955

사계절 오페라
L'Opéra en Quatre Saisons

커피 에클레르
Eclair Café

No. 224. 레몬 유자 에클레르
Éclair Citron Yuzu

루이 14세가 반해버린 맛

d 달로와요 Dalloyau

루이 14세에게 스카우트돼 베르사유 궁전에서 아뮈즈부슈를 만들던 달로와요가 프랑스 혁명 후 파리 시내에 문을 연 곳이다. 지금은 살롱 드 테, 레스토랑, 디저트 전용숍 등을 운영하고 있다. **MAP 본점 ❸-C**

ADD 101 Rue du Faubourg Saint-Honoré, 75008(본점, 샹젤리제 거리 근처)/파리 시내 지점 4개
OPEN 09:00~20:00(살롱 드 테 ~18:00, 일요일 ~16:00)/지점마다 다름
MENU 오페라 7.50€~
WEB www.dalloyau.fr

파리의 고급 식품점

e 포숑 Fauchon

1886년에 문을 열어 디저트, 차, 와인, 잼, 초콜릿 등 2만 가지가 넘는 품목을 갖춘 고급 식품점. 에클레르 외에 산딸기 타르트, 밀크잼, 초콜릿과 차 등도 인기 상품이다. 레스토랑도 가격대비 괜찮다. **→ 234p**

ADD 11 Place de la Madeleine, 75008 (본점, 마들렌 성당 근처)/백화점을 비롯해 파리 곳곳에 지점이 있다.
OPEN 카페 & 레스토랑 08:00~22:30/지점마다 다름
MENU 에클레르 12€~
WEB www.grandcafefauchon.fr

예뻐서 먹기 아깝네

f 레클레르 드 제니
L'Éclair de Génie

화려한 색채와 섬세한 디테일로 유명한 포숑의 에클레르를 개발한 파티시에 크리스토프 아당의 부티크. 패션쇼의 꽃인 오트 쿠튀르 콘셉트로 선보이는 작고 세련된 모양의 에클레르가 인기만점이다. **MAP 본점 ❺-C**

ADD 14 Rue Pavée, 75004(본점, 마레지구)/파리 시내 지점 3개
OPEN 11:00~19:00/일부 공휴일 휴무/지점마다 다름
MENU 에클레르 6.50€~
WEB www.leclairdegenieshop.com

크렘 브륄레 Crème Brûlée

커스터드 크림 위에 캐러멜을 입혀
살짝 구운 디저트. 숟가락으로 캐러멜을
톡톡 깨어 먹는다. 레스토랑에서 후식용
디저트로 각광받는다.

사블레 Sablé

보통 쿠키보다 설탕이 적게 들어가
부드럽고 부서지기 쉬운 쿠키.
레몬이나 오렌지 사블레가 대중적이다.

일 플로탕트 Îles Flottantes

'떠다니는 섬'이라는 뜻의 디저트. 머랭이
뜰 정도로 크렘 앙글레즈(가볍고 부드러운
커스터드 크림류)를 듬뿍 넣고
캐러멜시럽을 아낌없이 뿌린다.

갈레트 데 루아 Galette des Rois

'왕의 과자'란 뜻을 지닌 동그란
모양의 아몬드 파이. 프랑스에서
새해 축하 음식으로 즐겨 먹는다.

마들렌 Madeleine

조개 모양의 폭신한 비스킷

머랭 Meringue

달걀흰자에 약간의 설탕을 넣고
거품 형태로 만들어 굳힌 과자.
프랑스어로 므랭그라 발음한다.

마롱 글라세 Marron Glacé

껍질을 벗긴 단밤을 시나몬 등과
함께 설탕 시럽에 넣고 조린 디저트

피낭시에 Financier

마들렌과 더불어 프랑스
구움과자의 양대 산맥.
아몬드 혹은 헤이즐넛
가루를 듬뿍 넣어 만든다.

카눌레 Canelé

밀가루, 우유, 버터, 달걀노른자,
럼, 바닐라 등을 넣어 만든
보르도 지방의 전통 케이크

빵(뺑)

프랑스 여행은 '빵심'으로!

빵순이, 빵돌이들에겐 빵이야말로 파리 여행의 목적이다. 파리에 도착하면 제일 먼저 근처 불랑제리로 달려가 보자. 내 인생의 빵 역사가 새로 쓰이기 시작한다.

바게트 Baguette

1920년대부터 먹기 시작한 프랑스의 대표적인 식사용 빵. 꼭 유명한 곳이 아니더라도 가게에서 직접 빵을 만드는 빵집(불랑제리)에서 파는 바게트는 웬만하면 다 맛있다. 단, 하나만 사지 말고 꼭 2개씩 살 것. 너무 맛있어서 아침, 점심, 저녁 계속 먹게 될 테니.

불 Boule

둥근 공(Boule) 모양의 바게트

바타르
Bâtard

굵고 짧은
바게트. 무게는
대개 500g 정도다.

바게트
Baguette

무게는 250~300g,
길이는 55~65cm,
칼집이 6~7개인
기본 바게트

전통 바게트
Baguette Tradition

밀가루, 물, 소금,
이스트 외에는
어떠한 첨가물도
넣지 않고 만들어
가장 비싸다.

피셀
Ficelle

무게가 약 120g으로
일반 바게트보다
가늘고 단단하다.
'피셀'은 프랑스어로
'줄'이라는 뜻.

토르사드 Torsade

치즈나 베이컨, 올리브를
넣은 작고 가느다란
모양의 바게트

+ M O R E +

프랑스 빵집 & 디저트숍의 종류

■ **불랑제리** Boulangerie : 빵과 케이크를 판매하는 곳. 식사를 할 수 있는 곳도 있다.

■ **파티스리** Pâtisserie : 케이크와 마카롱 등 디저트를 주로 판매하는 곳.

■ **쇼콜라트리** Chocolaterie / **쇼콜라티에** Chocolatier : 초콜릿을 주재료로 한 디저트를 만드는 곳. 파티스리와 판매 품목이 많이 겹치지만 초콜릿에 중점을 둔다.

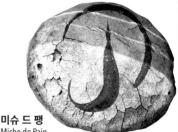

캉파뉴
Pain de Campagne

통밀가루로 만든 일명 '프랑스 시골 빵'

팽 오 르뱅
Pain au Levain

유기농 밀가루와 천연 효모로 만든 빵

미슈 드 팽
Miche de Pain

화학 재료를 전혀 사용하지 않고 천연 효모와 굵은소금 등을 넣어 만든 건강 빵. 한 덩어리가 워낙 커서 보통 얇게 잘라 판매한다.

팽 오 세레알
Pain aux Céréales

잡곡빵

팽 드 세글
Pain de Seigle

호밀빵

팽 드 미
Pain de Mie

프랑스식 식빵

파티스리 Pâtisserie & 비에누아즈리 Viennoiserie

밀가루 반죽에 버터와 물 등을 섞어 반죽해 바싹하게 구운 과자나 빵은 파티스리(영어로 페이스트리)라고 한다. 비에누아즈리는 설탕과 달걀, 버터를 넉넉히 넣은 발효 반죽으로 만든 아침용 파티스리를 지칭하는 용어로, 빵과 파티스리의 중간 형태라 할 수 있다.

크루아상 Croissant

초승달 모양의 빵. 버터를 듬뿍 넣은 반죽을 얇게 말아가며 만든다.

팽 오 쇼콜라
Pain au Chocolat

버터를 많이 넣은 반죽에 초콜릿 칩을 넣은 빵. 쇼콜라틴(Chocolatine)이라고도 한다.

브리오슈
Brioche

버터와 달걀이 많이 든 부드러운 빵

사크리스탱
Sacristain

파이 반죽을 비틀어 꼬아 오븐에 구운 바삭한 과자

쇼송 오 폼므
Chausson aux Pommes

프랑스식 애플파이. 쇼송(Chausson)은 '슬리퍼'라는 뜻이다.

에스카르고
Escargot

건포도나 초콜릿 등을 넣은 달팽이 모양의 데니쉬 파티스리

빵 덕후 모여라! 빵순이, 빵돌이를 위한 동네 빵집 Best 6!

푸알란 Poilâne

이스트 대신 천연 효모를 사용해 빵을
만드는 아티장 블랑제리들의 원조격인
곳. 1932년 창업 이후 지금까지
이스트를 사용한 제빵을 거부하고
바게트도 만들지 않는다. → 279p

라 파리지엔느 La Parisienne

2016년 파리 최고의 바게트 1위, 2024년 3위에 빛나는 곳.
상 받은 정통 바게트도 훌륭하지만 아몬드가 박힌 크루아상과
달달한 케이크도 무척 맛있다. → 282p

데 갸토 에 뒤 팽
Des Gâteaux et du Pain

피에르 에르메와 라뒤레의
전 파티시에가 운영하는 파티스리.
빵과 케이크 하나하나가 섬세한
예술작품처럼 감탄을 불러일으킨다.
→ 365p

라 메종 디사벨
La Maison d'Isabelle

2018년 파리 최고의 크루아상을
수상한 내공 깊은 빵집. 바삭하면서도
쫄깃한 파리 정통 크루아상을
제대로 느낄 수 있다.
→ 254p

뒤팽 에 데지데
Du Pain et des Idées

패션업계에 몸담았던 오너가 패션과
감성을 담아 만든 빵. 달팽이 모양의
에스카르고 피스타슈 쇼콜라가
대표 메뉴다. → 328p

: WRITER'S PICK :

프랑스 대표 빵, 바게트

프랑스에서 바게트는 매년 100억
개가 판매되면서 국민 빵으로 사
랑받고 있다. 기계화와 기업화에
타격을 받은 제빵사들을 보호하기
위해 프랑스 정부는 1993년 소위
'바게트 법'을 제정했다. 법령에
따르면 일반 바게트와 달리 전통
바게트(Baguettes de Tradition)는
밀가루, 소금, 물, 이스트의 4가지
성분으로만 만들어야 하고 길이
50~55cm, 무게 250~270g이어
야 하며 매장에서 직접 반죽하고
구워야 한다. 1994년부터는 파
리시에서 매년 바게트 경연 대회
를 열어 맛, 굽기, 부스러기와 바
게트 모양 등을 보고 파리 최고의
바게트(La Meilleure Baguette de
Paris)를 만드는 10곳의 빵집을
선정하고 있다. 대회에서 1등을
차지한 제빵사는 상금 4000유로
와 함께 1년간 프랑스 대통령 관
저(엘리제 궁전)에 빵을 납품할 수
있는 자격을 얻는다.

파리가 제아무리 미식의 도시라 해도, 시간이 부족한 여행자가 매번 레스토랑에서 느긋한 식사를 즐기긴 어려운 일! 그럴 땐 간편하면서도 맛과 분위기까지 챙길 수 있는 프랜차이즈 불랑제리가 훌륭한 선택이다.

폴 Paul

파리 시내 곳곳에서 가장 쉽게 만날
수 있는 프랑스 국민 빵집.
샌드위치를 비롯한 간단한 음식도
포장 판매하며 식사가 가능한
레스토랑을 겸하는 매장도 있다.
파리 시내에 50여 개 지점이 있다.

WEB www.paul.fr

브리오슈 도레 Brioche Dorée

커피와 가벼운 간식을 즐기기 좋은
불랑제리. 샹젤리제 거리와 오페라
가르니에 근처에는 규모가 큰 지점이
있어 잠시 쉬어 가기 좋다.
파리 시내에 20여 개 지점이 있으며
주로 기차역에서 볼 수 있다.

WEB www.briochedoree.fr

공트랑 셰리에 Gontran Cherrier

파리의 유명 호텔과 레스토랑에 빵을
공급하며 우리나라에도 30여 개
지점을 둔 불랑제리. 고소한 오징어
먹물 바게트 등 창의적인 프랑스
빵을 만날 수 있다.
몽마르트르 묘지 근처와
몽파르나스역 등에 지점이 있다.

WEB gontrancherrierboulanger.com

메르시 제롬 Merci Jérôme

빵, 디저트, 커피, 식사까지 한 번에
해결 가능한 불랑제리. 로스트비프,
커리, 연어, 참치 등 다양한 재료들로
빼곡한 샌드위치와 알찬 구성의
샐러드는 포장도 가능해
숙소에서 먹기 좋다.
파리 시내에 4개의 비스트로와
2개의 베이커리가있다.

WEB mercijerome.com

르 팽 코티디앵 Le Pain Quotidien

슬로푸드와 오가닉을 콘셉트로 한
레스토랑 & 불랑제리. 벨기에의 유명
요리사 알랭 쿠몽이 1990년대 초에
창업한 뒤 17개국에 100여 개 지점을
열었다. 가볍게 즐길 수 있는 담백한
요리와 샐러드 종류가 많아 채식하는
사람에게도 선택의 폭이 넓은 편.
파리 지점 수는 9개.

WEB www.lepainquotidien.com

에릭 케제르 Éric Kayser

4대째 이어오는 제빵 명가. 프랑스
사르코지 전 대통령과 일본 구로다
사야코 공주 등 유명인사의 단골
빵집으로도 유명하다. 액상 자연
효모 배양 기계를 개발해 고소하고
건강한 자연 효모빵과 케이크를
만들어 낸다. 식사할 수 있는
테이블을 갖춘 지점도 있다.
파리 지점 수는 20여 개.

WEB www.maison-kayser.com

미식의 도시 파리를 찾는 여행자들은 누구나 잊지 못할 프랑스식 만찬을 기대하기 마련이다. 하지만 프랑스 음식에 대한 기본적인 이해가 없다면 음식을 주문하기조차 쉽지 않은 것이 현실. 파리에서는 '아는 만큼 먹는다'는 것을 꼭 기억하자.

프랑스 코스 요리

귀족 문화에서 비롯된 정통 프랑스 요리는 원래 12가지 코스가 기본 구성이지만 최근에는 많이 간소해져 5~7가지 코스를 제공하는 고급 레스토랑이 많다. 프랑스 문화를 즐기는 기분 좋은 한 끼를 경험하는 것이 목적이라면 일반 레스토랑에서 2~3가지 코스만으로도 충분하다.
3코스는 전채 요리(앙트레), 메인 요리(플라), 디저트(데세르) 순으로 메뉴판을 보고 하나씩 고르면 된다. 2코스는 전채+메인 또는 메인+디저트로 구성된다. 빵은 기본. 아무리 작은 레스토랑이라도 디너 타임에 방문한다면 최소 전채, 메인, 디저트를 1인당 1개씩 주문해야 한다.

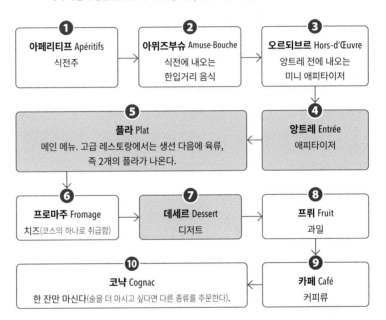

❶ 아페리티프 Apéritifs
식전주

❷ 아뮈즈부슈 Amuse-Bouche
식전에 내오는
한입거리 음식

❸ 오르되브르 Hors-d'Œuvre
앙트레 전에 내오는
미니 애피타이저

❺ 플라 Plat
메인 메뉴. 고급 레스토랑에서는 생선 다음에 육류,
즉 2개의 플라가 나온다.

❹ 앙트레 Entrée
애피타이저

❻ 프로마주 Fromage
치즈(코스의 하나로 취급함)

❼ 데세르 Dessert
디저트

❽ 프뤼 Fruit
과일

❿ 코냑 Cognac
한 잔만 마신다(술을 더 마시고 싶다면 다른 종류를 주문한다).

❾ 카페 Café
커피류

: WRITER'S PICK :

"봉주르~"는 언제 어디서나!

파리에서는 "안녕하세요"라는 인사말, '봉주르(Bonjour)'를 어색해하지 말자. 식당이나 상점에 들어갔을 때 인사를 할 때와 하지 않을 때 점원의 태도는 매우 다르다. 저녁에는 "봉수아(Bonsoir)"라고 한다. 식당이나 카페에서 종업원을 부를 때 남성은 '무슈(Monsieur)', 여성은 '마드모아젤(Mademoiselle)' 또는 '마담(Madame)'이라 하며 "익스큐제 무아(Excusez-moi, 실례합니다)"를 적절히 구사하는 것이 좋다.

1 레스토랑
Restaurant

코스 요리 위주의 식당. 런치와 디너 사이에 잠시 문을 닫는 곳이 많다. 대부분 디너는 예약이 필수고, 런치도 예약을 권장한다. 레스토랑이라고 이름이 붙은 곳에서 식사할 때는 복장에도 신경 써야 한다.

2 비스트로
Bistro

자유로운 분위기에 작은 규모의 식당이다. 음식의 양이 푸짐하고, 단품 요리만 주문해도 된다. 지역 특산물을 이용한 가정식 음식 메뉴가 많다. '카페'라고 돼 있어도 커피보다는 음식과 와인에 집중하는 식당이 대부분 비스트로에 속한다.

3 브라스리
Brasserie

'맥주를 양조하다(Brew)'라는 뜻의 프랑스어 '브라세(Brasser)'에서 이름이 유래한 술집. 휴식 시간 없이 밤늦게까지 영업하는 곳이 많다. 주류 판매가 주업이지만 간단한 식사도 제공한다.

캐비아, 송로버섯과 함께 프랑스 3대 미식 재료로 꼽히는 푸아그라(Foie Gras). '거위 간(Foie)'과 '지방(Gras)'의 합성어로, 살찐 거위의 간을 의미한다. 그러나 거위보다 오리가 사육하기 쉬워서 대부분 오리(Canard)의 간을 사용하며 오리 간도 푸아그라라고 통칭한다. 메뉴판에 'Foie Gras d'Oie'라고 표시되었다면 진짜 거위 간으로 만들었다는 뜻. 다만 최근에는 푸아그라 요리를 위한 오리나 거위 사육 방식이 잔인하다는 이유로 동물 보호 단체들의 꾸준한 시위가 이뤄지고 있으며, 많은 유명인사들도 보이콧 선언을 하고 있다.

음식을 코스가 아닌 단품으로 먹을 수 있는 비스트로나 브라스리에는 맥주나 와인에 곁들여 부담 없이 먹을 수 있는 메뉴가 많다. 솔 뫼니에르(Sole Meuniére), 뵈프 부르기뇽(Bœuf Bourguignon), 오자 모엘(Os à Moelle) 등이 대표적. 토마토 소스에 가지, 호박, 피망 등 다양한 채소를 넣고 뭉근히 끓여낸 프랑스 남부의 채소 스튜 라타투이(Ratatouille)도 우리 입맛에 잘 맞는다. 단, 라타투이는 프랑스 가정에서 반찬 삼아 먹는 음식이라서 식당에서 맛보기는 어렵고, 플라에 가끔 사이드로 나온다. 메인으로 제공하는 식당이라면 기본 빵과 함께 간단한 한 끼 식사 대용으로도 완벽하다.

프랑스 음식의 종류

애피타이저

오르되브르 Hors-d'Œuvre/**앙트레** Entrée

차가운 에피타이저인 오르되브르는 고급 레스토랑에서 나온다. 최근에는 앙트레에 통합되는 추세다.

푸아그라 Foie Gras

거위의 간으로 만든 요리. 앙트레로 나올 때는 다른 재료와 함께 갈아서 반죽한다. 플라로 나올 때는 통으로 잘라 스테이크처럼 구워서 내오는 요리(Foie Gras de Canard/Oie Rôti)가 대부분이다.

- 파테(Pâté) & 무스(Mousse): 푸아그라가 50% 이상
- 파르페(Parfait): 푸아그라가 75% 이상
- 테린(Terrine): 푸아그라와 다른 재료를 층층이 쌓은 요리

에스카르고 Escargot

달팽이 요리. 레몬즙과 파슬리, 마늘, 버터로 만든 소스를 얹어 오븐에 굽는 것이 일반적인 요리법. 남은 소스는 빵에 발라 먹는다. 껍질을 잡는 집게와 전용 포크가 따로 나온다.

수프 아 로뇽 Soupe à l'Oignon

양파 수프. 레스토랑보다는 비스트로에서 자주 볼 수 있다. 겨울철 인기 앙트레.

캐비아 Caviar

철갑상어알. 단독으로 나오는 경우는 거의 없고 다른 재료 위에 토핑으로 사용된다.

위트르 Huître

생굴. 굴 옆에 쓰인 번호(N°)는 크기를 의미하며 번호가 클수록 크기가 작다.

소몽 퓌메 Saumon Fumé

훈제 연어

콩소메 Consommé

고기와 채소를 오래 끓인 후 천에 여러 번 걸러 만든 맑은 수프. 국물이 투명한 금빛이고 재료가 바닥에 가라앉은 흔적이 없어야 한다.

외프 마요네즈 Œuf Mayonnaise

삶은 달걀을 반으로 자르고 그 위에 식물성 기름, 머스터드, 소금, 후추, 마요네즈 등을 섞어 만든 드레싱을 뿌려 접시에 담아낸다.

잠봉 크뤼 Jambon Cru

생햄. 이탈리아의 프로슈토(Prosciùtto)나 스페인의 하몽(Jamón)과 비슷하며 멜론과 같이 먹으면 단짠의 정석이 된다.

오자 모엘 Os à Moelle

오븐에 구운 소 다리뼈 골수 요리. 골수를 스푼으로 긁어 빵에 발라 먹는다.

메인 요리

플라 Plat

육류와 생선으로 나뉘며, 해물 요리가 유명한 레스토랑은 해물 요리(Fruits de Mer)를 플라에 포함한다.

● **육류 : 비앙드** Viande

비프테크 Bifteck

뵈프 스테이크(Bœuf Steak)의 줄임말로, 소고기 스테이크를 통칭한다. 앙트르코트(Entrecôte)는 등심 스테이크, 필레 드 뵈프(Filet de Bœuf)는 안심 스테이크, 코트 드 뵈프(Côte de Bœuf)는 뼈 없는 갈빗살 스테이크다.
보(Veau)는 송아지 요리를 뜻한다.

콩피 드 카나르
Confit de Canard

오리 다리 조림. 보통 구운 후 소스에 조려서 만든다. 요리 이름에 카나르 대신 마그레(Magret)가 붙으면 오리 가슴살을, 카네트(Canette)가 붙으면 암컷 새끼 오리를 사용한 요리라는 뜻.

지고 다뇨 로티 오 푸르
Gigot d'Agneau Rôti au Four

양의 허벅다리구이. 카레 다뇨(Carré d'Agneau)는 양의 갈빗살 요리를 말한다.

타르타르 Tartare

소고기 육회

뵈프 부르기뇽
Bœuf Bourguignon

소고기 부채살에 채소와 와인을 넣고 오랫동안 끓인 찜 요리

에신 드 코숑/포르
Échine de Cochon/Porc

새끼 돼지/돼지 등심 요리

부댕 누아르 Boudin Noir

프랑스식 소시지 요리. 우리나라의 순대와 비슷하며 고기와 빵, 양파 등으로 속을 채웠다.

코코뱅 Coq au Vin

와인에 넣어 조린 닭고기 요리

포토푀 Pot-au-feu

소고기 냄비 요리. 소뼈와 고기, 당근, 양파 등 채소를 함께 넣고 오랜 시간 끓인다.

● 생선 : 푸아송 Poisson / 해물 : 프뤼 드 메르 Fruits de Mer

도라드 루아얄 그리예
Dorade Royale Grillé

도미구이. 도미를 굵은소금에 감싸 통째로 구운 후 껍질과 소금을 제거하고 부드러운 속살만 내온다. 만새기 같은 흰살 생선을 같은 이름으로 내오기도 한다.

솔 뫼니에르 Sole Meunière

생선에 밀가루를 묻힌 후 프라이팬에 버터나 기름을 두르고 굽는 요리. 주로 가자미(Limande)나 광어(Turbot)로 만들며 일부 레스토랑에서는 넙치를 사용하기도 한다.

카비요 라케 소자
Cabillaud Laqué Soja

간장 소스를 발라 구운 생대구. 연어로 만들면 소몽 라케 소자 (Saumon Laqué Soja)라고 한다.

소몽 그리예
Saumon Grillé

그릴에 구운 연어

코키으 생자크
Coquille Saint-Jacques

가리비 관자 요리. 앙트레나 오르되브르로 준비될 때도 많다.

플라토 드 프뤼 드 메르
Plateau de Fruits de Mer

해물 모둠 요리

물 마리니에르
Moules Marinières

백포도주로 조리한 홍합 요리

음료

부아송 Boisson

프랑스에서는 음료 단위로 'mL'가 아니라 'cl'를 사용한다. 1cl = 10mL
음료를 병으로 주문한다면 테이블당 1병이면 충분하다.

오 Eau

물. 다른 유럽 국가에 비해 우리가 마시는 것과 같은 일반 생수(Eau Plate)가 탄산수(Eau Gazeuse)보다 많다. 탄산수 대표 브랜드는 페리에, 일반 생수 브랜드는 에비앙과 비텔이 있다.

뱅 Vin

와인. 보통 와인이라고 하면 레드 와인, 즉 뱅 루즈(Vin Rouge)를 가리킨다. 화이트 와인은 뱅 블랑(Vin Blanc), 로즈 와인은 뱅 로제(Vin Rosé), 샴페인은 샹파뉴(Champagne)라고 한다.

비에르 Bière

맥주

시드르 Cidre

사과주. 단맛이 강하다. 크레페를 먹을 때 주로 마신다.

쥐 드 프뤼 Jus de Fruit

과일 주스. 생과일을 바로 짠 것은 쥐 드 프뤼 프레(Jus de Fruit Frais)라고 한다.

레 Lait

우유

카페 Café

커피. 그냥 '카페'라고 하면 에스프레소를 말한다. 약간의 물을 넣은 커피는 카페 알롱제(Café Allongé), 우유를 넣은 커피는 카페 오 레(Café au Lait)라고 한다.

영어로 된 메뉴판을 갖춘 곳도 많지만, 프랑스어 메뉴판만 있는 곳도 있다. 좋아하는 재료가 있다면 프랑스어를 미리 알아두자. 참고로 'Sauvage'가 붙은 생선이나 해산물은 양식이 아닌 자연산을 의미한다.

채소						
	감자	Pomme de Terre	폼 드 테르	**시금치**	Épinard	에피나르
	으깬 감자	Pommes Purée	폼 퓌레	**당근**	Carotte	카로트
	고구마	Patate	파타트	**강낭콩**	Haricot	아리코
	양파	Oignon	오뇽	**콩**(대두)	Soja	소자
	샬롯	Échalote	에샬로트	**호박**	Citrouille	시트루이
	셀러리	Céleri	셀리	**송로버섯**	Truffe	트뤼프

생선 & 해산물						
	연어	Saumon	소몽	**홍합**	Moules	물
	도미	Dorade	도라드	**바닷가재****	Homard	오마르
	대구	Morue	모뤼	**작은 새우**	Crevette	크르베트
	생대구	Cabillaud/Cod	카비요/코드	**조금 큰 새우**	Gambas	강바
	광어*	Turbot	튀르보	**게**	Crabe	크라브
	송어	Truite	트뤼트	**가리비 관자**	Coquille Saint-Jacques	코키으 생자크
	농어	Bar	바르			
	참치	Thon	통	**문어와 낙지류**	Pieuvre/Poulpe	피외브르/풀프
	생굴	Huître	위트르	**오징어**	Calmar	칼마르

*가자미(Limande)와 비슷한 넙치류를 통칭해 쓰기도 한다.
**큰 가재와 큰 새우를 통칭함. 닭새우는 팔리뉘리데(Palinuridae)와 바닷가재의 다른 이름인 랑구스트(Langoustes)를 혼용하기도 한다.

육류						
	식용 달팽이	Escargot	에스카르고	**양/새끼 양**	Mouton/Agneau	무통/아뇨
	소/송아지	Bœuf/Veau	뵈프/보	**토끼**	Rapin	라팽
	갈빗살, 등심	Entrecôte	앙트르코트	**오리**	Canard	카나르
	안심	Filet	필레	**닭/영계**	Coq/Poulet	코크/풀레
	생고기, 소고기 육회	Tartare	타르타르	**거위**	Oie	우아
	돼지/새끼 돼지	Porc/Cochon	포르/코숑	**달걀**	Œuf	외프

과일			
	복숭아	Pêche	페슈
	딸기	Fraises	프레즈
	산딸기류	Framboise	프랑부아즈
	사과	Pomme	폼
	배	Poire	푸아르
	바나나	Banane	바난
	파인애플	Ananas	아나나
	무화과	Figue	피그

아는 만큼 맛있다!

프랑스 각지 명물 구루메

땅이 넓은 프랑스는 풍토와 기후, 특산물과 지역의 역사적 경험이 다른 만큼,
각 지역을 대표하는 명물 음식도 유난히 다채롭다. 안 먹으면 후회할
프랑스 머스트 잇 음식 리스트를 꼽았다.

노르망디 Normandie

양고기류(Mouton/Agneau)

브르타뉴 Bretagne

굴(Huître), 갈레트(Galette,
식사용 크레페)

Normandie

NORMANDIE

BRETAGNE

Bretagne

Pays de
la Loire

BORDEAUX

보르도 Bordeaux

오리 다리 조림(Confit de Canard),
푸아그라(Foie gras), 마늘 수프(Tourin)

툴루즈 Toulouse

카술레(Cassoulet, 고기와
콩 등을 넣은 스튜)

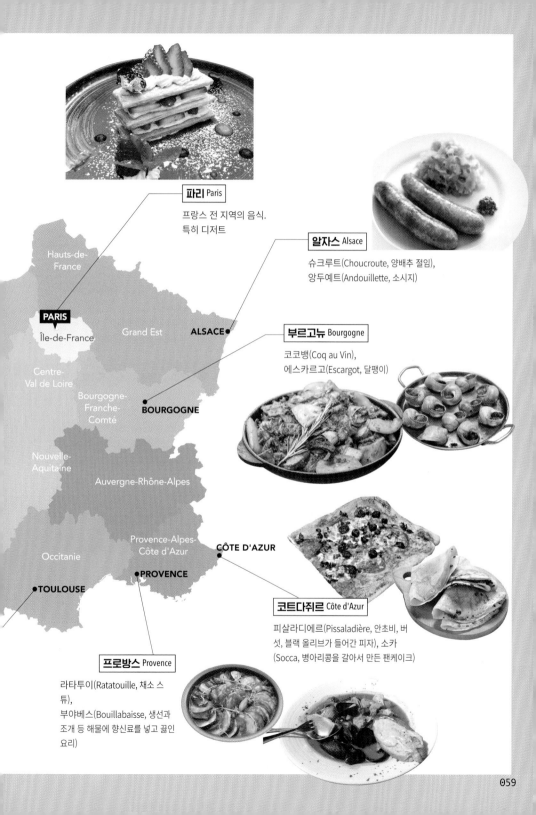

파리 Paris

프랑스 전 지역의 음식.
특히 디저트

알자스 Alsace

슈크루트(Choucroute, 양배추 절임),
앙두예트(Andouillette, 소시지)

부르고뉴 Bourgogne

코코뱅(Coq au Vin),
에스카르고(Escargot, 달팽이)

Hauts-de-France

PARIS

Île-de-France

Grand Est

ALSACE

Centre-Val de Loire

Bourgogne-Franche-Comté

BOURGOGNE

Nouvelle-Aquitaine

Auvergne-Rhône-Alpes

Provence-Alpes-Côte d'Azur

CÔTE D'AZUR

Occitanie

PROVENCE

TOULOUSE

코트다쥐르 Côte d'Azur

피살라디에르(Pissaladière, 안초비, 버
섯, 블랙 올리브가 들어간 피자), 소카
(Socca, 병아리콩을 갈아서 만든 팬케이크)

프로방스 Provence

라타투이(Ratatouille, 채소 스
튜),
부야베스(Bouillabaisse, 생선과
조개 등 해물에 향신료를 넣고 끓인
요리)

059

프랑스 요리에 맛을 더하는 기본 상식

1 메뉴의 기본

- ☐ 메뉴판-카르트(Carte)
- ☐ 세트 요리-므뉘(Menu) / 포르뮐(Formule)
- ☐ 단품 요리(선택식 주문)-아 라 카르트(À la Carte)
- ☐ 오늘의 요리-플라 뒤 주르(Plat du Jour)

우리가 흔히 말하는 '메뉴'는 프랑스에서 세트 요리 '므뉘'를 뜻하며, 메뉴판은 '카르트'라고 한다. 프랑스 레스토랑에서 메뉴를 달라고 하면 세트 요리인 므뉘를 주문하는 것으로 생각하니 주의! 므뉘는 대부분 매일 제공하는 요리가 다르다. 각각 가격이 따로 붙어 있는 요리를 개별로 시킬 때는 메뉴판의 '아 라 카르트' 칸을 찾아 주문하면 된다. 고르기 어렵다면 '오늘의 요리(플라 뒤 주르)'를 주문해보자.

2 세트 요리의 종류

- ☐ 아침 식사-프티 데죄네(Petit Déjeuner)
- ☐ 점심 세트 요리-데죄네 므뉘(Déjeuner Menu) 또는 주르 므뉘(Jour Menu)

점심에만 판매하는 세트에는 '데죄네'나 '주르' 등이 추가로 붙고, 저녁에는 세트 메뉴를 제공하지 않는 곳이 많다. 아침 식사는 대부분 간단한 세트로 제공한다.

3 스테이크 익힘 정도

- ☐ 레어-세냥(Saignant)
- ☐ 미디엄-아 푸앙(À Point)
- ☐ 웰던-비앵 퀴트(Bien Cuite)
- ☐ 미디엄 웰던-비앵 퀴트, 파 트로 퀴(Bien Cuite, pas trop cuit)

미디엄-웰던 정도를 원한다면 웰던을 주문하면서 "파 트로 퀴(너무 익히지 말아주세요)"라고 말하자.

4 조리법

- ☐ 팬에서 익힌 요리-푸알레(Poêler/Poêlée)
- ☐ 끓는 기름에 튀긴 요리-프리튀르(Friture)
- ☐ 기름 또는 버터에 볶은 요리-소테(Sauté)
- ☐ 스튜-라구(Ragoût)
- ☐ 구운 고기-로티(Rôti)
- ☐ 석쇠에 구운 요리-그리예(Grillé)
- ☐ 꼬치 요리-브로셰트(Brochette)
- ☐ 불에 익히지 않은 날것-크뤼(Cru)
- ☐ 유산지나 알루미늄 포일로 싸서 익힌 요리-파피요트(Papillote)
- ☐ 생선에 밀가루를 묻힌 후 프라이팬에 버터를 두르고 익힌 요리-뫼니에르(Meunière)

5 프랑스 음식에 많이 사용되는 소스 5가지

- ☐ 우유 베이스-베샤멜(Béchamel)
- ☐ 송아지 고기 육수 베이스-에스파뇰(Espagnole)
- ☐ 맑은 육수 베이스-블루테(Velouté)
- ☐ 달걀과 버터 베이스-올랑데즈(Hollandaise)
- ☐ 토마토 베이스-토마토(Tomato)

6 물 주문하기

- ☐ 물 한 병 주세요-윈 카라프 도, 실 부 플레 (Une carafe d'eau, s'il vous plait.)
- ☐ 물 한 잔만 주세요-엉 베르 도, 실 부 플레 (Un verre d'eau, s'il vous plait.)
- ☐ 수돗물 주세요-로 뒤 로비네, 실 부 플레 (L'eau du robinet, s'il vous plait.)
- ☐ 일반 생수-오 플라트(Eau Plate) / 오(Eau)
- ☐ 스파클링 워터-오 가죄즈(Eau Gazeuse)

대부분의 식당에서는 물도 음료처럼 돈을 주고 주문해야 한다. 공짜 물을 요청하면 수돗물이나 간단히 정수한 물을 주는데, 민감하지 않다면 큰 문제는 없다.

프랑스 식당 에티켓

1 입구에서

☐ 식당 입구에서 직원이 맞이할 때까지 기다렸다가 인원이 몇 명인지 얘기하고 자리를 안내받는다.

음료만 마시는 손님과 식사하는 손님을 구분해 자리를 배정하는 식당이 많다. 빈자리가 있는데도 무엇을 먹을 것인지 물어보고는 자리가 없다거나 서비스 시간이 아니라고 말한다면 테이블 구분을 까다롭게 하는 곳일 뿐 사람을 차별하는 것이 아니니 기분 나빠하지 말자.

2 자리에 앉은 후

☐ 메뉴판(Carte, 카르트)을 가져다줄 때까지 기다린다.

☐ 스태프를 소리 내어 부르거나 손짓하지 말고 눈이 마주칠 때까지 기다린다.

테이블마다 무슈(Monsieur, 담당 직원)가 정해져 있다. 다른 직원은 요청을 받아도 무시하거나 못마땅해한다.

3 주문 후

☐ 테이블 위에 팔꿈치를 올리지 않고, 손을 테이블 아래에 두는 것도 삼가자. 손목과 팔꿈치 사이를 테이블 가장자리에 살짝 기대는 정도가 적당하다.

☐ 냅킨은 허벅지 위에 펴서 올린다. 셔츠 앞으로 냅킨을 걸치면 매너에 어긋난다. 천 소재의 냅킨이라면 립스틱까지 닦는 것은 예의가 아니니 주의한다.

주문부터 음식이 나오기까지 정말 오래 걸리니 느긋하게 마음먹자.

4 식사하기

☐ 포크와 나이프는 보통 바깥쪽에 있는 것부터 사용한다.

☐ 포크나 나이프를 떨어뜨렸다면 줍지 말고 새것을 갖다 달라고 요청한다.

☐ 포크와 나이프 모두 접시 오른쪽에 가로로 걸쳐두면 다 먹었다는 뜻. 음식이 남았더라도 접시를 치우고 다음 코스를 내온다.

생선을 통째로 내오거나 뼈를 제거하지 않은 상태로 내오는 요리의 경우 나이프와 포크를 이용해 머리와 꼬리를 자른 후 몸통의 지느러미, 뼈를 제거하고 아래쪽 살을 나이프로 잘라가며 먹는다. 마지막으로 윗부분의 살을 먹은 후에는 절대로 생선을 뒤집지 않는다.

5 계산하기

☐ 계산은 테이블에서 한다.

☐ 계산서를 달라고 할 때는 "라디시옹 실 부 플레(L'addition, s'il vous plaît)"라고 말한다.

☐ 신용카드로 계산할 땐 계산서 위에 카드를 올려놓으면 직원이 결제 기계를 들고 온다. 비밀번호(핀 넘버)를 입력하고 영수증에 사인을 추가로 하는 곳도 있다.

일반 레스토랑에서 팁이 의무는 아니지만, 서비스가 만족스러웠다면 음식 가격의 3~5% 정도를 주거나 거스름돈을 놓고 가는 것도 좋다. 고급 레스토랑의 경우 팁은 음식 가격의 8% 내외를 주되, 깔끔하게 떨어지는 액수를 테이블에 둔다. 동전을 주는 것은 실례다.

미식가들의 바이블
미슐랭 가이드

프랑스의 타이어 회사 미슐랭에서 1900년부터 매년 발간하는 레스토랑 안내서 <미슐랭 가이드(Guide Michelin, 기드 미슐랭)>. 처음에는 주차장과 레스토랑이 있는 호텔을 표시해 고객에게 무료로 나누어 주던 자동차 여행 안내 책자였는데, 이곳에 실린 레스토랑이 맛집으로 소문나면서 인기를 얻자 1920년대부터 등급을 매기고 유료로 판매하기 시작했다. 그 후 인기가 상승하여 연간 130만 부 이상 팔리는 베스트셀러가 되었고 '미식가들의 바이블'이란 명성까지 얻으며 전 세계 셰프와 레스토랑의 권위를 인정받는 기준이 되었다.

★ 미슐랭 스타란?

미슐랭 가이드는 맛, 서비스, 가격, 분위기, 청결 상태 등을 평가해 식당 등급을 별 1~3개로 표시하고 별을 부여할 조건에 살짝 모자라면 추천 레스토랑(빕구르망)으로 분류한다. 등급은 매년 엄격한 심사를 거친 뒤에 새롭게 리스트를 발표한다. 또 셰프에게 주는 것이 아니라 레스토랑에 부여하는 것인데도 별을 받았을 때의 셰프가 그 레스토랑을 그만두면 별을 취소한다. 2024년 전 세계에 별 3개를 받은 식당은 총 144개에 불과할 정도로 까다롭게 선정하며, 그중 파리에 10곳이 있다.

WEB guide.michelin.com

음식은 전통적인 빨간색, 여행안내 책자는 녹색과 파란색으로 발행한다.

★ 파리의 3스타 레스토랑 [2024년]

레스토랑	셰프	홈페이지
Alléno Paris au Pavillon Ledoyen	Yannick Alléno	www.yannick-alleno.com/fr/
Arpège	Alain Passard	www.alain-passard.com
Épicure	Éric Fréchon	oetkercollection.com/hotels/le-bristol-paris/restaurants-bar/
Kei	Kei Kobayashi	www.restaurant-kei.fr
L'Ambroisie	Bernard Pacaud	www.ambroisie-paris.com
Le Cinq	Christian Le Squer	www.fourseasons.com/paris/dining/
Le Gabriel–La Réserve Paris	Jérôme Banctel	lareserve-paris.com/restaurants-bars/restaurant-le-gabriel/
Le Pré Catelan	Frédéric Anton	restaurant.leprecatelan.com
Pierre Gagnaire	Pierre Gagnaire	pierregagnaire.com
Plénitude–Cheval Blanc Paris	Arnaud Donckele	www.chevalblanc.com

★ 전설이 된 파리의 스타 셰프들

조엘 로뷔숑
Joël Robuchon(1945~2018)

15세에 요리를 시작해 기존 요리
계의 모든 기록을 갈아치우고 셰
프들 사이에서도 전설로 인정받은 최고의 스타 셰프. 1996
년 51세에 은퇴했다가 2003년 새 식당을 오픈했는데, 7년
간의 공백에도 불구하고 30여 개의 미슐랭 스타를 획득했
다. 2018년에 73세의 나이로 세상을 떠났다.

WEB www.atelier-robuchon-etoile.com

기 사부아
Guy Savoy(1953~)

유독 예술가들의 사랑을 많이 받는
셰프. 늘 인자한 웃음과 손님을 배
려하는 자세, 요리에 대한 깊은 열정을 보여주는 기 사부아
는 아이러니하게도 독설로 유명한 영국 셰프 고든 램지의
스승이기도 하다. 비교적 저렴한 가격대의 레스토랑도 운
영해 방문자의 문턱을 낮췄다.

WEB www.guysavoy.com

피에르 가녜르
Pierre Gagnaire(1950~)

재료의 맛을 최대한 끌어내면서 전
혀 다른 모양으로 새롭게 태어나는
분자 요리(Cuisine Moléculaire)의 대가. 프랑스 전통 미식
을 추구하면서도 모던한 맛과 비주얼을 선보인다. 요리뿐
아니라 인테리어와 테이블 세팅 등 분위기에도 세심하게
신경 쓰기로 유명하다.

WEB www.pierre-gagnaire.com

알랭 뒤카스
Alain Ducasse(1956~)

16세에 요리계에 입문해 33세에 처
음 미슐랭 별 3개를 받았다. 어디에서
맛있다는 음식 얘기가 들리면 직접 달려가 맛을 확인하고
재료에 대해 끊임없이 연구하는 것으로도 유명하다. 후학
양성에도 힘을 쏟고 있으며, 파리에 10여 개, 전 세계에 60
여 개의 레스토랑과 카페 등을 운영하고 있다.

WEB www.ducasse-paris.com

+ **M O R E** +

프랑스 최우수 명장상 MOF(Meilleurs Ouvriers de France)

MOF는 3~4년에 한 번씩 수여하는 타이틀로, 프랑스 미식 업계에서는 미슐랭 3스타에 버금가는 최고의 영예로 간주
한다. 마땅한 수상자가 없으면 그냥 지나가는 해가 있을 정도로 깐깐하게 심사하니 가게 앞에 MOF라는 로고나 문구
가 보이면 믿고 들어가도 좋다.

MOF 수상자가 있는 파리의 베이커리 & 레스토랑
- **제빵 부문** : Laurent Duchêne(크루아상), Arnaud Lahrer(파티스리), Le Quartier du Pain(파티스
리), Au Duc de la Chapelle(바게트) 등
- **초콜릿 부문** : Franck Kestener, La Maison du Chocolat, Patrick Roger, Jean-Paul Hévin 등
- **치즈 부문** : Eric Lefebvre, La Fromagerie d'Auteuil, Fromagerie Laurent Dubois 등
- **육류 요리 부문** : Boucherie de l'Avenir 등
- **프랑스 요리 전반** : Pierre Gagnaire, Lenôtre 등

'와인' 하면 프랑스가 제일 먼저 떠오를 정도로 와인은 프랑스인의 삶에서 빼놓을 수 없는 가장 중요한 음료다. 실제로 2021년 프랑스의 와인 생산량은 이탈리아와 스페인에 이어 세계 3위, 소비량은 미국에 이어 세계 2위로, 한 마디로 만든 만큼 열심히 소비하고 있는 셈이다.

프랑스 와인은 각 지역과 농장에서 재배하는 품종과 제조 과정에 따라 맛과 가격이 천차만별이다. 하지만 와인의 맛은 가격에 비례하지 않는다는 것! 내 입에 잘 맞는 와인을 찾아보고, 잘 모르겠다면 소믈리에의 도움을 받는 것이 중요하다.

프랑스 와인 등급

1 AOC(Appellation d'Origine Contrôlée)

최고 등급의 와인에 부여하는 프랑스의 원산지 통제 명칭. 와인 라벨의 'd'Origine'에 생산지 이름이 들어간다.

3 Vins de Pays

지정한 지역에서 허가한 포도 품종으로만 생산한 와인

2 AOVDQS(Appellation d'Origine Vin Délimité de Qualité Supérieure)

상급. 농장 이름을 와인 라벨의 위나 아래에 크게 기재한다.

4 Vin de Table

와인 자체를 음미하기보다는 식사할 때 반주로 곁들이기에 좋은 와인. 포도 품종이나 생산자 등을 라벨에 표기하지 않는다.

+ M O R E +

프랑스 와인 라벨 읽는 법

프랑스 와인 라벨은 생산 지역과 와이너리에 따라 디자인이 다르다. 그러나 모든 요소를 표기하는 것이 원칙이므로 잘 살펴보면 어떤 와인인지 알 수 있다. 보통 생산자의 경우 부르고뉴는 '도맹(Domain)', 보르도는 '샤토(Château)'로 표기한다.

❶ MIS EN BOUTEILLE AU CHÂTEAU : 생산 후 바로 샤토에서 병입했음.

❷ CHÂTEAU MARGAUX : 샤토 이름. 즉 제조자의 농장 이름

❸ 로고, 이미지 등

❹ 1987 빈티지. 포도 수확 연도

❺ PREMIER GRAND CRU CLASSÉ : 등급. AOC 중에서도 상급이라는 의미

❻ MARGAUX : 생산 지역

❼ 알코올 도수

❽ 용량

❾ APPELLATION MARGAUX CONTRÔLÉE : 명칭(Appellation)+원산지(MARGAUX)+통제(Contrôlée) 형식으로 적혀있으므로 AOC 등급이다.

❿ 생산자의 정확한 주소와 이름, 국가 등

→ 샤토 마고에서 생산한 후 병에 담은 와인. 1987년은 포도를 수확한 해이며, AOC 중 최고 등급인 프르미에 등급을 받은 프랑스 와인을 뜻한다.

1 샹파뉴 Champagne

샴페인의 본고장. '샴페인'이라는 말이 바로 샹파뉴의 영어식 발음이다. 샹파뉴에서 생산한 와인만 샴페인이라고 부른다.

2 알자스 Alsace

화이트 와인을 주로 생산하며 달콤한 맛이 특징이다.

3 루아르 Loire

거의 모든 종류의 와인을 생산한다.

4 부르고뉴 Bourgogne

과일 향이 좋기로 유명하다. 대부분 단일 포도 품종을 사용한다. 보졸레와 마콩은 부르고뉴에 속하는 지역이지만 기후 차이가 커 지역을 세분화한다.

5 보졸레 Beaujolais

와인을 빠르게 숙성 시켜 매년 11월에 신제품을 출시하는 것으로 유명하다. 우리에게도 익숙한 '보졸레 누보'가 바로 그것. 맛이 상큼해 가볍게 마시기 좋다.

6 론 Rhône

레드 와인과 화이트 와인, 로제 와인을 모두 생산하며 화이트 와인의 강한 맛이 특징이다.

7 보르도 Bordeaux

부르고뉴 와인보다 알코올 도수가 높고 맛이 진하다. 대개 2종류 이상의 포도를 블렌딩하며 세계 최고의 블렌딩 기술을 자부한다.

❶ **슈퍼마켓에 간다** 숙소에서 가까운 슈퍼마켓으로 가자. 웬만한 와인 전문점 못지않게 와인을 갖추고 있다. 주로 3~20€의 저렴한 와인 위주로 구비해 가성비가 뛰어난 와인을 고를 수 있다.

❷ **와인 종류를 고른다** 시원하게 탄산이 있는 와인을 원한다면 샴페인(Champagne), 상큼하고 가볍게 마시려면 화이트 와인(Vin Blanc), 조금 진한 와인을 원한다면 레드 와인(Vin Rouge)을 골라보자.

❸ **와인 라벨을 보고 등급을 정한다** 프랑스 와인은 등급에 따라 엄격히 관리된다. 따라서 최상급 와인인 'AOC'를 고르면 실패할 확률이 낮다. AOC 중에서도 '프르미에 그랑 크뤼(Premier Grand Cru)'나 '그랑 크뤼(Grand Cru)'가 고급 와인이다.

❹ 좀 더 세심하게 고르려면 빈티지(포도 수확 시기)와 생산 지역을 보자. 자세한 빈티지 정보는 와인 애호가 매거진(Wine Enthusiast Magazine) 참고.
WEB www.winemag.com/wine-vintage-chart/

: WRITER'S PICK :
라벨에서 AOC를 못 찾겠어요!

AOC는 'Appellation d'Origine Contrôlée'의 약자로, 라벨에는 모두 풀어서 기재한다. '포도 농장(Origine, 마을 이름)'을 의미하는 가운데의 'O'에는 생산지의 이름이 들어간다. 예를 들어 마고 농장에서 생산한 와인이라면 'Appellation Margaux Contrôlée'라고 표기한다.

내추럴 와인

화학비료나 살충제, 제초제, 첨가물을 전혀 넣지 않고 아주 오래전 전통적인 방법으로 만든 와인. 기존 와인 대비 신맛이 강하고 독특하고 개성 강한 향으로 와인 애호가들 사이에서 '마니아의 장르'로 통한다. 네이키드(Naked) 와인, 로(Raw) 와인이라 부르기도 한다.

+MORE+

와인의 단짝 친구, 치즈 Fromage(프로마주)

페이스트리, 와인과 함께 프랑스에서 빼놓을 수 없는 것이 치즈다. 프랑스에는 2500여 종의 치즈가 있으며, 프랑스인들은 치즈를 온전한 음식으로 대접한다. 레스토랑에서도 메인 요리 이후 격식을 차려 먹는 식사의 한 코스로 치즈를 내올 정도. 치즈에는 보통 그 치즈를 만든 지역의 이름을 붙이며 발효 기간이 길수록 향이 강해지고 가격도 비싸진다. 프랑스를 대표하는 치즈의 종류는 다음과 같다.

카망베르 Camembert

겉은 약간 단단하고 속은 부드럽다. 프랑스 대혁명 즈음 만들어져 역사가 짧은데도 전 세계에서 사랑받고 있다. 우리 입맛에도 잘 맞는다.

브리 Brie

카망베르 치즈와 비슷하지만 겉은 더 얇고 단단하며 속은 조금 더 말랑하다. '치즈의 왕'이라 불릴 정도로 유명하고 인기가 많다.

콩테 Comté

프랑스에서 오랫동안 사랑받는 전통 치즈. 속은 노란 크림색을 띠고 매끄러운 질감을 선보인다. 쫀쫀한 식감으로, 일상적으로 자주 먹는다.

에망탈 Emmental

구멍이 송송 뚫린 경성 치즈. 스위스를 대표하는 치즈지만 프랑스 서부에서도 광범위하게 생산된다. 샌드위치에 가장 많이 곁들이는 치즈다.

미몰레트 Mimolette

네덜란드의 에담을 프랑스식으로 만들어낸 반경성 치즈. 향이 강하지 않고 색이 고와 샐러드에 잘 어울린다.

뮝스테르 Munster

특유의 강한 향으로 유명한 치즈. 겉은 오렌지색에 가깝고 속은 연한 노란빛을 띤다.

리바로 Livarot

응고시킨 우유를 소금물로 세척하며 숙성시킨 주황색의 연성 치즈. 자극적인 구린내가 나 웬만한 치즈 애호가가 아니면 즐기기 힘들다.

로크포르 Roquefort

이탈리아의 고르곤졸라, 영국의 스틸턴과 함께 세계 3대 블루치즈로 꼽힌다. 촉촉하고 크리미한 하얀 속살과 짭조름한 맛이 일품이다.

블루 데 코스 Bleu des Causses

부드러운 버터 같은 질감이 강한 블루치즈. 천연동굴에서 숙성 시켜 만든다.

로카마두르 Rocamadour

실크처럼 부드럽고 마일드하면서도 농밀한 풍미가 특징인 염소젖 치즈.

1 르그랑 피 에 피스 Legrand Filles et Fils

에헴~ 내가 바로 와인계의 원로

1880년 팔레 루아얄 근처의 갤러리 비비엔(Galerie Vivienne)에 문을 연 와인숍 겸 바. 보르도, 론, 랑그독 지역의 고급 와인을 주로 판매한다. 구매하기 전에 바나 테이블에서 테이스팅(8€~)해 볼 수 있고 콜키지(15€)를 내면 구매한 와인을 가게에서 바로 마시는 것도 가능하다. 안주로는 12:00부터 치즈 모둠과 콜드 컷(살라미+테린+릴레트+치즈), 초콜릿을, 15:00부터 정어리구이, 푸아그라 등을 판매한다. 점심에는 와인을 페어링한 고등어구이, 소고기 타르타르 같은 식사도 제공하는데, 와인숍치고는 꽤 맛있어서 현지인들 사이에서는 맛집으로 더 유명하다. **MAP ❺-B**

GOOGLE MAPS legrand filles
ADD 1 Rue de la Banque, 75002
OPEN 10:00~23:00(월요일 ~19:30)/일요일 휴무, 식당 12:00~23:00/일·월요일 휴무/8월 14~21일 휴가
WALK 팔레 루아얄 북쪽 끝에서 도보 1분
METRO 3 Bourse 2번 출구에서 도보 5분
WEB www.caves-legrand.com

2 니콜라 Nicolas

프랑스에서 가장 큰 와인 체인점

파리에서 가장 쉽게 만날 수 있는 대중적인 와인 체인점. 쇼핑할 시간이 부족한 여행자는 다양한 종류와 가격대의 와인을 갖춘 마들렌 성당 뒤쪽의 본점을 주로 찾는다. 어떤 것을 골라야 할지 모르겠다면 매니저에게 원하는 가격대와 종류, 맛을 이야기하면 추천해준다. 2층에 마련된 와인 바에서는 치즈와 샐러드를 주문해 와인과 함께 즐길 수 있다. 아래층에서 구매한 와인을 가져와 마실 경우 콜키지 4€가 추가된다. 파리 시내에 150여 개 지점이 있다. **MAP ❸-C**

GOOGLE MAPS nicolas la madeleine
ADD 31 Place de la Madeleine, 75008(본점, 마들렌 성당 근처)
OPEN 10:00~20:00/일요일 휴무
METRO 8·12·14 Madeleine에서 도보 1분
WEB www.nicolas.com

파리 쇼핑 탐구 일기

편집숍 & 빈티지 숍

원하고, 바라고, 갖고 싶던 그것

쇼핑이 천직인 사람도, 쇼핑에는 통 관심이 없는 사람도 파리에서라면 해답을 찾을 수 있다. 디렉터의 감각이 돋보이는 수준급의 편집숍 덕에 특별한 안목이 없어도 근사한 스타일을 담아올 수 있고, 큰돈을 들이지 않아도 기대 이상의 질 좋은 상품을 득템할 수 있는 도시이기 때문이다.

편집숍

기념품으로도 인기 만점!
메르시 에코백 & 팔찌

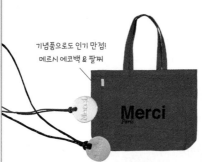

2
3

1

1 메르시
Merci

봉푸앙을 창립한 코앙 부부가 운영하는 편집숍. 자체 브랜드는 물론 A.P.C.와 이자벨 마랑, 이솝 등 핫한 브랜드와 신진 디자이너의 브랜드, 생활·주방용품까지 갖추고 있다. 잠시만 둘러봐도 내 패션 감각이 높아질 것만 같은 느낌이다. → 312p

2 프렌치 트로터
French Trotters

파리지앵들의 '최애' 브랜드 제롬 드레이퓌스, 아미, 미셸 비비안, 에이브릴 가우, 마스코브 등의 의류와 액세서리부터 인테리어 소품, 향수, 프렌치 감성의 생활 잡화까지, 이 모든 것이 조화롭게 어우러지는 심플하고도 차분한 공간. → 313p

3 브로큰 암
The Broken Arm

트렌드를 앞서는 감각적인 셀렉션으로 소문이 자자한 마레 지구의 의류 편집숍이다. 파리에서 주목받는 신진 디자이너의 제품과 주요 브랜드의 한정 아이템을 발 빠르게 들여온다. → 313p

1 킬로 숍
Kilo Shop

'고르고, 재고, 가져가라!'는 슬로건을 내세운, 파리 최대 규모의 빈티지숍. 가격은 1kg에 20~60€로, 대개 상품에 붙어 있는 도난 방지 태그나 꼬리표의 색상으로 분류한다. 저울에 옷을 올린 후 태그나 꼬리표와 색상이 같은 버튼을 눌러 가격을 측정할 수 있다. 파리 시내에 6개 지점이 있다. **MAP** 마레 지점 **⑤**-A

GOOGLE MAPS 킬로숍 마레
ADD 69-71 Rue de la Verrerie, 75004
OPEN 11:00~19:30(일요일 14:00~)
METRO 1·11 Hôtel de Ville에서 도보 2분
WEB www.kilo-shop.fr

2 프리 '피' 스타
Free 'P' Star

마레 지구에 3개, 레알 지구에 1개의 매장이 있는 저렴한 빈티지숍. 파리 젊은이들이 정신줄 놓고 옷을 고르는 곳이다. 미니스커트와 원피스 등 여성복은 5€~, 가죽 재킷과 인조 가죽 의류는 30~80€ 정도로, 상태도 좋고 브랜드도 다양한 편. 지하에는 클럽 의상으로 제격인 아찔한 옷과 소품이 가득하다. **MAP** 마레 지점 **⑤**-A

GOOGLE MAPS V945+9G 파리(마레 지구 리볼리 거리점)
ADD 20 Rue de Rivoli, 75004
OPEN 11:00~20:30
METRO 1 Saint-Paul에서 도보 2분
INSTAGRAM @freepstar_officiel

3 에스파스 킬리워치
Espace Kiliwatch

상태 좋은 중고 옷은 물론, 캐주얼 브랜드의 신상품까지 취급하는 빈티지계의 유명 편집숍. 1€짜리 버튼부터 500€가 넘는 밍크코트까지 다양한 상품을 갖췄다. 넓은 매장에 스타일과 브랜드별로 잘 정리해두어 원하는 상품을 쉽게 찾을 수 있다. 세일 기간에 추가 할인을 하며 세금도 환급받을 수 있다. **MAP** 레 알 지점 **⑥**-B

GOOGLE MAPS kiliwatch paris
ADD 64 Rue Tiquetonne, 75002
OPEN 10:30~19:30(월요일 ~19:00)/일요일 휴무
METRO 4 Étienne Marcel에서 도보 5분
INSTAGRAM @kiliwatch.paris

약국 & 화장품 쇼핑

파리 길거리 쇼핑의 꽃

피부 트러블러들에게 열렬한 환영을 받는 프랑스의 '약국 화장품'. 믿고 살 수 있는 약국(Pharmacie)에서 판매하는 데다 가격도 부담스럽지 않아 20~30대에게 특히 인기가 많다. 대부분 제품이 우리나라보다 저렴하므로, 파리 여행자의 필수 쇼핑 아이템이다.

약국

1 몽쥬 약국
Pharmacie Monge

우리나라 여행자들에게 독보적 인기를 누리고 있는 약국의 성지. 한국인 직원은 물론 한국어를 하는 프랑스 직원도 있고 규모가 커서 다양한 상품을 만날 수 있다. 구매 금액에 따라 추가 할인을 해주는 점도 인기 비결 중 하나다. MAP ⑩-A

GOOGLE MAPS 몽쥬약국 노트르담
ADD 1 Place Monge, 75005 (파리 식물원 근처)
OPEN 08:00~20:00/일요일·공휴일 휴무(일부 일요일·공휴일 오픈)
METRO 7 Place Monge에서 도보 1분
WEB notre-dame.pharmacie-monge.fr

2 파르마 데 갤러리
Pharma des Galeries

갤러리 라파예트와 프렝탕 백화점 등 쇼핑 상점이 모여 있는 오페라 지역에 있어 귀국 당일 공항 가기 전에 방문하기 좋은 약국. 이곳 역시 한국인 직원이 상주하고 있다. 좁고 혼잡하니 살 목록을 미리 정하고 가는 것이 좋다. MAP ❸-D

GOOGLE MAPS V8FJ+HC 파리
ADD 11 Rue de Mogador, 75009(오페라 가르니에 근처)
OPEN 08:30~20:00 (토요일 09:30~)/일요일 휴무
METRO 7·9 Chaussée d'Antin-La Fayette에서 도보 2분
WEB pharmacieoperamogador.pharmabest.com

3 시티파르마
Citypharma

넓은 매장과 10개가 넘는 계산대, 브랜드별로 알아보기 쉽게 정리한 진열대를 갖춰 쇼핑하기 편리한 곳. 전 세계 여행자에게 유명한 약국이다. 현지인도 많이 오는 곳이라 늘 사람이 많지만, 매장이 넓어 혼잡하지는 않다. MAP ❻-D

GOOGLE MAPS V83M+48 파리
ADD 26 Rue du Four, 75006 (생제르맹데프레)
OPEN 08:30~21:00 (토요일 09:00~, 일요일 11:00~20:00)
METRO 4 Saint-Germain-des-Prés에서 도보 2분
WEB pharmacie-paris-citypharma.fr

: WRITER'S PICK :

약국, 어디로 가야 할까?

파리 시내를 돌아다니다 보면 약국이 정말 많이 보인다. 정찰제가 아니어서 약국마다 가격도 다르고 특별 할인을 하는 곳도 있다. 너무 싸거나 조건이 좋은 제품은 유효기간이 얼마 남지 않은 것일 수 있으니 꼼꼼히 확인하고 사자. 우리나라에서도 판매하거나 인터넷으로 주문하면 더 저렴한 것도 있으니 미리 조사하고 가는 것이 좋다.

세포라
Sephora

화장품 전문 매장. 면세점보다 다소 가격이 비싸지만 부담 없이 테스트해볼 수 있고, 무엇보다 전 세계 모든 화장품과 향수를 구비하고 있다는 말이 나올 만큼 그 종류가 많다. 파리 시내에 30여 개 지점이 있다.

WEB www.sephora.fr

: WRITER'S PICK :

약국에서 세금 환급받기

프랑스 약국에서 의약품을 제외한 일반 상품을 100.01€ 이상 구매하면 세금을 환급받을 수 있다. 그러나 모든 약국에서 가능한 것은 아니고 글로벌 블루(Global Blue)나 프리미어 택스 프리(Premier Tax Free) 등 국제 세금 환급 업체에 회원으로 가입한 약국에서만 가능하다. 세금을 환급받을 수 있는 약국은 입구에 해당 스티커나 안내문을 붙여 놓았으니 확인하고 이용하자.

+MORE+

위급 상황 시 알아두면 유용한 정보

■ 24시간 문 여는 약국

파리의 약국은 일요일과 공휴일에 돌아가며 문을 연다. 따라서 아프다면 참지 말고 일드프랑스 약국 정보 홈페이지에서 찾아보고 약국으로 가자. 낮(Jour)과 밤(Nuit)으로 나눠서 운영하니 날짜와 시간대를 지정해 검색한다.

WEB monpharmacien-idf.fr

■ 응급실 운영 종합병원 & 긴급 시 이용 가능한 의료 기관

- 파리 응급실 Urgences Médicales de Paris
  TEL 01 53 94 94 94　**WEB** www.ump.fr
- 응급 소아과 Hôpital Necker
  TEL 01 44 49 40 00　**WEB** www.hopital-necker.aphp.fr
- 오텔 디외 종합병원 Hôpital Hôtel-Dieu
  TEL 01 42 34 82 34　**ADD** Pl. du Parvis-de-Notre-Dame, 75004(노트르담 대성당 근처)
  WEB www.aphp.fr/contenu/hopital-hotel-dieu-1

■ 증상 관련 프랑스어

- 통증 Douleur(둘러흐) / 발열 Fièvre(휘에브)
- 근육, 관절통 Muscles et articulations
  (뮈슬 에 아티뀔라시옹)
- 변비 Constipation(콩스티파시옹)
- 설사 Diarrhée(디아히)
- 헛구역질 Nausée(노제) / 구토 Vomissement(보미스멍)
- 소화 불량 Digestion difficile(디제스티옹 디피실)
- 감기 Rhume(흐윔) / 독감 Grippe(그맆)
- 가래 나오는 기침 Toux grasse(투 그하스)
- 마른기침 Toux sèche(투 세쉬)
- 후두염(목감기) Mal a la gorge(말 알라고쥐)
- 두통(편두통) Migraine(미그헨)
- 코로나19 COVID19(코비드 디즈뇌프)

쟁이자!
슈퍼마켓 & 마트

여행 중 현지인 기분을 느껴보기에 마트 장보기 만한 것이 없다. 파리 시내엔 대형 마트는 물론 크고 작은 슈퍼마켓이 곳곳에 있어서 언제든 쉽게 들를 수 있다.

미쉘 어거스틴 Michel & Augustin
초콜릿 퐁당 쿠키
(Grand Coeur Fondant)

가보트 Gavotte
크레페 쿠키류

본 마망 Bonne Maman
잼, 마들렌, 타르틀레트 등

마리아주 프레르
Mariage Frères
얼그레이 잼

다논 Danone
초콜릿칩 요거트
(Jockey Stracciatella)

쿠스미 티 Kusmi Tea
홍차 & 허브 티

티렐 Tyrrell's
사워크림 & 세레나데
칠리 맛 감자칩

르 프티 마르세예즈
Le Petit Marseillais
마르세유 비누 & 바디 로션

자케 Jacquet
미니 브라우니

보디에르
Bordier
버터, 요거트 등

이즈니 생트메르
Isigny Sainte-Mère
무염 버터

마리 부베로 Marie Bouvero /
파스티피초 아르티자노
Pastificio Artigiano
에펠탑 모양
파스타

쥐스탱 브리두
Justin Bridou
말린 소시지
(Bâton de Berger Mini).
*우리나라로 반입은 안되므로
현지에서 소비한다.

아티장 드 라 트뤼프
Artisan de la Truffe
트뤼프 소금 & 파스타

생달푸르 St. Dalfour
무설탕 잼

뤼 LU
과자류

라 페뤼슈
La Perruche
브라운 각설탕

클레망 포지에르
Clément Faugier
마롱크림(Crème de
Marrons de l'Ardèche)

피그 Figue
무화과

페슈 플라트
Pêche Plate
납작복숭아

마트 쇼핑백
기념품으로도 손색 없는 튼튼한 가방

---

1 프랑스 대표 유통체인
모노프리 Monoprix   MONOPRIX

식품류뿐 아니라 의류·화장품·문구류 등도 판매하는 대형 마트. 일반 슈퍼마켓 모노프(Monop'), 샌드위시·즉석식품 전문점 데일리 모노프(Daily Monop'), 화장품 전문점 뷰티 모노프(Beauty Monop') 등 취급 품목에 따라 다양한 브랜드로 나뉜다. 모노프리가 다루는 라인업을 총집합한 라탱 지구의 생미셸 지점(24 Boulevard Saint-Michel, 75006)은 밤늦게까지 영업한다.
WEB www.monoprix.fr

2 글로벌 유통 체인
카르푸 Carrefour

파리 시내에는 일반 슈퍼마켓 규모의 카르푸 마켓(Carrefour Market)과 편의점 정도 크기인 카르푸 시티(Carrefour City), 카르푸 익스프레스(Carrefour Express) 등이 있다. 우리에게 익숙한 대형 마트 카르푸는 2존 밖에 있으며, 파리 시내의 소규모 매장들은 대형 마트보다 가격이 비싸다.
WEB www.carrefour.fr

3 지점 수로는 내가 제일!
프랑프리 Franprix

다양한 식료품을 모노프리보다 조금 더 저렴하게 파는 슈퍼마켓. 파리 시내에 200여 개 매장이 있어 마치 편의점처럼 이용할 수 있다. 지점에 따라 규모와 영업시간이 많이 다르며 일주일에 1~2일은 24시간 영업하는 곳도 있다.
WEB www.franprix.fr

4 냉동식품 전문 매장
피카르 Picard

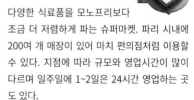

앙트레에서 디저트까지 냉동식품을 전문으로 취급하는 유통업체로, 파리에 120여 개 지점이 있다. 간편식은 물론 채소까지 급속 냉동해 신선함을 보장한다. 숙소에 조리 시설이 있는 여행자에게 유용한 곳. 특히 여름에 방문한다면 아이스크림 프로모션을 놓치지 말자.
WEB www.picard.fr

보기만 해도 기분 좋은 **디자인 소품 & 기념품**

파리 감성을 듬뿍 담은 기념품에는 어떤 것이 있는지 살펴보자. 부담없는 가격대만 쏙쏙 골랐으니 지인들에게 줄 가벼운 선물로도 손색이 없다.

Ⓐ **루브르박물관**
<니케> 모형

Ⓑ **메종 키츠네**
에코백

Ⓐ **루브르박물관**
유명 작품을 활용한 문구류

Ⓑ **셰익스피어 앤 컴퍼니**
에코백

Ⓐ **오르세 미술관**
머그잔

Ⓑ **메르시**
에코백

무슨 선물할까 고민하지 말고
Ⓐ 박물관 & 미술관 기념품숍

디자인 강국답게 박물관이나 미술관의 기념품숍 또한 빼놓을 수 없다. 유명 작품을 그대로, 또는 패러디해 프린트한 수건이나 머그, 문구류를 추천. 특히 퐁피두 센터의 기념품숍은 감각적인 고급 문구류 컬렉션이 돋보이는 곳으로 유명하다. 파리 시청사 관광 안내소(152p) 옆에 위치한 파리 공식 기념품숍 파리 랑데부(Paris Rendez-Vous)에서도 질 좋은 상품을 득템할 수 있다.

오늘 기분은 에코백!
Ⓑ 편집숍 & 서점

무심한 듯 어깨에 걸쳐 멘 세련된 에코백이야말로 파리지앵 스타일의 정점이다. 여행 기념품으로도 손색없는 에코백 하나 메고 파리 거리를 거닐어보자. 메종 키츠네(228p), 메르시(312p), 셰익스피어 앤 컴퍼니(250p), Ofr(311p), 이봉 랑베르(311p) 같은 유명 편집숍과 서점은 물론 명품 브랜드에서도 앞다투어 판매한다.

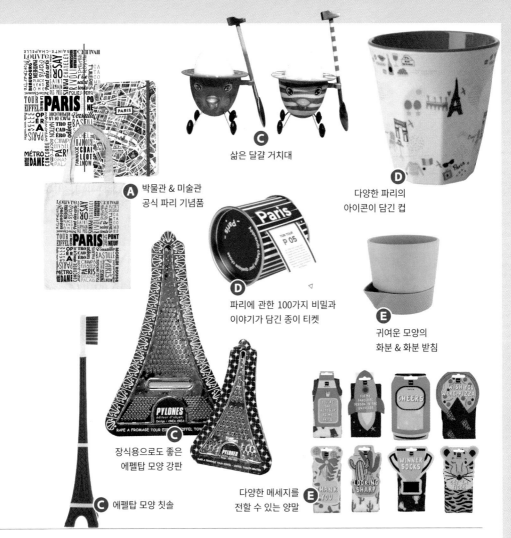

C 삶은 달걀 거치대

A 박물관 & 미술관
공식 파리 기념품

D 다양한 파리의
아이콘이 담긴 컵

D 파리에 관한 100가지 비밀과
이야기가 담긴 종이 티켓

E 귀여운 모양의
화분 & 화분 받침

C 장식용으로도 좋은
에펠탑 모양 강판

C 에펠탑 모양 칫솔

E 다양한 메세지를
전할 수 있는 양말

충동구매욕이 활활~
C 필론 Pylones

알록달록한 색상과 귀엽고 새침한
캐릭터가 눈길을 사로잡는 디자인
소품점. 스푼, 토스터, 우산, 주방용
품 등 예술 작품이라고 해도 좋을 만
큼 멋진 생활용품을 보기보다 저렴
한 가격에 판매한다. 유머러스한 디
자인과 풍부한 색채감에 현혹돼 충
동구매하기 쉬우니 단단히 마음먹
고 가자. 파리 시내에 10여 개 지점
이 있다.
WEB www.pylones.com

파리 최대의 라이프스타일 편집숍
D 플뢰 Fleux

의류, 생활 잡화, 가구, 식품 등 폭넓
은 라이프스타일 전반을 다루는 대
규모 편집숍. 세련된 소재와 디자인
의 고급스러운 제품을 선보인다. 부
피가 큰 고가의 상품이 많은 편이지
만 사랑스러운 머그잔이나 에펠탑
스노우볼같은 디자인 소품도 종종
눈에 띈다. 퐁피두 센터 근처에 6개
지점이 모여 있으며 매장마다 콘셉
트와 판매하는 상품이 다르다.
WEB www.fleux.com

네덜란드에서 온 생활 잡화 브랜드
E 에마 Hema

물가 비싼 유럽에서 마음 편하게 들
를 수 있는 생활용품 잡화점. 덴마
크 디자인 스토어 플라잉 타이거 코
펜하겐과 비슷한 콘셉트로, 일회용
품부터 간식거리까지 다양한 상품이
준비돼 있고 가격대비 상품의 질도
좋은 편이다. 각종 충전 케이블도 있
어 여행 중 파손된 제품이 있을 때도
들르기 좋다. 파리 시내에 약 15개
지점이 있다.
WEB www.hema.com

파리지앵 룩 따라잡기

프렌치 시크 감성 브랜드

'꾸안꾸' 프랑스인들만의 멋지고 세련된 스타일을 살펴보는 시간. 헐렁한 리넨 셔츠와 뭉툭한 굽의 디커부츠만으로도 품위와 개성이 한껏 드러난다.

▌메종 키츠네 Maison Kitsuné

음반 레이블이자 패션 브랜드로 유명한 메종 키츠네는 유행을 타지 않는 깔끔한 디자인에 귀여운 여우 패치가 들어간 제품이 특징이다. 남녀공용으로 나와 커플룩으로 활용 만점인 티셔츠와 스니커즈, 에코백이 인기. → 228p

WEB hwww.maisonkitsune.com

▌아페쎄 A.P.C.

메종 키츠네와 함께 편안하고 감성적인 데일리 아이템으로 사랑받는 캐주얼 브랜드. 청바지와 스니커즈, 숄더백 등 스테디셀러를 비롯해 유명인과 합작한 컬래버레이션 한정 아이템을 꾸준히 선보이고 있다.

WEB www.apc.fr

▌이자벨 마랑 Isabel Marant

프렌치 시크의 유행은 이자벨 마랑에서부터 시작됐다고 해도 과언이 아니다. 프렌치 시크를 대표하는 럭셔리 컨템포러리 브랜드.

WEB www.isabelmarant.com

▌쟈딕에볼테르 Zadig & Voltair

시크와 페미닌을 넘나드는 프랑스 캐주얼계의 명품 브랜드. 면 티셔츠 한 장에 75~160€ 정도로 비싼 편이지만 빈티지 스타일의 감각적인 디자인과 질 좋은 원단으로 전 세계 젊은 층에게 널리 사랑받고 있다.

WEB zadig-et-voltaire.com

▌마쥬 Maje

로맨틱하고 시크한 보헤미안 스타일로 주목 받고 있는 프랑스 패션 브랜드. 가격이 저렴한 편은 아니어서 세일을 시작하면 인기 사이즈부터 일찌감치 품절된다.

WEB fr.maje.com

▌산드로 Sandro

캐주얼과 세미 정장 스타일의 옷을
주로 선보이는 컨템포러리 브랜드.
모던한 디자인과 모노톤 색상이 돋
보인다. 세심한 디테일로 감각적인
디자인을 내세운 재킷이 대표 상품.

WEB fr.sandro-paris.com

▌루즈 Rouje

배우이자 패션 인플루언서인 잔느
다마스가 2016년에 론칭한 프렌치
시크 브랜드. 빈티지한 프렌치 스타
일에서 영감을 받은 페미닌한 디자
인을 합리적인 가격에 선보인다.

WEB www.rouje.com

▌세잔 Sézane

프랑스 최초의 온라인 SPA 브랜드.
제품의 4분의 3에 친환경 소재를 적
용하며 차별화에 성공했다. 감각적
인 셀렉션과 스타일이 돋보이는 드
레스와 블라우스, 랩 스커트가 인기.

WEB www.sezane.com

▌세인트 제임스 Saint James

1889년 프랑스 노르망디 인근지역에서 설립된 뒤 깔끔한 스트라이프
패턴의 마린룩으로 명성을 떨치고 있는 캐주얼 브랜드. 고급 소재를 사
용한 편안한 착용감 덕분에 데일리룩의 대명사로 자리 잡았다.

WEB fr.saint-james.com

▌벤시몽 Bensimon

1979년 등장한 이래, 연간 300만 족의 판매고를 올리며 세계적인 인기
를 구가하는 '테니스 슈즈'는 물론, 의류와 소품, 가구까지 취급하는 라
이프스타일 브랜드.

WEB www.bensimon.com

▌봉푸앙 Bonpoint

다양한 감성의 유아동복을 선보이는 럭셔리 브랜드. 가격은 조금 비싼
편이시만 세일 기간에는 할인율이 높아 인기 품목은 금세 품절된다.

WEB www.bonpoint.com

▌봉통 Bonton

봉푸앙에 가벼운 컨템포러리 감성을 가미해 론칭한 세컨드 브랜드. 다
채로운 색감의 깜찍한 아동복과 문구류, 가구, 생활용품, 미용 서비스
까지 유아와 아동을 위한 모든 것을 취급한다.

WEB www.bonton.fr

파리 시내 곳곳의 할인 매장에서는 쟈딕에볼테르, A.P.C., 마쥬, 봉푸앙 등 우리나라에서도 인기 있는 프랑스 브랜드들을 만나볼 수 있다. 단, 대형 아웃렛은 다른 유럽 국가의 아웃렛보다 여러모로 뒤처지는 편이므로, 방문 시 이 점을 감안해야 한다.

아웃렛

파리에서 아웃렛 하면 여기!
라 발레 빌라주 La Vallée Village

파리 시내에서 RER로 30분 거리에 있어 많은 사람이 찾는 파리의 대표 아웃렛. 다만 샤넬, 디올 등 프랑스의 명품 브랜드는 찾아보기 어렵고, 버버리와 아르마니, 몽클레르, 막스마라, 발렌시아가 등의 브랜드도 상품 수가 많지는 않다. 대신 우리나라 여행자들에게 인기 있는 롱샴, 쟈딕에볼테르, 봉푸앙 등 프랑스 캐주얼·유아 브랜드와 폴로 랄프 로렌 등은 다양한 종류의 상품을 갖추고 있다. 할인율은 보통 30~50%이며, 프랑스 전국 세일 기간인 1~2월과 6월 말~7월에는 일부 품목에 한해 최고 80%까지 추가 세일을 한다. 세일 기간에는 각 매장 앞에 줄을 서야 할 정도이니 아침 일찍 서두르는 것이 좋다.

GOOGLE MAPS 라발레빌리지 파리
ADD 3 Cours de la Garonne, 77700
TEL 01 60 42 35 00
OPEN 10:00~20:00(일부 공휴일과 공휴일 전날에는 유동적 오픈)/1월 1일·5월 1일·12월 25일 휴무
RER A Val d'Europe/Serris Montévrain에서 도보 12분
WEB www.lavalleevillage.com

똑소리 나는 아웃렛 쇼핑법

라 발레 빌라주 홈페이지에 회원 가입하면 음료 증정권이나 행사 초대장 등을 이메일로 보내준다. 여행 기간과 맞는다면 다양한 서비스를 받을 수 있다. 라 발레 빌라주 VIP 카드가 있으면 10% 추가 할인 쿠폰을 제공하며, 그 외에도 다양한 신용카드 회사에서 진행하는 이벤트를 통해 추가 할인권을 얻을 수 있다. VIP 패스포트 교환권이 있다면 쇼핑 전 안내 센터(Welcome Center)에 먼저 들러 할인 쿠폰으로 교환한다. 전체 합산은 안 되고, 한 브랜드에서 100.01€ 이상 구매해야 부가세 약 12%를 돌려받을 수 있다. 계산할 때마다 택스 리펀드(Tax Refund) 혹은 데탁스(Détaxe)를 요청해 환급용 영수증과 서류를 받는다.

라 발레 빌라주 셔틀버스

파리 시내에서 라 발레 빌라주까지 직행 셔틀버스 쇼핑 익스프레스(Shopping Express)가 운행한다. 라 발레 빌라주나 파리 시티비전(Paris City Vision) 홈페이지에서 출발하기 최소 2시간 전까지 예약하고 이용한다. 풀만 베르시 호텔에서 출발하며, 왕복만 가능하다.

PRICE 09:00 파리 출발, 18:45 라 발레 빌라주 출발 25€/09:00 파리 출발, 14:30 라 발레 빌라주 출발 30€
METRO 풀만 베르시 호텔: 14 Cour Saint-Émilion에서 도보 5분
WEB www.pariscityvision.com

파리 시내 할인점 리스트

■ **마쥬** Maje(스톡)
GOOGLE MAPS V8MQ+HW 파리
ADD 92 Rue des Martyrs, 75018(몽마르트르)
OPEN 10:30~19:30(일요일 12:00~)
METRO 2·12 Pigalle에서 도보 4분
WEB fr.maje.com

■ **산드로** Sandro(아웃렛)
GOOGLE MAPS V947+H3 파리
ADD 26 Rue de Sévigné, 75004(마레 지구)
OPEN 10:30~19:30(일요일 11:00~19:00)
METRO 1 Saint-Paul에서 도보 4분
WEB fr.sandro-paris.com

■ **봉푸앙** Bonpoint(스톡)
GOOGLE MAPS V85H+36 파리
ADD 42 Rue de l'Université, 75007(오르세 미술관 근처)
OPEN 10:00~19:00/일요일 휴무
METRO 12 Rue du Bac에서 도보 4분
WEB www.bonpoint.com

GOOGLE MAPS V85F+P9 파리
ADD 67 Rue de l'Université, 75007(오르세 미술관 근처)
OPEN 10:00~19:00/일요일 휴무
METRO 12 Solférino에서 도보 2분

■ **쟈딕에볼테르** Zadig & Voltaire(스톡)
GOOGLE MAPS V954+2J 파리
ADD 22 Rue du Bourg Tibourg, 75004(마레 지구)
OPEN 11:00~19:00
METRO 1·11 Hôtel de Ville 에서 도보 4분
WEB zadig-et-voltaire.com

■ **A.P.C.**(쉬르플뤼)
GOOGLE MAPS V8PW+96 파리
ADD 20 Rue André del Sarte, 75018(몽마르트르)
OPEN 11:00~19:30(일요일 13:00~19:00)
METRO 2 Anvers에서 도보 8분
WEB apc.fr

GOOGLE MAPS APC Surplus jacobs
ADD 40 Rue Jacob, 75006(생제르맹데프레)
OPEN 11:00~19:30(일요일 13:00~19:00)
METRO 4 Saint-Germain-des-Prés에서 도보 4분

: WRITER'S PICK :
소매치기를 피하려면 이렇게!

파리에서는 지나치게 여행자티 나는 복장은 자제하자. 무엇보다 알록달록한 등산복 차림이나 셀카봉은 소매치기를 향해 '나 관광객이에요'라고 손짓하는 것이나 다름없으니 절대 금물! 스카프와 모자, 목걸이 등을 모두 하거나 액세서리를 과하게 착용하는 것 역시 눈에 띈다. 조금이나마 덜 여행자스럽게 보이고 싶다면 무채색 계열의 아우터를 걸치는 걸 추천.

벼룩시장

빈티지한 파리의 휴일

주말마다 열리는 파리의 벼룩시장은 여기저기 발품을 팔며 깐깐하게 물건을 고르는 프랑스인들로 가득하다. 유쾌한 흥정이 기다리는 파리지앵의 삶 속으로 한 발 들어서보자.

1 파리의 벼룩시장을 책임질게
방브 벼룩시장 Marché aux Puces de Vanve

생투앙 시장보다 작은 규모에 상품도 소박하지만 350여 개 부스를 가득 채운 앤티크한 그릇, 그림, 가구, 수공예품, 인테리어 소품 등 소소한 볼거리가 많아 여행자들에게 가장 사랑받는 벼룩시장이다. 생계보다는 소일거리 삼아 나오는 사람들이 대부분이라 호객 행위 없이 마음 편히 둘러볼 수 있고, 세계 각국의 수집가가 모여들다 보니 영어 소통이 가능한 곳도 많다. 다만, 파리지앵에게도 만남의 장인 만큼 물건을 구매할 때는 주변에서 수다 떨고 있는 주인을 찾아 나서야 할 때도 있다. 파리 중심부에서도 가까워 주말 이른 아침, 활기 넘치는 파리지앵의 기운을 받아 가기 좋다. MAP ❶

GOOGLE MAPS 방브벼룩시장
ADD Avenue Marc Sangnier, Avenue Georges Lafenestre, 75014(파리 시내 남쪽 끝지점)
OPEN 토·일요일 07:00~14:00/날씨나 상황에 따라 유동적
METRO 13 & **TRAM** 3a Porte de Vanves에서 도보 3분

2 세계 최대 규모의 벼룩시장
생투앙 벼룩시장 Marché aux Puces de Saint-Ouen

1885년 시작된 벼룩시장. 크고 작은 15개의 시장을 통칭하며 클리냥쿠르(Clignancourt) 벼룩시장이라고도 불린다. 메트로역에서 나와 고가도로를 완전히 벗어나면 나오는 교차로 가운데에 쭉 뻗은 로지에 거리(Rue des Rosiers)를 중심으로 양쪽에 앤티크 가구와 헌책, 예술품, 옷가게가 늘어서며, '벼룩시장 안의 벼룩시장'이라 할 수 있는 시장이 형성돼 있다.

앙티카(Antica), 비롱(Biron), 캉보(Cambo) 등은 전 세계의 수집가들을 불러모으는 고가의 가구를 주로 취급하며 포장과 배송까지 책임지는 운송 센터도 마련돼 있다. 가장 규모가 큰 폴 베르(Paul Bert) 시장에서는 현대 예술품과 작은 가구, 장식품, 액세서리 등을 만나볼 수 있고, 교차로 오른쪽에 있는 장앙리 파브르 거리(Rue Jean-Henri Fabre)와 앞으로 뻗은 미슐레 대로(Avenue Michelet)에는 신제품 위주의 의류와 액세서리, 신발 상점이 모여 있다. 5€대의 원피스나 스카프, 가방도 있다. MAP ❶

GOOGLE MAPS W82V+HH 생투앙
ADD Rue des Rosiers. Rue Paul Bert, 93400 Saint-Ouen(파리 북쪽, 시 외곽)
OPEN 월요일 11:00~17:00, 금요일 08:00~12:00, 토·일요일 10:00~18:00
METRO 4 Porte de Clignancourt에서 도보 10분
WEB www.pucesdeparissaintouen.com

세금 환급받기

프랑스에서는 '택스 프리(Tax Free)'라는 표시가 있는 한 상점에서 첫 구매일부터 3일 이내에 총 100.01€ 이상 구매하면
부가세를 환급해 준다. 부가세는 기본적으로 20%지만 상품에 따라 세율이 다르기 때문에 보통 총 구매 금액의
12% 정도를 환급받을 수 있다. 백화점은 브랜드에 상관없이 식품 등 일부 상품을 제외한 당일 총합계 금액에 따라,
파리 근교의 아웃렛인 라 발레 빌라주는 브랜드당 구매 금액에 따라 환급해 준다.
일부 백화점에는 환급 센터와 세관 업무 대행 키오스크 파블로가 있어 미리 처리할 수 있다.

⊕ 세금 환급 절차 한눈에 보기

상점에서

❶ 상품 구매 100.01€ 이상

여권 지참 필수,
성명, 여권 번호, 주소,
신용카드 번호 기입

❷ 세금 환급 서류 작성
현금·신용카드 중 택일(현금은 수수료 3~5% 공제됨)

프랑스 내에서
상품을 구매하고 서류를 발급받은
경우(시내에서 미리 현금으로
환급받은 경우 포함)

프랑스 외 EU 국가에서
상품을 구매하고
서류를 발급받은 경우

공항에서

❸ 세관 업무 대행 키오스크 파블로
(Pablo)에서 여권과 서류의 바코드
를 스캔한 뒤 녹색 화면에 '양식이
확인되었습니다.(영어 화면은 'OK',
'Form valid')'라는 문구가 뜨면 완료!

*한국어를 지원하는 기계가 아니라면 영어
를 선택한다.
*빨간색 화면이 뜨면 세관으로 가서 상품
을 보여주고 처리해야 한다.

❸ 세관에 가서 구매한
상품을 보여주고 환
급 서류에 도장을 받
는다.

❹ 환급 신청
■현금으로 신청 시 현금 환급 대행 회사(Cash Paris) 창구에 서류를 낸다.
*시내에서 미리 환급받았다면 파블로로 스캔만 하면 되지만 환급 대행 회사와
구매한 상품에 따라 우편을 보내야 하는 경우도 있으니 안내문을 잘 살펴본다.

■신용카드로 신청 시 우체통에 서류를 넣는다. 파블로에 스캔한 경우
우편을 보내지 않아도 되는 환급 대행 회사도 있다.
*노란색 우체통이나 환급 대행 회사 전용 우편함에 넣는다.

❺ 환급
■현금으로 신청 시 대행 회사에서 현금을 받는다.
■신용카드로 신청 시 세무서 확인 후 신용카드 결제 계좌로 입금
(1~3개월 소요)

+MORE+

세금 환급 대행 회사 정보

■ **글로벌 블루**
WEB www.global-blue.com

■ **프리미어 택스 프리**
WEB www.premiertaxfree.com

■ **플래닛 택스 프리**
WEB www.planetpayment.com

: WRITER'S PICK :

**상점에서 세금을
환급받은 경우**

상점에 따라 즉석에서 세금을
공제하고 결제하기도 한다. 이
경우 프랑스에서 출국하기 전
14일 이내에 구매하는 것이 좋
다. 공항에서 세금 환급 서류에
도장을 받거나 파블로에서 스
캔 후 우편으로 세금 환급 대행
회사에 보내야 하는 경우, 면세
품 구매 시기와 출국 시기의 사
이가 길면 서류가 세금 환급 대
행 회사 도착 기일인 '대금 결
제 후 21일 이내'를 넘겨 도착
할 수 있기 때문이다. 도착 기
일을 넘기면 세금 환급은 무효
가 되고, 환급 당시 신용카드로
설정한 보증금까지 결제돼 환
급받은 세금을 다시 내게 된다.
이를 다시 환급받는 과정도 복
잡하고 3개월 이상 소요된다.

⊕ 상점에서 상품 구매 후 세금 환급 서류 작성

'Tax Free'라고 적혀 있는 상점에서 세금 환급 기준에 맞게 쇼핑을 하면 상점에서 세금 환급 서류(Global Refund Cheque)를 작성해준다. 여기에 이름, 여권 번호, 주소, 환급 방법, 신용카드 번호를 기재한다. 이때, 신용카드 명의자와 제출 서류의 이름이 일치해야 한다. 서류에 바코드가 찍혀 있는지 확인한 후, 세금 환급 서류와 규격 봉투를 받아 잘 보관한다.

세관 업무 대행
키오스크 파블로

⊕ 샤를 드골 국제공항에서 세금 환급받기

❶ 공항에 도착하자마자 세관으로!

'Tax Refund, Détaxe' 표지판을 따라 세관으로 간다. 비행기 출발 시각 최소 3시간 전에는 공항에 도착하는 것이 안전하다.

- **세관 위치** : 1터미널-지하 층(CDGVAL 층), 2A터미널-출발 층 5번 게이트, 2C터미널-출발 층 4번 게이트, 2E터미널-출발 층 8번 게이트, 2F터미널-도착 층, 3터미널-출발 층

1터미널 세관

❷ 파블로(Pablo)에서 여권과 영수증 바코드 스캔

프랑스에서 구매한 상품만 세금 환급을 진행한다면 파블로를 이용한다. 여권과 영수증에 있는 바코드를 스캔하고 녹색 화면에 '양식이 확인되었습니다.(영어 화면이라면 'OK'나 'Form valid')'라는 문구가 뜨면 성공적으로 처리됐다는 뜻. 단, 일부 상품은 세관에서만 환급 처리가 가능할 수도 있다.

2E터미널 세관

❸ 유럽의 다른 국가에서 구매한 상품이라면 세관 방문

세관에서 도장을 받으려면 탑승권(이티켓도 가능)과 여권, 세금 환급 서류, 쇼핑 물품이 반드시 필요하다. 물건을 보여달라고 요청하면 구매한 물건을 포장된 상태 그대로 보여줘야 하니 수하물로 부치면 안 된다. 도장만 받으면 세금 환급 서류를 한국에서도 처리할 수 있으니 최소한 도장은 받아와야 한다. 파블로에서 오류가 났을 때도 세관에 들러 처리한다.

❹ 현금으로 환급받기를 신청했다면

세관 옆에 있는 현금 환급 대행 회사 캐쉬 파리(Cash Paris) 사무소 창구에 서류를 내고 현금과 영수증을 받는다.

1터미널 캐쉬 파리(Cash Paris)

2E터미널 캐쉬 파리(Cash Paris)

❺ 신용카드로 환급받기를 신청했다면

세금 환급 서류를 작성할 때 받은 봉투에 서류(Refund Copy)를 넣고 밀봉해서 세금 환급 대행 회사의 전용 우편함 또는 노란색 우체통의 국제 발송 투입구(Autres Départements Étranger/International)에 넣는다. 파블로에서 스캔한 경우 우편을 보내지 않아도 되는 환급 대행 회사도 있다.

+MORE+

세금 환급은 마지막 EU 체류 국가에서

여러 EU 가입국에서 쇼핑했을 경우 마지막 EU 체류 국가에서 한꺼번에 세금을 환급받는다. 출국하는 날 공항이나 국경에 있는 기차역에서 세금을 환급받을 수 있다. 만약, 항공편으로 출국하는데 EU 가입국을 경유한다면 경유하는 국가에서 환급받는다. 세금 환급 처리와 창구의 위치는 공항마다 다르므로 마지막 출국하는 EU 공항의 정보에 대해 미리 알아두자. 스위스 등 EU에 비가입국에서 구매한 상품은 그 나라에서 출국할 때 환급받는다.

: WRITER'S PICK :

세금 환급이 안 돼서 걱정된다면?

신용카드로 신청했다면 환급받기까지 빠르면 3주, 늦으면 3개월 정도 걸린다. 6주가 지나도 환급되지 않는다면 각 회사 홈페이지에서 조회해보자. 이때 서류에 기재된 'Doc ID'가 있어야 하니 서류는 환급이 완료될 때까지 잘 보관한다. 이메일이나 전화로 문의할 때도 'Doc ID'가 있어야 빠르게 처리된다.

파리의 날씨 & 축제

● 파리 월평균 기온과 강우량·강우일

범례: ● 평균 최고 온도 | ● 평균 최저 온도 | 평균 강우량

	1월	2월	3월	4월	5월	6월	7월	8월	9월
강우일	10일	9일	11일	9일	10일	8일	8일	8일	8일
평균 최고 온도	7	8	12	16	20	22	25	25	21
평균 최저 온도	3	3	5	7	11	14	16	16	13
평균 강우량	51	41	48	52	63	50	62	53	48

봄 : 3·4·5월

도서 박람회 Salon du Livre

3~4월 중 약 3~4일 (2025년 미정)
프랑스의 출판사와 작가들은 물론 전 세계 유명 작가들 약 3000명이 모여 독자와의 토론회나 사인회를 갖는다. 도서와 관련한 각종 전시도 열린다.
WEB www.festivaldulivredeparis.fr

유럽 박물관의 밤 Nuit Européenne des Musées

5월 셋째 토요일 (2024년 5월 18일)
이날에는 유럽 전역의 박물관이 야간 개장하며 다양한 이벤트를 펼친다. 유명 박물관과 미술관은 대부분 참여한다.
WEB nuitdesmusees.culture.gouv.fr

여름 : 6·7·8월

정원과의 만남 Rendez-vous aux Jardins

6월 초 약 3일 (2024년 5월 31일~6월 2일)
전국 규모의 정원 축제로, 기하학적인 조경이 특징인 프랑스 정원을 한껏 멋지게 꾸며 일반에게 공개한다.
WEB rendezvousauxjardins.culture.gouv.fr

백야 축제 Nuit Blanche

6월 첫 번째 토요일 (2024년 6월 1일)
온 도시가 흥겨움에 들썩이며 새벽까지 밝은 빛이 꺼지지 않는 축제다. 거리 곳곳에서 공연과 퍼포먼스가 펼쳐지고 야간 개장은 물론 평소 일반에게 공개하지 않던 곳도 일부 개방한다.

음악 페스티벌 Fête de la Musique

6월 21일
이 시기를 전후해 프랑스 전국에서 아침부터 밤까지 전 세계의 다양한 음악 공연이 펼쳐진다. 프로 뮤지션뿐 아니라 아마추어 밴드나 동네 음악 모임 등도 참여해 즐긴다.
WEB fetedelamusique.culture.gouv.fr

혁명 기념일 Fête Nationale Française

7월 14일
낮에는 샹젤리제에서 군사 퍼레이드가, 밤에는 에펠탑 조명 쇼와 더불어 불꽃놀이가 펼쳐진다.

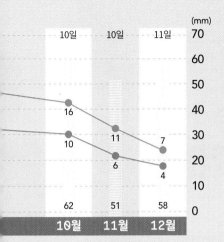

10일	10일	11일	(mm)
			70
			60
			50
16			40
10	11	7	30
	6	4	20
			10
62	51	58	0
10월	**11월**	**12월**	

+MORE+

겨울에는 문 닫는 명소가 많다

오베르쉬르우아즈의 라부 여관과 지베르니에 있는 모네의 집은 11월 초~3월 말(매년 조금씩 다름) 휴무이다. 그밖에 1시간 정도 일찍 문 닫는 곳도 많으니 겨울에 여행하려면 오픈 시간을 미리 확인하는 것이 좋다.

크리스마스 시즌의 볼거리

- 프렝탕 백화점의 쇼윈도 장식 224p
- 갤러리 라파예트 백화점의 대형 크리스마스트리 224p
- 포부르 생토노레 거리의 가로수 일루미네이션 220p
- 앙팡 루즈 시장 앞의 크리스마스 마켓 308p
- 르 베아슈베 마레의 조명 장식 306p
- 베르시 빌라주의 조명 장식 368p
- 튈르리 정원의 크리스마스 마켓 202p

파리 플라주 Paris Plages

7월 중순~8월 말(2024년은 올림픽 때문에 취소)
휴가를 가지 못하고 도시에 남은 시민을 위해 센강이 작은 바다로 탈바꿈한다. 강변은 모래사장으로 변신하며 곳곳에 파라솔과 임시 샤워장, 놀이 시설 등이 설치된다.

가을 : 9·10·11월

유럽 문화유산의 날
Journée Européennes du Patrimoine

9월 셋째 주 토~일요일(2024년 9월 21~22일)
파리를 포함한 전 유럽의 문화유산에서 다양한 이벤트가 열린다. 특히 많은 박물관과 미술관 등에 무료입장할 수 있으니 이때 여행한다면 기회를 놓치지 말자.

WEB journeesdupatrimoine.culture.gouv.fr

파리-도빌 랠리 Paris-Deauville Rally

10월 초 약 4일(2024년 10월 4일~7일)
파리 샤이요 궁전의 트로카데로에서 노르망디의 도빌까지 자동차 경주가 펼쳐진다. 최신 스포츠카가 아닌 희귀한 클래식 카들이 경주에 나서는 클래식한 레이싱으로, 유럽의 낭만을 더하는 축제 중 하나다.

WEB www.clubdelauto.org

겨울 : 12·1·2월

크리스마스

11월 말~12월 말
크리스마스트리 점등식을 시작으로 파리 전체가 화려한 장식과 아름다운 빛으로 가득해져 흥겨움이 넘쳐난다. 튈르리 정원을 비롯해 파리 시내 곳곳의 광장과 정원에서 크고 작은 크리스마스 마켓이 열린다. 1570년부터 시작된 크리스마스 마켓의 원조 도시 스트라스부르를 방문해 보는 것도 좋다.

WEB www.noel.strasbourg.eu

메종 & 오브제 Maison & Objet

1월 말·9월 중순 각각 약 5일(2024년 9월 5~9일, 2025년 1월 16~20일)
국제 디자인 박람회. 작은 문구류부터 가구까지, 기발한 디자인으로 무장한 전 세계 관련 업체들이 참가한다. 실생활에서 사용할 수 있는 소품뿐만 아니라 다양한 분야의 예술가와 컬래버레이션한 제품들이 박람회장을 가득 채운다.

WEB www.maison-objet.com

알아두면
무척 쓸모 있는

프랑스 역사 속
파리 건축 & 예술 기행

갈리아, 프랑크 왕국, 그리고 프랑스의 건국

ANTIQUITÉ ET MOYEN-ÂGE

BC 52년~AD 476년 로마 정복기	BC 52년 로마 카이사르(시저), 골족 정복 375년 게르만족, 대이동 시작 395년 로마제국, 동서로 분열 476년 서로마제국 멸망
481~751년 메로빙거 왕조 : 클로비스 1세~ 힐데리히 3세	481년 클로비스 1세, 16세에 아버지 힐데리히 1세에 이어 살리족(게르만족 일파)의 부족장이 됨 486년 프랑크 왕국 건립 　　　클로비스 1세는 프랑크족(살리족과 함께 라인강 중하류 동쪽 기슭에 거주하는 모든 게르만족 　　　일파)을 통일하고 로마 군대가 장악하고 있던 갈리아(현 프랑스 땅)를 지배하기 시작했 　　　다. 또한 기독교로 개종하여 기독교와 로마 문화를 발전시켰으며 살리카 법전을 제정해 　　　왕위 계승에 관한 법(여성의 왕권 승계 불가 등)의 초석을 다졌다. 511년 클로비스 1세 사망 　　　아들에게 재산을 분배하던 게르만족의 전통에 따라 영토를 4명의 아들이 나누어 각자 　　　지배하기 시작하면서 메로빙거 왕조는 몰락의 길을 걷게 된다.
751~987년 카롤링거 왕조 : 피핀 3세(단신왕)~ 루이 5세	771년 카를 대제(샤를마뉴), 프랑크 왕국 통일 8세기경 바이킹(노르만족), 대이동 시작 800년 카를 대제, 신성로마제국 황제 즉위 843년 프랑크 왕국, 동·중·서로 분열(베르됭 조약) 　　　경건왕 루트비히 1세가 3명의 아들에게 왕국을 분할, 상속시키는 법률을 만들어 그의 　　　사후 프랑크 왕국은 세 나라로 분열되었다. 870년 메르센 조약 체결 　　　동프랑크 왕국이 오늘날 독일로, 서프랑크 왕국이 오늘날 프랑스로, 중프랑크 왕국이 　　　오늘날 이탈리아로 굳어지는 기원이 되었다.
987~1328년 카페 왕조 : 위그 카페~샤를 4세	1095년 십자군 전쟁 시작(~1291년) 　　　서유럽 국가들이 성지 예루살렘을 탈환한다며 8차례에 걸쳐 감행한 중동 대원정 1309년 교황의 아비뇽 유수 시작(~1377년) 　　　십자군 전쟁은 실패했고, 유럽의 왕들은 교황의 권위에 도전하기 시작한다. 필리프 4세 　　　가 자신의 심복을 교황으로 추대한 뒤 교황청을 프랑스로 옮겼다. 교황청이 로마로 복 　　　귀한 후에도 프랑스와 로마에 2명의 교황이 선출되는 등 교황의 권위는 더욱 약해졌다.

: WRITER'S PICK :

**카이사르의
갈리아 원정**
(BC 58~BC 50)

40대 초반에 집정관이 된 스타 정치인 카이사르(줄리어스 시저)는 정치 활동을 위한 자금이 필요했다. 스위스 지역에 살던 헬베티족이 게르만족을 피해 서쪽으로 이동하자 이를 막는다며 추격에 나섰고, 내친김에 그들의 목적지였던 갈리아 정벌에 나서게 된다. 잘 훈련된 병사, 빠른 이동 속도, 뛰어난 전술로 지금의 프랑스 땅(갈리아) 대부분을 정복했고 쿠데타를 위한 재원도 확보하게 되었다. 그리고 루비콘강을 건너, 내전에서 승리한 카이사르는 BC 48년 삼두정치와 원로원을 무력화하고 독재자의 자리에 오른다.

로마 정복기의 파리

기원전 5세기경부터 인도유럽인의 일파인 켈트족이 지금의 프랑스에 정착했다. 로마인들은 이들을 갈리아(Gallia)라 불렀고 이 이름은 현재 골(Gaule)이라는 프랑스어로 불린다. 기원전 1세기에는 카이사르(시저)가 갈리아 원정을 통해 프랑스 땅 전체를 로마 영토로 편입시켰다. 이후 갈로 로망(Gallo-Romains)이라는 프랑스 문화의 기틀이 마련되었고 라틴어가 프랑스어로 발전했다.

BC 1세기경 역사서에 파리가 본격적으로 등장한 곳, 시테섬. 소설 및 뮤지컬로 제작된 <노트르담 드 파리>의 배경이 된 노트르담 대성당, 영화 <퐁 뇌프의 연인>의 배경이 된 다리, 퐁 뇌프가 있다.

#HELLENISM

#헬레니즘 #화려함 #극적인 #아름다움

알렉산드로 대왕(BC 356년~BC 323년) 이후의
그리스 문화. 화려하고 극적이면서도 세속적인
관능미를 지닌, 완전히 벌거벗은 여성(여신)
누드가 본격적으로 등장했다. 오랜 시간
문헌을 찾고 상상력을 보태 기원전의 모습을
재현하려 노력한 루브르 박물관의 복원사들
덕분에, 오늘날 파리에서는 헬레니즘
예술의 정수를 만날 수 있다.

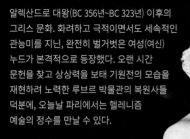

<아프로디테/밀로의 비너스>

작자 미상, BC 200년경 **루브르 박물관**

비너스 상 중에서 가장 아름답다는 평을 받는 작품.
1820년 그리스의 작은 섬 밀로스에서 한 농부가 발견
했다. 가만히 들여다보고 있으면 생명력이 느껴질 만
큼 매끈하게 다듬어져 있다. 엉덩이 부분에 있는 가로
선을 중심으로 상체와 하체가 분리된 채 발견되었으
며, 떨어진 팔은 아들인 큐피드를 향해 있었던 것으로
추정된다.

#ROMAN ART

#로마 예술 #BC 5세기경부터 #AD 500년경까지

뛰어난 건축미와 다르게 로마의 조각은 그리스 조각들을 모사하고
그 주제들을 반복하는 데 그쳤으나, 사실적인 인물 묘사는 더 뛰어났다.

<아를의 비너스>
작자 미상, BC 1세기경 `루브르 박물관`

프랑스의 남부 지역 아를의 고대 로마 극장터에서 발견된 비너스 조각상. 하반신은 천으로 가리고 한쪽 팔을 뻗은 비너스의 모습을 형상화했다. 밀로의 비너스와 마찬가지로 팔이 사라진 채 발견되었는데, 비너스가 거울을 보며 머리를 빗고 있는 모습이라는 의견이 많았으나 왼손에 거울을 들고 오른손에는 트로이 전쟁의 원인 중 하나였던 '파리스의 심판'에서 승리를 상징하는 사과를 들고 있는 모습으로 복원됐다.

중세시대의 파리

4세기경, 전성기를 지난 로마제국이 동·서로 분열된 후 프랑스 땅은 서로마제국에 편입되었다. 481년, 게르만족의 일파인 살리족의 클로비스 1세가 오늘날 프랑스와 독일 영토의 상당 부분을 통합하여 프랑크 왕국을 세우고 수도를 파리로 정하면서 지금의 프랑스가 발전할 수 있는 기반이 마련되었다. 그로부터 약 300년 후 샤를마뉴가 서유럽을 통일하면서 프랑크 왕국은 최고 번성기를 누렸다.

9세기 중반에 이르러 프랑크 왕국이 분열되면서 가장 서쪽에 있던 서프랑크 왕국은 지금의 프랑스와 비슷한 영토를 차지하게 되었다. 하지만 서쪽의 바이킹, 동쪽의 헝가리인, 남쪽의 이슬람에 시달리면서 왕권이 약화되고 지방 영주들의 각자도생이 횡행하던 중 세력을 키운 귀족 로베르 가문의 후손 위그 카페(Hugues Capet)가 영주와 주교들의 추천으로 서프랑크의 왕으로 추대되었다. 이후의 발루아와 부르봉 가문이 모두 위그 카페의 후손들로, 이들이 루이 16세가 단두대에서 처형되기 전까지 약 800년간 프랑스를 다스렸다. 한편, 십자군 전쟁(1095~1291년)을 전후로 아랍인들의 과학, 수학, 철학이 유럽에 전파되면서 기술의 발전이 급격하게 빨라져 고딕 양식 성당의 건축이 가능해졌다.

: WRITER'S PICK :

프랑스의 광개토대왕, 샤를마뉴 (재위 768~814년)

클로비스 1세가 죽은 후 메로빙거 왕조는 유지되었으나, 대를 이어가며 자식들에게 땅을 나눠주다 보니 왕권이 축소되고 외세와의 충돌에서 밀리는 상황이 반복되었다. 7세기 말경 재상이던 피핀은 실권을 잡은 후 교황과의 거래를 통해 메로빙거 왕조의 힐데리크 3세를 몰아내고 스스로 왕위에 오르면서 카롤링거 왕조를 세웠다. 피핀의 아들인 카를 대제(Karl der Große, 독일어), 즉 샤를마뉴(Charlemagne, 프랑스어)는 수많은 전투를 치르고 서유럽의 대부분을 통일했다. 그는 로마제국이 붕괴된 후 신성로마제국(서로마제국)의 황제라는 타이틀을 처음 사용한 왕이기도 하다.

샤를마뉴는 로마제국의 문화를 계승한다는 의미에서 고전문화 부흥운동을 벌여 유럽 전역에서 라틴 문화의 꽃을 피웠다. '카롤링거 르네상스'라 부르는 이 운동은 세속에서 멀리 떨어진 수도원들이 문화와 교육의 중심지 역할을 수행하며 활발하게 이루어졌지만, 막대한 양의 필사 작업 외에 눈에 띄는 문화적 성과는 없었다. 또한 신성로마제국의 근거지는 현 독일의 아헨 지역이었기 때문에 파리에는 이 시기의 유적이 거의 없다.

샤를마뉴의 기마상. 나폴레옹이 황제 즉위식을 앞두고 노트르담 대성당 앞 광장에 세웠다.

#GOTHIC

#고딕 양식 #더 높게 #더 밝게

더 높고 더 밝게 성당을 건축하는 첫걸음이 된 획기적인
건축 양식으로, 12세기 중반 파리를 중심으로 하는
일드프랑스 지역에서 시작되었다. 초기에는 "고트족의
볼품없는 건축물"이라며 비아냥거리는 뜻의 '고딕'으로
불렸지만, 노트르담 대성당의 완공과 동시에 전 유럽
건축에 영향을 끼쳤다.

노트르담 대성당 1163~1345년 시테섬 246p

'우리의 성모(Our Lady)'라는 뜻으로, 카페 왕조의 6대 왕 루이 7세가 파리를 프
랑스의 경제·문화 중심지로 부각시키기 위해 시테섬에 있던 교회를 허물고 1163
년부터 짓기 시작해 약 200년 뒤에 완공했다. '고딕의 보물'이라고도 불리는 노
트르담 대성당은 세계 최초로 건축에 적용한 성당 외부의 버팀벽(플라잉 버트레스,
Flying Buttress)과 괴물 모양의 낙숫물받이(가고일, Gargoyle), 성당 내부의 화려한
스테인드글라스 등 수많은 볼거리로 가득한 중세 고딕 건축의 걸작으로 꼽힌다.
초기 고딕 양식 성당의 특징인 네이브(중앙 통로) 양옆의 기둥 사이에 벽을 세우고
그 위에 작은 기둥들을 올리는 건축 체계를 그대로 유지하고 있다는 점도 특별하
다. 성당이 완공될 즈음엔 하중을 지지하기 위한 층이 사라지고 거대한 원형 장
미창이 등장했다. 노트르담 대성당은 보존을 위해 보수와 청소 작업을 꾸준히 지
속하고 있는데, 2019년 4월의 화재도 바로 이 보수공사 중에 발생한 것으로 추
정된다.

노트르담 대성당 관람 포인트

Point 1 서쪽 파사드 (성당 정면)
Façade Ouest

종탑

8개의 종이 있는 왼쪽 탑과 2개의 대형 종이 있는 오른쪽 탑이 완벽한 대칭을 이룬다. 오른쪽 탑에 있는 '에마뉘엘(Emmanuel)'은 무게 약 13만 톤, 지름 261cm로 종탑에 있는 10개의 종 중 제일 크고 무겁다. 종을 울릴 땐 항상 에마뉘엘을 먼저 친다고.

서쪽 장미창

지름 9.6m의 정면 장미창. 노트르담 대성당의 3개의 장미창 중 가장 작지만 1225년에 제일 먼저 제작되었다.

69m

천사와 성모 마리아

구원의 상징인 아기 예수를 안은 성모 마리아가 천사들에게 경배를 받고 있다. 왼쪽 멀리 있는 조각상은 인간의 원죄를 상징하는 아담, 오른쪽은 이브.

왕의 회랑

예수가 태어나기 전에 있던 28명의 유대 왕 조각상. 프랑스 대혁명 당시 프랑스 왕들로 오해한 시민들이 모두 파괴한 것을 복원했다.

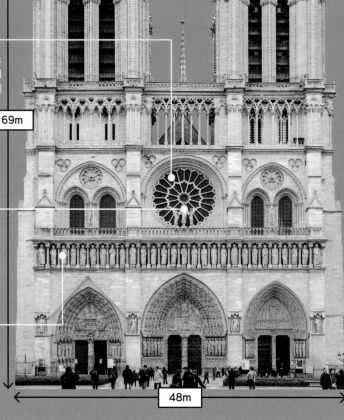

48m

첨탑

버팀벽

가운데 탑은 원래 5개의 종이 있던 종탑이었으나, 19세기에 복원하면서 고딕 양식의 특징 중 하나인 첨탑으로 개축했다. 높이 96m의 첨탑 주위에는 4복음서의 상징과 12사도의 조각상이 있다. 첨탑은 안타깝게도 2019년 화재로 녹아버렸고 현재 복원 중이다.

지붕과 탑의 무게를 지탱하기 위해 건물 외벽에 아치형으로 덧붙인 장치. 이 덕분에 높은 첨두아치 건축이 가능해졌고 커다란 스테인드글라스를 설치해 빛으로 가득 찬 성당이 되었다. 고딕 양식의 큰 특징 중 하나로, 파리 노트르담 대성당의 것이 가장 아름답다고 알려졌다.

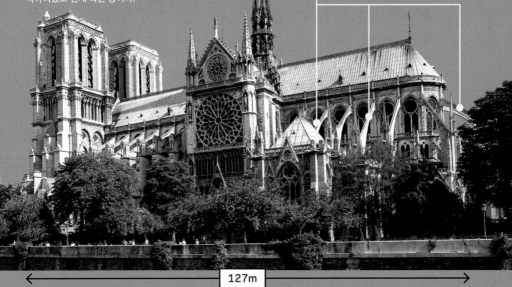

← 127m →

Point 3 북쪽 파사드
Façade Nord

노트르담 대성당의 장미창 3개 중 가장 화려한 장미창. 전쟁과 혁명의 불길 속에서도 다행히 파손이 적어 원형을 거의 유지하고 있다. <구약성서>에 등장하는 인물들이 아기 예수를 안은 성모 마리아의 주위를 둘러싸고 있다.

북쪽 장미창

인간 가고일

성당 건축 당시 인부들을 관리하던 악덕 감독을 찢어질 듯 입을 벌린 인간 가고일로 풍자했다. 수습생과 일반 인부들이 몰래 장식한 것으로 추측된다.

<노트르담 드 파리>의 등장인물들

프랑스 대혁명 당시 파괴된 노트르담 대성당은 빅토르 위고의 소설 <노트르담 드 파리>(1831)의 배경이 되면서 사람들의 관심을 받기 시작해 시민들이 모은 기금으로 복원되기 시작했다. 이때 위고에게 고마움을 전하기 위해 성당 외관 북쪽 측면 곳곳에 에스메랄다와 콰지모도 등 소설의 등장인물과 동물 조각을 추가했다.

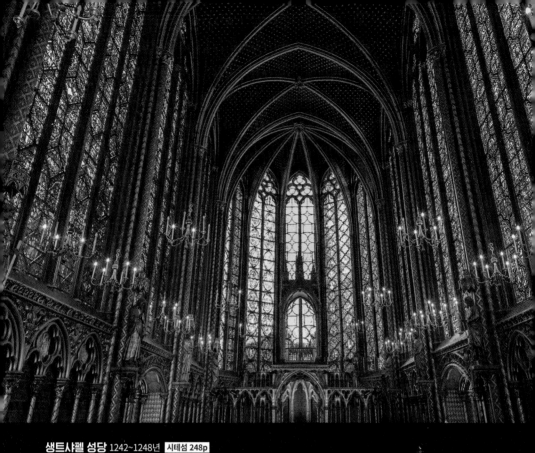

생트샤펠 성당 1242~1248년 시테섬 248p

노트르담 대성당 건설에 참여한 13세기 건축가 피에르 드 몽트뢰유가
2층 구조로 건립한 프랑스 후기 고딕 양식의 성당이다. 1239년 카페 왕
조의 9대 왕 루이 9세가 콘스탄티노플 황제에게 구매한 예수의 가시 면
류관과 십자가 조각 등을 보관하기 위해 시테섬의 궁전 안에 지었다.
파리에서 가장 오래된 스테인드글라스가 있는 곳으로 유명한데, 색채
의 화려함은 말할 것도 없고 <성서> 속 1134개의 장면을 묘사한 이야
기 전개나 표현의 세밀함이 뛰어나 스테인드글라스 아름다움의 정수로
평가받는다. 햇빛이 들면 파랑(코발트), 빨강(구리), 초록(구리), 보라(망간), 노
랑(안티몬) 5가지 색상으로 이루어진 스테인드글라스를
통해 만화경이 펼쳐진다.

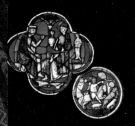

생트샤펠 관람 포인트

⑧ 예수의 수난기

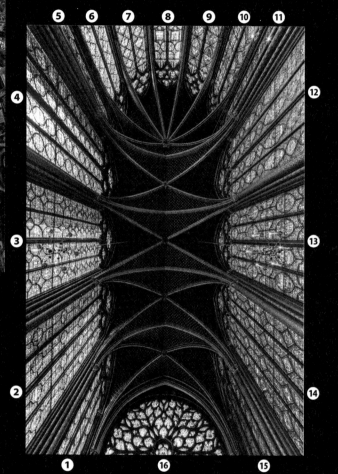

⑤ ⑥ ⑦ ⑧ ⑨ ⑩ ⑪

④

③

②

⑫

⑬

⑭

① ⑯ ⑮

⑯ 묵시록의 내용을
담고 있는 서쪽 장미창

① 창세기
② 출애굽기(모세의 일생)
③ 민수기
④ 신명기, 여호수아기
⑤ 사사기(판관기)
⑥ 이사야서(이새의 나무)
⑦ 사도 요한과 예수의 어린시절
⑧ 예수의 수난기
⑨ 세례 요한과 다니엘기

⑩ 에스겔(에제키엘서)
⑪ 예레미야서, 토빗기
⑫ 유딧기, 욥기
⑬ 에스더(에스테르기)
⑭ 열왕기
⑮ 예수 수난 유물의 발견과
　 파리로 가져온 과정
⑯ 요한계시록(묵시록)

전제군주의 등장과 절대왕정
RENAISSANCE ET LUMIÈRES

1328~1589년 발루아 왕조 : 필리프 6세~ 앙리 3세	**1337년** 백년전쟁 시작(~1453년) 스코틀랜드 왕위, 프랑스 왕위 계승, 플랑드르(지금의 벨기에 지역) 지배권을 놓고 영국과 프랑스가 벌인 전쟁 **1347~1351년** 전 유럽, 흑사병 대유행 **1429년** 잔 다르크, 오를레앙 전투에서 영국군 격파 **1453년** 동로마제국 멸망(오스만 제국 확장) **1492년** 스페인의 이사벨라 여왕 부부, 이베리아 반도에서 이슬람 세력을 완전히 축출 콜럼버스, 이사벨라 여왕의 후원으로 신대륙 발견 **1517년** 독일의 루터, 독일 종교개혁 시작(95개조 반박문) **1534년** 프랑스의 카르티에, 캐나다 가스페 반도 상륙 **1536년** 칼뱅, 종교개혁 시작, <기독교 강요> 출간 **1562~1598년** 위그노전쟁 프랑스 가톨릭교(구교)와 개신교(위그노) 간의 종교전쟁. 프랑수아 1세가 시작한 개신교 탄압은 양측의 대립을 격화시켰고, 샤를 9세 때인 1562년에 바시에서 개신교도들이 학살당하면서 본격적인 전쟁이 시작되었다. 1572년에는 개신교도 3300명이 학살되기도 했다(성 바르톨로메오 축일의 학살).
1589~1792년 부르봉 왕조 : 앙리 4세~ 루이 16세	**1598년** 앙리 4세, 낭트칙령 공포 개신교도에게 종교의 자유를 허락하면서 위그노전쟁이 종식되었다. **1618~1648년** 30년 전쟁 가톨릭과 개신교의 갈등이 국가 단위로 확대되었다. 가톨릭 국가와 개신교 국가가 거의 쉬지 않고 전쟁을 치러 사망자 수가 무려 800만 명에 달했다. **1688년** 영국, 명예혁명 **1689년** 영국, 권리장전 **1733년** 볼테르, <철학서간> 출간 **1756~1763년** 7년 전쟁 오스트리아의 왕위 계승 전쟁 때 프로이센에 패했던 마리아 테레지아가 영토를 되찾기 위해 일으킨 전쟁. 유럽과 그들의 식민지까지 두 진영으로 나뉘어 싸워 '18세기의 세계대전'이라 불린다. 프랑스는 영국에 패하며 유럽과 캐나다, 인도에서의 지배권을 잃게 되었다. **1762년** 루소, <사회계약론> 출간 **1769년** 영국의 와트, 증기기관 발명 **1775~1783년** 미국, 독립전쟁 루이 16세는 영국을 견제하기 위해 미국을 지원하다가 심각한 재정난에 처한다. 이에 재정난을 해결하고자 세금을 늘렸고, 이는 프랑스 대혁명의 발단이 된다.

1328~1589년
발루아 왕조 시대의 파리

1328년 카페 가문의 샤를 4세가 아들 없이 죽자, 샤를 4세의 조카이자 영국 왕이었던 에드워드 3세는 자신에게 프랑스 왕위 자격이 있다고 주장했다. 그러나 샤를 4세의 고종사촌인 발루아 가문의 필리프 6세가 왕위에 오르면서 영국이 지배하던 가스코뉴 지방을 둘러싼 분쟁이 격화되었다. 결국 에드워드 3세가 프랑스를 침공하면서 백년전쟁의 막이 올랐다.

전쟁이 끝난 뒤 영국은 프랑스 땅에서 완전히 물러났고, 양쪽 모두 왕권이 강화돼 전제군주가 등장하는 분위기가 형성되었다. 이 시기에 르네상스 사조가 프랑스로 전해지면서 루브르 궁전과 퐁텐블로성이 르네상스 양식으로 증축되었고, 루아르 계곡에는 아름다운 샹보르성과 블루아성 등이 건축되었다. 발루아 왕조의 마지막 3명의 왕-프랑수아 2세, 샤를 9세, 앙리 3세는 모두 앙리 2세와 카트린 드 메디시스의 아들로, 셋 다 후사가 없어 형제가 왕위를 계승했다. 이후 앙리 3세는 자신의 여동생 마르그리트와 결혼한 앙리 4세에게 왕위를 물려주었다(후에 둘은 이혼함).

필리프 6세
재위 1328~1350년

장 2세
재위 1350~1364년

샤를 5세
재위 1364~1380년

프랑수아 1세
재위 1515~1547년

앙리 2세
재위 1547~1559년

프랑수아 2세
재위 1559~1560년

샤를 9세
재위 1560~1574년

앙리 3세
재위 1574~1589년

: WRITER'S PICK :
발루아 왕조의 여인들

■ **카트린 드 메디시스**(Catherine de Médicis, 1519~1589년)
피렌체의 메디치 가문 출생으로, 14세에 동갑내기 앙리 2세와 결혼하며 파리로 이주했다. 앙리 2세가 30세의 나이로 사망하자 15세로 왕위에 오른 프랑수아 2세의 섭정을 맡게 되었고, 이때부터 프랑스는 구교와 신교의 갈등에 본격적으로 휘말렸다. 신교도가 앙부아즈성에서 구교도를 습격하려다 정보가 새는 바람에 역습당해 1천 명 이상이 학살당하는 앙부아즈 음모 사건을 비롯해 바시 학살, 성 바르톨로뮤 축일의 학살 등을 겪으며 10명의 자녀 중 프랑수아 2세를 포함해 6명을 먼저 저세상으로 보내는 등 말 그대로 기구한 인생을 살았다.

■ **여왕 마고**(Reine Margot, 1553~1615년)
'여왕 마고'는 카트린 드 메디시스의 막내딸 마르그리트(Marguerite)의 애칭이다. 구교도였던 카트린은 신교와의 갈등을 완화하는 제스처로 당시 신교도의 거두인 스페인 접경 나바르 왕 부르봉의 아들 앙리(훗날 부르봉 왕조를 여는 앙리 4세)에게 마르그리트를 시집보낸다. 하지만 결혼식 후 축제기간 중에 성 바르톨로뮤 학살이 발생하면서 종교전쟁의 소용돌이에 휩싸이게 된다. 영화에서는 마르그리트가 학살 중에 우연히 만난 라 몰과 애틋한 사랑을 한 것처럼 그려졌지만, 실제로는 여러 남자들과 자유롭게 사귀었다고 한다.

#RENAISSANCE #ARCHITECTURE

#르네상스 #건축 #조화로운 #아름다움 #균형미

14세기 이탈리아에서 시작돼 전 유럽으로 퍼진 르네상스는 로마의 부활을 외치던 사회 전반에 걸친 문예 부흥
운동이었다. 이 시대에 유행한 르네상스 건축 양식의 특징은 크게 3가지로 정리되는데, '로마', '이성', '규칙성'이다.
건축가들은 자극적인 아름다움보다는 균형미, 간결함, 감정의 절제를 추구했으며, 수학적인 비례를 규칙으로 만들어
이를 엄격히 준수했다. 프랑스에서는 16세기 초 이탈리아 원정 때 이탈리아 르네상스 건축에 반한
프랑수아 1세가 그 문화를 전파하면서 '프랑스식 르네상스'라는 독특한 건축 양식이 형성되었다.
이 시기에 들어선 건물들은 정교하고 화려한 르네상스 양식과 고전적이고 장대한 고딕 양식이
혼재하는 양상을 띠며 급격한 변화를 겪었다.

루브르 궁전의 서쪽 별관 1546~1556년 　루브르 & 튈르리 204p

규모나 소장품, 역사 등 모든 면에서 명실공히 세계 최고로 꼽히는 루브르 박물관은 한때 세계에서 가장 큰 궁전이었던
루브르 궁전을 그대로 사용하고 있다. 루브르 궁전은 12세기경 적의 침략을 막는 요새로 처음 지은 후 14세기 샤를 5세
때부터 왕실 궁전으로 사용하기 시작했다. 1528년 르네상스 예술에 심취한 프랑수아 1세는 건축가 피에르 레스코에게
명해 낡고 불편한 궁전을 헐고 웅장한 르네상스식 궁전을 새로 짓게 했다. 궁전은 그 후 여러 차례 개축과 증축을 거듭
했으나, 쉴리관의 안뜰에서 볼 수 있는 서쪽 별관(Aile Lescot)은 레스코가 지은 초기의 모습을 잘 간직하고 있다.

프랑스식 르네상스의 가장
기념비적인 작품으로 평가
받는 루브르 궁전의 메인
계단 천장

©Simon Clancy

규칙적으로 배열한 창문, 리듬감 있게
배치한 창문 무늬, 포인트가 되는 코린
트식 기둥 등 르네상스 양식의 특징을
잘 간직한 서쪽 별관

생테티엔뒤몽 성당 1494~1624년 라탱 지구 253p

훈족의 침략과 전염병에서 파리를 구한 파리의 수호성인 성 주느비에브의 유해가 안치된 성당. 프랑크족을 통일하고 프랑크 왕국을 세운 클로비스 1세가 세운 성당을 15세기 말~17세기에 증축해 지금의 모습을 갖추었다. 건축 기간이 긴 만큼 로마네스크부터 고딕, 르네상스까지 다양한 건축양식이 공존하는 대표적인 '프랑스식 르네상스' 건물로 꼽힌다. 내부에는 1545년에 완성된 파리 유일의 루드 스크린(Rood Screen, 신도들이 있는 본당과 성직자들을 위한 성가대석을 분리하는 칸막이)이 있다. 루드 스크린은 중세 교회에서 어렵지 않게 발견되는 구조물이지만 파리에서는 모두 파괴되고 이곳만 남았다.

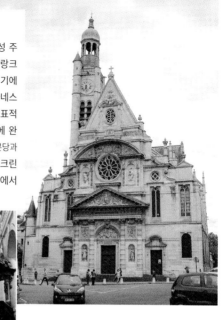

루드 스크린

생퇴스타슈 성당 1532~1633년 레 알 & 보부르 294p

고딕 양식에 르네상스 양식의 장식이 가미된 아름다운 성당이다. 내부 장식은 노트르담 대성당과 비슷하며, 장엄한 아치와 기둥, 원주 등에서 르네상스 양식의 화려함을 엿볼 수 있다. 노트르담 대성당, 생쉴피스 성당과 함께 프랑스 최대 규모의 오르간이 있는 곳으로도 유명하다.

#RENAISSANCE #ARTS

#르네상스 #예술 #문예부흥 #인본주의

르네상스 시대의 회화들은 인간을 개인적 시각에서 접근해 생생하게 묘사하고 원근법을 도입했으며, 그리스·로마 시대 유물이 보여주는 신체 비율을 적용해 이상적인 아름다움을 추구했다.

Photo by Federico Scarionati on Unsplash

<모나리자>
1503~1506년 루브르 박물관

여러 면에서 르네상스 회화의 기준을 정립한 중요한 작품이다. 보는 이의 감정에 따라 다르게 보인다는 모나리자의 미소가 유명하다.

다빈치 Leonardo da Vinci, 1452~1519년

다방면에 재능이 뛰어난 전형적인 '르네상스 인간'. 자연과 인체를 과학적 시각에서 냉철하게 바라보는 예술 세계를 펼쳤다.

: WRITER'S PICK :
<모나리자 La Joconde>가 프랑스에 있는 까닭은?

레오나르도 다빈치의 <모나리자>는 천재 과학자로 널리 알려진 다빈치의 미술적 재능을 보여주는 작품으로, 피렌체 상인 프란체스코 델 조콘다의 아내 리자 게라르디니의 초상화라는 의견이 가장 유력하다.
<모나리자>는 그림을 그릴 당시부터 이미 유명했다. 반신상은 그 시대에 흔하지 않았으며, 특히 인물의 몸을 4분의 1 정도 비스듬하게 그린 것 또한 흔치 않은 구도였기 때문이다. 모델은 당시 예의범절을 규정한 책에 나오는 양갓집 여인들이 취해야 할 자세를 하고 있다. 다빈치는 의뢰받은 그림임에도 주인에게 <모나리자>를 주지 않고 평생 미완성인 채로 들고 다녔다고 한다.
1516년, 64세의 다빈치는 프랑수아 1세의 요청으로 프랑스로 이사하면서 <모나리자>를 가져갔고, 프랑수아 1세가 다빈치의 사후에 그의 제자들로부터 그림을 구입하면서 프랑스 국가 소유가 된 것으로 추정되고 있다. 프랑수아 1세의 후원 아래 말년을 앙부아즈에서 보낸 다빈치는 1519년 프랑수아 1세의 품안에서 임종을 맞았다. 프랑스인은 이를 자랑스럽게 여기며 그의 이름도 레오나르 드 뱅시(Léonard de Vinci)라 부른다.

\<죽어가는 노예\>

1515년 **루브르 박물관**

\<천지창조\>를 완성한 후에 제작한 대리석 조각. 인체의 표현과 인물의 표정, 주제의 조화가 아름다운 미켈란젤로의 걸작이다.

미켈란젤로 Michelangelo Buonarroti, 1475~1564년
작업 모습을 공개하지 않는 강직하고 격정적인 카리스마의 소유자. 조각에 대한 애착이 컸으며, 자세에 따라 다르게 나타나는 인체의 근육을 자유자재로 표현했다.

\<성모와 아기 예수, 그리고 아기 세례요한\>

1508년 **루브르 박물관**

성모화를 가장 아름답게 그리기로 이름난 라파엘로의 대표작. 자애로운 표정으로 성 요한과 아기 예수를 바라보고 있는 마리아가 조화로운 삼각 구도를 이룬다. 르네상스 시대의 전형을 따르는 다소곳한 성모상을 보여주는 작품이다.

라파엘로 Raffaello Sanzio, 1483~1520년
맹수조차도 그를 사랑한다고 할 정도로 온화한 성격을 지녔다. 다빈치와 미켈란젤로에게 배우고 응용함으로써 르네상스의 특징을 모두 집약했다.

\<가나의 결혼식\> 1563년 **루브르 박물관**

화려한 장식이 특징인 베로네세의 화풍이 잘 드러난 작품이다. 성당에서 주문한 성화였으나, 베로네세는 그림의 배경을 예수가 기적을 행한 갈릴리가 아니라 베네치아로 옮겨와 화려한 연회 모습을 그렸다. 130여 명의 등장인물 중 예수와 성모 마리아, 사도들을 제외한 나머지 사람은 티치아노, 틴토레토, 바사노 등의 화가를 비롯한 전 세계 유명인의 모습으로 그렸다는 점이 재미있다. 화면 맨 앞 가운데에 순결을 상징하는 흰색 옷을 입은 악사는 바로 베로네세가 자신을 모델로 그린 것. 가로 9m 94cm, 세로 6m 77cm로, 루브르에서 가장 큰 그림이다.

베로네세 Paolo Veronese, 1528~1588년
후기 르네상스 시대를 대표하는 화가. 티치아노, 틴토레토와 함께 베네치아파의 거장으로 손꼽힌다. 값비싼 옷감, 보석 등의 빛나는 색채를 탁월하게 묘사함으로써 색을 통해 그림의 전체 구도에 놀랄 만한 효과를 주는 방법을 개발해냈다. 종교화에 개, 구경꾼 등 풍속적인 요소를 포함해 이단 혐의를 받기도 했다.

1589~1789년
부르봉 왕조 시대의 파리

구교와 신교가 대립했던 종교전쟁의 소용돌이 속에서 카트린 드 메디시스의 사위가 된 덕분에 프랑스 왕위를 계승한 앙리 4세부터 시작된 부르봉 왕조는 절대왕정을 이어가며 태양왕 루이 14세 때 가장 큰 번영을 누렸다. 당시 부르봉 왕조는 신대륙과 아프리카에서 강탈한 자원을 이용해 동양과 활발하게 무역하면서 국가 재정이 풍족해졌지만, 혁명으로 왕의 목이 잘리기까지는 100년도 걸리지 않았다.

앙리 4세
재위 1589~1610년
(왕비: 마고와 이혼 후 마리 드 메디시와 재혼)

루이 13세
재위 1610~1643년

루이 14세
재위 1643~1715년

루이 15세
재위 1715~1774년

루이 16세
재위 1774~1792년
(왕비 마리 앙투아네트)

루브르 궁전에 인접한 팔레 루아얄. 루이 13세의 재상 리슐리외의 사저였으나, 그가 죽은 후 왕실에 기증돼 이름이 '왕궁'이란 뜻의 팔레 루아얄로 바뀌었다. 루이 14세가 어린 시절에 살던 곳이기도 하다.

: **WRITER'S PICK** :

리슐리외 Richelieu
(1585~1642년)

추기경이라는 종교 직분보다는 루이 13세의 수석 재상(국무총리)의 역할로 프랑스에 큰 영향을 끼친 인물이다. 구교와 신교의 갈등이 유럽 전역을 휩쓸면서 발발한 30년 전쟁 당시 프랑스의 국력을 유지하는 데 성공했고, 오스트리아와 스페인에 걸쳐 세력을 과시하던 합스부르크를 견제하는 데 골몰했다. 그는 뒤마의 소설 <삼총사>에서 달타냥과 삼총사를 위협하는 못된 관료로 묘사되지만, 실제로는 프랑스를 강한 중앙 집권 국가로 만든 명재상으로 꼽힌다.

#ÉCOLE DE FONTAINEBLEAU

#퐁텐블로파 #14~16세기 #퐁텐블로성 #이탈리아 작가

발루아 왕조 시대에 프랑수아 1세가 이탈리아에서 데려온 건축가와 예술가들은 퐁텐블로성을 증축하는 동안 회화와 조각
등을 다수 남겼고 프랑스 예술가들에게도 많은 영향을 주었다. 그러나 대부분의 그림에 정확한 작가의 이름이 없어
이탈리아의 영향을 받은 화풍을 보이는 작가들을 '퐁텐블로파'라고 부르며, 종교전쟁 이후 앙리 4세의 후원으로 작업한
작품의 작가들은 2차 퐁텐블로파라고 한다. 인체를 창백하고 신화적으로 묘사하며 여성의 관능미를 강조한 것이 특징이다.

<가브리엘 데스트레와 그녀의 자매 비야르 공작 부인으로 추정되는 초상화> 작자 미상, 1594년 `루브르 박물관`

앙리 4세의 공식적인 정부(메트레상 티트르)였던 가브리엘 데스트레(금발 여인)와 그녀의 동생이자 공작부인이 었던 비야르(갈색 머리)를 그린 이 그림은 루브르 박물관에서 매우 인기 있는 작품 중 하나이다. 당시 지방 귀족이던 앙리 4세는 마르그리트 공주와 정략결혼한 덕분에 프랑스 역사에서 가장 강력한 왕권인 부르봉 왕조의 첫 번째 왕이 되었지만 결혼 생활은 순탄치 못했다. 그는 호색한으로 50명이 넘는 정부를 두었는데, 그중 그림 속 주인공인 가브리엘 데스트레(Gabrielle d'Estrées, 1571~1599년)를 가장 사랑했다고 한다.

프랑스에서는 여성의 가슴을 만져 보는 것으로 임신 여부를 판단했는데, 반지를 들고 있는 것으로 보아

첫아이를 임신한 가브리엘이 왕에게 결혼을 조르기 위해 그린 것으로 보인다. 몇 년 후 가브리엘이 아들 둘과 딸 하나를 낳고 넷째를 임신한 상태에서 의문의 죽임을 당하자, 사람들은 이 그림에 데스트레의 죽음을 예언한 내용이 담겼다며 주목하기 시작했다. 그림 뒤에 걸린 남자의 하반신 그림은 그녀의 숨겨진 애인을, 하녀가 만들고 있는 옷과 아무것도 비치지 않는 거울은 분만 중에 발작으로 죽은 그녀를 의미한다는 것.

그녀의 죽음에 큰 충격을 받은 앙리 4세는 검은 옷을 입고 애도했는데, 왕이 검은 옷을 입은 것은 프랑스 역사상 전무후무한 일이었다고 한다. 그로부터 1년 뒤 앙리 4세는 마르그리트 왕비와 이혼하고 교황 2명을 배출한 피렌체 명문가의 딸 마리 드 메디시스와 재혼했다.

<사냥의 여신 디안>(1550년경), 루브르 박물관. 앙리 2세의 정부였던 디안 드 푸아티에를 이름이 같은 여신에 빗대어 그린 퐁텐블로파의 또 다른 걸작이다.

#BAROQUE #ARCHITECTURE

#바로크 #건축 #절대왕정 #과시 #웅장함 #역동성 #기념성

바로크라는 이름은 '찌그러진 진주'라는 의미의 포르투갈어 '바로코(Barocco)'에서 유래했다. 르네상스 양식의 차가운 이성에 반대해 일어난 바로크 양식은 거대한 규모와 역동성, 극적인 강렬함이 특징이다. 종교 개혁 이후 가톨릭 성직자들은 이러한 바로크 양식으로 성당을 더욱 화려하게 꾸며 기독교의 권위를 되찾고 신도의 신앙심을 고취하고자 했다. 이탈리아에서 꽃피운 바로크 건축은 프랑스로 건너와 프랑스 고전주의라 불리며 루이 13세, 루이 14세, 루이 15세의 절대왕정 시대를 풍미했다.

앵발리드의 돔 성당 1676~1706년 `에펠탑 & 앵발리드 178p`

앵발리드는 기독교 신구 교파 간 충돌로 시작된 30년 전쟁 중 다친 병사들과 노병들이 떼 지어 다니며 절도와 강도질로 생계를 유지하고 물의를 일으키자, 루이 14세가 그들이 품위를 지키며 여생을 보낼 수 있도록 1679년에 건설한 상이군경 회관이다. 작업장·성당·군대 등 자체적인 시스템을 갖춘 일종의 작은 도시로, 당시 4000여 명을 수용할 만큼 규모가 거대했다.

특히 멀리서도 금빛 돔이 눈에 띄는 돔 성당은 앵발리드의 백미다. 좌우상하의 길이가 같은 그리스형 십자가 모양과 황금색 둥근 지붕이 100m가량 우뚝 솟은 성당은 궁정 건축가 망사르가 바로크 양식으로 건설해 당시의 화려함과 루이 14세의 영화를 보여준다. 1715년부터 돔 지붕을 도금하기 시작했고, 1989년에 황금 12kg을 입혔다. 성당 지하에는 나폴레옹의 묘가 안치돼 있다.

층층이 쌓은 도리아·이오니아·코린트식 기둥들이 황금빛 돔 지붕과 어울려 바로크 양식의 진수를 선보인다.

106

뤽상부르 궁전은 전면 건물의 배후로 뻗은 2개의 날개와 코너의 파빌리온, 중앙 입구의 돔, 층고 확보를 위해 사용한 맨사드 지붕(프랑스 지붕)을 갖춘 초기 바로크 양식이다. 이는 곧 유행처럼 번져나가 프랑스 궁전 건축의 새로운 스타일이 되었다.

뤽상부르 궁전 1615~1645년 `생제르맹데프레 267p`

이탈리아 피렌체의 명문 귀족인 메디치 가문에서 프랑스로 시집와 앙리 4세의 부인이 된 마리 드 메디시스(Marie de Medicis, 1573~1642년)는 남편이 가톨릭교도에게 암살당하자 어린 아들 루이 13세를 대신해 섭정을 시작했다. 권력을 쥔 그녀는 메디치 가문의 피티 궁전을 모방한 자신의 거처를 지었다. 하지만 7년 만에 아들과의 권력 암투에서 밀려 블루아성에 유배되었고, 여러 차례 반란을 일으키다 번번이 실패하여 결국 독일의 쾰른에서 사망했다. 그로부터 3년 후 완공된 궁전은 정원의 일부가 일반에게 공개돼 시민들의 산책 장소로 큰 인기를 누렸다. 궁전은 대대로 왕가와 귀족들이 소유하다 프랑스 혁명기에 의회로 바뀌었으며, 현재 프랑스 상원 의사당으로 사용되고 있다.

프랑스 학사원

1662~1688년 `생제르맹데프레`

문학, 과학, 예술, 윤리, 정치 등 5개 분야의 아카데미가 소속된 국립학술단체의 본부로, 궁전같이 화려하다. 이탈리아 출신이지만 프랑스로 귀화해 태양왕 루이 14세를 비호하며 죽을 때까지 막후 실권자로 군림한 마자랭 추기경(총리대신)의 재산을 건설 자금으로 사용했고, 바로크 건축 양식을 확립한 건축가로 평가받는 루이 르 보가 설계했다. 루브르 박물관에서 퐁 데자르(아르교)를 건너면 바로 닿는다.

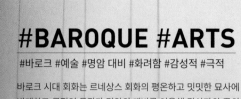

#BAROQUE #ARTS

#바로크 #예술 #명암 대비 #화려함 #감성적 #극적

바로크 시대 회화는 르네상스 회화의 평온하고 밋밋한 묘사에 반대하고 극적인 동작과 명암의 대비를 이용해 감상자의 주의를 집중시켰다.

<자화상> 시리즈  **루브르 박물관**

루벤스와 더불어 17세기 유럽을 대표하는 화가라는 명성을 얻은 네덜란드의 렘브란트가 말년에 그린 자화상들이다. 그는 평생에 걸쳐 무려 100여 점에 달하는 자화상을 그렸는데, 모든 그림 속에는 존재의 본질을 캐묻는 듯한 분위기가 공통으로 나타난다.

렘브란트 Rembrandt Harmensz. van Rijn, 1606~1669년

렘브란트는 많은 부와 명성을 누렸으나, 1642년에 그린 <야경>을 고비로 점차 세간의 관심에서 멀어지면서 화가 자신의 내면을 관조하는 작품을 많이 남겼다. 극적 효과를 위해 배경을 어둡게 하고 주제에 집중함으로써 인간의 정신적인 깊이를 나타냈다. 비록 임종을 지켜보는 사람도 없이 세상을 떠났지만 많은 문하생을 배출하는 등 17세기 네덜란드 회화에 큰 영향을 끼쳤다.

<마리 드 메디시스 연작> 1622~1624년 루브르 박물관

앙리 4세의 미망인 마리 드 메디시스가 자신을 위해 새로 지은 뤽상부르 궁전 장식을 위해 루벤스에게 의뢰한 24점의 연작. 마리 드 메디시스의 일생을 묘사한 이 작품들은 단 2년 만에 완성한 것으로 알려졌다. 하지만 루벤스가 처음부터 끝까지 그린 것은 마리가 프랑스에 도착해 배에서 내리는 <마르세유에 상륙하는 여왕> 하나뿐이고, 대부분은 그의 도제들이 그린 뒤 마무리만 루벤스가 한 것으로 추측된다.

루벤스 Peter Paul Rubens, 1577~1640년

대담하고 드라마틱한, 바로크 회화의 거장. 23세의 나이에 당시 예술의 중심이었던 이탈리아로 떠나 바로크 회화의 기법을 습득했다. 이후 부모의 고향인 안트베르펜(벨기에)에 정착해 커다란 스튜디오에 수많은 조수를 두고 당시 가톨릭 진영에서 예술가들에게 의뢰한 그림들을 독식하다시피 했다. 화가이면서 외교관이자 사업가의 자질도 뛰어났던 그는 생전에 최고의 화가로서 명예를 누린 기업가형 예술가였다.

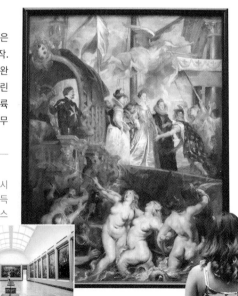

<루이 14세의 초상> 1701년 `루브르 박물관`

프랑스 왕실의 주요 인물들을 그린 공식 초상화 중 가장 대표적인 작품. 프랑스 왕실 문장인 백합 무늬를 그려 넣은 대형 휘장과 붉은 벨벳, 금빛 대리석 바닥에서 느껴지는 '부자 왕'의 이미지는 당시 가장 비싼 옷감 소재였던 흰색 담비 털에서 절정을 이룬다. 루이 14세는 이 초상화를 무척 마음에 들어 해 베르사유 궁전에 걸어 두기도 했다. 베르사유 궁전에도 똑같은 그림이 걸려있는데, 루브르에 있는 것이 진품이고 베르사유의 것은 이야생트가 추가로 그린 것이다.

리고 이야생트 Rigaud Hyacinthe, 1659~1743년

왕의 품위를 섬세하면서도 근엄하게 묘사함으로써 절대 권력을 미학적으로 홍보했다는 평가를 받는 초상화의 달인. <루이 14세의 초상>을 그린 다음 인기가 높아져 왕족과 귀족, 성직자 등 상류층의 주문이 쇄도했다.

<마를리의 말> 1745년 `루브르 박물관`

루이 15세가 마를리 궁전(베르사유 궁전에서 약 7km 떨어진 별궁)의 정원을 장식하기 위해 주문하자 2년 만에 제작한 대리석 조각. 길들지 않은 말과 이를 굴복시키려는 인간의 강력한 역동적 장면을 사실적으로 표현한 걸작이다. 신화나 성서에서 테마를 취하지 않고 자연을 소재로 삼은 점도 당시로서는 혁신적이었다. 1795년에 샹젤리제 입구의 콩코르드 광장으로 옮겼으나, 약 200년 후 원작이 손상될 것을 우려해 루브르 박물관으로 들여놓았다. 박물관 지하 1층의 마를리 안뜰(Cour Marly)에서 볼 수 있다.

기욤 쿠스투 Guillaume Coustou, 1677~1746년

리옹 출신으로 프랑스 바로크 조각을 대표하는 거장. 아버지와 삼촌 등 가족이 모두 조각가인 환경에서 자라 어려서부터 두각을 나타냈지만 아카데미의 규율에 질려 학업을 그만두고 로마에 머물렀다. 생계가 어려워지자 다시 파리로 돌아와 동생과 함께 작업하며 왕실 소속 조각가가 되었다. 그의 대표작들은 대부분 루브르 박물관의 마를리 안뜰에서 볼 수 있다.

#ROCOCO #ARCHITECTURE

#로코코 #건축 #우미안락 #S자형 곡선 #이국적 #아늑함

바로크 건축에 뒤이어 나타난 로코코는 미술, 건축, 공예를 아우르며 한 시대를 풍미한 장식적인 양식이다.
17세기 절대군주였던 루이 14세와 귀족을 위하여 발전하기 시작해 18세기 루이 15세 시대에 정점을 찍었다.
섬세하고 우아한 곡선 장식이 특징이며, 주로 개인이 이용하는 사적인 공간을 아늑하고 아름답게 꾸미는 데 사용됐다.

구불구불한 곡선과 덩굴, 잎, 꽃 등 식물 형태의 자연스러운 무늬를 활용한 벽 몰딩과 거울, 액자, 가구가 프랑스 로코코의 특징을 잘 보여준다.

수비즈 저택-로앙 저택 1735~1740년(개축) 마레 지구 306p

프랑스 혁명 이후 국립 고문서 박물관으로 사용되고 있는 저택이다. 14세기 말 르네상스 양식으로 지은 건물을 16세기 당시 최고 권력자이자 가톨릭 세력의 거두였던 기즈 공이 사들여 요새화했으며, 18세기 초 로앙 가문의 수비즈(Soubise) 공이 로앙 저택(Hôtel de Rohan)을 증축하면서 완공됐다. 로앙 저택은 유려한 곡선의 황금 장식과 크리스털 샹들리에, 커다란 거울, 천장화로 이루어진 로코코 양식의 인테리어가 매우 아름다워 건축사에 중요한 건물로 평가받는다.

외관은 바로크 양식이다.

110

#ROCOCO #ARTS

#로코코 #회화 #우아함 #사랑스러움 #화사함

로코코 회화는 바로크 예술이 추구한 진지함과 직선을 배제하고, 예쁘고 즐거운 개인의 감성을 구현했다. 은은하고 화사한 파스텔 톤 색채와 마치 케이크에 크림을 바른 듯 부드럽게 움직이는 인물이 조화를 이룬다.

\<질\> 1719년 `루브르 박물관`

프랑스 로코코 양식의 문을 연 와토의 대표작. 너무 커서 줄줄 흘러내리는 우스꽝스러운 옷을 입은 어릿광대의 표정이 와토가 초기에 그린 로코코 양식의 그림들과는 달리 다소 우울하고 몽환적인 느낌이다.

와토 Antoine Watteau, 1684~1721년

왕립아카데미 정회원이자 궁중화가로 크게 성공했으나, 육체적으로 연약해 폐병을 앓다 37세에 생을 마감했다. 프랑스 상류사회에서 펼쳐지던 관능적인 매력의 풍속과 취미에 적합한 풍요로운 화풍을 구사했다.

\<목욕하는 디안\> 1742년 `루브르 박물관`

순결과 사냥의 여신 디안(아르테미스)과 그녀가 총애하는 님프 칼리스토를 그린 작품. 디안으로 변신한 제우스가 칼리스토를 속이고 관계를 가진 후 아무 일 없었다는 듯 행동하자, 칼리스토가 의심하는 에로틱한 상황을 '신화'라는 장치로 눈가림했다. 순수한 여신을 묘하게 성적이고 환상적인 느낌으로 표현한, 부셰의 대표작 중 하나다.

부셰의 가장 유명한 작품이자 로코코 양식을 대표하는 그림인 \<마담 퐁파두르\> (1756년), 뮌헨 알테 피나코테크 소장

부셰 François Boucher, 1703~1770년

고전적인 주제를 관능적이고 장식적으로 그려내 당시 궁정과 귀족, 서민에까지 폭넓은 사랑을 받은 로코코 예술의 대가. 18세기 프랑스인들이 탐닉한 '예쁜 것'을 구체화하고 '프랑스적인 것'의 가장 전형적인 이미지를 확립한 인물로 평가받는다.

03

프랑스 대혁명과 나폴레옹

RÉVOLUTION ET EMPIRE

1789~1792년 프랑스 대혁명과 국민의회	1789년 5월	삼부회 소집(베르사유) 삼부회는 성직자, 귀족, 평민의 세 신분 대표로 구성되는 회의로, 1302년 제정되었다. 1614년 이후 안 열리다가 루이 16세가 재정 위기를 타파하고자 새로운 세금을 발표 하려 소집했다. 이에 반발한 평민 대표들은 귀족 특권 폐지와 평등 과세 등을 주장하 며 평민 대표만으로 구성된 국민의회를 선포했다.
	1789년 7월	파리 시민, 바스티유 감옥 습격(7월 14일)-프랑스 대혁명 발발
	1789년 8월	국민의회, 봉건제 폐지 및 인권선언 선포
	1790년 7월	성직자기본법 제정 제1신분이었던 성직자를 국가 공무원화하고 봉급 지급, 십일조 폐지, 교회 재산 국유 화를 추진하면서 로마 가톨릭의 극심한 저항을 불러일으켰다.
	1791년 6월	루이 16세, 오스트리아(신성로마제국)로 망명 시도 중 실패(바렌 사건)
	1791년 9월	프랑스 최초의 성문헌법 제정-제헌의회 수립
	1791년 10월	입헌군주제 채택
	1792년 4월	프랑스 혁명 전쟁 시작(~1802년) 혁명의 불길이 번져오는 것을 두려워한 프로이센(독일)과 오스트리아가 프랑스를 상대 로 벌인 전쟁. 초반에 밀리던 혁명군은 국민 총동원령을 발동해 그해 9월 발미 전투에 서 전황을 뒤집었고, 이후 나폴레옹이 활약하면서 승리를 거두었다. 이때 마르세유 의 용군이 부르던 노래 <라 마르세예즈>가 프랑스 국가(國歌)가 되었다.
1792~1804년 제1공화국 : 당통~나폴레옹	1792년 9월	군주제 공식 폐지, 공화국 선포-국민공회 수립 공화국 수립 이후 프랑스는 부르주아를 주축으로 한 지롱드당과 시민 계급이 주축이 된 자코뱅당으로 양분되었으나, 로베스피에르가 이끄는 자코뱅당이 권력을 잡았다.
	1793년 1월	루이 16세 처형
	1793년 6월	공포정치 실시 자코뱅당의 지도자 로베스피에르는 혁명 재판소와 공안위원회를 만들어 왕당파를 비 롯한 반 혁명 세력은 물론 동지였던 극좌파와 온건파들까지 모두 단두대로 보내며 독 재를 시작했다.
	1793년 7월	지롱드당 지지자, 마라 암살 마라는 로베스피에르, 당통과 함께 자코뱅당의 3거두로 꼽히는 인물로, 자코뱅당에 반 감을 품은 여성의 칼에 맞아 욕실에서 예기치 않은 죽음을 맞이했다. 그의 죽음은 신 고전주의 화가 다비드의 그림 <마라의 죽음>으로 더욱 유명해졌다.
	1793년 10월	마리 앙투아네트 처형

<마라의 죽음>(1800년), 루브르 박물관.
1793년에 다비드가 처음 그린 그림은
벨기에 왕립미술관에 있다.

루이 16세와 마리 앙투아네트의 장례 기념비.
왕실 무덤인 파리 북부의 생드니 대성당에 있다.

1794년 3월   공포정치를 반대하던 당통 처형
1794년 7월   국민공회, 로베스피에르 처형-공포정치 종식
          공포정치에 반대한 중도파들이 쿠데타를 일으켜 로베스피에르를 몰아냈다. 프랑스 공
          화력 테르미도르 달에 일어나 '테르미도르 반동'이라고도 한다.
1795년   총재정부 수립(~1799)
          의회에서 선출된 5명의 집정관이 행정부를 5년간 지휘하는 체제. 수입 자유화, 가격 통제
          완화로 물가가 폭등하고 국채 가격이 폭락하면서 국가 재정이 궁핍해졌다.
1796년   나폴레옹, 이탈리아 원정
          왕당파 반란 진압의 공을 인정받은 27세의 나폴레옹이 최고사령관으로 임명돼 북이
          탈리아에서 세력을 확대 중이던 오스트리아를 격파했다.
1798년   나폴레옹, 이집트 원정
          날로 인기가 높아지는 나폴레옹을 견제하기 위해 집정관들은 나폴레옹을 이집트로 원
          정을 보냈다. 그해 프랑스 해군이 지중해에서 넬슨이 지휘하는 영국함대에 패하는 바
          람에 이집트에서 고립된 나폴레옹은 이집트를 탈출, 프랑스로 귀국했다.
1799년   나폴레옹, 쿠데타를 일으켜 총재정부 전복-통령정부 수립
          프랑스 공화력 브뤼메르 달에 일어나 '브뤼메르 18일의 쿠데타'라고도 한다.
1803년   나폴레옹, 북아메리카의 프랑스령 루이지애나(현 미국 영토의 약 1/4)를 1500만 달러에 미국
          으로 매각
1804년   <나폴레옹 법전> 편찬
          만민의 법 앞에의 평등, 국가의 세속성, 종교의 자유, 경제 활동의 자유 등 근대적인 가
          치관을 최초로 도입했다.

1804~1814년 **제1제정 시대 :** **나폴레옹 1세**	1804년 12월 나폴레옹, 국민투표로 황제 즉위 1805년 10월 트라팔가 해전, 넬슨의 영국해군이 프랑스·스페인 연합함대 격파 1805년 12월 아우스터리츠 전투

1805년 12월 아우스터리츠 전투
          오스트리아·러시아 연합군을 격파한 나폴레옹 전투의 백미로, 나폴레옹은 대승을 기
          념하기 위해 파리 시내에 두 개의 개선문(카루젤과 에투알)을 건설했다. 이후 프랑스군
          은 전 유럽을 제압하고 전 세계에 위명을 떨쳤다.
1806년   나폴레옹, 신성로마제국 해체
1809년   나폴레옹, 조제핀과 이혼
1810년   나폴레옹, 오스트리아(합스부르크) 황녀 마리 루이즈와 재혼
1812년   러시아 원정
          영국과의 교역을 금지하는 대륙봉쇄령을 위반한 러시아를 응징하기 위해 60만 대군
          을 이끌고 원정에 나선 나폴레옹은 러시아군에 대패하고 몰락의 길을 걷게 된다.
1813년   라이프치히 전투
          나폴레옹이 러시아 원정에서 패하자 러시아, 오스트리아, 프로이센, 스웨덴, 영국, 스페인,
          포르투갈 등 7개국이 6차 동맹을 결성해 싸움을 걸었고 라이프치히에서 60만 명이 맞붙는
          대규모 전투를 벌였다. 나폴레옹은 패했고, 6차 동맹은 여세를 몰아 프랑스로 진격했다.
1814년   파리 함락, 나폴레옹 실각 후 엘바섬으로 추방

프랑스 대혁명 시대의 파리

1789년 가난한 생활과 계속되는 물가 상승으로 고통받던 파리 시민은 루이 16세에 대한 분노를 참지 못하고 바스티유 감옥을 습격하고 불을 질렀다. 그로부터 3년 후 공화국이 수립돼 프랑스는 유럽에서 처음으로 왕이 없는 나라가 되었다. 자유·평등·의리를 구현하기 위한 100년간의 돌이킬 수 없는 여정을 시작한 것이다.

#RÉVOLUTION FRANÇAISE
#TERREUR

#프랑스 대혁명 #공포정치 #테러 #독재

프랑스 대혁명은 인류 역사에 크고 긍정적인 영향을 미쳤지만 공포정치라는 끔찍한 비극을 낳았다. 공포정치는 혁명기에 로베스피에르를 중심으로 하는 자코뱅당이 권력을 유지하기 위해 폭력적인 수단으로 대중에게 공포감을 조성한 정치형태를 말한다. 이는 훗날 '테러(테러리즘)'의 어원이 되었다. 참고로 프랑스 대혁명의 정신인 자유·평등·박애의 '박애'라는 표현은 오역이며, '의리' 또는 '형제애'로 번역해야 혁명의 폭력성을 이해할 수 있다.

바스티유 광장 생마르탱 운하와 그 주변 329p

1789년 7월 14일 프랑스 대혁명 당시 성난 민중의 표적이 되었던 바스티유 감옥. 볼테르나 디드로 같은 계몽사상가들이 수용됐던 정치범 수용소로 알려졌으나, 막상 감옥의 문을 열었을 때 죄수는 7명의 경범죄자뿐이었다. 그날 죄수들은 풀려났고, 32명의 스위스 근위병과 82명의 프랑스 수비대는 모두 사망했다. 다음 해 감옥이 철거되면서 그 자리에 바스티유 광장이 들어섰고, 1794년에 단두대가 설치돼 75명이 처형당했다. 1840년에는 52m 높이의 7월 혁명 기념탑이 우뚝 섰다. 쉴리교(Pont de Sully) 북단과 맞닿은 작은 공원, 앙리 갈리 광장(Square Henri Galli)에 바스티유 감옥의 일부 잔해가 남아 있다.

혁명을 주제로 그린 벽화로 가득한 바스티유 메트로역

최고 법원 단지 시테섬 & 라탱 지구 247p

과거 로마의 지배를 받았을 때부터 도시의 중심지 역할을 해온 시테섬 내 대규모 단지다. 대혁명 이후 혁명 재판소로 바뀌어 수많은 정치범을 재판했고, 몇 해 전까지도 최고 법원과 민·형사 재판소로 쓰였다. 대혁명 후 권력을 잡은 급진적 혁명가 로베스피에르는 혁명에 방해가 된다고 생각되는 사람들을 체포해 감금했고 즉결 처형과 학살도 서슴지 않았다. 당시 이곳에서 재판을 거쳐 단두대(기요틴)에 끌려가 죽거나 총살형, 익사형 등으로 처형된 사람은 최소 2~10만 명에 달하며, 재판도 없이 처형된 사람도 4만 명이나 되는 것으로 추정된다. 결국 로베스피에르 자신도 독재로 기소돼 콩코르드 광장에서 이슬로 사라졌다.

콩시에르주리 시테섬 & 라탱 지구 248p

마리 앙투아네트, 당통, 지롱, 에베르, 로베스피에르를 비롯해 2700명 이상의 사람들이 단두대에서 처형되기 전까지 투옥돼 있던 곳이다. 바로 옆 혁명 재판소에 출두하여 사형선고를 받은 수감자들은 법원 단지 내의 5월의 안뜰(Cour du Mai)에서 수레에 실려 다음 날 아침 해가 뜨기 전까지 신속하게 처형당했다. 고딕 양식의 탑 3개와 홀들로 이루어진 아름다운 건물이지만 500년 넘게 감옥으로 사용되었다.

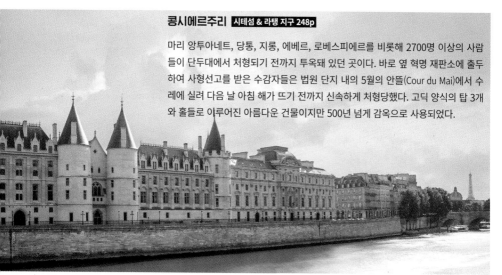

콩코르드 광장 루브르 & 튈르리 201p

상젤리제 거리 동쪽 끝에 있는 광장. 유럽에서 가장 큰 광장이자 프랑스인이 '세계에서 가장 아름다운 광장'으로 자부하는 곳이다. 1755년 루이 15세의 기마상을 설치하기 위해 20년에 걸쳐 조성돼 루이 15세 광장이라 불리다가 대혁명 후 1790년에 혁명 광장으로 개칭했다. 루이 16세와 마리 앙투아네트, 로베스피에르 등이 이곳에 놓인 단두대에서 처형된 것으로 유명하다. 혁명 기간 동안 단두대에 끌려간 사람들 중 1100명 이상이 이곳에서 처형당했다고. 광장 한편에는 루이 16세와 마리 앙투아네트가 처형당한 지점을 표시한 동판이 놓여 있다. 공포정치가 종식되면서 1795년에 '화합(콩코르드)'이라는 뜻을 지닌 현재의 이름으로 바뀌었다.

1804~1852년
나폴레옹 시대의 파리

한니발 이후 처음으로 알프스산맥을 넘는 작전으로 오스트리아와 이탈리아를 평정한 나폴레옹은 1799년 그의 나이 30세에 총재정부를 무너뜨리고 제1통령(Consul, 로마 공화정 시대의 집정관을 일컫는 말)이 되었다. 1804년, 국민투표를 통해 99.8%라는 만장일치에 가까운 지지율로 황제가 된 그는 새로운 시대정신을 제시하며 국민들의 기대를 모았다. 그러나 그의 형제와 누이를 왕과 왕후로 만들고 자신도 합스부르크 가문의 일원이 되면서 프랑스 혁명의 불길을 꺼뜨리고 말았다. 16년간 이어진 나폴레옹의 전쟁으로 약 300만 명이 목숨을 잃었으나, 그가 이탈리아와 이집트 등에서 가져온 수많은 보물과 전리품은 프랑스가 세계 최고의 예술 중심지로 거듭나는 데 일조했다.

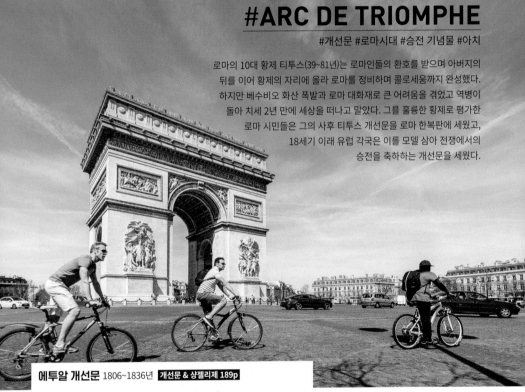

#ARC DE TRIOMPHE

#개선문 #로마시대 #승전 기념물 #아치

로마의 10대 황제 티투스(39~81년)는 로마인들의 환호를 받으며 아버지의 뒤를 이어 황제의 자리에 올라 로마를 정비하며 콜로세움까지 완성했다. 하지만 베수비오 화산 폭발과 로마 대화재로 큰 어려움을 겪었고 역병이 돌아 치세 2년 만에 세상을 떠나고 말았다. 그를 훌륭한 황제로 평가한 로마 시민들은 그의 사후 티투스 개선문을 로마 한복판에 세웠고, 18세기 이래 유럽 각국은 이를 모델 삼아 전쟁에서의 승전을 축하하는 개선문을 세웠다.

에투알 개선문 1806~1836년 `개선문 & 샹젤리제 189p`

로마의 티투스 개선문에 큰 감동을 한 나폴레옹이 이를 파리로 옮기려다가 실패하자, 그보다 더 크고 화려하게 지어 올리라는 명령을 내려 만든 개선문. 먼저 세워진 것은 카루젤 개선문이었으나, 크기가 작아 실망하고 지금의 개선문을 새로 짓기 시작했다. 하지만 나폴레옹은 그토록 원하던 완공을 보지 못하고 1821년에 숨을 거두었고, 대신 그의 장례 행렬이 이 문을 지나갔다. 1836년에 완성된 개선문은 높이 50m, 너비 45m로, 개선문 중에서는 세계에서 가장 큰 규모다. 외벽에는 나폴레옹의 공적을 형상화한 10개의 부조가 새겨져 있다.

<h1 style="text-align:center">나폴레옹 승전의 역사</h1>

Point 1 — 샹젤리제 거리 쪽의 조각 [앞면]
Ave. des Champs-Élysées

방패 장식
띠 장식

❶ **<젬마프 전투>** 1792년 12월 6일 벨기에의 젬마프에서 오스트리아군을 격파한 것을 기념하고 있다.

❷ **<아부키르의 전투>** 1798년 나일강 하구에서 영국군을 격파한 해상 전투를 기념하고 있다.

❸ **<마르소 장군의 장례식>** 마르소는 1795년 북이탈리아 원정에서 오스트리아군을 무찌른 장군이다. 이듬해 독일 서부 전쟁터에서 전사한 것을 추모하고 있다.

❹ **<꽃무늬 장식>** 개선문 내부는 화려한 꽃무늬로 장식돼 있다.

❺ **장군들의 이름** 600여 장군의 이름을 새겨놓았다. 밑줄을 그은 이름은 전쟁에서 목숨을 잃은 장군의 이름이다.

❻ **<1792년의 의용병 출진>** 일명 <라 마르세예즈>. 개선문의 부조 중 가장 유명한 것으로, 마르세유에서 지원한 의용병들이 출전하여 오스트리아, 프로이센군을 물리친 것을 기념하고 있다.

❼ **<1810년의 승리>** 나폴레옹이 승리의 여신에게 월계관을 받는 장면. 5차 대프랑스 동맹전 승리를 기념한 것이다.

Point 2 — 그랑드 아르메 거리 쪽의 조각 [뒷면]
Ave. de la Grande Arme

❽ **<아우스터리츠 전투>** 1805년 12월 2일, 아우스터리츠에서 나폴레옹이 이끄는 프랑스군이 러시아, 오스트리아 연합군을 크게 이긴 것을 기념한 조각. 나폴레옹의 전적 가운데 가장 빛나는 전투로 꼽힌다.

❾ **<알렉산드리아 점령>** 1798년 이집트 원정에서 알렉산드리아를 점령한 것을 기념하고 있다.

❿ **<알코레 다리 도하>** 1798년 11월 북이탈리아의 알코레 다리에서 오스트리아군을 격파한 것을 기념하고 있다.

⓫ **<평화>** 군인의 칼은 칼집에 넣은 채 있고 어머니는 아이를 돌보는 등 평화로운 시대의 모습을 형상화했다.

⓬ **<전쟁>** <평화>와 대조적으로 군인은 칼을 들고 서 있고 사람들은 불안에 떨고 있다.

❻ <1792년의 의용병 출진>
일명 <라 마르세예즈>

❼ <1810년의 승리>

⓫ <평화>

⓬ <전쟁>

#NEOCLASSICISM

#신고전주의 #고대의 부활 #통일과 조화 #엄격함

신고전주의는 로코코의 지나치게 장식적이고 현학적인 기교에 대한 반발로 등장했다. 조화와 균형, 곡선보다 직선, 색보다 윤곽선을 중시하며 그리스·로마 예술의 재평가를 기초로 한 합리주의를 추구했다.

<나폴레옹 1세의 대관식> 1807년 루브르 박물관

<알프스산맥을 넘는 나폴레옹>(1801년), 베르사유 궁전. 1800년 5월 이탈리아를 침략하기 위해 6만 군대를 이끌고 알프스산맥을 넘는 나폴레옹의 모습을 그린 다비드의 대작이다.

궁정화가였던 자크 루이 다비드의 작품으로, 나폴레옹이 부인 조제핀에게 왕관을 씌워 주는 순간을 묘사했다. 당시에는 교황이 신을 대신해 황제에게 왕관을 씌웠지만 신이 되고자 한 나폴레옹은 스스로 왕관을 썼다. 작품 속 인물들을 실물 크기로 실제 인물과 똑같이 그린 것이 특징인데, 몇몇 인물은 나폴레옹의 비위를 맞추기 위해 일부러 왜곡했다. 예를 들면 강제로 참석해야 했던 교황 비오 7세를 황제에게 축복을 내리는 모습으로 그렸고, 몸이 아파 참석할 수 없던 추기경과 아들의 행동을 탐탁지 않게 생각해 참석하지 않은 나폴레옹의 어머니를 기쁨에 찬 표정 등으로 그려 넣은 것이다. 또한 오른쪽 뒷모습의 인물들을 관객과 동일 시점으로 그려 보는 이로 하여금 대관식에 직접 참석한 것 같은 착각이 들게 했다. 크지 않으면 아름다울 수 없다는 나폴레옹의 요구에 따라 길이 14m, 높이 8m가 넘는 대작으로 완성되었다.

다비드 Jacques-Louis David, 1748~1825년

로마 유학 시절에 폼페이의 고대 유물들을 목격하면서 고대 로마 예술에서와 같이 형식과 내용의 통일성과 명료성을 완벽에 가깝게 구현하고 인체를 마치 완벽한 이상을 담은 조각처럼 표현했다. 프랑스 혁명을 지지하다 나폴레옹의 황제 즉위 후 '화단의 황제'로 군림하며 예술적, 정치적으로 프랑스 화단에 영향력을 행사했으나, 나폴레옹이 실각한 후 추방돼 브뤼셀에서 생을 마감했다.

<큐피드와 프시케> 1793년 `루브르 박물관`

죽음의 잠에 깊이 빠진 프시케를 키스로 깨우는 큐피
드를 형상화했다. 남녀 간의 사랑을 단정하면서도 우
아하게 표현한 이 작품은 다양한 각도에서 감상할 수
있는 장치도 있고 여러 버전으로 제작되었는데, 로댕
을 비롯한 많은 후배 조각가가 한 작품을 똑같은 모
양으로 여러 점을 제작할 수 있는 기초가 되었다.

카노바 Antonio Canova, 1757~1822년

그리스·로마 조각이 지닌 고전미를 훌륭하게 재현한 이
탈리아 신고전주의의 거장. 일찍이 조각가 토레티의 공
방에서 실력을 발휘하다 로마에서 고대 그리스·로마
조각을 열심히 연구하고 모방했다. 1802년 나폴
레옹의 초청을 받아 그의 흉상을 만들었다.

<그랑 오달리스크> 1814년 `루브르 박물관`

신고전주의의 대표작이지만 퇴폐적이며 관능적인 여
성을 표현하기 위해 비현실적인 몸매의 여인을 그렸
다는 점에서는 낭만주의 성향을 띤다. 오달리스크는
터키 궁정에서 시중을 들던 여자 노예를 가리키는 말
인데, 이 그림 이후로 옷을 벗은 채 비스듬히 누운 여
인의 그림을 '오달리스크'라 하기 시작했다.

<샘> 1856년 `오르세 미술관`

이상적인 아름다움에 지나치게 집착
한 나머지 비현실적인 몸매와 자세를
취한 여인을 그린 앵그르의 또 다른
작품. 같은 전시실 안에 걸려 있는 다
른 신고전주의 화가들의 작품들도 현
실과 동떨어진 인체를 표현하고 있다.

앵그르 Jean Auguste Dominique Ingres, 1780~1867년

탁월한 데생력과 우아한 화풍을 보인 신고전주의 회화의 완성자. 다비드의 제자답게 주로 균형미와 탄탄한 비례미가
돋보이는 그림을 그렸지만 유독 여성의 나체만큼은 섹시함과 우아함을 강조하기 위해 신체 왜곡도 불사했다.

왕정 복고와 대변혁기
RÉVOLUTIONS DE PARIS

1814~1830년 부르봉 왕정 복고 : 루이 18세, 샤를 10세	**1814년** 루이 18세(루이 16세의 동생) 즉위 **1815년** 나폴레옹, 엘바섬을 탈출해 파리에서 황제 복위 **1815년** 워털루전쟁 　　　　영국-프로이센 연합군에 완패한 나폴레옹은 세인트 헬레나섬으로 추방돼 그곳에서 일생 　　　　을 마쳤다. **1824년** 샤를 10세(루이 18세의 동생) 즉위 **1830년** 7월 혁명(부르주아 혁명), 샤를 10세 추방 　　　　루이 18세를 이어 왕이 된 샤를 10세는 혁명으로 땅을 빼앗긴 귀족들에게 10억 프랑을 들 　　　　여 토지를 반환하는 등 프랑스를 혁명 전으로 되돌리려 했다. 샤를 10세가 의회마저 해산하 　　　　자 분노한 시민이 혁명을 일으켰다. 이후 프랑스 귀족은 공적 영역에서 완전히 퇴출당했다.
1830~1848년 오를레앙 왕조 : 루이 필리프 1세	**1830년** 루이 필리프(부르봉 왕가의 방계), 국왕 즉위 　　　　'시민 왕'을 자처한 루이 필리프의 취임과 함께 프랑스 최초의 입헌군주 체제가 탄생했다. **1832년** 6월 봉기 　　　　왕정 자체를 혐오한 공화주의자들이 비밀 결사체와 연합한 봉기. 식량 부족과 경제 파탄, 　　　　전염병 창궐을 명분 삼아 일으켰으나 하루 만에 진압되었다. 이는 후에 빅토르 위고의 <레 　　　　미제라블> (1862년)의 배경이 되었다. **1848년** 마르크스, 런던에서 <공산당 선언> 발표 **1848년** 2월 혁명 　　　　사회주의자들이 주축이 돼 일으킨 혁명. 루이 필리프가 런던으로 망명하면서 프랑스 왕정 　　　　의 종지부를 찍고, 참정권이 성인 남성 전체로 확대되었다. **1848년** 6월 항쟁 　　　　2월 혁명으로 치러진 선거에서 승리한 왕당파가 노동 조건을 악화시키자 파리에서 프롤 　　　　레타리아가 봉기했다.
1848~1852년 제2공화국 : 루이 나폴레옹	**1848년 8월** 루이 나폴레옹(나폴레옹 1세의 조카이자 조세핀의 손자), 대통령 당선 **1851년** 루이 나폴레옹, 쿠데타 　　　　대통령 임기를 연장하기 위해 루이 나폴레옹이 12월 2일 친위 쿠데타를 일으켰다.
1852~1870년 제2제정 시대 : 나폴레옹 3세	**1852년** 루이 나폴레옹, 황제(나폴레옹 3세) 즉위 **1853~1856년** 크림전쟁 　　　　나폴레옹 이후 유럽 국가들끼리 처음 벌인 전쟁. 이 결과 프랑스는 러시아의 남하를 저지 　　　　하고 인도차이나·중국에 진출했다. **1861~1865년** 미국, 남북전쟁 **1870년** 프랑스-프로이센 전쟁(보불전쟁) 　　　　전쟁 개시 2개월 만에 나폴레옹 3세가 포로로 잡히면서 제2제정이 붕괴했다. 프랑스는 프 　　　　로이센에 50만 프랑의 배상금을 주고, 베르사유 궁전에서 프로이센 국왕 빌헬름 1세의 독 　　　　일 황제 대관식을 지켜봐야 했으며, 알자스-로렌 지방을 빼앗겼다.

1814~1852년

왕정 복고와 산업혁명 시대의 파리

나폴레옹이 퇴위하자 프랑스에서는 루이 18세에서 샤를 10세로 이어지는 왕정 시대가 다시 열렸다. 루이 18세는 귀족과 성직자 등 프랑스 혁명 전 구체제(앙시앙 레짐, Ancien Régime)의 세력들을 다시 불러들이며 프랑스 대혁명의 성과를 물거품으로 만들어 버렸고, 생활 전반에 귀족풍 생활양식이 유행했다. 1830년 7월 혁명으로 샤를 10세가 추방되고 하원 의회에서 루이 필리프 1세를 왕으로 추대하여 프랑스 최초의 입헌군주제 체제가 등장했으나, 그 또한 큰 반발로 인해 퇴위했다. 이후 프랑스에서는 보통선거를 통해 선출되며 임기를 가진 국가 원수라는 개념의 대통령제가 세계 최초로 실시되었다. 1848년 12월 나폴레옹의 조카인 루이 나폴레옹 보나파르트가 대통령(Président)에 당선되면서 제2공화정이 시작된 것이다.

#RÉVOLUTION INDUSTRIELLE

#산업혁명 #자본주의 #공업화 #기계문명 #대중소비경제 #근대화

1783년 몽골피에 형제의 열기구가 파리의 하늘을 날면서 시작된 프랑스의 산업혁명은 더디게 진행되다 1830년대에 이르러서야 본격적인 궤도에 올랐다. 전국의 주요 지방을 잇는 철로와 역이 건설되고 증기기관으로 물자와 사람을 실어 나르기 시작하면서 파리는 소비, 관광, 쾌락의 일대 중심지로 성장할 채비를 갖춰 나갔다.

파사주 팔레 루아얄 & 오페라 226p, 227p / 레 알 & 보부르 295p

19세기 산업화로 대량생산과 유통이 가능해지면서 물밀듯 들어온 상품과 그로 인한 수요를 충족시키기 위해 파리의 도시 계획가들은 건물과 건물 사이에 쇼핑 아케이드, 파사주(Passage)를 고안했다. 아케이드의 진흙투성이 바닥에 모자이크 문양의 대리석을 깔고 세계 최초로 가스등을 설치해 시민들은 궂은 날씨이거나 야간에도 밝고 쾌적하게 쇼핑할 수 있었다. 1745년 8구에 첫선을 보인 파사주는 1820년대에 이르러 당시 신흥 부르주아의 '잇 플레이스'로 급부상했고 루브르 궁전과 팔레 루아얄 주변으로 순식간에 뻗어 나갔다. 1850년대에는 그 수가 무려 150개를 넘어서며 정점을 찍었다. 그러나 시간이 흘러 백화점에 그 자리를 빼앗겨 차츰 빛을 잃어가던 중 1980년대 관광산업 부흥 정책에 힘입어 되살아났다. 현재 20여 개의 파사주가 레트로 감성에 이끌리는 여행자를 모으고 있다.

121

생라자르역 1837년 MAP ❸-C

파리 최초로 건설된 기차역. 파리에서 서쪽으로 19km 떨어진
생제르맹앙레(Saint-Germain-en-Laye, 태양왕 루이 14세가 태어난
곳)를 연결하기 위해 개통했다. 지금은 27개 승강장을 갖춘 파
리에서 3번째로 붐비는 역으로, 루앙 등 프랑스 북서부 지역과
베르사유행 기차가 발착한다. 1877년 인상주의 화가 모네는 철
골과 유리로 만든 이 역을 여러 점의 그림으로 남겼다.

에펠탑을 설계한 귀스타브 에펠이 엔지니
어로 참여해 1869년에 증축한 5만여 ㎡(약
1만5000평)의 본관과 1923년에 본관 바로
옆에 아르데코 양식으로 지은 별관으로 이
루어져 있다.

르 봉 마르셰 1852년 생제르맹데프레 269p

1838년 비도 형제가 설립한 잡화점에서 탄생한, 세계에서 가장 오래된 백화
점이다. 1852년 잡화점 운영에 참여한 부시코 부부는 각양각색의 상품을 갖
추고 정찰제와 박리다매라는 새로운 개념을 바탕으로 상품의 교환·환불, 시
즌 세일, 카탈로그를 이용한 우편 주문 등 혁신적인 판매 시스템을 도입한 세
계 최초의 현대식 백화점(Grand Magasin, 그랑 마가쟁)을 열었다. 이후 여성용
화장실 및 아내를 기다리는 남편들을 위한 독서실, 갤러리 등을 설치하고, 당
대 트렌드를 반영한 광고 포스터를 찍거나 계절마다 대량의 카탈로그를 발행
하는 등 지금도 사용되는 마케팅 전략을 선보이면서 근대 백화점의 롤모델을
제공했다. 1984년 LVMH 그룹이 인수하면서 오 봉 마르셰에서 르 봉 마르셰
로 이름이 바뀌었다.

#ROMANTICISM

#낭만주의 #주관적 #감정적 #격렬함 #연출

계몽주의에 반대한 낭만주의는 고전적인 비율에서 벗어나 화가 자신의 주관과 감정을 그림에 표현했다.
고전주의에 정면으로 맞서는 격렬한 표현이나 무대 연출 같은 화면 구성이 특징이다.

<민중을 이끄는 자유의 여신>

1831년 `루브르 박물관`

1830년 파리에서 일어난 7월 혁명을 주제로 한 작품. 콜드플레이의 <비바 라 비다> 앨범 커버 아트로 대중에 더욱 알려졌다. 7월 혁명은 루이 18세의 복고 왕정 정치에 반발한 프랑스 시민이 혁명을 주도해 왕을 폐위시킨 사건이다. 화가는 '의지를 갖고 스스로 개척해 나가는 당시의 시민상'을 표현하기 위해 여신의 가슴을 의도적으로 노출했고, 여신을 돋보이게 하기 위해 어두운 색채로 배경을 그렸다. 다른 인물들은 당시 노동자부터 신흥 부르주아까지 모든 계층의 의상을 입었는데, 이는 7월 혁명이 전 국민의 지지를 받는 혁명이라는 의미를 담고 있다.

들라크루아 Eugène Delacroix, 1798~1863년
어린 시절부터 문학에 관심과 애정을 쏟았다. 작품 전반에 다비드가 확립한 아카데믹적인 회화 전통을 허문 강렬한 터치와 과감한 색조가 돋보인다.

<메두사호의 뗏목> 1819년 `루브르 박물관`

1816년 세네갈 앞바다에서 일어난 메두사호 난파 사고를 다룬 작품. 제리코는 사고를 묘사하기 위해 생존자를 인터뷰하며 들은 충격적인 사실들로 작품 제작과 사회 고발에 대해 깊은 고민에 빠졌다고 한다. 침몰 당시 선장과 부선장은 150여 명의 노예와 하급 선원을 버려둔 채 구조선을 타고 도망쳐 버렸고, 배 위에서는 버려진 선원들이 작은 뗏목에 서로 오르려고 다른 이들을 바다로 밀어내는 참상이 벌어졌다. 두 번째 구조선이 올 때까지 버텨야 하는 선원들은 배고픔을 견디지 못해 인육까지 먹었고, 10여 명만 살아남았다. 어두운 색조와 방사선으로 흩어진 시체들, 죽은 아들의 시신을 안고 슬픔에 빠진 노인의 표정 등 구도, 색조, 서사적 내용 등이 어우러진 낭만주의 최고의 걸작으로 손꼽힌다.

제리코 Théodore Géricault, 1791~1824년
신고전주의를 버리고 일상적인 사건에서 극적인 요소를 한껏 끌어내 프랑스에 낭만주의를 꽃피웠다. 28세에 대작 <메두사호의 뗏목>을 남겼으나, 30대 초반에 낙마 사고로 세상을 떠났다.

나폴레옹 3세 시대의 파리

1848년 나폴레옹의 후광을 업고 프랑스 최초의 대통령에 당선된 루이 나폴레옹은 태도를 돌변해 억압 정치를 시작했다. 이어 1851년 12월 쿠데타로 의회를 해산하고 황제 자리에 올라 스스로를 나폴레옹 3세라 칭했다. 그의 통치 시기에 미로 같던 도로망이 정비되고 600km에 달하는 하수도망과 상수도 시설, 가스등이 설치되었으며 시내 곳곳에 대규모 녹지가 조성되면서 파리는 유럽에서 가장 큰 현대적 수도로 변모해 갔다. 하지만 1870년 프로이센(독일의 전신)과 벌인 전쟁에서 완패하면서 베르사유 궁전에서 프로이센 왕 빌헬름 1세가 독일제국 탄생을 선포하는 치욕을 맛봤다.

샤를 드골 광장 개선문 & 샹젤리제 189p

개선문을 중심으로 뻗은 길 모양이 마치 별과 같다 해서 '에투알 광장 (Place de l'Étoile)'이라 부르기도 한다. 이러한 모습은 1854년 오스만 남작이 주도한 도시 계획에 따라 원래 광장 주위로 나 있던 5개의 길을 12개로 늘리면서 만들어진 것. 도로를 늘린 이유가 도로의 직진성을 높여 데모하는 군중의 움직임을 쉽게 파악하고 효율적으로 진압하기 위함이었다고 하는데, 정작 나폴레옹 3세 치하 파리에서는 진압할 만한 봉기가 일어나지 않았다. 현재의 이름은 드골 대통령의 공적을 기리기 위해 붙여졌다. 콩코르드 광장에 이어 파리에서 두 번째로 큰 광장이다.

#LES TRANSFORMATIONS DE PARIS

#파리 대개조 #오스만 #불도저식 개발 #넓은 대로 #가로수

나폴레옹 3세는 오스만 남작을 파리 시장으로 임명하여 1853년부터 대규모 도시 정비 프로젝트를 추진했다. 오스만은 도시를 관통하는 대로(Boulevard)를 만들고 가로축에 개선문과 콩코르드 광장, 루브르 궁전 같은 거대한 상징물을 배치했다. 이렇게 재정비한 도로를 따라 건물들이 질서정연하게 줄지어 건축되고 거미줄처럼 얽힌 파리의 뒷골목과 빈민 주거지역, 소규모 영세상인들이 시 외곽으로 밀려나면서 오늘날 우리가 로맨틱하다고 느끼는 파리의 모습이 갖추어졌다. 오스만의 파리 대개소는 그가 시장에서 물러난 후에도 진행돼 1870년에 마무리됐다.

샹젤리제 거리 개선문 & 샹젤리제 190p

개선문을 중심으로 뻗은 12개의 거리 중 가장 넓은 거리로, 너비 70m, 길이 1.9km에 이른다. 19세기 후반 거리 한쪽에 그랑 팔레와 프티 팔레를 짓는 바람에 만국 박람회의 중심에 놓이면서 명품 브랜드 점과 갤러리, 식당 등이 들어섰고, 이후 현재 모습을 갖추었다. 가로수길 양쪽으로 분위기 좋은 노천카페와 상점들이 즐비해 이국적인 정취가 물씬 풍긴다.

오스만 Georges-Eugène Haussmann, 1809~1891년

오늘날의 아름다운 파리를 만드는 데 가장 큰 공헌을 한 인물 중 하나다. 좁고 구불구불한 길 대신 일직선 대로를 확보하겠다는 그의 야망은 도시 미관을 완전히 바꾸었다. 한때 그를 전폭적으로 지지한 나폴레옹 3세의 권력이 약해지면서 계획이 잠시 중단되기도 했으나, 공사를 마친 20세기 초에 이르러 파리는 전 세계에서 가장 아름다운 도시로 칭송받게 되었다.

#ÉCOLE DE BARBIZON

#바르비종파 #풍경화 #농민들의 일상

풍경화를 그리는 화가들의 등장. 1830년경부터 퐁텐블로 숲과 가까운 전원마을
바르비종으로 모여들어 대자연과 농민을 주제로 그림을 그리던 화가들을 지칭한다.

<만종> 1857년 `오르세 미술관`

일과를 끝내고 기도하는 부부의 모습을 그린 작품. 그저 평화롭
게만 보이는 일련의 작품 속에는 사실주의나 현실 비판을 담은
메시지가 있다고 흔히 해석된다. 원래 감자 바구니에 죽은 아이
가 있었으며, 부부가 애도하는 모습이란 주장도 있다.

밀레 Jean-Francois Millet, 1814~1875년

잔잔하고 성실한 화가. 1849년부터 죽을 때까지 바르비종에서 살
며 오전에는 농사일을 하고 오후에는 그림을 그렸다. 숭고함과 목
가적인 분위기, 옅은 색채와 생략을 통한 단순한 묘사가 특징이다.

#REALISM

#사실주의 #천사를 #보여주면 #천사를 #그리겠다

낭만주의를 거부하고 고달픈 현실을 직시하면서 자기가 본 것만을 그려야 한다고 주장하며
회화적 기량과 사실의 정확한 재현을 중시했다.

<오르낭의 장례식> 1855년 `오르세 미술관`

관찰자의 시점에서 대상을 있는 그대로 묘사하는
데에 충실한 사실주의의 문을 연 작품. 오르세 미
술관에서 가장 큰 작품인데, 당시에는 역사나 종
교적 사실이 아닌 일상을 주제로 이렇게 큰 그림
을 그리는 것이 대단히 파격적인 일이었다.

쿠르베 Gustave Courbet,
1819~1877년

농부의 아들. 거칠고 다혈질이며
정치·사회 비판 활동에 적극적으
로 참여했다. 작품에서 엄숙함과
절제된 분위기, 어두우면서도 선
명한 색조가 두드러진다.

#MODERNISM

#모더니즘 #전통과 #규범에서 #회화를 #해방

기존의 모든 사조에 도전하는 '자세'에 가까운 사조. 날마다 새로워야 한다는
생각을 강박적으로 추구하며 실험과 혁신을 멈추지 않았다.

<풀밭 위의 점심 식사> 1863년 **오르세 미술관**

마네는 이 작품과 <올랭피아>로 사회적 논란을 야기함과 동시에 주목받기 시작
했다. 고전주의의 전통적 모티프를 변형하여 당시 알 만한 사람들은 다 아는 유
명인의 모습을 퇴폐적으로 그려내 주제와 표현방식 모두 비난받았다. 벌거벗은
여인의 새하얀 피부, 남자들이 입은 검은 옷, 짙푸른 녹음이 선명하게 대비되는
그림이 너무 사실적이었던 탓에 사람들은 그림 속의 민망한 누드 파티가 진짜로
있었던 일이라고 생각하며 매우 당황했다고 한다.

마네 Edouard Manet, 1832~1883년

사법관의 아들. 세련된 도시민의
모습을 주로 담아 모더니즘의 창
시자로 평가되며, 도시의 이면을
풍자한 그림들로 유명하다. 인상
주의의 아버지로 불린다.

<피리부는 소년>(1866년),
오르세 미술관

<올랭피아> 1863년 **오르세 미술관**

'올랭피아'란 뒤마의 소설 속 여주인공으로 등장한 성매매
여성의 이름으로, 그림 속 여성이 성매매 여성임을 암시한
다. 여신이 아닌 여성의 누드인 데다 당당한 모습의 성매매
여성을 모델로 했다는 점, 모델의 눈과 관객의 시선이 마주
치도록 의도했다는 점 때문에 1865년 살롱전에 출품 당시
온갖 혹평에 시달렸다.

벨 에포크와 현대 프랑스

BELLE ÉPOQUE ET TEMPS MODERNE

1870~1940년 제3공화국 : 티에르~르브룅	**1870년** 공화파의 공화정 선포(나폴레옹 3세는 영국으로 망명함) **1871년** 파리 코뮌 　보불전쟁의 굴욕적인 패배에 분노한 파리 시민이 봉기해 수립한 혁명 자치정부. 두 달간 파리를 장악했으나 정부군이 파상공세를 퍼부은 '피의 일주일'을 거치면서 코뮌은 무너졌고, 프랑스 대혁명이 끝장났다. **1875년** 제3공화국 출발 　의회와 정부 형태를 규정하는 헌법이 통과되고 양원제 의회가 확립되면서 프랑스 정치체제는 공화제로 정착되었다. **1889년** 파리 만국 박람회 개최 **1900년** 파리 만국 박람회 & 제2회 하계 올림픽 개최, 메트로(지하철) 개통 **1914~1918년** 제1차 세계대전 **1917년** 러시아, 10월 혁명 발발(볼셰비키 혁명), 소비에트 유니온(소련)으로 국가명 변경 **1929년** 미국 주가 대폭락, 대공황 시작(제2차 세계대전으로 회복) **1936년** 인민전선 형성 　대공황으로 경제가 어려워지자 왕당파와 공화파가 결집했고, 좌파 세력이 공화파와 연합하여 선거에서 승리했다. 그 후 '프랑스의 뉴딜'을 추진하며 의욕을 불태웠으나 '전쟁 반대' 정도의 느슨한 외교 감각 때문에 이탈리아 파시스트에게도, 히틀러의 나치에게도 대비하지 못했다. **1937년** 파리 엑스포 개최
1940~1944년 나치의 비시 정부 **1944~1946년** 드골의 임시정부	**1939~1945년** 제2차 세계대전 **1940년** 프랑스 항복, 비시 정부 수립 　페탱 대통령과 보수 가톨릭당 집권 **1944년** 연합군, 노르망디 상륙-파리 해방 **1945년** 국제연합(UN) 성립
1946~1958년 제4공화국 : 오리올, 코티	**1946년** 인도차이나 전쟁(베트남 독립 전쟁) 시작 **1949년** 북대서양 조약 기구(NATO) 창설 **1954년** 인도차이나 독립, 알제리 전쟁 시작 **1956년** 2차 중동전쟁 　수에즈 운하 국유화에 반대하여 영국, 이스라엘과 함께 이집트를 침공해 패퇴했다.
1958년~ 제5공화국 : 드골~현재	**1962년** 알제리 독립 **1968년** 5월 혁명(68운동) 　평화, 인권 등 진보적 가치가 사회의 주류로 자리매김했다. **1980년** 바누아투 독립, 프랑스 식민제국 해체 **1989년** 독일, 베를린 장벽 붕괴 **1994년** 유럽 연합(EU)·세계무역기구(WTO) 출범

19세기 말~20세기 초
벨 에포크 시대의 파리

'좋은 시대' 혹은 '아름다운 시절'이라는 의미의 프랑스어 벨 에포크(Belle Époque)는 보불전쟁과 파리 코뮌 이후 프랑스의 정치적 격동기가 끝난 19세기 후반부터 제1차 세계대전이 시작되기 전까지의 기간을 이르는 말이다. 이 기간에 파리는 문화·경제·기술·정치적 발전으로 번성하고 만국 박람회를 개최하면서 '세계 문화의 수도'라는 이미지가 생겼다. 전 세계의 자유로운 영혼들이 모이는 안식처로 인식되면서 예술이 찬란하게 꽃을 피운 것도 이 시기로, 모네와 르누아르를 비롯한 인상주의 화가들의 작품이 벨 에포크 시대의 풍요로운 삶을 반영한다.

19세기 후반 인상주의 화가들이 머무른 곳으로 유명한 몽마르트르. 이 때문에 언덕 꼭대기의 테르트르 광장 여기저기에선 거리 화가들의 그림을 판매하고 있다.

#EXPOSITION UNIVERSELLE DE PARIS

#파리 만국 박람회 #제국주의 #철골 구조 #유리 지붕 #아르누보

1851년 런던에서 열린 수정궁 대박람회에서 영국이 보여준 기술력에 자극받은 프랑스 정부는 1855년부터 파리에서
만국 박람회를 열기 시작했다. 이후 약 10년에 한 번꼴로 박람회를 열어 1937년까지 총 8차례 개최했다. 첫 박람회에서는
런던의 수정궁에 견줄만한 산업 궁전을 지어 일반 시민들을 위한 상품을 전시했고, 저렴한 가격을 강조하기 위해 당시에는
혁신적인 '가격표'를 도입했다. 1867년부터는 일본이 참가하기 시작했고, 1878년에는 전화기와 축음기를
선보였으며, 1889년에는 에펠탑이 설치되었다. 1900년에는 메트로가 개통되고 대한제국이 참가했다.
만국 박람회를 계기로 19세기 말 파리에서는 철제와 유리를 활용해 내부 공간을 확장하고 채광률을 높인 획기적인
건축물들이 등장했고, 꽃무늬와 자유로운 선으로 대표되는 아르누보(Art Nouveau, '새로운 미술'이란 뜻) 양식이 유행했다.

에펠탑 1887~1889년 `에펠탑 & 앵발리드 165p`

프랑스 대혁명 100주년과 파리 만국 박람회를
맞아 박람회 장소인 트로카데로와 샹 드 마르스
의 중간에 세운 탑. 프랑스의 경제력과 기술력
을 과시하기 위해 당시 최고의 철골 구조물 엔
지니어였던 귀스타브 에펠에게 설계를 맡겨 완
공했다. 초기에는 괴물이라는 비난을 받았지
만 130년이 지난 지금까지 연간 700만 명 이상
이 찾는 파리의 명물이 되었다. 81층짜리 빌딩
과 비슷한 324m 높이로, 총 2만여 개의 전구
와 1665개의 계단, 1만 8038조각의 철제, 250
만 개의 리벳 등으로 이루어졌으며, 추정 무게
만 해도 1만 톤이 넘는 것으로 전해진다. 지금
도 철제들의 부식이나 녹을 방지하기 위해 7년
에 한 번씩 도색을 하는데, 그때마다 60톤의 페
인트가 소요된다.
에펠탑과 관련한 일화 한 가지. <여자의 일생>
으로 유명한 프랑스 소설가 모파상은 에펠탑을
죽도록 싫어했는데, 탑을 안 보면서 식사할 수
있는 곳은 에펠탑 안밖에 없다며 에펠탑 안에
있는 레스토랑을 찾았다고 한다.

그랑 팔레 & 프티 팔레 1897~1900년
개선문 & 샹젤리제 194p

만국 박람회 장소로 사용하기 위해 알렉상드르 3세교와 함께 만든 건축물이다. 정면을 이오니아식 둥근 지붕으로 장식한 그랑 팔레는 둥근 기둥과 높이 43m의 유리 돔이 인상적인데, 아르누보 양식의 참신한 디자인이 당시로서는 혁신적이어서 화제가 됐다.

알렉상드르 3세교 1896~1900년 개선문 & 샹젤리제 195p

1900년 제2회 하계 올림픽과 함께 열린 파리 만국 박람회에 맞춰, 박람회장이 들어선 앵발리드와 그랑 팔레·프티 팔레를 잇기 위해 건설했다. 다리의 이름은 독일(프로이센)의 위협에 공동 대응하기 위해 1892년 프랑스와 동맹을 체결한 러시아 황제 알렉산더 3세를 기념해 붙였다. 황금빛 조각상과 아르누보 양식의 가로등으로 장식한 최신식 교각으로, 당시 가장 현대적인 건축 작품이었다.

오르세 미술관 1900년

생제르맹데프레 & 오르세 271p

루브르 박물관에 버금가는 인기를 누리는 미술관. 파리 만국 박람회를 앞두고 파리-오를레앙 철도 회사가 1900년에 건설한 철도역 겸 호텔을 개조하여 1986년에 개관했다. 천장과 외벽, 플랫폼, 대합실 등은 옛 모습 그대로다. 길이 175m, 폭 75m에 달하며, 에펠탑을 지을 때보다 더 많은 철근이 사용됐다. 1848년부터 1914년까지의 회화·조각·사진·공예 등을 전시하고 있는데, 특히 마네, 모네, 드가, 르누아르, 반 고흐, 고갱 등 인상주의와 후기 인상주의 회화 1600여 점을 소장하고 있어 인상주의 예술의 낙원으로 불린다.

아베스역 1900년 **몽마르트르 351p**

1900년, 파리에 메트로가 처음 개통되었을 때 아르누보의 거장 엑토르 기마르는 약 5년간 총 141개의 역을 맡아서 출입구를 제작했다. 그중 당시의 아름다운 모습이 온전히 남은 역은 몽마르트르에 있는 이곳과 메트로 2호선 포르트 도핀(Porte Dauphine)역 단 두 곳뿐이다. 아베스역 입구는 오텔 드 빌(Hôtel de Ville)역에 맨 처음 설치한 것을 1974년에 옮겨온 것이지만 원형 그대로의 모습을 간직하고 있다.

엑토르 기마르 Hector Guimar, 1867~1942년

19세기 말 유럽에서 유행한 아르누보 양식의 프랑스 대표 건축가. 파리 최초의 아르누보 양식의 건축물 카스텔 베랑제(Castel Béranger) 아파트로 명성을 얻기 시작해, 파리의 초기 메트로역 출입구 설계로 프랑스 아르누보 양식을 선도했다. 철과 유리를 절묘하게 이용해 식물의 형태를 연상케 하는 유연하고 유동적인 곡선을 건축물에 적용, '기마르 양식'이라는 신조어를 유행시켰다.

갤러리 라파예트 오스만
1896년 **팔레 루아얄 & 오페라 224p**

파리에서 에펠탑 다음으로 많은 사람이 찾는 쇼핑 성지. 1893년 오페라 가르니에 근처의 라파예트 거리에 작은 잡화점을 연 테오필 바데르와 알퐁스 칸으로부터 시작됐다. 현재의 건물(본관)은 건축가 조르주 슈단과 그의 제자 페르디낭 샤누가 1912년에 지은 것으로, 색유리로 장식한 43m 높이의 돔형 지붕(쿠폴)과 실내 발코니 등 아르누보 양식의 실내가 아름답기로 유명하다. 1932년에는 건축가 피에르 파투가 아르데코 양식으로 매장을 개조했고, 1951년에 유럽에서 가장 높은 에스컬레이터를 설치했으며, 2019년엔 3층에서 쿠폴 중앙까지 갈 수 있는 글라스워크를 설치하는 등 트렌드에 발맞춘 과감한 투자를 이어가며 프랑스 최대 백화점으로 존재감을 굳혔다.

사마리텐 백화점
1900년 **루브르 & 튈르리 206p**

벨 에포크 시대로 되돌아간 듯 화려함을 뽐내는 백화점. 1870년 루브르 박물관 근처의 퐁 뇌프 거리에 단출한 상점을 연 에르네스트 코냐크가 가게를 점차 확장해 1900년 설립했다. 1910년에는 건축가 프란츠 주르댕을 고용해 철제 골조를 활용한 아르누보 양식의 건축물을 새로 짓고, 1928년에는 앙리 소바주가 설계한 아르데코 건축물을 더하며 화려함의 극치를 달렸다. 2005년 안전상의 이유로 문을 닫았으나, 이후 약 1조 원(7억 5000만 유로)을 들여 대대적인 리모델링을 마치고 2021년에 재개장했다. 이번 리모델링을 통해 기존 아르누보 및 아르데코 건축물(프랑스 정부가 지정한 역사 기념물)의 모자이크, 에나멜, 유리 지붕, 연철 계단 및 난간은 물론, 아르누보의 명작으로 꼽히는 공작새 프레스코화의 색상과 화려함도 완벽하게 복구됐다.

Photo by Vincent Giersch on Unsplash

#IMPRESSIONISM

#인상주의 #빛과 색 #순간적이고 #주관적인 #느낌

19세기 말에서 20세기 초까지 유행한 미술 사조. 사실적인 묘사에 반대하여 현실을 보이는 그대로 그렸으며,
색채와 빛을 이용해 작가의 마음이 꽂힌 한순간의 인상을 전달하고자 했다. 이러한 인상주의는
고전 미술처럼 주제가 어렵지 않고 현대 예술처럼 추상적이지도 않아서 현대인에게 가장 사랑받는 미술 사조로 꼽힌다.

<인상, 해돋이> 1872년
마르모탕 모네 미술관

인상주의의 탄생을 알린 작품. 1873년 모
네와 르누아르, 시슬리 등은 프랑스 예술
가 협회에서 주최하는 살롱전에 출품했다
거절당하자 이듬해 독자적으로 '앵데팡당
(Indépendants)'전을 열었다. 여기서 모네
의 이 작품을 본 어느 기자가 "이들은 모
두 인상주의자"라고 조롱한 것이 계기가
돼 '인상주의'라는 말이 생겨났다.

모네 Oscar-Claude Monet, 1840~1926년
가난한 젊은 시절을 견디며 직접 보고 느낀
체험을 중요시했다. 빛에 대해 강박에 가까
울 정도로 집착했고 밝은 원색의 나열과 보
색, 작은 반점을 즐겨 썼다.

<파리의 몽토르게이 거리, 1878년 6월 30일의 축제>
1878년 **오르세 미술관**

파리 코뮌을 잔인하게 진압하고 제3공화국을 수립한 보수 우익 정부는
화합의 시대를 열고자 1878년에 6월 30일을 '평화와 노동의 날'이라는
국경일로 정하고 축제를 열었다. 모네는 거리마다 대혁명 때 자유·평등·
의리의 상징으로 치켜들었던 삼색기가 나부끼는 즐거운 축제의 현장을
내려다보며, 당시의 활기찬 분위기를 표현했다.

<루앙 대성당> 연작
오르세 미술관

50여 점의 <루앙 대성당> 연작 중 6점이 오르세 미술관에
있다. 모네는 날씨와 햇빛에 따라 달라지는 성당의
모습을 그렸는데, 한 번에 여러 개의 캔버스를 준비
해 시간을 정해놓고 그림을 바꿔가며 그렸다고 한
다. 그림마다 날씨나 시간에 관한 부제가 달려 있다.

<14세의 어린 댄서> 1881년 오르세 미술관

드가가 시력을 잃어가는 시점에 만든 청동 조각품. 조각에 최초로 옷을 입히고 리본을 달아 논란을 일으켰다. 드가는 생생한 움직임을 표현하는 능력이 로댕보다 뛰어나다는 평가를 받았다.

드가 Edgar Degas, 1834~1917년

부유한 은행가의 아들로, 빈정거리기 좋아하는 차가운 성격의 소유자였다. 화사하고 우아한 묘사가 특징이며 초기에는 파스텔풍, 후기에는 상반된 색조의 번짐 효과를 강조했다.

드가의 대표작 중 하나인 <발레 수업> (1874년), 오르세 미술관

<물랭 드 라 갈레트의 춤> 1876년 오르세 미술관

르누아르의 대표작. 몽마르트르의 카페에서 열리는 무도회를 그렸다. 흔들리는 빛의 효과와 흥겨운 사람들의 표정에서 인생이란 끝없는 휴일과 같다는 화가의 가치관을 엿볼 수 있다.

르누아르 Auguste Renoir, 1841~1919년

물감을 살 돈이 없을 정도로 가난했지만 언제나 낙천적이었다고 전해진다. 화사하고 따뜻한 분위기의 풍부한 색채와 짧은 붓질이 특징이며, 장밋빛 살결의 표현이 뛰어나다.

<목욕하는 긴 머리의 여인>
1895~1896년 오랑주리 미술관

인상주의에서 벗어나 르네상스와 고전주의 양식이 혼합된, 작가의 해석보다는 인물 자체의 묘사에 충실한 르누아르 말년의 그림이다.

#POST IMPRESSIONISM

#후기 인상주의 #자연의 #구조적인 질서 #인간의 #내면 세계

눈에 보이는 게 다가 아니라고 생각하고 개인의 감정을 대상에 투영해 표현했다.
객관적인 색 구현에 연연하지 않고 자유롭게 색을 선택했다.

<사과와 오렌지> 1900년 오르세 미술관

'사과 하나로 파리를 놀라게 하겠다'라고 말한 세잔의 대표작. 그는 대상
의 본질을 파악하려면 대상이 움직이지 않아야 한다고 생각해 정물화
에 몰두했다. 다만 각각의 특징이 가장 잘 보이는 각도에서 그렸기 때
문에 사물의 시점이 통일되지 않았다.

세잔 Paul Cézanne, 1839~1906년

은행가의 아들로 태어나 법과대학을 중퇴하고 화가가 됐다. 원만하
지 못하고 신경질적인 성격 때문에 외로운 삶을 살았다. 근대 회화
와 정물화의 아버지라 불린다.

<예술가의 초상> 1889년 오르세 미술관

40여 점의 반 고흐 자화상 중 하나. 모델을 구할 돈이 없던
반 고흐는 거울에 비친 자신을 그리면서 새로운 기법과 색
채를 실험했다. 배경에서 보이는 소용돌이는 그의 불타는
열정을 보는 듯 강렬한 느낌이다.

<오베르 쉬르 우아즈 성당>
1890년 오르세 미술관

아를에 머물던 중 일이 자신의 뜻대로 되지 않
자 자기 귀를 자른 반 고흐는 생 레미의 정신병
원을 거쳐 파리 북부의 오베르 쉬르 우아즈에
정착했다. 그림의 주제는 분명 성당이지만 그
아래 길을 보고 있자면 성당 안으로 결코 들어
갈 수 없을 것 같아 불안해진다.

반 고흐 Vincent van Gogh, 1853~1890년
예술 세계를 인정받지 못해 평생 가난하게 살다
37세의 젊은 나이에 자살했다. 작품은 생생하면
서도 대조적인 색채로 정열적인 느낌이 가득하
다. 물감을 두껍게 발라 소용돌이치는 듯한 붓질
이 특징이다.

\<타히티의 여인들\> 1891년 `오르세 미술관`

눈에 보이지 않는 모호한 주제를 작가의 주관으로 표현하는 상징주의는 고갱에 의해 시작됐다고 할 수 있다. 밝은 원색과 단순한 형태, 진한 윤곽선 등 고갱의 화풍이 잘 녹아 있으며, 새로운 문명과 전통이 충돌하는 부작용을 우울하게 표현했다.

고갱 Paul Gauguin, 1848~1903년
모험과 순수를 찾아 남태평양을 여행하다가 그곳에서 생을 마감했다. 작품은 이국적이고 신비로운 느낌이며, 밝은 원색을 즐겨 썼다.

\<춤추는 잔 아브릴\> 1892년 `오르세 미술관`

로트레크는 그의 전속 작업장이나 다름없던 몽마르트르의 물랭 루즈와 파리의 뒷골목에서 매춘부와 공연 예술가, 광대 등을 화폭에 담거나 극장 포스터를 많이 그렸다. 이 그림의 주인공인 잔 아브릴은 로트레크의 수많은 여인 중 그의 예술을 진정으로 이해한 여인이었다고 한다.

로트레크 Henri de Toulouse-Lautrec, 1864~1901년
후기 인상주의의 마지막 풍운아. 귀족 가문에서 태어났으나, 부모의 근친혼 때문인지 어릴 적 다리의 성장이 멈춰버렸다. 성인이 된 그는 평생 사창가가 있는 몽마르트르 근처의 화실에 머물면서 그림과 화려한 공연, 음주에 탐닉했다.

\<앙바사데르-아리스티드
브뤼앙\>(1892년)

\<디방 자포네\>(1892~1893년)

\<잔 아브릴\>(1893년)

로트레크의 첫 번째 상업용 포스터
\<물랭 루즈 : 라 굴뤼\>(1891년)

#OTHERS

#어느 화파에도 #종속되지 않은 #자유로운 화가

<쥐니에 아저씨의 마차>

1908년 **오랑주리 미술관**

루소가 실존 인물을 그린 예외적 작품.
모자를 쓴 사람이 루소 자신으로, 같은
장면을 찍은 사진도 유명하다. 인물들과
동물들의 위치가 견고해 보이는
로마네스크 양식의 특징을 보이
며 전체 균형을 맞추고 있다.

루소 Henri Rousseau, 1844~1910년

세관원으로 일하며 취미로 그림을 그리기 시작해 환상과 문학을 넘나드는
상상력을 바탕으로 자신만의 화풍을 정립했다. 다양한 분야의 예술가가 영
향을 받아 모더니즘 이후 모든 현대 예술의 아버지라 불린다.

<결혼식> 1905년 **오랑주리 미술관**

엄격한 구도가 강조된 작품. 신부를
중심으로 전체 화면이 정확하게 'X'
자로 대칭된다.

<탁월한 후원가 폴 기욤> 1915년 **오랑주리 미술관**

모딜리아니의 천재성을 알아본 유일한 후원자 폴 기욤을 그린
초상화 몇 점 중 하나. 이 작품들에는 '탁월한 안목을 지닌 후원
자(Novo Pilota)'라는 은유적 표현을 그림 안에 써넣었다.

모딜리아니 Amedeo Modigliani, 1884~1920년

이탈리아 태생으로, 살아생전 주목받지 못한 채 젊은 나이에
자살로 생을 마감했다는 점에서 반 고흐와 자주 비교된다.
과감하고 유려하게 흐르는 선으로 감각적이며 몽환적인
그림을 완성하며 자신만의 독특한 예술 세계를 펼쳤다.

<마드무아젤 샤넬의 초상>

1923년 **오랑주리 미술관**

코코 샤넬의 유일한 초상화. 샤넬의 의
뢰로 그렸으나, 샤넬은 자신을 닮지 않
았다며 그림 받기를 거부했다고 한다.

로랑생 Maris Laurencin, 1883~1956년

여성 특유의 섬세함과 관능적인 표정
묘사, 환상적인 색감의 작품을 많이 남
겼다. 몽환적인 아름다움이 뛰어나 사
교계 여성들의 초상화 주문도 끊이지
않았다.

#MODERN
SCULPTURE

#근대 조각 #생명력 #감정 #정열 #견고함

아카데미풍의 이상화된 미의식을 거부하고 인간의 내적 진실과
감정을 표현, 인체를 다양한 시각에서 바라보았다.

<지옥의 문> 1928년(1880~1917년) 로댕 미술관

1880년, 프랑스 정부는 로댕에게 파리 장식미술 박물관에
달 대형 청동문을 주문했는데, 이것이 후에 <지옥의 문>이
되었다. 로댕은 단테의 <신곡>에 나오는 '지옥'을 주제 삼
아 상당 부분 작업을 진척시켰으나, 장식미술 박물관의 위
치가 루브르로 바뀌자 바쁘다는 이유로 손을 뗐다. 후에
로댕은 그 구상을 바탕으로 독립된 조각 작품을 만들어
냈는데, <생각하는 사람>과 <키스>가 바로 그것이다.
<지옥의 문>을 위한 초기 석고 조각은 현재 오르세
미술관에 전시되었지만 현존하는 청동 <지옥의 문>
은 모두 그의 사후에 주조된 것들이다. 거푸집을 이
용한 청동 주조물은 12개까지 진품으로 인정된다.

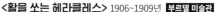

로댕 Auguste Rodin, 1840~1917년

19세기의 가장 위대한 조각가. 미켈란젤로 다음으로 인체 표현에 뛰어난 조각가라고
평가받는다. 답습에 반기를 들고 인간의 내적 진실을 표현하며 서구 근대 조각의 시
대를 열었다. 돌을 깎거나 새기기보다 찰흙과 밀랍으로 만든 후 석고와 청동으로 주
조하는 기법을 사용해 작품을 만들었기 때문에 그의 작품에서는 이전의 조각에서는
느낄 수 없는 힘찬 운동감이 느껴진다.

<활을 쏘는 헤라클레스> 1906~1909년 부르델 미술관

부르델이 추구한 고전적인 아름다움의 현대적 표현이 극명하게 드러
난 작품. 활시위를 당긴 팔다리는 몸통과 직각으로 교차하고 커다
란 활이 팽팽한 긴장감을 자아내는 모습을 통해 한 남자가 괴물
에 대항해 싸워 승리하는 순간을 극적으로 표현했다. 이 작품
역시 청동 주조물로, 오르세 미술관에서도 볼 수 있다.

부르델 Emile-Antoine Bourdelle, 1861~1929년

가난한 가구제조업자의 아들로 태어나 가업을 돕다 운 좋게
정규 미술수업을 받았다. 30세가 넘어 로댕을 만나 그를 스승
으로 섬기며 오랫동안 영향을 주고받았다. 로댕의 사후엔 그
를 계승하면서도 고전 양식으로 복귀를 시도하며 자신만의
길을 걸었다.

1920년대~1940년대
아방가르드 시대의 파리

제1차 세계대전 이후 무한한 진보를 예상했던 인간의 이성에 대한 신뢰가 무너진 것에 위기를 느낀 유럽의 예술가들은 아방가르드(Avant-garde) 혹은 전위주의로 대표되는 혁신을 이뤄내 합리적인 세계관을 확립하고자 했다. 파리는 미술가, 음악가, 작가, 영화 제작자 등 모든 예술가의 성지가 돼 전쟁 위기를 극복하고 다시 예술의 중심지로 위상을 공고히 하는 기회를 얻게 되었다. 피카소, 샤갈, 모딜리아니, 레제, 미로, 칸딘스키, 헤밍웨이, 스트라빈스키, 콕토 등 이 시대를 풍미한 예술가들은 몽마르트르 대신 좌안의 생제르맹데프레와 그 당시 신시가인 몽파르나스로 몰려들었다.

#ARCHITECTURE MODERNE

#현대 건축 #르 코르뷔지에 #필로티 #철근콘크리트

'인간을 위한 건축'을 주창하며 도시계획에서 과거의 모든 것을 지우는 설계 원리를 제시한 르 코르뷔지에의 주도하에 기하학적인 형태의 현대 건축물이 유행했다.

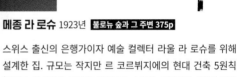

메종 라 로슈 1923년 `불로뉴 숲과 그 주변 375p`

스위스 출신의 은행가이자 예술 컬렉터 라울 라 로슈를 위해 설계한 집. 규모는 작지만 르 코르뷔지에의 현대 건축 5원칙(필로티, 옥상정원, 개방형 수평공간, 수평창, 자유롭게 설계한 정면부)을 모두 갖춘, 건축 전공자들의 필수 방문 코스다.

르 코르뷔지에 Le Corbusier, 1887~1965년

현대 건축의 아버지라 불리는 스위스 출신 건축가. 요즘 많이 사용하는 철근콘크리트 공법을 적용해 세계 최초의 아파트를 건설하는 등 현대 건축 이론에 지대한 영향을 끼쳤다. 과거에는 벽이 건물 무게를 지탱했기 때문에 건물을 크고 튼튼하게 짓기 위해 벽이 두꺼워지는 만큼 집 안이 협소해지고 창문을 크게 낼 수 없었다면, 르 코르뷔지에는 철근콘크리트로 필로티 기둥을 세워 벽의 형태나 위치, 소재를 자유자재로 구성할 수 있었다. 특히 바닥과 기둥, 계단을 쌓아 올리는 그의 기본원칙을 통해 탄생한 아파트는 전 세계인의 주거 공간을 바꾸었다.

140

#CUBISM

#입체파 #입방체 #정육면체 #주지주의

선형 관점과 원근법을 탈피하고 다양한 각도에서 본 사물을 재구성해
3차원 현실을 전개도처럼 펼쳐서 보여주었다.

<한국에서의 학살> 1951년 　피카소 미술관

6·25 전쟁을 소재로 그린 작품. 그림을 그릴 당시 피카소는 프랑스 공산당
당원이었다. 피카소가 자신의 고국인 스페인 내전을 배경으로 그린 <게르
니카>(1937년)의 파급력을 잘 알고 있던 공산당은 한국전쟁을 소재로 한
'제2의 게르니카'를 그리게 함으로써 반미를 선전할 기회로 삼고자 이 그
림을 주문했다. 하지만 피카소는 그림 속 어디에도 한국전쟁에 미군이 개
입했다고 추정할 만한 단서를 남기지 않았다.

피카소 Pablo Picasso, 1881~1973년

스페인에서 태어나 미술 교사인 아
버지의 영향으로 일찍이 그림을 그
리기 시작했다. 많은 여성과의 관계
를 창조력의 원천으로 삼았다. 대상
을 있는 그대로 표현하는 기존 예술
의 영역을 넘어 전혀 새로운 경지를
개척했다.

<두 마리 앵무새가 있는 구성>

1935~1939년 　국립 현대 미술관

'현장에 진실이 있다'라는 생각을 표현
하기 위해 실외에서 감상해야 할 만큼
거대한 그림을 그렸다(가로 480cm, 세로
400cm). 두 마리의 앵무새는 단지 관람자
의 시선을 삽아두기 위한 장식이다.

레제 Fernand Léger, 1881~1955년

제1차 세계대전에 참전해 각종 무기와 비행
기를 보며 기계의 매력에 푹 빠져 기계와 사
람의 조화를 강조하며 사람은 로봇처럼, 무
생물은 사람처럼 표현했다. 특히 대중에게
다가서는 좋은 방법은 벽화라고 생각해 거
대한 크기의 작품과 벽화를 많이 남겼다.

#FAUVISM

#야수파 #강렬한 원색 #거친 형태 #주정주의

원색의 강렬한 대비를 통해 주제를 부각시키고 입체감 없이
평면감으로 승부했다.

<루마니아풍 블라우스> 1940년 국립 현대 미술관

야수파의 특징을 잘 드러내는 마티스의 대표작. 붉은 배경과 푸른 치마의
강렬한 대비에도 단순하게 처리한 모델과 블라우스가 돋보인다.

마티스 Henri Matisse, 1869~19543년

주관적이고 탐미적인 성격의 소유자. 관절염으로 그림을 그리기 힘들어지
자 병상에 누워 종이 오리기 작품을 제작할 정도로 예술에 대한 열정이 넘
쳤다.

#DADAISM

#다다이즘 #목마(木馬) #무의미함의 #의미

‘예술품’과 ‘상품’의 경계를 파괴하고 무엇이든 예술의 재료가 될 수 있음을
표방하며 오브제가 등장했다.

<샘> 1917년(1964년) 국립 현대 미술관

뒤샹은 일반 오브제를 이용한 창작
품도 아닌, 기성품 그 자체도 예술
이 될 수 있느냐는 문제를 제기
한다. 이 작품은 50년이 지난
뒤에야 다시 주목받았으며, 예술이
다른 분야로 확장하는 데 크게 기여했다.

뒤샹 Marcel Duchamp,
1887~1968년

화상의 주문에 따라 붓질하는 고
단한 화가의 삶에 반기를 들고 난
해하고 기괴한 작품 활동을 펼쳤
다. 자전거 바퀴, 남성용 변기, 빗
등 다양한 소재를 활용해 ‘레디메
이드’란 새로운 개념을 창안했다.

#SURREALISM

#초현실주의 #무의식 #꿈의 세계

억압된 무의식과 꿈, 정신분석에서 출발, 기법보다는 내용을 중시했다.

<에펠탑의 신랑·신부> 1939년 국립 현대 미술관

마치 꿈을 꾸는 듯한 분위기로, 초현실주의 기법이 잘 나타난 작품이
다. 다만 개인의 이상을 표현하는 데에 그쳐 초현실주의의 본질에서 벗
어난 그림이라 평하는 이도 많다.

샤갈 Marc Chagall, 1887~1985년

러시아 출신으로 생의 대부분을 프랑스에서 보냈다. 첫눈에 반한 벨라와
의 행복한 결혼생활은 그의 작품 활동에 많은 영감을 주었다. 그는 생전에
루브르 박물관에서 전시회를 연 최초의 화가이기도 하다.

#ABSTRACTIONISM

#추상파 #뜨거운 추상 #주정적 표현 #차가운 추상 #기하학적 표현

대상의 묘사를 구체적인 사물이 아닌 조형적인 구성으로만 표현했다.

<빨강, 파랑과 하양의 구성 II>

1937년 **국립 현대 미술관**

회화의 본질인 선과 색만으로 그린 몬드리안의 대표작.

몬드리안 Pieter Cornelis Mondriaan, 1872~1944년

20세기 초에 대두한 야수파와 입체파 등을 자신만의 고유한 감각으로 재해석하며 화면의 조형적 아름다움을 추구한 네덜란드 출신의 화가다. 칸딘스키, 말레비치와 함께 현대 추상 예술의 선구자로 불린다.

<푸른 하늘> 1940년 **국립 현대 미술관**

자유로우면서도 조화롭게 움직이는 유기체를 표현한 작품. 칸딘스키의 추상 예술이 원숙해지는 시기의 특징을 보여준다.

칸딘스키 Vassily Kandinsky, 1866~1944년

러시아 출신으로, 순수 추상화를 탄생시키고 청기사파를 창시했다. 나치가 바우하우스를 폐쇄하자 파리로 와 눈에 보이지 않는 미시적 존재들의 다양성과 변화의 관찰에 중점을 둔 작품 활동을 펼쳤다.

<강> 1938년 **마욜 미술관**

오랫동안 마욜의 뮤즈이자 모델이었던 러시아 출신의 디나 비에르니를 모델로 조각한 작품. 예민한 감성이 깃든, 단순하고도 중량감 넘치는 여인 누드에 광선이 고루 퍼지는 표면처리로 정적이고 이상적인 고대 조각의 새로운 해석을 보여 준다.

마욜 Aristide Maillol, 1861~1944년

과로로 실명 위기를 겪고 40세에 화가에서 조각가로 변신했다. 부르델처럼 그리스 고전 조각의 영감을 중시하면서도 '회화는 자연의 재현이 아닌 평면'이라며 대담한 화면 구성을 추구한 나비파의 영향을 받아 단순하고 다듬어진 모양의 여인상을 일관되게 다루며 추상 조각의 기틀을 놓았다. 로댕, 부르델과 함께 근대 조각의 3대 거장으로 불린다.

아방가르드 시대로 떠나는
예술 & 인문학 기행

§ 철학가와 문학가를 매료시킨, 생제르맹데프레

19세기 후반 몽마르트르 시대가 저물자, 파리의 화가와 시인, 소설가들은 생제르맹데프레로 활동 무대를 옮겼다. 몽마르트르나 상젤리제와 같은 화려함은 없지만 예술가들의 흔적이 곳곳에 남아있는 소박하고 예스러운 멋으로 파리지앵의 사랑을 듬뿍 받는 곳이다.

◆ 레 두 마고 Les Deux Magots

노벨상을 거부하여 더욱 유명해진 철학자 사르트르가 즐겨 찾던 카페. 그가 즐겨 앉던 테이블과 의자에는 그의 이름이 새겨져 있다. 사르트르 외에도 피카소, 레제, 생텍쥐페리, 카뮈, 헤밍웨이도 즐겨 찾던 곳이다. 1933년 '두 마고 상'이라는 문학상을 제정한 이래 매년 수상자를 선정해 수여하며 문학가를 지원하고 있다. 추천 메뉴는 두 마고 전통식 쇼콜라 쇼(Chocolat des Deux Magots à l'ancienne, 9.50€). 달콤함이 몸 전체로 스며드는 듯하다. **MAP ❻-D**

GOOGLE MAPS V83M+J6 파리
ADD 6 Pl. Saint-Germain-des-Prés, 75006
OPEN 07:30~01:00
WALK 생제르맹데프레 성당 정문 맞은편
WEB www.lesdeuxmagots.fr

◆ 카페 드 플로르 Café de Flore

카페 이름처럼 건물 외관을 꽃으로 장식했다. 20세기 초현실주의의 탄생과 함께 사르트르와 보부아르, 카뮈 등이 만나 토론을 벌이던 역사의 무대다. 너무 유명한 카페다 보니 늘 손님이 많아서 느긋함을 즐기기는 어렵다. 이곳의 추천 메뉴 역시 달콤하고 진한 초콜릿 맛이 환상적인 쇼콜라 쇼(Chocolat Spécial Flore, 9.50€)와 카푸치노(8€). 자세한 내용은 266p 참고. **MAP ❻-D**

GOOGLE MAPS 카페 드 플로르
ADD 172 Bd. Saint-Germain, 75006
OPEN 07:30~01:30
WALK 레 두 마고 옆 서점 맞은편에 있다.
WEB cafedeflore.fr

◆ 브라스리 리프 Brasserie Lipp

역사 기념물로 지정된 브라스리. 헤밍웨이가 <무기여 잘 있거라>를 탈고한 곳으로, 프루스트, 말로, 카뮈, 지드를 비롯해 프랑스의 정치인과 사업가가 즐겨 찾던 곳이다. 추천 메뉴는 진한 에스프레소 한 잔(5€)과 초콜릿 케이크(9€). 혀끝에서 어우러지는 단맛과 쓴맛의 조화가 인상적이다. 식사는 렌틸콩을 곁들인 돼지 족발 요리(Jarret de porc aux Lentilles, 23.90€)를 추천. 전체적으로 만족스러운 곳이지만 불친절한 직원이 가끔 있다. **MAP ❻-D**

GOOGLE MAPS V83J+FX 파리
ADD 151 Bd. Saint-Germain, 75006
OPEN 09:00~01:00
WALK 카페 드 플로르와 생제르맹 대로를 사이에 두고 마주 보고 있다.
WEB www.brasserielipp.fr

§ 예술가들의 아지트, 몽파르나스

메트로 4호선 바뱅(Vavin)역 주변에는 20세기 초에 전성기를 누린 레스토랑과 브라스리가 과거의 영광을 그대로 간직한 채 손님들을 맞고 있다. 명성과 가격에 비해 음식 맛이 조금 떨어지는 곳도 있지만 예술의 향기를 느끼며 가볍게 차나 와인을 한잔하기에는 더없이 좋다.

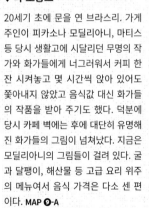

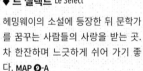

◆ 라 로통드 La Rotonde

20세기 초에 문을 연 브라스리. 가게 주인이 피카소나 모딜리아니, 마티스 등 당시 생활고에 시달리던 무명의 작가와 화가들에게 너그러워서 커피 한 잔 시켜놓고 몇 시간씩 앉아 있어도 쫓아내지 않았고 음식값 대신 화가들의 작품을 받아 주기도 했다. 덕분에 당시 카페 벽에는 후에 대단히 유명해진 화가들의 그림이 넘쳐났다. 지금은 모딜리아니의 그림들이 걸려 있다. 굴과 달팽이, 해산물 등 고급 요리 위주의 메뉴여서 음식 가격은 다소 센 편이다. MAP ❾-A

GOOGLE MAPS R8RH+WM 파리
ADD 105 Bd. du Montparnasse, 75006
OPEN 07:30~02:00
WEB larotonde-montparnasse.fr

◆ 르 셀렉트 Le Select

헤밍웨이의 소설에 등장한 뒤 문학가를 꿈꾸는 사람들의 사랑을 받는 곳. 차 한잔하며 느긋하게 쉬어 가기 좋다. MAP ❾-A

GOOGLE MAPS R8VH+29 파리
ADD 99 Bd. du Montparnasse, 75006
OPEN 07:00~02:00
WEB www.leselectmontparnasse.fr

◆ 라 쿠폴 La Coupole

피카소와 샤갈, 영화배우들이 사랑한 레스토랑. 연회장처럼 넓은 내부는 다양한 예술품과 예술가의 사진으로 가득하다. MAP ❾-A

GOOGLE MAPS R8RH+W5 파리
ADD 102 Bd. du Montparnasse, 75006
OPEN 08:00~24:00
WEB www.lacoupole-paris.com

◆ 르 돔 Le Dôme

20세기 초 전성기의 모습을 잘 간직하고 있는 화려한 아르누보 스타일의 레스토랑. 당시 상류층에게 사랑받던 곳인 만큼 음식 가격은 비싼 편이다. 피겨 스타 김연아가 다녀간 곳으로도 유명하다. MAP ❾-A

GOOGLE MAPS R8RH+QM 파리
ADD 108 Bd. du Montparnasse, 75006
OPEN 12:00~14:45, 19:00~22:30
WEB www.restaurant-ledome.com

현대의 파리

제2차 세계대전에서 연합군이 승리한 뒤 샤를 드골 장군은 개선문으로 입성했다. 그로부터 약 50년 뒤 프랑수아 미테랑 대통령은 전쟁에서의 승리를 상징하는 기존의 개선문이 아닌 인류애의 승리를 주제로 신개선문을 건설했다. 그렇게 파리는 중후한 옛 건물과 현대 건물들이 자연스럽게 어우러진 도시로 점차 변모하며 오늘날 누구나 '가장 로맨틱한 여행지'로 손꼽는 도시가 되었다.

#LA DÉFENSE

#라 데팡스 #신시가지 #신개선문 #첨단도시 #보행자 천국

높이 110m의 신개선문 '라 그랑 다르슈(La Grande Arche de la Défense)'가 상징인 유럽 최대의 복합 상업지구. 프랑스 정부는 파리가 포화상태에 달하자 1958년부터 지역 개발 공공사업단(EPAD)을 주축으로 약 800ha(여의도 면적의 약 2.8배)의 부지 위에 고층 빌딩을 건설하고 일대에 부도심을 형성하면서 이곳을 개발하기 시작했다. 그 뒤 약 50년에 걸쳐 수십 개의 개성 있는 빌딩들이 들어서 국내외 500여 기업의 사무실과 회의장, 이벤트 사업장, 견본시장 등으로 사용되고 있다. 개선문에서 불과 5km 거리의 우수한 접근성과 자동차·철도·전선들이 지하로 연결되고 지상은 모두 보행자 공간이라는 점도 이곳만의 특징이다. 라 데팡스는 '방어'라는 뜻으로, 1870년에 일어난 프랑스-프로이센 전쟁에서 파리가 함락되지 않은 것(함락되기 전에 미리 항복했다)을 기념해 만든 광장과 조각 <라 데팡스 드 파리>에서 이름을 따왔다.

세자르 발다치니의 <엄지>
(1965년)

라 데팡스 이름의 기원이 된
<라 데팡스 드 파리>(1883년)

알렉산더 콜더의 <붉은 거미>
(1976년)

라 데팡스의 주요 볼거리

라 데팡스는 조개껍데기를 엎어놓은 듯한 모양의 팔레 드 라 데팡스, 구불구불한 모양의 쾨르 데팡스, 파이프 오르간처럼 생긴 엘프 빌딩 등 어느 건물이나 디자인이 독특하다. 지상 곳곳에는 70여 점의 조각 작품을 설치해 야외 조각 전시장을 만들어 놓았다. 프랑스 최대 규모의 쇼핑센터 웨스트필드 레 카트르 탕(Westfield Les Quatre Temps)도 이곳에 있다.

GOOGLE MAPS 라데팡스
METRO 1 & **RER** A La Défense-Grande Arche 하차. t+, 나비고 이지 등 1~3존을 커버하지 않는 통합권으로 탑승했다면 반드시 메트로 전용 출구로 나와야 한다.
BUS 오르세 미술관 또는 샹젤리제 거리에서 73번 탑승, La Défense 하차(일요일 운행 없음)
WEB www.ladefense.fr

#GRAND PROJETS

#그랑 프로제 #큰 계획 #프랑수아 미테랑 #국책 사업 #문화진흥

사회당 소속으로 1981년부터 1995년까지 장장 15년을 재임한 프랑수아 미테랑 대통령은 재임 동안 민영 방송사를
허가하고 국립극장의 예산을 독립 연극단에 나눠주는 등 문화 발전에 노력했다. 또한 파리에 현대 기념물을 제공하기 위한
대규모 건축 프로젝트, '그랑 프로제'를 추진해 루브르 박물관의 유리 피라미드, 라 데팡스의 신개선문, 라 빌레트,
프랑스 국립도서관, 오페라 바스티유를 새로 짓고 예산 초과를 감수하면서 피카소 미술관을 개관하는 등
문화 대국 프랑스의 꿈을 실천했다.

라 그랑 다르슈(신개선문) 1985~1989년 `라 데팡스`

라 데팡스에 오늘날의 명성을 가져다준 주인공. 프랑스 대혁
명 200주년을 기념해 덴마크의 건축가 폰스프레켈센이 설
계하고 1987년에 7월 혁명 100주년을 기념하는 성대한 군
사 퍼레이드와 함께 개관했다. 가운데에 노트르담 대성당이
들어갈 정도로 거대한 구멍이 뚫린 개선문의 형태로, 루브르
의 카루젤 개선문-에투알 광장의 개선문을 일직선으로 연결
한 축의 연장선에 있다. 보기와는 달리 단순한 기념 건축물
이 아니라 국제회의 시설이 들어와 있는 빌딩이다. 가운데
빈 부분에 쳐놓은 텐트는 구름을 이미지화한 것이고, 그 아
래에 설치한 유리 칸막이들은 1차원부터 가상의 4차원까지
느끼도록 의도한 것이라고. 옥상 전망대는 안전 문제와 운영
의 어려움 등으로 아쉽게도 무기한 폐쇄되었다.

GOOGLE MAPS 파리 신개선문
ADD 1 Parvis de la Défense, 92800
METRO 1 & **RER** A La Défense-Grande Arche 1번 또는 8번 출구로
나오면 바로 보인다. t+, 나비고 이지 등 1~3존을 커버하지 않는 통합
권으로 탑승했다면 반드시 메트로 전용 출구로 나와야 한다.
BUS 오르세 미술관 또는 샹젤리제 거리에서 73번 탑승, La Défense
하차 후 도보 7분(일요일 운행 없음)

아랍 세계 연구소 1981-1987년 [라탱 지구 253p]

빛의 장인이라 불리는 프랑스 건축가 장 누벨이 설계한 독특한 건물로, 아랍 국가들과 유럽 간의 교류를 위해 1987년에 설립했다. 외벽 창문마다 눈의 홍채 또는 카메라의 조리개와 비슷한 역할을 하는 2만7000여 개의 조리개판을 설치해 햇빛의 양에 따라 자동으로 열렸다 닫히게 설계한 것이 특징. 이슬람 성전의 기하학적인 타일 문양과 닮은 다양한 패턴과 그에 따라 생기는 그림자가 놓치기 아까울 정도로 아름답다.

라 빌레트 공원 1984-1987년 [19구 340p]

거대한 도축장과 육류도매시장이 있던 파리 시내 북동쪽에 조성한 파리 최대 규모의 종합복합공원. 1982년 공원 건축 설계 공모전에 당선된 스위스 출신 건축가 베르나르 추미의 응모작이 당선돼 설계에 들어갔다. 점·선·면의 체계로 공원 내부를 유기적으로 연결하는 3개의 잔디광장과 12개의 테마 정원, 플라네타륨, 영화관, 박물관 등이 어우러진 문화적인 총체 역할을 담당한다.

Photo by Fred Romero

오페라 바스티유 1984-1989년
생마르탱 운하와 그 주변 329p

1989년, 프랑스 대혁명 200주년을 기념하여 바스티유 감옥이 있던 자리에 문을 연 국립 오페라 극장이다. 고풍스러운 주변 분위기와 다르게 유리와 알루미늄 외벽에서 현대적인 느낌이 물씬 난다. 내부는 특권층을 위한 로열박스 없이 모든 관객이 평등하게 무대를 볼 수 있는 발코니 구조로 설계된 2700여 석의 좌석과 원형 무대, 도서관 등으로 이루어졌다. 우리나라의 정명훈이 초대 음악 감독으로 오케스트라를 이끌었던 곳이기도 하다.

루브르 박물관 유리 피라미드

1884~1989년 루브르 & 튈르리 204p

미테랑 대통령이 '궁전 전체를 미술관으로!'라는 기치를 내걸고 추진한 그랑 루브르(Grand Louvre) 프로젝트의 일환으로 중국계 미국인 건축가 이오 밍 페이에게 맡겨 1989년에 완성한 작품이다. 건설 당시 고전 건축물 앞에 미래 지향적인 디자인의 현대 건축물을 배치하는 것에 대한 비난과 논쟁이 끊이지 않았지만, 결과적으로 대성공을 거두며 파리의 새로운 랜드마크가 되었다. 유리 피라미드는 우리가 자주 보는 박물관 입구의 큰 피라미드, 큰 피라미드 주위를 감싼 3개의 작은 피라미드, 박물관 지하의 쇼핑몰 카루젤 뒤 루브르(Carrousel du Louvre) 천장에 거꾸로 배치돼 채광창 역할을 하는 역피라미드 총 5개로 이루어져 있다.

프랑스 국립도서관

1989~1995년 베르시 & 톨비악 369p

이화여대 ECC(Ewha Campus Complex)를 설계하고 2021 서울 도시건축비엔날레 총감독을 맡은 프랑스의 세계적인 건축가 도미니크 페로가 유명해진 계기가 된 현대 건축물이다. 센강변 옆 복합용도지구 톨비악(Tolbiac)의 땅을 직사각형으로 깊이 파서 바닥에 광장을 만들고 그 주위로 4권의 책을 펼쳐놓은 듯한 모양의 건물을 세운 기념비적인 건축물이다.

#MUSÉE D'ART MODERNE

#현대 미술관 #현대 박물관 #현대 건축물 #스타 건축가

파리의 기념비적인 현대 건축물들을 감상하려면 현대 미술관과 박물관을 방문해보자. 세계적인 찬사를 받은
건축가들의 기발한 아이디어로 만들어진 외관에 두 눈이 휘둥그레지고, 그 규모와 소장품 수준에 또 한번 놀라게 된다.

퐁피두 센터 1971-1977년 `레 알 & 보부르 296p`

프랑스 제5공화국의 2대 대통령 조르주 퐁피두의 제창으로 설립한 종합 문화예술 센터다.
건물 내부에 있어야 할 파이프와 철골을 그대로 드러낸 파격적인 외관은 이탈리아의 유명
건축가 렌조 피아노와 영국의 리처드 로저스의 작품이다. 에펠탑과 마찬가지로 개관할 당
시에는 흉물스럽다고 비난받았으나, 지금은 매년 300만 명 이상이 찾는 명소로 자리 잡아
21세기 문화 대국을 자처하는 프랑스 문화의 상징으로 사랑받고 있다. 4~5층에 세계적 현
대 미술관이자 프랑스 3대 미술관으로 꼽히는 국립 현대 미술관이 있다.

까르띠에 현대 예술 재단
1994년 `몽파르나스 364p`

명품 브랜드 까르띠에가 신진 작가를 후원하
기 위해 1984년에 설립한 예술 재단. 장 누벨이
1994년에 설계한 건물은 유리와 철골을 아름답
게 구현하는 그의 스타일이 잘 드러난 수작으로
평가받는다. 포스트모더니즘 이후의 작품을 주
로 전시하는 공간으로 사용하고 있다.

케 브랑리-자크 시라크 박물관
1999~2006년 에펠탑 & 앵발리드 **172p**

2006년 에펠탑이 바라보이는 센강변에 지은 케 브랑리 박물관은 굽이치는 정원 조경 위에 떠 있는 듯한 모습이 인상적인 곳이다. 5층짜리 중앙 홀과 200m 길이의 나선형 경사로를 통해 전시실과 지붕의 테라스가 연결되는 특이한 구조는 장 누벨의 작품. 건물뿐만 아니라 높이 12m의 건물 외벽에 1만 5000그루의 식물이 자라고 있는 패트릭 블랑의 수직정원과 밀림처럼 우거진 정원도 볼만하다. 아시아·아프리카·오세아니아의 예술품을 전시한 국립 박물관으로 사용되고 있다.

장 누벨 Jean Nouvel, 1945년~

2008년 건축계의 노벨상이라 불리는 프리츠커상을 받은 프랑스 현대 건축의 대가. 1987년 파리 식물원 근처에 있는 아랍 세계 연구소를 완성하면서 명성을 얻었다. 명료하고 절제된 형태를 선호하며 정형화된 오브제를 거부하고 설계할 때마다 건축물의 환경, 스토리, 건축주의 의도 등을 고려해 디자인한다. 특히 빛의 반사와 배치를 이용해 한 줄기 빛을 예술의 경지로 승화시키는 절묘한 기술 덕분에 '빛의 장인'이라 불린다. 바르셀로나의 아그바 타워와 서울의 리움 미술관도 그의 손을 거쳤다.

루이비통 재단 2007~2014년 블로뉴 숲과 그 주변 374p

스페인 빌바오의 구겐하임 미술관을 설계한 세계적인 건축가 프랑크 게리의 작품. 파리시에서 토지를 무상으로 제공받아 2014년 파리 서쪽 블로뉴 숲 내 아클리마타시옹 정원(Jardin d'Acclimation)에 모습을 드러낸 문화예술 공간이다. 돛단배 모양의 유리 외벽과 유선형 철골 등 디자인에 공을 들이면서 당초 예산보다 8배나 더 많은 약 7억 9천만 유로가 투입되었고, 그중 프랑스 정부가 6억 3백만 유로의 보조금을 지급한 것으로 전해진다.

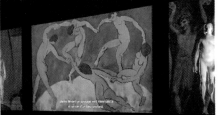

시간과 비용을 아껴주는
파리 뮤지엄 패스 Paris Museum Pass

파리를 포함한 일드프랑스의 박물관과 성당 50여 곳을 무료입장할 수 있는 패스다. 루브르 박물관, 오르세 미술관, 개선문, 베르사유 궁전 등 주요 명소가 대부분 포함돼 상당히 경제적이고, 패스 소지자 전용 입구가 있어 줄 서는 시간을 절약할 수 있다. 단, 파리를 비롯한 프랑스의 많은 미술관과 박물관은 만 17세 이하에겐 무료이며, 학생이나 예술 전공자 등에게 할인이나 무료입장 혜택(신분증 지참 필수)을 주는 곳도 많으니 구매 전 방문할 곳들의 정보를 잘 알아두자. 패스에 포함된 명소나 관광 안내소, 책·음반·티켓·전자제품 등을 파는 대형매장 프낙(Fnac), 국내 여행사 등에서 구매할 수 있다. 인터넷으로도 구매 가능하며, e-티켓을 스마트폰에 저장하거나 프린트해 사용한다. 자세한 사항은 홈페이지 참고.

PRICE 2일권(48시간권) 62€, 4일권(96시간권) 77€, 6일권(144시간권) 92€/
구매한 날짜와 상관없이 처음 사용한 시간부터 연속으로 사용
WEB www.parismuseumpass.fr

¤ 뮤지엄 패스 이용 시 주의사항

- 박물관 입장이 대부분 무료인 첫째 주 일요일은 피하자. 월요일은 오르세 미술관과 베르사유 궁전이, 화요일은 루브르 박물관이 휴관하니 일정을 짤 때 참고한다.

- 실물 패스는 개시 전 뒷면에 개시 날짜(일, 월, 년도), 성(Nom), 이름(Prénom)을 적어야 한다.

- 패스는 명소에 처음 입장하는 순간부터 자동 개시돼 유효 시간 동안 사용할 수 있다. 본인이 원할 때 개시할 수 있으므로 도착한 날 미리 사두는 것이 좋다. 온라인으로도 구매할 수 있다.

- 패스 구매 후에는 환불이나 교환이 불가하며, 한 번 방문한 명소는 재입장할 수 없다.

- 루브르 박물관과 베르사유 궁전을 비롯한 일부 명소들은 시간당 입장 인원을 제한하므로 뮤지엄 패스 소지자도 입장 시각을 예약하고 가는 것이 좋다. 주말이나 성수기가 아니더라도 예약하지 않고 간다면 상당히 오랜 시간을 기다려야 할 수 있다. 특히 베르사유 궁전은 예약 필수다(정원만 입장할 경우에는 예약하지 않아도 됨).

  - 각 명소의 홈페이지를 통해 예약할 수 있으며, 이때 대부분 0.50~2€의 수수료가 추가된다.

  - 뮤지엄 패스 소지자의 경우 예약할 때 수수료가 없고, 홈페이지에서 무료입장 또는 패스 소지자를 체크한 후 예약한다.

  - 이메일로 온 예약 확인증을 출력하거나 스마트폰에 저장한다. 입장 당일 예약자 전용 입구에서 예약 확인증과 뮤지엄 패스를 제시한다.

  - 어린이나 학생 등 무료입장에 해당하는 경우에도 예약해야 하는 곳이 많으니 방문 예정인 박물관이나 미술관의 홈페이지를 미리 꼼꼼히 확인한다.

  - 예약 없이 간다면 일반 티켓 입장객과 같이 줄을 서서 들어가야 하는 경우가 많다. 예약을 못 했다면 오픈 시간 전에 일찍 가거나 야간 개장일 오후 늦게 들어가면 조금 수월하다.

+MORE+

파리의 관광 안내소
Office du Tourisme

올림픽 개최로 파리 시청사에 있던 관광안내소를 임시 폐쇄하고 에펠탑 근처에 임시 중앙 관광안내소 SPOT24를 열었다(2024년 말까지 운영). 뮤지엄 패스, 파리 패스 리브 등의 각종 패스와 박물관, 베르사유 궁전, 디즈니랜드 파리 등 유명 명소 입장권을 판매할 뿐 아니라 올림픽 분위기를 띄울 이벤트를 다양하게 준비 중이다. 아울러, 올림픽 기간에는 파리 곳곳에 50곳의 키오스크에서 'Paris je t'aime'라는 간판을 달고 관광 안내소 역할을 분담할 예정이다.

GOOGLE MAPS spot24 paris
ADD 101 Quai Jacques Chirac, 75015
OPEN 10:00~18:00
METRO 6 Bir-Hakeim에서 도보 3분 또는 RER C Champs de Mars Tour Eiffel에서 5분
WEB parisjetaime.com

- 베르사유 정원은 평소에는 무료지만 분수 쇼와 음악 분수가 있는 날에는 뮤지엄 패스 소지자도 정원 입장권을 사야 한다.
- 루브르 박물관, 오르세 미술관, 베르사유 궁전 등 유명 명소는 대부분 보안 검색대를 거쳐야 한다. 보안 검색은 생각보다 시간이 오래 걸리므로 시간에 여유를 두고 방문하는 것이 좋다.

¤ 뮤지엄 패스 명소 리스트

파리 시내 (2024년 5월 기준 34곳, 가나다순)

개선문 Arc de Triomphe	189p
건축·문화 유산 단지(샤이요 궁전) Cité de l'Architecture et du Patrimoine	176p
고고학 박물관(시테섬) Crypte Archéologique de l'Île de la Cité	-
군사 박물관 Musée de l'Armée, 군사 입체 모형 박물관 Musée des Plans-Reliefs, 나폴레옹의 묘 Tombeau de Napoléon 1er, 해방 훈장 박물관 Musée de l'Ordre de la Libération 등 앵발리드 유료 입장 구역	178p
귀스타브 모로 박물관 Musée National Gustave Moreau	353p
국립 기메 동양 박물관 Musée National des Arts Asiatiques-Guimet	176p
노트르담 대성당 종탑 Tours de Notre-Dame de Paris ★	246p
니심 드 카몽도 박물관 Musée Nissim de Camondo	377p
로댕 미술관 Musée Rodin	178p
루브르 박물관 Musée du Louvre	204p
발견의 전당(그랑 팔레) Palais de la Découverte ★	194p
생트샤펠 Sainte-Chapelle	248p
속죄의 예배당 Chapelle Expiatoire	-
시네마테크 프랑세즈-멜리에 박물관 La Cinémathèque Française-Musée Méliès	367p
아랍 세계 연구소 Musée Institut du Monde Arabe	253p
오랑주리 미술관 Musée National de l'Orangerie	203p
오르세 미술관 Musée d'Orsay	271p
오텔 드 라 마린 Hôtel de la Marine	201p
외젠 들라크루아 미술관 Musée National Eugène Delacroix	266p
유대 역사박물관 Musée d'Art et d'Histoire du Judaïsme	-
이민 역사박물관 Musée National de l'Histoire de l'Immigration	-
장식 예술 박물관 Musée des Arts Décoratifs	205p
장자크 에네 미술관 Musée Jean-Jacques Henner	-
케 브랑리-자크 시라크 박물관 Musée du Quai Branly-Jacques Chirac	172p
콩시에르주리 Conciergerie	248p
클뤼니 박물관 Musée de Cluny-Le Monde Médiéval	251p
파리 과학산업박물관(라 빌레트) Cité des Sciences et de l'Industrie	341p
파리 국립 기술공예 박물관 Musée des Arts et Métiers	-
파리 필하모니-음악 박물관 Philharmonie de Paris-Musée de la Musique	341p
팡테옹 Panthéon	252p
퐁피두 센터-국립 현대 미술관 Centre Pompidou-Musée National d'Art Moderne	296p
피카소 미술관 Musée National Picasso	307p

파리 근교 (2024년 5월 기준 21곳, 가나다순)

베르사유 궁전과 트리아농 Château de Versailles et Trianon	408p
퐁텐블로성 Château de Fontainebleau	432p
샹티이성 Château de Chantilly	438p
그 외 18곳	

* 명소는 변경될 수 있으므로 방문 전 확인한다. ★는 현재 공사 중으로 입장 불가

+MORE+

파리 패스리브
Paris Passlib'

파리의 명소와 자전거, 유람선 등을 선택해 사용할 수 있는 패스다. 미니(mini)는 32개 중 3개, 컬처(Culture)는 18개 중 4개, 시티(City)는 52개 중 5개, 익스플로러(Explore)는 71개 중 6개, 익스플로러+(Explore+)는 74개 중 7개를 선택할 수 있다. 초콜릿 박물관(Musée du Chocolat), 마술 박물관(Musée de la Magie) 등 뮤지엄 패스에 포함되지 않은 명소나 유람선 탑승 시 샴페인·식사 서비스 등이 포함돼 있지만, 선택할 수 있는 명소 개수가 적어 빠르게 많은 곳을 둘러보려는 사람에겐 추천하지 않는다. 장기간 머물며 특별한 경험을 원한다면 구매를 고려해보자.

파리의 관광 안내소와 몇 곳의 주요 명소, 홈페이지에서 판매한다. 패스 구매 후 모바일 앱을 설치는 필수다. 예약도 앱을 통해 할 수 있으며, 처음 사용한 날부터 1년간 유효하다. 각 명소 입장이나 혜택은 1회만 가능하다.

PRICE 미니 49€, 컬처 75€, 시티 99€, 익스플로러 169€, 익스플로러+ 249€

WEB parisjetaime.com

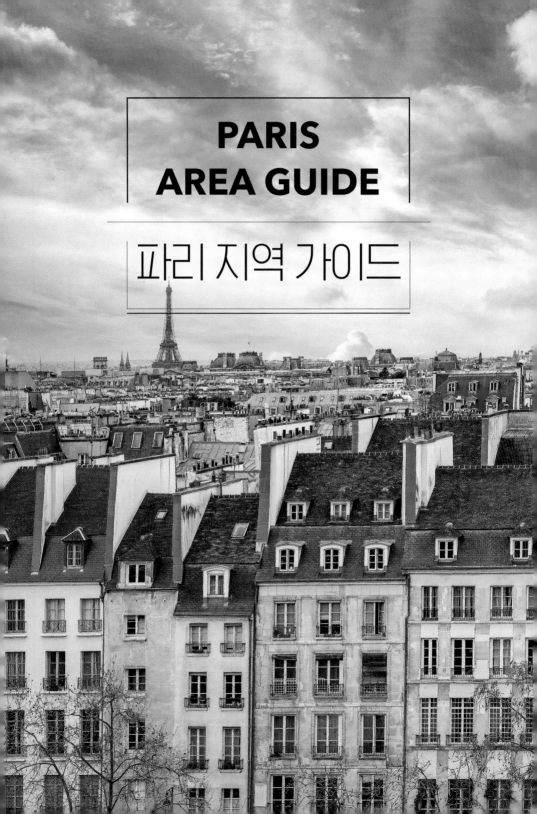

PARIS
AREA GUIDE

파리 지역 가이드

파리 구역별 MAP

18구

17구

몽마르트르
Montmartre

라 데팡스

9구

10구
생마르탱
운하와
그 주변
Canal
Saint-Martin

몽소 공원과 그 주변
Parc Monceau

개선문 & 샹젤리제
Arc de Triomphe &
Champs-Élysées

8구

팔레 루아얄 & 오페라
Palais Royal &
Opéra Garnier

2구

레 알 & 보부르
Les Halles &
Beaubourg

3구

불로뉴숲과 그 주변
Bois de Boulogne

16구

루브르 & 튈르리
Louvre & Tuileries

1구

마레 지구
Le Marais

4구

에펠탑 & 앵발리드
Tour Eiffel &
Invalides

생제르맹데프레
& 오르세
Saint-Germain-des-Prés
& Musée d'Orsay

시테섬 & 라탱 지구
Île de la Cité &
Quartier Latin

7구

6구

5구

15구

몽파르나스
Montparnasse

베르시 & 톨비악
Bercy & Tolbiac

14구

13구

몽수리 공원

프랑스 미니어처 마을

아스테릭스 공원

라 빌레트

19구

• 뷰트쇼몽 공원

• 벨르빌 공원

20구

11구 페르라셰즈 묘지

생마르탱
운하와
그 주변
Canal
Saint-Martin

베르시 & 톨비악
Bercy & Tolbiac

12구

뱅센숲

디즈니랜드 파리 ⟶

파리 추천 일정

파리에 도착한 다음날부터 파리 곳곳을 여행할 최적의 5일 코스를 제시한다. 여기에 가고 싶은 파리 근교 지역을 더해 본인의 여행 목적과 콘셉트에 맞게 응용해보자.

Course 1
5박 7일

기본에 충실! 꽉 찬 첫 파리 기본 코스

처음 파리 여행을 가는 사람들에게 추천하는 베이직 코스. 최대한 많은 곳을 다녀오려면 입장 대기 시간이 적은 평일을 공략하는 것이 좋다. 마지막 날 귀국 항공편 출발 시각이 늦다면 다섯째 날 베르사유에 다녀오고 넷째 날 그 밖의 근교 지역을 다녀오는 일정도 가능하다.

추천 패스 뮤지엄 패스 2일권(48시간권이므로 셋째 날 오르세 미술관까지 사용할 수 있다.
4일권 구매 시 넷째 날 베르사유 궁전까지 사용 가능!)

★는 온라인 예약 필수
☆는 온라인 예약 권장

Day 1

09:30 셰익스피어 앤 컴퍼니에서 노트르담 대성당을 바라보며 커피와 빵으로 아침 먹고 출발!
OPEN 카페 09:30
도보 5분

10:20 노트르담 대성당 앞에서 찰칵!
도보 5분

10:40 생트샤펠에서 아름다운 스테인드글라스 감상☆
도보 10분

11:30 사마리텐 백화점에서 파리지앵의 일상과 아르누보 & 아르데코 양식의 실내 구경하기
도보 15분

12:30 루브르와 오페라 사이 프렌치·아시안 맛집에서 점심 먹기

13:30 팔레 루아얄 산책하며 카페 키츠네에서 커피 한잔!

14:00 루브르 박물관에서 예술의 향기에 흠뻑 취하기☆
도보 5분

16:30 튈르리 정원에서 기분 좋은 휴식
도보 1분

17:00 오랑주리 미술관에서 클로드 모네의 <수련>에 흠뻑 취하기☆
도보 2분

18:00 프랑스인들이 가장 아름답다고 칭송하는 콩코르드 광장 둘러보기
M1 5분

18:30 개선문 전망대에 올라 야경 보며 하루 마무리
CLOSE 22:30

19:30 샹젤리제 거리 산책 & 샹젤리제 거리 주변 또는 숙소 근처에서 저녁 식사

Day 2

09:30 생마르탱 운하 산책 & 뒤팽 에 데지데의 에스카르고 피스타슈 쇼콜라로 아침 식사
OPEN 07:15
도보 20분

11:00 피카소 미술관에서 거장들의 작품 감상하기☆

12:30 마레 지구 골목 산책, 카페 & 식사 타임

15:00 파리 시청사 앞에서 찰칵!
도보 5분

15:30 퐁피두 센터의 국립 현대 미술관에서 예술 감성 충전하기☆
도보 8분

17:30 생퇴스타슈 성당, 웨스트필드 포럼 데 알 구경 후 저녁 식사

19:30 센강 북쪽 강변을 따라 알렉상드르 3세교까지 야경 투어!

추천 루트 퐁 뇌프 → 퐁 데자르 → 루브르 박물관 → 카루젤 개선문 → 튈르리 공원 → 콩코르드 광장 → 알렉상드르 3세교

주의! 너무 늦은 시간이나 혼자인 경우는 최대한 큰길을 따라 이동한다.

BUS 72번 10분 또는 도보 25분

21:00 매시 정각 5분간 2만 개의 전구로 반짝이는 에펠탑 조명 쇼 관람
CLOSE 23:00
주의! 에펠탑을 오른다면 예약 권장!☆

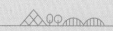

: WRITER'S PICK :

**파리의 월평균
일출·일몰 시각 및
평균 일조시간**

서머타임(3월 마지막 일요일~10월 마지막 일요일)이 실시되는 늦은 봄부터 초가을까지는 길어진 해를 이용해 더욱 많은 곳을 여유롭게 다닐 수 있다. 반대로 겨울철에는 해가 짧아 오후 4시면 어둠이 내려앉기 시작하므로 시간 분배를 잘해야 한다.

월	일출	일몰	일조 시간	월	일출	일몰	일조 시간
1월	09:00경	17:20경	야 8시간 50분	7월	06:00경	21:50경	약 15시간 50분
2월	08:00경	18:10경	약 10시간 15분	8월	06:40경	21:00경	약 14시간 30분
3월	07:00경	19:00경	약 12시간	9월	07:30경	20:00경	약 12시간 40분
4월	07:00경	20:40경	약 13시간 45분	10월	08:10경	19:00경	약 11시간
5월	06:00경	21:30경	약 15시간 20분	11월	08:00경	17:10경	약 9시간 15분
6월	05:40경	22:00경	약 16시간 10분	12월	08:30경	17:00경	약 8시간 20분

Day 3

09:30 오르세 미술관에서 가슴 벅찬 인상파 그림들과 조우하기☆
OPEN 09:30

도보 15분

12:00 생제르맹데프레 성당 구경하고 근처에서 점심 먹기

M12 5분

14:00 마들렌 성당 구경하기

도보 10분

14:30 오페라 가르니에 앞에서 기념사진 남기기
옵션: 내부 관람 시 30분~1시간 소요

도보 5분

15:00 프렝탕 오스만 & 갤러리 라파예트 오스만 백화점에서 쇼핑도 하고 무료 전망대에도 오르고!
주의! 백화점에서 명품을 구매한 경우 숙소에 짐 맡긴 후 이동 필수!
옵션: 쇼핑에 관심이 없다면 백화점 대신 파사주 추천

M12 5분 + 도보 5분

17:00 파리 여행의 백미! 몽마르트르 언덕에 올라 사크레쾨르 대성당 & 예술가들의 흔적이 남아 있는 장소 방문 후 저녁 식사

Day 4

09:30 베르사유 도착 후 궁전 & 정원 관람하기★
OPEN 궁전 09:00/정원 08:00

RER C 35분~

16:00 방문 못 한 파리의 명소들을 돌아보거나 몽파르나스 타워 전망대 오르기
옵션: 라 발레 빌라주 아웃렛 10:00~20:00

21:00 바토무슈를 타고 센강을 한 바퀴 유람하며 환상적인 야경 감상
CLOSE 마지막 출발 성수기 22:30/비수기 22:00

Day 5

10:00 라 발레 빌라주 또는 파리 시내 스톡, 백화점 등에서 쇼핑 후 숙소에서 짐 찾아서 공항으로 출발
OPEN 라 발레 빌라주 아웃렛 10:00~20:00

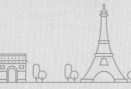

Course 2

5박 7일

파리의 보석 같은 박물관과 미술관을 돌아보는
두근두근 예술 & 패션 코스

파리 3대 박물관과 미술관 이외에도 어느 하나 포기하기 힘든 인기 박물관과 미술관, 건축물을 더한 코스. 예술과 패션 전공자는 물론, 관광객에게도 뜨거운 파리의 명소들과 디올·루이 비통·이브 생 로랑 등의 발자취를 볼 수 있는 컬렉션을 총망라했다. 에펠탑을 오를 예정이라면 예약하고 가는 것을 잊지 말자.

추천 패스 뮤지엄 패스 2일권(48시간권이므로 첫째 날 개선문에서 개시해 셋째 날 퐁피두센터까지 사용할 수 있다. 넷째 날은 뮤지엄 패스를 사용할 수 있는 곳이 없다.)

☆는 온라인 예약 권장

Day 1

09:00 살롱 드 테 & 파티스리 카레트에서 아침 식사
OPEN 07:00

10:00 샤이요 궁전과 트로카데로 정원을 거쳐 이에나교를 건너며 에펠탑 찰칵!
이에나교 남단에서 도보 5분

10:30 케 브랑리-자크 시라크 박물관에서 현대 건축과 조경 탐닉
도보 7분

11:30 파리 시립 근현대 미술관에서 상설전과 특별전 관람

12:30 점심 식사
도보 5분

13:30 이브 생 로랑 박물관 또는 의상 박물관에서 전설적인 디자이너들의 전시 살펴보기☆
도보 5분

15:00 몽테뉴 거리에서 요즘 파리 패션 트렌드 스캔하기

15:30 디올 파리 30 몽테뉴의 갤러리에서 디올의 발자취 따라가기
도보 10분

16:30 프티 팔레 미술관 관람 & 안뜰 카페에서 티 타임
도보 4분

18:00 알렉상드르 3세교에서 강 건너 앵발리드의 금빛 돔을 바라보며 노을 감상하기
도보 25분 또는 도보 4분+M1 4분

18:30 개선문 전망대에 올라 야경 보며 하루 마무리
CLOSE 22:30

19:30 샹젤리제 거리 산책 & 샹젤리제 거리 주변 또는 숙소 근처에서 저녁 식사

Day 2

09:00 루브르 박물관에서 고전 예술의 향기에 흠뻑 취하기☆
OPEN 09:00
도보 7분

12:00 루브르와 오페라 사이 프렌치·아시안 맛집에서 점심 식사
도보 4분

13:30 럭셔리 쇼핑가 생토노레 거리 & 포부르 생토노레 거리 산책하며 커피 타임
도보 7분

14:30 오랑주리 미술관에서 클로드 모네의 <수련>에 흠뻑 취하기☆
도보 10분

16:00 오르세 미술관에서 가슴 벅찬 인상파 그림들과 조우하기☆
CLOSE 18:00(목요일 ~21:30)
도보 15분

18:30 생제르맹데프레에서 저녁 식사
BUS 63번 20분+도보 5분

21:00 매시 정각 5분간 2만 개의 전구로 반짝이는 에펠탑 조명 쇼 관람
주의! 에펠탑을 오른다면 예약 권장!☆
도보 15분

21:30 바토무슈 타고 센강을 한 바퀴 유람하며 환상적인 야경 감상
CLOSE 마지막 출발 성수기 22:30/비수기 22:00

: WRITER'S PICK :
우리와는 다른, 프랑스의 숫자 표기 4가지

- **날짜:** 프랑스에서 날짜는 일-월-년 순으로 표기한다. 예를 들어 2024년 8월 15일이라면, 15/08/2024라고 적는다. 월을 영어로 표기해 15/Aug/2024라고 적기도 한다.

- **주소 체계:** 파리는 18세기부터 도로명 주소 체계를 사용하고 있다. 모든 도로에 이름을 붙이고, 건물에는 센강에서 가까운 지점부터 왼쪽은 홀수, 오른쪽은 짝수로 번호를 매긴다.

- **건물 층수:** 프랑스는 건물의 지상층을 '0'부터 시작한다. 즉, 우리나라의 1층이 프랑스에서는 0층, 우리나라의 2층이 프랑스에서는 1층인 식이다. 프랑스어로 0층은 Le rez-de-chaussée(줄여서 RDC 또는 L'étage 0), 1층은 Le premier étage(Le 1er étage), 2층은 Le deuxième étage(Le 2eme étage)라고 표기한다.

- **숫자 단위 표시:** 프랑스에서는 천 자리 숫자 단위를 표시할 때 쉼표(,) 대신 마침표(.)를, 소수점을 표시할 때는 마침표(.) 대신 쉼표(,)를 사용한다. 예를 들어 1,000은 1.000, 13.5는 13,5로 적는다.

Day 3

- **09:30** 마레 지구 카페에서 커피 타임
- **10:30** 피카소 미술관에서 거장들의 작품 감상하기☆
- **12:30** 마레 지구 골목 산책, 카페 & 식사 타임
- **14:00** 퐁피두 센터의 국립 현대 미술관에서 예술 감성 충전하기☆
  - 도보 12분
- **16:00** 피노 컬렉션에서 프랑수아 피노의 예술가적 안목 확인하기☆
  - 도보 10분
- **18:00** LV 드림에서 루이비통의 아카이브 전시 즐기기
  - 도보 1분
- **19:00** 사마리텐 백화점에서 아르누보 & 아르데코 양식의 실내 장식 감상하기
  - **CLOSE** 20:00
  - 도보 1분
- **20:00** 르 투 파리(슈발 블랑 파리 호텔) 또는 콩에서 가벼운 안주를 곁들여 칵테일 한잔

Day 4

- **10:00** 불로뉴숲 루이비통 재단에서 건축물 & 컬렉션 감상
  - **OPEN** 10:00(시즌마다 다름)
  - 도보 30분
- **11:30** 마르모탕 모네 미술관에서 황홀한 시간 보내기
  - 도보 22분+M12 18분
- **13:00** 아베스역 주변 또는 피갈 지구에서 점심 식사
  - 도보 10분
- **14:00** 몽마르트르 언덕에 올라 예술의 거리 산책
  - 까르티에 현대 예술 재단: M12 15분+도보 12분
  - 부르델 미술관: M12 20분+도보 4분
- **16:00** 몽파르나스의 까르티에 현대 예술 재단에서 건축물 & 컬렉션 감상 또는 부르델 미술관에서 현대 조각의 거장과 조우하기
  - 도보 5분
- **17:00** 몽파르나스 묘지 산책
  - (부르델 미술관 방문 시 생략)
  - **CLOSE** 17:30
  - 도보 15분
- **18:00** 몽파르나스 타워에 올라 해 질 무렵 아름다운 파리의 야경 감상
  - 도보 4분
- **19:00** 크레프리 드 조슬랭 또는 숙소 근처에서 저녁 식사

Day 5

- **09:30** 방문 못 한 파리의 박물관과 미술관을 돌아보거나 쇼핑 후 공항으로 출발

Course 3
5박 7일

현지인처럼 느릿느릿
여유만만 & 힐링 코스

복잡한 일상을 벗어나 잠시 숨을 고르고 싶어 파리를 방문했다면 오롯이 나를 위한 시간으로
채워 줄 장소들을 선택하자. 패스를 활용해 부지런히 다니기보다는 오래된 골목마다 자리한
카페와 사진 찍기 좋은 장소를 찾아다니는 힐링 코스!

☆는 온라인 예약 권장

Day 1

10:30 파리 시립 근현대 미술관 관람
OPEN 10:00

12:00 이에나 시장(수·토요일
07:30~14:30) 또는 마트
구경하며 먹거리 쇼핑

도보 20분

13:00 트로카데로 정원을 거쳐
이에나교를 건너며 에펠탑
찰칵!

13:20 샹 드 마르스에서 피크닉

도보 15분

14:30 비르아켐교에서 에펠탑을
배경으로 한껏 포즈를 취하고
찰칵!

도보 10분

15:00 카모앵 거리에서 에펠탑을
배경으로 시크한 분위기의
사진 남기기

도보 10분

15:30 케 브랑리-자크 시라크
박물관 내 카페에서 티 타임

도보 2분

16:30 유니베르시테 거리에서
에펠탑 인생샷 남기기

도보 22분

17:00 샹젤리제 거리 산책 & 라뒤레
또는 피에르 에르메에서
간식 타임

도보 7분

18:30 개선문 전망대에 올라
야경 보기
CLOSE 22:30

도보 20분 또는
BUS 92번 7분+도보 4분

20:00 바토무슈 타고 센강 유람
CLOSE 마지막 출발
성수기 22:30/비수기 22:00

Day 2

09:30 셰익스피어 앤 컴퍼니에서
노트르담 대성당을 바라보며
커피와 빵으로 아침 먹고 출발
OPEN 카페 09:30

10:30 센강을 따라 늘어선
부키니스트 구경하며
산책하기

도보 10분

11:30 베르시용에서 아이스크림
사서 들고 생루이섬 곳곳
산책하기

도보 20분

13:00 앙팡 루즈 시장(화~토요일)
구경하며 노천 식당에서
점심 식사

도보 6분

14:00 피카소 미술관에서 거장들의
작품 감상하기☆

도보 7분

16:00 보주 광장과 프랑 부르주아
거리 구경 후 디저트 &
커피 타임

도보 7분

17:00 마레 지구 골목 구경하며
브로큰 암, ofr, 이봉 랑베르
등 편집숍 & 독립서점에서
쇼핑 후 저녁 식사

도보 30분 또는 **BUS** 96번 15분

21:00 라탱 지구의 카보 드 라
위세트에서 재즈 라이브를
들으며 맥주 한잔!
CLOSE 02:30

Day 3

10:00 생제르맹데프레의
메종 플뤼레 파리에서
조용하게 에스프레소와
빵으로 하루를 시작!
OPEN 08:30

10:30 생제르맹데프레 구석구석
산책 & 라스파이 시장에서
꽃 구경하며 과일로 비타민
보충!

M4 3분+도보 2분 또는
도보 15분

11:30 외젠 들라크루아 미술관에서
아담한 정원과 아기자기한
전시실 감상하기

도보 3분

12:30 르 릴레 드 랑트르코트에서
스테이크로 점심 식사

도보 10분

14:00 뤽상부르 정원 산책 &
앙젤리나의 살롱 드 테에서
티 타임

도보 10분

16:00 자드킨 미술관에서 조용히
사색에 빠져들기

도보 20분 또는 **BUS** 83번 10분

17:30 생제르맹데프레의
그르넬 거리, 자코브 거리
구경하며 잡화 쇼핑

도보 5분

19:00 르 바 데프레에서 저녁
식사하며 칵테일 한잔!
CLOSE 23:00

Day 4

09:30 드리민 맨에서 커피 테이크아웃
OPEN 08:30

도보 10분

09:45 뒤팽 에 데지데에서 에스카르고
피스타슈 쇼콜라 테이크아웃

도보 2분

10:00 생마르탱 운하 따라 산책하며
빵과 커피로 아침 식사

도보 15분

11:00 레퓌블리크 광장 주변
라이프스타일 & 잡화숍 구경

도보 3분

12:30 생마르탱 운하 주변 파리 감성
핫플에서 점심 식사

도보 15분

14:00 아틀리에 데 뤼미에르에서
살아 움직이는 명화 감상

도보 8분

16:00 페르라셰즈 묘지 산책
M3 20분

18:30 오페라 가르니에와 팔레 루아얄
주변 파사주 산책하며 19세기
분위기 만끽하기

도보 5분

19:30 루브르와 오페라 사이 프렌치·
아시안 맛집에서 저녁 식사

도보 10분

21:00 바 헤밍웨이에서 칵테일
한잔하며 하루를 마무리!
CLOSE 00:30

Day 5

09:30 방문 못 한 파리의 명소들을
돌아보거나 쇼핑 후 공항으로 출발

+MORE+

아이와 함께
파리를 방문한다면?

짧은 일정에 여러 지역을 넣거나 복잡한 도심 속 쇼핑 스폿을 선택하기보다는 아이와 어른 둘 다 역사 공부도 하고 즐길 수 있는 명소를 골라보자. 유명 관광지는 비교적 덜 붐비는 평일에 방문하는 것이 포인트. 아래 일정은 초등학교 고학년 기준이며, 낯선 환경에 적응하는 시간이 필요한 영유아는 이보다 넉넉하게 일정을 잡길 권한다.

Day 1
오전 노트르담 대성당, 생트샤펠, 콩시에르주리
점심 식사 루브르와 오페라 사이 한인 식당 또는 일식당
오후 팔레 루아얄, 루브르 박물관, 튈르리 정원, 샹젤리제 거리, 개선문
저녁 식사 샹젤리제 거리 주변 또는 숙소 근처

Day 2
오전 & 점심 식사 몽마르트르
오후 앵발리드 또는 오르세 미술관 중 택1, 에펠탑 전망대 오르기
저녁 식사 에펠탑·트로카데로 주변
밤 바토무슈 탑승

Day 3
오전 베르사유 궁전
점심 식사 베르사유 궁전·정원 내 식당 또는 도시락
오후 베르사유 정원, 몽파르나스 타워
저녁 식사 숙소 근처

Day 4
오전·오후 디즈니랜드 파리
tip. RER로 한 정거장 거리에 라 발레 빌라주 아웃렛(10:00~20:00)이 있다. 다음 날 귀국 비행기편 출발 시각이 이르다면, 디즈니랜드 파리나 라 발레 빌라주 아웃렛 근처에서 1박한 후 공항으로 이동하는 것도 고려할 만하다.
HOUR 셔틀버스 디즈니랜드 파리 → 샤를 드골 공항 약 1시간 소요, 06:30~18:30/1~2시간 간격 운행, 24€(3~11세 11€)
WEB www.magicalshuttle.fr

Day 5
오전 숙소에 짐 맡기고 파리 식물원(자연사 박물관, 광물학 및 지질학 갤러리, 동물원 등) 관람
오후 숙소에서 짐 찾아서 공항으로 출발

파리 여행의 시작점
에펠탑 & 앵발리드

'인스타그램에 가장 많이 오른 유럽 명소 1위'에 당당히 이름을 올린 곳. 1889년 파리 만국 박람회장 입구로 세워진 에펠 탑은 등장 이후 한 번도 '파리의 심볼' 타이틀을 놓치지 않았다. 파란 하늘을 배경으로 우뚝 솟은 에펠탑도 장관이지만 화 려한 조명이 반짝이는 밤의 에펠탑도 결코 놓칠 수 없는 풍경! 그러니 1일 2 에펠탑은 선택이 아닌 필수다.

*올림픽 개최로 혼잡한 메트로 6·9호선 트로카데로역은 기존의 개찰구를 철거하고 티켓 개찰기를 벽에 설치했다.
 티켓을 개찰하지 않고 탑승할 경우 벌금을 물게되니 트로카데로역에서 탑승 시 주의한다.

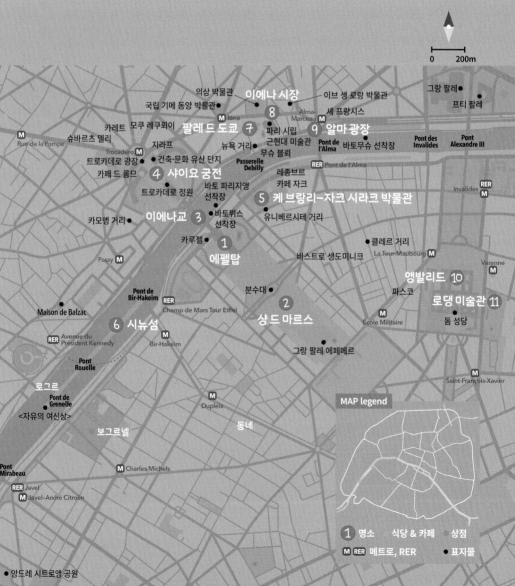

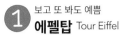

1 보고 또 봐도 예쁨

에펠탑 Tour Eiffel

프랑스 혁명 100주년을 맞는 1889년 파리 만국 박람회를 기념해 만들어져 지금까지 약 3억 명이 방문한 파리의 명물. 1930년 뉴욕의 크라이슬러 빌딩이 문을 열 때까지 세계에서 가장 높은 건축물이었다. 매일 일몰 후 매시 정각 5분간 2만 개의 전구로 반짝이는 조명 쇼도 절대 놓쳐서는 안 되는 파리 최고 광경이다(조명 소등 시각은 23:45). 높이 324m, 총 3층으로 이루어진 에펠탑은 층마다 전망대가 있다. 가장 인기 있는 전망대는 제일 높은 곳에 있는 3층 전망대로 엘리베이터를 타야 올라갈 수 있는데, 막힌 곳이 없이 뚫린 360° 전망은 보기만 해도 기분이 좋아진다. **MAP ⑦-B**

GOOGLE MAPS 에펠탑 파리
ADD 5 Avenue Anatole France, 75007
OPEN 09:00~00:45(10월 중순~4월 중순 09:30~22:45)/날씨와 입장객 수에 따라 유동적/폐장 1시간 전까지 입장/ 예약 권장 / 2024년 7월 26일 휴무
PRICE 167p 참고, 3세 이하 무료(무료 티켓 발권 필수)
METRO 6 Bir-Hakeim 또는 **RER** C Champ de Mars-Tour Eiffel에서 각각 도보 12분
BUS 69·82·86번 Champ de Mars(1번 입구 방향) 하차 또는 30·42·82번 Tour Eiffel(1번 출구 방향) 하차
WEB www.toureiffel.paris

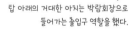
탑 아래의 거대한 아치는 박람회장으로 들어가는 출입구 역할을 했다.

7월 14일 혁명 기념일에는 화려한 불꽃놀이와 조명 쇼가 펼쳐진다.

165

에펠탑 층별 안내

276m 지점

116m 지점

57m 지점

3층 Sommet

2층 전망대보다 160m가 더 높아서 사방이 탁 트였다. 계단을 이용하거나 엘리베이터(리프트)를 타고 2층까지 간 다음 다른 엘리베이터로 갈아타고 올라가며, 강풍이 부는 날에는 출입이 통제된다. 에펠의 사무실을 재현해 두어 기념 사진 찍기도 좋고, 여유롭게 경치를 감상할 수 있는 샴페인 바(10:30~22:30, 1잔 19€~)와 기념품숍도 있다. 가장 높은 곳에 있는 만큼 입장료는 제일 비싸다.

PRICE 0~3층 엘리베이터 29.40€(12~24세 14.70€, 4~11세 7.40€)/0~2층 계단+3층 엘리베이터 22.40€(12~24세 11.20€, 4~11세 5.70€)/3세 이하 무료(무료 티켓 발권 필수)

*계단+엘리베이터 티켓은 현장에서 구매하거나, 0~2층 계단 티켓을 온라인 예매 후 현장에서 2~3층 구간의 엘리베이터 티켓을 별도 구매한다.

2층 2ème étage

3층과는 또 다른 센강과 파리 시내 전망을 감상할 수 있다. 망원경은 3분에 2€. 미슐랭 1스타 레스토랑 르 쥘 베른(Le Jules Verne)과 가벼운 메뉴들로 구성된 뷔페식당, 피에르 에르메의 마카롱 바, 기념품 가게가 있다. 엘리베이터 대신 계단을 이용하면 좀 더 저렴하게 오를 수 있다.

PRICE 0~2층 엘리베이터 18.80€(12~24세 9.40€, 4~11세 4.70€)/0~2층 계단 11.80€(12~24세 5.90, 4~11세 3€)/3세 이하 무료(무료 티켓 발권 필수)

1층 1er étage

일부 바닥을 유리로 만들어 마치 공중에 있는 듯한 아찔함을 느낄 수 있다. 에펠탑의 건축 자료와 일화, 유명인의 사진 등을 전시한 박물관과 영상 자료실, 뷔페 식당, 기념품 가게도 있다. 특히 에펠탑 내의 기념품 가게는 이곳이 제일 크고 상품도 다양하다. 엘리베이터를 타고 왔다면 2층에서 내려 계단으로 한 층 내려간다. 1층 전용 티켓은 따로 없고 0~2층이상 티켓으로만 올라갈 수 있다.

PRICE 2층과 공통

: WRITER'S PICK :

에펠탑, 예약하고 가세요!

❶ 에펠탑에선 테러의 위험 때문에 소지품 검사가 필수다. 에펠탑 다리 아래, 샹 드 마르스 방향 양쪽 끝에 있는 입구에서 소지품 검사를 받고, 탑에 오르려면 티켓 검사와 함께 다시 소지품 검사를 받아야 한다. 예약했더라도 소지품 검사 시간을 고려해 성수기에는 최소 30분 전에 도착하는 것이 좋다.

❷ 매표소는 에펠탑 다리 양쪽 아래에 있다. 예약자 전용 소지품 검사와 엘리베이터 입구를 따로 운영하므로 깃발에 적힌 문구(VIsitors with Reservation)를 잘 보고 이동한다.

❸ 에펠탑은 뮤지엄 패스를 사용할 수 없고 시간당 입장 인원을 제한하므로 홈페이지에서 예매하고 가는 것이 좋다. 날짜, 인원 수 등 필요 사항을 입력하고 2·3층 전망대 중 하나를 선택한 뒤 입장 시각을 지정하면 결제 화면으로 넘어간다. 예매 완료 후에는 e-티켓을 스마트폰에 저장하거나 출력해 입구에서 보여주자.

❹ 큰 가방이나 캐리어, 유리병 등이 있다면 입장할 수 없으니 짐은 최대한 가볍게 하고 가자.

❺ 어린이 입장료가 저렴해 초등학생 나이의 소매치기들이 주로 활동한다. 내부로 입장했더라도 소지품 보관에 각별히 주의한다.

❻ 출구는 탑의 북쪽, 이에나교 방향 양쪽 끝에 있다.

에펠탑을 설계한 구스타프 에펠 흉상. 로댕과 쌍벽을 이룬 조각가 부르델의 1929년 작품이다.

② 에펠탑 아래, 끝없는 푸르름
샹 드 마르스 Champ de Mars

에펠탑을 구경하러 온 여행자와 파리지앵의 피크닉 공간으로 사랑받는 길다란 공원. 길이 약 1.3km, 너비 120~140m에 면적이 축구장 35개를 합한 크기에 달한다. 1765년 '마르스(Mars, 전쟁의 신)의 들판(Champ)'이란 이름의 군사 훈련 장소로 쓰였다. 대혁명 당시 단두대가 설치되기도 했으며, 1867년 이후 5차례에 걸쳐 파리 만국 박람회의 주무대로 사용되는 등 파리 근대사의 중요한 순간들이 이곳을 스쳐갔다. 유로축구선수권대회나 월드컵 결승전 때는 초대형 야외 스크린을 설치해 10만 명 가까운 시민이 이곳에서 대규모 응원전을 펼친다. **MAP ⑦-D**

GOOGLE MAPS 마르스광장
METRO 6·8·10 La Motte-Picquet-Grenelle 또는 8 École Militaire 또는 **RER C** Champ de Mars-Tour Eiffel 하차

③ 나폴레옹과 운명을 같이 했네
이에나교 Pont d'Iéna

왼쪽에는 에펠탑, 오른쪽에는 샤이요 궁전을 둔 센강의 다리. 1805년 아우스터리츠 전투에서 오스트리아·러시아 연합군을 격파한 나폴레옹이 건설을 명령해 그가 실각하기 직전인 1813년에 완공했다. 에펠탑 쪽 이에나교 바로 아래에는 유람선 바토뮈스와 바토 파리지앵의 선착장이 있다. **MAP ⑦-B**

GOOGLE MAPS 이에나 다리

교각의 독수리 부조가 상징이다.

에펠탑에서 바라본 샤이요 궁전의 모습은 마치 새가 날아가기 직전에 날개를 활짝 펴고 있는 것처럼 아름답다.

④ 여기가 에펠탑 촬영 맛집
샤이요 궁전 Palais de Chaillot

센강을 사이에 두고 에펠탑을 정면으로 바라보고 서 있는 반원형의 궁전. 1937년 파리 만국 박람회를 위해 지은 건물로, 에펠탑에서 거리도 가까워 여행자들의 발길이 끊임없이 이어진다. 궁전 앞으로 넓게 펼쳐진 트로카데로 정원(Jardins du Trocadéro)에서 분수쇼도 볼 수 있고, 넓은 잔디밭이 있어 아이들이 뛰놀기에도 좋다. 여름이면 거대한 물줄기를 뿜어대는 분수대가 수영장으로 변신해 더위를 식힐 수 있다. 정원 지하에는 1867년 개장한 작은 규모의 아쿠아리움(Aquarium de Paris)도 있다.
궁전 양쪽에 날개처럼 달린 곡선형의 건물들 중 오른쪽 건물은 조형 박물관, 건축 박물관, 전시장, 공연장 등이 포진해 있는 건축·문화 유산 단지(Cité de l'Architecture et du Patrimoine)다. 왼쪽에는 가족 단위 여행자에게 인기가 있는 해양 박물관과 인류사 박물관 등이 들어서 있다. MAP ⑦-B

GOOGLE MAPS 샤이요궁전 파리
ADD 1 Place du Trocadéro, 75016
OPEN 박물관에 따라 다름/ 박물관에 따라 온라인 예약 필수
PRICE 8~10€(박물관에 따라 다름)/건축·문화 유산 단지 매주 첫째 일요일 무료/일부 박물관 상설전 뮤지엄 패스
WALK 에펠탑에서 이에나교를 건너 바로
METRO 6·9 Trocadéro 1·6번 출구에서 바로
WEB 건축·문화 유산 단지 www.citedelarchitecture.fr

+MORE+

트로카데로 광장 Place du Trocadéro

샤이요 궁전 북쪽에 있는 반원형 광장. 광장 중앙에 포슈 원수의 기마상이 있다. 광장 정면에 샤이요 궁전이 있고, 궁전 사이로 에펠탑이 보여 포토 스폿으로 인기가 높다.

*올림픽 개최로 혼잡한 메트로 6·9호선 트로카데로역은 기존의 개찰구를 철거하고 티켓 개찰기를 벽에 설치했다. 티켓을 개찰하지 않고 탑승할 경우 벌금을 물게되니 트로카데로역에서 탑승 시 주의한다.

샤이요 궁전 내 전망 좋은 레스토랑들

에펠탑이 눈앞에 펼쳐지는 샤이요 궁전 내 레스토랑의 테라스 석은 언제나 인기다. 다만 비싼 음식값에 비해 음식 맛이 만족스럽지 않은 데다 서비스가 부족한 직원도 있어서 여행자들의 불만이 끊이지 않는다. 에펠탑을 등지고 왼쪽 건물 0층에 위치한 카페 드 롬므(Café de l'Homme)는 식사 시간에 테라스 석 이용 시 코스 메뉴만 주문할 수 있고, 오른쪽 건물에 위치한 지라프(Girafe)는 해산물 중심의 요리를 37€부터(플라 기준) 제공한다.

카페 드 롬므

169

에펠탑 인생샷 포인트!

Point 1 **카모앵 거리**
Avenue de Camoens

길이 115m의 고급 주택가. 사진을 찍었을 때 에펠탑이 가장 파리답게 나오는 곳으로 유명하다. 길 끝 계단 입구에 설치된 석조 난간에 걸터앉아 현지인처럼 무심하게 에펠탑을 바라보는 내 모습을 사진으로 남겨보자. 트로카데로 광장에서 도보 5분 소요.

GOOGLE MAPS V75P+QP 파리

Point 2 **트로카데로 정원**
Jardins du Trocadéro

샤이요 궁전 앞으로 펼쳐진 드넓은 정원. 정원의 가운데 축을 따라 길게 조성된 분수의 물줄기와 조형물 덕분에 그 시선의 끝에 가 닿는 에펠탑이 더욱 장대하고 시원스러워 보인다.

GOOGLE MAPS trocadero gardens

해가 진 뒤에는 반짝이는 에펠탑을 배경으로 알록달록한 조명이 눈길을 사로잡는 회전목마가 멋진 인생샷을 책임진다. 단, 장기간 휴무인 경우도 있으니 이곳에 회전목마가 없다면 에펠탑 바로 앞 회전목마를 찰칵!

170

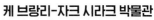

Point 3

뉴욕 거리
Avenue de New York

에펠탑 건너편 강변을
따라 난 둑길. 추운 겨
울날, 나뭇잎이 떨어진
앙상한 가로수 뒤로 보

이는 에펠탑의 측면 실루엣도 그림이 된다. 특히 파리 시립 근현대
미술관 앞쪽에서 바라보는 구도가 예쁘기로 소문났다. 다만 겨울을
제외하고는 나무에 가려 에펠탑이 잘 보이지 않으니 나무 배경은 포
기하고 센강에 가까운 쪽이나 아래의 산책로로 내려가자.

GOOGLE MAPS V77X+G8 파리

Point 4

케 브랑리-자크 시라크 박물관
Musée du Quai Branly-Jacques Chirac

옥상의 루프톱 바 레종브르(181p), 0층의
카페 자크(180p), 자연 그대로의 모습을 표
현한 정원 등 박물관 곳곳을 누비며 다양
한 각도에서 에펠탑을 구경하고 사진을 남
길 수 있다. 사진 찍는 걸 좋아한다면 조금
기다려서라도 레종브르에서 시간을 보내길
권한다.

GOOGLE MAPS 케 브랑리

Point 5

유니베르시테 거리
Rue de l'Université

우리가 어딘가에서 본 멋진 에펠탑 사진은 대
부분 이곳에서 촬영했다. 널찍한 거리를 따라
늘어선 18세기의 고풍스러운 건물들 사이에
나 홀로 우뚝 선 에펠탑은 그야말로 장관이다.

GOOGLE MAPS V75W+XM 파리

Photo by Cyril Mazarin on Unsplash

171

©Ninara

수직 정원

⑤ 박물관이지만 산책하러 갑니다
케 브랑리-자크 시라크 박물관
Musée du Quai Branly–Jacques Chirac

> 현대 건축의 거장 장 누벨이 설계한 멋진 건물과 녹음이 우거진 정원이 길이 220m, 높이 10m의 유리 벽으로 둘러싸여 있다.

아시아·아프리카·오세아니아의 문명과 역사를 총망라한 국립 박물관. 칸칸이 덧창이 움직이면서 빛을 조절하는 창문 구조와 뱀처럼 휘어지는 완만한 오르막 경사로, 원시 동굴을 연상시키는 전시장 등 건축물 자체가 주는 감동이 커서 세계사를 잘 모르더라도 즐거운 시간을 보낼 수 있다. '녹색 벽'이라 불리는 패트릭 블랑의 수직 정원과 조경이 질 클레망이 야생 그대로의 생태공원에 가깝게 가꾼 1.2ha(축구장의 약 1.7배 면적) 규모의 정원, 전망 좋은 루프톱 레스토랑도 또 하나의 전시 공간을 제공한다. 정원 및 카페와 레스토랑은 누구나 자유롭게 이용할 수 있다. MAP ❼-B

GOOGLE MAPS 케 브랑리
ADD 37 Quai Branly, 75007
OPEN 박물관 10:30~19:00(목요일 ~22:00)/월요일·5월 1일·12월 25일 휴무
정원 09:15~19:30(목요일 ~22:15)/월요일 휴무
PRICE 14€~/17세 이하·매월 첫째 일요일 무료/
뮤지엄 패스 /정원 무료
WALK 에펠탑에서 도보 7분
RER C Pont de l'Alma에서 도보 5분
WEB www.quaibranly.fr

에펠탑에서 내려다본 시뉴섬

⑥ 백조들의 섬
시뉴섬 Île aux Cygnes

1827년 당시 목재 다리였던 그르넬교를 보호하기 위해 조성한 작은 인공 섬. 루이 14세 때 덴마크에서 보낸 백조 40마리를 이 섬에 풀어 놓은 데서 '백조들의 섬'이라는 뜻의 이름을 붙였다. 길이 약 850m, 너비 약 11m의 길쭉한 모양으로, 중앙에는 백조들의 작은 길(Allée des Cygnes)이란 예쁜 이름의 산책로가 닦여 있다. 산책로는 섬 양쪽 끝에 각각 걸쳐 있는 비르아켐교(Pont de Bir-Hakeim)와 그르넬교(Pont de Grenelle)를 통해 접근할 수 있는데, 산책로 입구와 다리 위에서 바라보는 에펠탑의 풍경이 너무 멋져 촬영 명소로 꼽는다. 그르넬교 쪽 산책로에는 뉴욕에 있는 <자유의 여신상>의 소형 복제품이 놓여 있다. MAP ❼-C

GOOGLE MAPS 파리자유의여신상
WALK 에펠탑에서 도보 10분
METRO 6 Passy 또는 Bir-Hakeim에서 도보 5분

시뉴섬 뷰포인트 3

↑
에펠탑

비르아켐교 **Point 1**
Pont de Bir-Hakeim

이에나교 서쪽 첫 번째 다리. 자동차와 사람이 다니는 하부교 중간 즈음에 센강을 향해 툭 튀어나온 테라스에서 <되살아나는 프랑스(La France Renaissante)> 동상과 에펠탑을 배경으로 한껏 포즈를 취해보자. 영화 <인셉션>에 등장한 다리로도 유명하다.

GOOGLE MAPS 비흐에껨 다리

다리와 연결되는 시뉴섬 산책로 입구

<되살아나는 프랑스>

비르아켐교에서 <인셉션>의
한 장면처럼 찰칵!

||||||||||||||

루엘교(Pont Rouelle). 시뉴섬 한가운데
걸쳐 있는 RER C선 전용 철교다.

Point 2 그르넬교
Pont de Grenelle

시뉴섬 남쪽 끝에 걸쳐 있는 그르넬교는 <자유의 여신상>을 보러 오는 사람들로 늘 붐비는 곳이다. 시뉴섬 산책로의 입구가 있는 다리 중간지점에 서면 루엘교 위로 RER이 지나가고 강변을 따라 고층빌딩이 늘어선 현대적인 풍경을 사진으로 남길 수 있다.

GOOGLE MAPS 그흐넬르 다리

<자유의 여신상> **Point 3**
Statue de la Liberté

뉴욕의 상징인 <자유의 여신상>은 프랑스가 미국의 독립 기념 100주년 축하 선물로 제작한 조각상이다. 프랑스의 조각가 바르톨디의 작품으로, 1878년에 머리만 만들어 파리 만국 박람회 때 전시한 후 모금을 통해 나머지를 완성해 미국으로 보냈다. 3년 뒤, 프랑스에 거주하는 미국인의 주도로 프랑스 대혁명 100주년을 기념하는 복제품을 만들어 이곳에 세웠다.

GOOGLE MAPS 파리자유의여신상

그르넬교에서 바라본 에펠탑 풍경

에펠탑도 보고, 쇼핑도 하고
보그르넬 Beaugrenelle

숙소가 에펠탑 근처라면 추천하는 대형 쇼핑몰. 패션과 화장품 브랜드가 모여 있는 본관 마그네틱관(Magnetic), 라파예트 백화점과 극장, 카페가 있는 파노라믹관(Panoramic), 아동용품과 잡화 매장, 패스트푸드점이 모여 있는 시티관(City) 등으로 나뉜다. 백화점처럼 합산해 세금 환급 혜택을 받을 수 있고, 중저가 브랜드가 많아 부담 없이 돌아보기 좋다. 세금 환급 안내는 마그네틱관의 0층 안내 데스크(Accueil)를 방문할 것. **MAP ❼-C**

GOOGLE MAPS 보그르넬 파리 **ADD** 12 Rue Linois, 75015
OPEN 10:00~20:00(일요일 11:00~19:00), 레스토랑 10:00~24:00/매장마다 조금씩 다름
WALK <자유의 여신상>에서 도보 5분/에펠탑에서 도보 20분
METRO 10 Charles Michels 1번 출구에서 도보 3분
WEB www.beaugrenelle-paris.com

팔레 드 도쿄

파리 시립 근현대 미술관

🎐 실험 예술의 전당
팔레 드 도쿄 Palais de Tokyo

1937년 만국 박람회 때 지은 일본 전시관으로, 파리 시립 근현대 미술관과 건물의 한쪽씩 나누어 쓰고 있다. 사진, 설치, 영상, 패션 등 분야를 넘나드는 전시와 행사가 열리며, 레스토랑 무슈 블뢰(180p)를 비롯해 카페, 기념품숍, 클럽 등 다채로운 시설이 마련돼 있다. MAP ❼-B

GOOGLE MAPS 팔레드도쿄
ADD 13 Avenue du Président Wilson, 75116
OPEN 12:00~22:00(목요일 ~24:00/전시·상황에 따라 다름)/화요일·1월 1일·5월 1일·12월 25일 휴무
PRICE 12€(학생·18~25세 9€)/전시에 따라 다름
WALK 샤이요 궁전에서 도보 10분
METRO 9 Iéna 1번 출구에서 도보 4분
WEB www.palaisdetokyo.com

전시 주제는 매번 바뀐다.

8 파리 부촌의 야외 시장은 어떤 모습?
이에나 시장(프레지덩 윌송 시장)
Marché léna(Marché Président Wilson)

평소에는 한산하기만 한 파리의 이름난 부촌인 16구. 수·토요일 아침
에는 이곳에 파리에서 가장 넓은 야외 시장이 들어선다. 빛깔 좋은 채
소와 과일, 고기, 생선, 치즈, 빵이 보기 좋게 식욕을 자극하고 화사한
꽃들이 분위기를 밝힌다. 그 외에도 옷과 그릇 등 다양한 품목을 만나
볼 수 있다. 부촌에 사는 로컬들이 많이 찾는 시장으로, 이른 아침 장
보러 나온 주부들의 옷차림이 예사롭지 않다. MAP **7**-B

GOOGLE MAPS marche iena
ADD Avenue du Président Wilson, 75116
OPEN 수요일 07:00~13:00, 토요일 07:00~15:00
WALK 팔레 드 도쿄 바로 북쪽

9 다이애나 비를 추모하며
알마 광장 Place de l'Alma

파리 시립 근현대 미술관 동쪽에 위치한 광장으로, 알마교를 포
함해 8개의 길이 만나는 복잡한 교차로다. 광장 한쪽에는 시뉴
섬에 있는 파리의 <자유의 여신상> 불꽃을 복제한 황금색 <자
유의 불꽃>이 있다. 영국의 전 왕세자비 다이애나가 1997년 알
마교 밑의 터널에서 교통사고로 사망하자 그녀를 기리는 이들
이 이곳에 꽃과 메모를 꾸준히 헌정해 비공식 추모관이 됐다.
이후로 이 주변은 다이애나 광장(Pl. Diana)이라고도 불린다. 알
마 광장과 연결된 알마교 옆에는 유람선 바토무슈의 선착장이
있어 많은 사람이 오간다. MAP **7**-B

GOOGLE MAPS 알마광장
METRO 9 Alma-Marceau 2번 출구에서 바로

175

라울 뒤피의 <전기의 요정>.
1937년 엑스포에 맞춰 발표된
60m x 10m의 초대형 유화로,
전기가 일상에 스며든 모습을 그렸다.

Point 1

대형 작품들의 보고
파리 시립 근현대 미술관
Musée d'Art Moderne de la Ville de Paris

야수파와 입체파를 중심으로 20세기 미술품을 전시한다.
마티스의 대형 벽화 <춤>(1933년)과 라울 뒤피의 <전기의
요정>(1937년), 모딜리아니의 <푸른 눈의 여인>(1918년) 등
이 이곳의 대표작이다. 특별전으로 유명 작가의 전시도 종
종 연다. MAP **7**-B

GOOGLE MAPS 파리시립현대미술관
ADD 11 Avenue du Président Wilson, 75016
OPEN 10:00~18:00(특별전 목요일 ~21:30)/폐장 45분 전까지 입
장/월요일·1월 1일·5월 1일·12월 25일 휴무
PRICE 상설전 무료, 특별전 7~15€(18~26세 할인, 예술 전공 학생
무료)
WALK 팔레 드 도쿄 바로 옆 건물 **WEB** www.mam.paris.fr

동남 아시아 전시실

유럽이야? 아시아야?
국립 기메 동양 박물관
Musée National des Arts Asiatiques Guimet

동양 미술을 보려는 사람들에게는 환상적인 곳. 한국, 중
국, 일본, 인도 등 온종일 관람해도 다 못 볼 정도의 아시아
컬렉션을 자랑한다. 4만5000여 점의 소장품 중 아시아 유
물이 1만4500여 점에 달하며, 이중 4500여 점을 전시하
고 있다. 특히 티베트·몽골 문화재와 불교 관련 유물 등이
꽤 볼만하다. 우리나라 유물은 신석기 시대부터 조선 시대
까지 1000여 점 소장하고 있다. MAP **7**-B

GOOGLE MAPS 기메박물관
ADD 6 Place d'léna, 75016
OPEN 10:00~18:00/폐장 45분 전까지 입장/
화요일·1월 1일·5월 1일·12월 25일 휴무
PRICE 13€~(14일 이내 1회 재방문 가능/오디오 가이드 포함,
18~25세 10€~)/매월 첫째 일요일 무료 [뮤지엄 패스]
WALK 샤이요 궁전에서 도보 7분
METRO 9 léna 2번 출구에서 바로
WEB www.guimet.fr

궁전 안 프랑스 건축 기행
건축·문화 유산 단지
Cité de l'Architecture et du Patrimoine

Point 3

샤이요 궁전의 한쪽 건물을 차지하고 있는 세계 최대 규모
의 건축 센터. 상설전시장은 프랑스 기념물 박물관(Musée
des Monuments Français)이라고도 하며, 중세부터 현재까
지 프랑스 건축물과 벽화 등을 3개의 갤러리(캐스트·회화,
스테인드글라스, 근현대 건축 모형 갤러리)에 나누어 전시한
다. 특히 캐스트(실물 크기 주물 복제품) 갤러리는 7000여 점
에 달하는 진귀한 전시품을 선보이며 프랑스 건축의 역사
와 아름다움을 전한다. MAP **7**-B

GOOGLE MAPS 파리 건축 문화 유산 단지
ADD 1 Pl. du Trocadéro et du 11 Novembre, 75116
OPEN 11:00~19:00(목요일 ~21:00)/화요일·1월 1일·5월 1일·7
월 14일·12월 25일 휴무 [예약 권장]
PRICE 상설전 9€(18~25세 6€), 상설전+특별전 12€(18~25세
9€)/매월 첫째 일요일 무료 [뮤지엄 패스]
WALK 에펠탑을 등지고 샤이요 궁전의 오른쪽 건물
WEB www.citedelarchitecture.fr

Point 4

20세기를 대표하는 패션 아이콘

이브 생 로랑 박물관

Musée Yves Saint Laurent Paris

이브 생 로랑이 실제 사용했던 아틀리에.
방금 전까지 그가 작업하다 잠시
자리를 비운 듯 생생하게 복원해 놓았다.
월 1회 진행하는 워크숍(프랑스어)을
신청하면 오트 쿠튀르 제작 과정을 볼 수 있다.

여성용 정장 바지와 가죽 재킷을 세상에 처음 선보이고 오트 쿠튀르 무대에서 최초로 흑인을 모델로 세우는 등 패션계의 새로운 역사를 쓴 디자이너로 평가받는 이브 생 로랑(1936~2008년). 그를 기리기 위해 그가 30년간 작업했던 공간을 개조해 2017년에 문을 열었다. 5000점 이상의 오트 쿠튀르 컬렉션과 1만5000개 이상의 액세서리, 3만5000여 점의 그림과 직물 제품 등 그가 남긴 주요 작품과 제작 과정을 볼 수 있다. MAP ❼-B

GOOGLE MAPS 이브생로랑박물관 파리
ADD 5 Avenue Marceau, 75116
OPEN 11:00~18:00(목요일 ~21:00)/월요일·1월 1일·5월 1일·12월 25일 휴무
PRICE 10€(10~18세·학생 7€, 9세 이하·미술사 또는 패션 전공 학생 무료), 워크숍 50€/ 예약 권장
WALK 알마 광장에서 도보 4분
METRO 9 Alma-Marceau 3번 출구에서 도보 2분
WEB www.museeyslparis.com

Point 5

프랑스 패션의 변천사

의상 박물관(팔레 갈리에라)

Musée de la Mode(Palais Galliera)

마리 앙투아네트와 조제핀 보나파르트의 드레스와 구두, 크리스찬 디오르·이브 생 로랑 등의 오트 쿠튀르 의상 등 18세기부터 현대까지 유행한 3만여 벌의 의상과 3만5000여 점의 액세서리, 약 8만5000장의 사진, 그래픽 아트 자료들을 보유한 세계적인 패션 박물관. 2년간의 재단장을 마치고 2020년 재개장했다. 지하 전시관은 의상 박물관의 재정을 지원했던 샤넬을 기리며 갤러리 가브리엘 샤넬이라 이름 붙였다. 소장품의 아름다움에 걸맞게 저택도 화려해 볼거리가 풍부하며, 패션 잡지 보그 100주년 기념전, 가브리엘 샤넬 회고전 같은 특별전시회도 종종 열린다. MAP ❼-B

GOOGLE MAPS V78W+9J 파리
ADD 10 Avenue Pierre 1er de Serbie, 75016
OPEN 10:00~18:00(목요일 ~21:00, 일부 공휴일 일찍 폐장)/월요일·1월 1일·5월 1일·12월 25일 휴무/
무료 입장객 포함 예약 권장
PRICE 상설전 12€(18~26세·학생 10€, 예술·패션·건축 전공 학생 무료)/특별전 포함 시 3~5€ 추가/전시에 따라 다름
WALK 샤이요 궁전에서 도보 7분
METRO 9 Iéna 2번 출구에서 도보 4분
WEB www.palaisgalliera.paris.fr

2024 파리 올림픽 기간에는 너른 잔디밭에서 양궁 대회가 펼쳐질 계획이다.

1821년 사망 후 세인트헬레나 섬에 묻힌 나폴레옹의 유해는 1840년 파리로 가져왔으나, 적절한 안치 장소를 마련하지 못해 생제롬 성당에 임시 보관했다가 돔 성당의 지하에 묘지가 완성된 1861년이 돼서야 이곳에 안치했다.

황금빛 거대한 돔 아래 잠든 나폴레옹 1세

앵발리드 Hôtel National des Invalides

17세기에 루이 14세의 명에 따라 상이 군인들의 재활을 위해 건설된 대규모 군사 복지 시설로, 돔 성당, 생루이 데 쟁발리드 성당, 군사 박물관, 안뜰 등으로 구성돼 있다. 황금빛 돔이 우뚝 선 돔 성당에는 나폴레옹을 비롯해 나폴리 국왕이었던 형 조제 프, 네덜란드 국왕이었던 동생 루이 등 나폴레옹 일가와 그의 휘하에서 전적을 올린 장군들 등이 안치돼 있다. 석관 주변을 따라 새겨진 12개의 여신상과 바닥의 별 모양 모자이크는 황제 의 주요한 승리를 상징하며, 나폴레옹이 직접 사용한 검과 군복 등 유품도 함께 전시돼 있다. MAP ❻-C

GOOGLE MAPS 앵발리드
ADD 129 Rue de Grenelle, 75007
OPEN 10:00~18:00(매월 첫째 금요일 18:00~22:00)/폐장 30분 전까지 입 장/1월 1일·5월 1일·12월 25일 휴무/보수 공사 등으로 일부 전시관 예 고 없이 휴관할 수 있음/올림픽 기간 중 일부 입장 제한
PRICE 통합권 15€(금요일 야간개장 10€), 안뜰과 정원 무료/파리 비지트 소지자 12€/일부 특별전 진행 시 요금 추가/ 뮤지엄 패스
METRO 8 La Tour-Maubourg 2번 출구 또는 13 Varenne 하나뿐인 출 구에서 도보 3~4분 또는 8·13 & RER C Invalides 1번 출구에서 도보 5분
WEB www.musee-armee.fr

로댕의 조각을 맘껏 볼 수 있는 기회

⑪ 로댕 미술관 Musée Rodin

19세기의 가장 위대한 조각가 로댕이 말년에 작업장으로 사 용하던 집을 미술관으로 꾸며 1910년에 개관했다. 정문 바로 앞의 야외 전시장(장미정원)에는 로댕의 걸작인 <생각하는 사 람>, <칼레의 시민>, <지옥의 문> 등이 있고, 미술관 내에는 평생 로댕의 곁을 지킨 마리 로즈 뵈레를 모델로 젊은 시절에 제작한 <꽃 장식 모자를 쓴 소녀>(1865년), <키스>(1898년), <다나이데>(1892년) 등 로댕의 대표작들이 있다. 또한 로댕 이 수집한 반 고흐·르누아르·모네 등의 작품도 볼 수 있다. 미 술관 뒤쪽에는 3만m²(약 9000평)에 이르는 넓은 정원과 조용 한 산책로가 있다. MAP ❻-C

GOOGLE MAPS 로댕미술관
ADD 79 Rue de Varenne, 75007
OPEN 10:00~18:30(정원 11월 중순~2월 17:00~18:00 마 감)/폐장 45분 전까지 입장/월요일·1월 1일·5월 1일·12 월 25일 휴무/ 예약 권장
PRICE 14€/특별전 진행 시 요금 추가/10~3월 매월 첫 째 일요일 무료/오르세 미술관 통합권 25€(개시 후 3개 월간 유효, 각각 1번씩만 입장 가능)/ 뮤지엄 패스
WALK 앵발리드 돔 성당에서 도보 8분
METRO 13 Varenne 하나뿐인 출구에서 도보 2분
WEB www.musee-rodin.fr

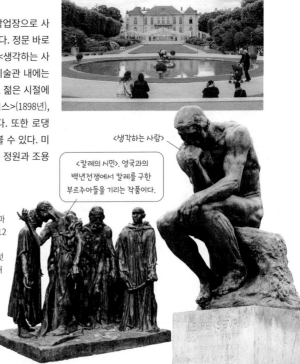

<생각하는 사람>

<칼레의 시민>. 영국과의 백년전쟁에서 칼레를 구한 부르주아들을 기리는 작품이다.

구석구석 앵발리드 탐방

앵발리드에는 15개의 안뜰이 있으며, 그중 중앙의 명예의 안뜰(Cour d'Honneur)은 군대가 행진하던 가장 큰 곳이다. 명예의 안뜰 양옆에 늘어선 건물들은 현재 군사 박물관(Musée de l'Armée)으로 일반인에게 공개하고 있다. 총 9개의 박물관과 전시관, 기념관으로 구성된 군사 박물관에서는 선사 시대부터 나폴레옹 시대를 거쳐 제2차 세계대전까지 전쟁의 발전 내력을 보여주는 각종 무기와 제복, 깃발, 그림 등을 나누어 전시하고 있다. 모두 둘러보려면 시간이 꽤 오래 걸리니 입구에서 안내도를 받고 동선을 잘 계획하자.

*올림픽 기간에는 센강 방향 잔디밭에서 양궁 대회가
 펼쳐질 예정이므로 일부 입장 제한이 있을 수 있다.

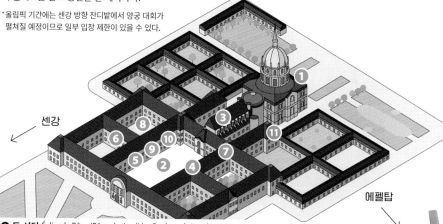

센강

에펠탑

❶ 돔 성당 Église du Dôme(Dôme des Invalides, Tombeau de Napoléon Ier) : 프랑스 군인 영웅들을 위한 묘지이자 예배당.

❷ 명예의 안뜰 Cour d'Honneur : 양쪽 아케이드에 프랑스 육군의 전성기를 상징하는 대포 60기가 늘어서 있고, 그 양옆의 건물은 군사 박물관으로 사용되고 있다. 무료입장.

❸ 생루이 데 쟁발리드 성당 Cathédrale Saint-Louis des Invalides : 프랑스가 전쟁에서 이길 때마다 가지고 온 상대국의 깃발들이 걸려 있다. 무료입장.

❹ 옛 무기와 갑옷 전시관 Armes et Armures Anciennes : 13세기부터 17세기까지의 무기와 갑옷 등을 시대별로 나눠 전시한다.

❺ 루이 14세~나폴레옹 전시관 Louis XIV~Napoléon : 1643년부터 1870년까지 나폴레옹 1세를 비롯한 군인들의 군복, 장비, 무기, 및 엠블럼 등을 전시한다.

❻ 특별한 방 Cabinets Insolites : 군인과 역사에 관련된 다양한 피규어와 군대에서 사용하던 악기를 전시한다.

❼ 두 번의 세계대전 전시관 Les Deux Guerres Mondiales

❽ 샤를 드골 기념관 Historial Charles de Gaulle

❾ 임시 전시장 Salles d'Exposition Temporaire

❿ 3D 요새 모형 박물관 Musée des Plans-Reliefs : 1668~1875년에 구축한 프랑스 요새의 모형 100여 개를 전시한다.

⓫ 해방 훈장 박물관 Musée de L'Ordre de la Libération : 1940년 드골 장군이 창설한 프랑스군의 제2차 세계대전 당시의 업적을 기리기 위해 만들어다.

❷ 명예의 안뜰

❹ 옛 무기와 갑옷 전시관

❸ 생루이 데 쟁발리드 성당

에펠탑의 낮과 밤
파리에서 숨은 낭만 찾기

낮에는 야외 테라스 석에 앉아 햇살 아래 눈부신 에펠탑을 조망하고, 밤에는 로맨틱한 야경과 조명 쇼까지!
음식 맛도 맛이지만 전망이 다 했다.

에펠탑을 제대로 감상하려면 나무가 잎을 다 떨군 겨울이 제격이다.

파리에서 가장 아름다운 테라스
무슈 블뢰 Monsieur Bleu

파리지앵을 닮은 차분하고 우아한 공간. 흘러가는 센강과 에펠탑이 어우러지는 야외 테라스 뷰는 파리 여행의 감성을 한층 충만하게 끌어 올린다. 예술계의 선두주자들이 모이는 팔레 드 도쿄에 입점한 레스토랑답게 감각적이고 세련된 분위기를 선보인다. 새벽 2시까지 영업하는 바가 있어 칵테일 한잔하며 파리의 밤을 만끽하기에도 좋은 곳. 제철 식자재를 활용해 프랑스 전통요리와 함께 동서양의 맛이 어우러진 퓨전 요리를 제공하며, 어떤 메뉴를 선택해도 무난하다. 주말에는 16:00까지 브런치를 제공하며, 키즈 메뉴도 있다. MAP ❼-B

GOOGLE MAPS V77W+PQ 파리
ADD 20 Avenue de New York, 75116(팔레 드 도쿄 내)
OPEN 런치 월~금요일 12:00~14:30, 디너 & 바 매일 19:00~02:00, 브런치 토·일요일 12:00~16:00
MENU 앙트레 20€~, 플라 32~55€, 브런치 세트 25€, 칵테일 17€~
WALK 샤이요 궁전에서 도보 10분
METRO 9 Iéna 1번 출구에서 도보 5분
WEB monsieurbleu-restaurant.com

레종브르가 만석일 때
카페 자크 Café Jacques

2019년, 프랑스의 요리 거장 알랭 뒤카스의 지휘 아래 케 브랑리-자크 시라크 박물관 0층에 문을 연 브런치 카페. 커다란 통유리 너머로 펼쳐지는 정원 뷰가 일품이며, 야외 테라스에서 에펠탑 전망을 즐기며 휴식하기에도 그만이다. 아침에는 가벼운 조식, 점심에는 가벼운 요리와 디저트를 코스로 즐길 수 있다. 자릿값에 이름값까지 끼어 있어 음식의 양은 적고 가격은 비싼 편이니 식사보다는 디저트나 커피를 맛보거나 여유로운 아침을 노려보자. MAP ❼-B

GOOGLE MAPS cafe jacques branly
ADD 27 Quai Branly, 75007(케 브랑리-자크 시라크 박물관 내)
OPEN 10:30~18:00(토·일요일 ~18:30)/월요일·1월 1일·5월 1일 휴무
MENU 커피 3€~, 조식·런치 세트 메뉴(앙트레+플라 또는 플라+디저트) 29€~, 디저트 10€~
WALK 에펠탑에서 도보 7분
WEB musiam-paris.com/en/restaurants/cafe-jacques/

손에 잡힐 듯 가까운 에펠탑

레종브르 Les Ombres

독보적인 에펠탑 뷰를 지닌 레스토랑이다. 에펠탑 바로 옆의 케 브랑리-자크 시라크 박물관 옥상에 자리한 덕분에 햇살이 쏟아지는 낮에도, 어둠이 내려앉은 밤에도 우뚝 선 에펠탑을 배경 삼아 꿈 같은 식사를 즐길 수 있다. 레종브르가 미슐랭 1스타를 얻는 데 바로 이 전망이 톡톡한 역할을 했다고 해도 과언이 아닐 정도. 여름에는 테라스 석을 차지하기 위한 경쟁도 높아진다. 프랑스의 요리 거장 알랭 뒤카스의 제자가 3~8코스로 구성된 세트 메뉴를 제공한다. 레스토랑으로 올라가는 입구는 박물관 입구와는 별도로 있으며, 런치·디너 모두 예약 필수다. MAP **⑦**-B

GOOGLE MAPS 레종브레
ADD 27 Quai Branly, 75007(케 브랑리-자크 시라크 박물관 내)
OPEN 12:00~14:00, 19:00~22:00
MENU 세트 메뉴 런치 58€~, 디너 128€~
WALK 에펠탑에서 도보 7분
RER C Pont de l'Alma에서 도보 5분
WEB lesombres-restaurant.com

에펠탑, 노을에 물들다

셰 프랑시스 Chez Francis

에펠탑이 눈앞에 펼쳐지는 야외 테이블이 여행자의 낭만을 자극하는 해산물 중심의 럭셔리 브라스리. 특히 노을 질 무렵이면 노란 촛불이 켜져 에펠탑과 함께 감성적인 분위기를 더한다. 음식 맛보다는 에펠탑을 바라볼 수 있는 위치가 장점인 곳이니 식사 시간을 피해 차 한잔하며 분위기를 즐기는 것을 추천한다. 센강 유람선 선착장이 모인 알마교 바로 북쪽에 있어 유람선을 타기 전 기대감을 높이거나 타고난 후 여운을 즐기기 좋은 위치. 명품 쇼핑가인 몽테뉴 거리와도 가깝다. MAP **⑦**-B

GOOGLE MAPS V882+2P 파리
ADD 7 Place de l'Alma, 75008(알마 광장 근처)
OPEN 09:00~11:00, 12:00~23:00
MENU 앙트레 13€~, 플라 27€~, 커피 5€~
WALK 파리 시립 근현대 미술관에서 도보 6분
METRO 9 Alma Marceau 1번 출구에서 바로
WEB chezfrancis-paris.com

관광지 한복판에 이런 곳이 있다니
로컬 맛집

전 세계 관광객이 몰려드는 에펠탑이지만 근처 골목으로 조금만 들어가보면 어느새 로컬들의 평범한 일상이 펼쳐진다.
에펠탑과 앵발리드 근처에 속속 숨은 인기 맛집을 체크해보자.

고기 러버들은 모이세요
로그르 L'Ogre

에펠탑에선 조금 멀지만 반짝반짝 빛나는
에펠탑이 또렷이 보이는 펍 스타일의 레
스토랑이다. 본격적인 추천 식사(플라)는
소고기 스테이크! 치맛살(Bavette), 등심
(Entrecôte), 우둔 부위(Picanha), 안창살
(Onglet) 등이 준비된다. 이 집의 맛을 제
대로 느끼려면 오븐에 구운 소 다리뼈 골
수 요리 로자 모엘(L'Os à Moelle), 푸아그
라, 야채수프(Velouté) 등의 앙트레로 시
작해 푸짐한 감자튀김과 샐러드가 곁들
여 나오는 스테이크를 즐긴 후 디저트까
지 시켜 칼로리 폭발의 시간을 가져보자.

MAP **7**-C

GOOGLE MAPS l'ogre
ADD 1 Avenue de Versailles, 75016
OPEN 12:00~14:00, 20:00~23:30/일·월요일
휴무
MENU 앙트레 10~17€, 소고기 스테이크 1인분
24~35€/
2인용(A deux) 79~130€, 와인 1병 26€~
WALK <자유의 여신상>이 있는 시뉴섬 남쪽
끝에서 그르넬교(Pont de Grenelle)를 건너 도
보 2분. 라디오 프랑스 근처
WEB restaurantlogre.fr/ko(예약 가능, 한국어
지원)

로자 모엘

그날그날 준비된 메뉴를
커다란 칠판에 써둔다.

소고기 안심 스테이크

아무쪼록 오늘은 생선 요리로

비스트로 생도미니크
Bistro Saint-Dominique

맛보다는 위치로 관광객을 상대하는 이른바 '관광지 식당'이 넘쳐나는 에펠탑 근처에서 후회 없는 식사를 할 수 있는 맛집이다. 살짝 고풍스러운 분위기가 여행의 감성을 더욱 충족시켜 주는 곳. 시즌에 따라 바뀌는 주메뉴 중에서는 대구(Cabillaud), 연어(Saumon) 등 비린내 없이 담백하고 고소한 생선 요리가 만족스럽다. MAP ❼-B

GOOGLE MAPS V852+8X 파리
ADD 131 Rue Saint-Dominique, 75007
OPEN 07:30~23:30
MENU 3코스 세트 메뉴 35€~, 플라 19~32€, 와인 6€~
WALK 샹 드 마르스 중앙의 분수대가 있는 로터리에서 도보 5분
WEB bistrostdominique.com

매일 새롭게 태어나는 싱싱함

파스코 Pasco

아늑한 분위기 속에서 프랑스 남부식 요리를 맛볼 수 있는 레스토랑. 앵발리드 바로 옆 대로에 있지만 인적이 드물어 조용하게 식사할 수 있다. 매일 아침 장을 봐오는 신선한 재료로 요리 방법을 약간씩 달리해 그날그날의 요리를 내온다. 무난하게 선택할 수 있는 추천 메뉴는 소고기(Bœuf, Entrecôte)나 오리(Canard) 요리. 부드럽게 조리한 고기와 자극적이지 않은 소스가 조화롭게 어우러진다. MAP ❻-C

GOOGLE MAPS pasco paris
ADD 74 Boulevard de la Tour-Maubourg, 75007
OPEN 12:00~14:15, 19:15~22:00/일요일 휴무
MENU 세트 메뉴 35€~, 앙트레 15€~, 플라 29€~, 디저트 12€~
WALK 앵발리드 돔 성당에서 도보 5분
WEB restaurantpasco.fr

짭짤해서 바게트와 함께
즐기기 좋은 에스카르고

입맛 돋우는 만능 치트키
'아는 맛' 맛집

많은 사람이 모이는 만큼 수많은 음식점이 즐비한 에펠탑 & 트로카데로 광장 주변.
남녀노소 누구나 부담없이 합리적인 가격대로 즐길 수 있는 맛집에서 식사와 관광을 한 번에 잡아보자.

육즙이 팡팡! 줄 서서 먹는 수제 버거
슈바르츠 델리 Schwartz's Deli

미디엄으로 주문한 두툼한
치즈 버거(16.50€~)

빨간 체크무늬 식탁보와 널찍한 홀이 미국 느낌을 물씬 풍기는 수제버거 맛집.
손으로 일일이 찢은 훈제 양지머리를 푸짐하게 넣은 파스트라미 샌드위치도 인
기다. 동유럽계 유대인들이 몬트리올과 뉴욕에서 히트시킨 유대인식 비프 파스
트라미는 부드럽고 촉촉한 식감이 일품. 샌드위치를 주문하면 코울슬로·감자튀
김·해시브라운 중 하나를 추가로 선택할 수 있어 말 그대로 배 터지는 식사를 할
수 있다. 디저트로는 진한 맛의 치즈케이크가 단연 으뜸. 마레 지구(16 Rue des
Ecouffes, 75004)를 비롯해 파리 시내에 총 3곳의 매장이 있다. **MAP ❼-A**

GOOGLE MAPS V77P+F6 파리
ADD 7 Avenue d'Eylau, 75016
OPEN 12:00~15:00, 19:30~23:00(토·일
요일 12:00~17:00, 19:00~23:00)
MENU 버거 15€~, 파스트라미 샌드위치
19€~, 음료 4.50€~, 샐러드 11€~
WALK 샤이요 궁전에서 도보 4분
WEB www.schwartzsdeli.fr

마르게리타 피자

아는 맛이 더 무섭다!
모쿠 레쿠뢰이 Mokus l'Écureuil

샤이요 궁전 바로 뒤에 있는 데도 합리적인 가격에 맛있는 식사를
할 수 있는 식당으로 여행자들에게 인정받은 이탈리안 레스토랑이다.
추천 메뉴는 화덕에서 갓 구운 마르게리타 피자. 진한 토마토 소스와 짭짤
하면서도 쫀득한 치즈를 듬뿍 올렸다. 여기에 토마토 콩피(프랑스식 조림),
구운 가지와 호박, 물소 치즈 부팔라가 조화로운 카프레제 샐러드를
추가해도 별미다. 조금만 늦어도 기다려야 하니 오픈 전 미리 줄을 서거나
오후 2시 이후에 방문하자. 테이크아웃 가능. **MAP ❼-B**

카프레제 샐러드

GOOGLE MAPS mokus ecureuil
ADD 116 Avenue Kléber, 75016
OPEN 11:00~23:00
MENU 마르게리타 피자 13.50€, 카프레제 15€, 파스타 15.50~18.50€
WALK 샤이요 궁전에서 도보 2분
WEB www.restaurantmokus.fr

100년 역사의 고품격 살롱 드 테 & 파티스리

카레트 Carette

마카롱의 명가 라뒤레, 피에르 에르메와 자주 비교되는 곳. 각종 미디어의 맛집 평가에서 항상 파티스리 부문 상위권을 달리고 있을 정도로 만인이 인정하는 맛이다. 마카롱뿐 아니라 달달한 크림이 슈를 감싼 디저트 생토노레(Saint-Honoré)와 밀푀유, 에클레르도 추천!

여유가 있다면 고급스러운 도자기에 내오는 차를 곁들여 티타임을 가져보자. 식사를 대신할 수 있는 샌드위치와 양파수프, 베이커리류도 수준급이며, 양이 어마어마하게 많은 뒤 버거(Du Berger)도 추천 메뉴. 마레 지구(25 Pl. des Vosges, 75003)와 몽마르트르(7 Place du Tertre, 75018)에도 지점이 있다. MAP ❼-B

GOOGLE MAPS V77P+FV 파리
ADD 4 Pl. du Trocadéro et du 11 Novembre, 75016
OPEN 07:00~23:00
MENU 생토노레 9.50€(테이크 아웃 7€), 커피 5€~
WALK 샤이요 궁전에서 도보 1분

생토노레

바람이 쌀쌀할 때는
양파수프 추천!

'떡튀순'으로 집 나간 입맛 찾기

동네 Dong Né

한국인뿐 아니라 프랑스인 남녀노소 모두 엄지손가락을 치켜세우는 분식점. 매콤한 떡볶이와 떡볶이의 단짝인 튀김이나 순대, 김밥 등이 낯선 음식에 지친 입맛에 활력을 불어넣어 준다. 우리나라처럼 여러 가지 메뉴를 다양하게 맛볼 수 있는 세트 메뉴(Formule)도 있고, 점심에는 저렴한 런치 세트도 제공한다. 직접 절인 무를 단무지 대신 사용하고, 김밥 속을 취향대로 골라 먹는 재미도 있다. 생각하지 못한 김밥 소스는 바로 쌈장! 날이 좋을 때는 김밥이나 양념통닭을 포장해서 샹 드 마르스로 소풍 가는 사람도 많다. 후식으로 팥빙수도 주문 가능. MAP ❼-D

GOOGLE MAPS dongne paris
ADD 15 Rue Violet, 75015
OPEN 12:00~17:00, 18:00~22:00
MENU 떡볶이 14€, 김밥 12€, 런치 세트 16€, 디너 세트 22€
WALK 샹 드 마르스의 그랑 팔레 에페메르에서 도보 10분
INSTAGRAM @dongne_paris

파리의 걷고 싶은 길 #1

Rue Cler

클레르 거리: 에펠탑과 앵발리드 사이,
온갖 소소하고 예쁜 것들이 모인 거리

파리 패션과 문화의 중심
개선문 & 샹젤리제

개선문이 있는 샤를 드골 광장 앞에서 루브르 박물관을 향해 일직선으로 뻗어있는 널찍한 도로가 바로 샹젤리제 거리다. 명품 브랜드뿐만 아니라 다양한 글로벌 브랜드와 영화관, 유명 카페와 레스토랑이 늘어선 파리 패션과 문화의 중심지인 샹젤리제 거리는 1.9km가량 이어지면서 유럽에서 가장 큰 광장인 콩코르드 광장과 만난다. 콩코르드 광장 북쪽으로는 마들렌 성당이, 센강 건너 남쪽으로는 프랑스 하원 의사당(부르봉 궁전)이, 동쪽으로는 튈르리 정원을 지나 루브르 박물관이 이어진다.

0 100m

레 코코트

① 개선문

Charles de Gaulle - Étoile
RER
M

샹젤리제 거리

퍼블릭 드럭스토어 ②

Saint-Philippe-
du-Roule
M

PSG
플래그십
스토어

달로와요(본점)

M Kléber

루이비통 메종 ③
샹젤리제

M
George V

⑤ 르 86 샹 록시땅 x
피에르 에르메

● 프낙

라뒤레

갤러리 라파예트 ④
샹젤리제 백화점

피콜리노 파리지

모노프리

키스

Franklin D. Roosevelt
M

몽테뉴 거리 ⑥

자크뮈스

클레망소 광장 ⑧ M

M
Boissière

MAP legend

라브뉴

Champs-Elysées -
Clemenceau

디올 파리 30 몽테뉴

⑦

그랑 팔레 ⑨

● 이브 생 로랑 박물관

프티 팔레 ⑩

Alma-Marceau
M

바토뷔스 선착장

Pont des
Invalides

● 샤이요
궁전

① 명소   식당 & 카페   상점
M RER 메트로, RER   ● 표지물

Pont de
l'Alma

알렉상드르 3세교 ⑪

RER Pont de l'Alma

Invalides
RER
M

① 위풍당당! 파리의 얼굴
개선문 Arc de Triomphe

샤를 드골 광장(Place Charles de Gaulle, 구 에투알 광장)의 중앙에 서 있는 거대한 문. 파리에는 3개의 개선문이 있는데, 하나는 여기에 있는 에투알 개선문, 다른 하나는 루브르 궁전 서쪽에 자리 잡고 있는 카루젤 개선문, 세 번째는 라 데팡스에 새로 건축한 신개선문(라 그랑 다르슈)이다. 일반적으로 개선문이라고 하면 이곳 에투알 개선문을 말한다.

개선문은 그 자체로도 빼어나게 아름답지만 그 위에서 바라보는 전망 또한 볼만하다. 전망대까지는 284개의 계단을 올라가야 하며, 음식물 반입 및 삼각대 이용을 금지한다. 전망대 아래층에는 나폴레옹의 장례식, 무명용사의 매장 등 개선문에서 일어난 일에 관한 자료를 전시한 박물관이 있다. 입구는 개선문 안쪽에 있는데, 샹젤리제 거리에서 지하 도로를 통해 건너가면 된다. MAP ②-D

GOOGLE MAPS 에투알 개선문
ADD Place Charles de Gaulle, 75008
OPEN 10:00~23:00(10~3월 ~22:30, 12월 24·31일 ~16:00, 5월 8일·7월 14일·11월 11일은 오후에만 오픈)/ 폐장 45분 전까지 입장/날씨에 따라 유동적/1월 1일·5월 1일·12월 25일 휴무
PRICE 16€/11~3월 첫째 일요일 무료/ 뮤지엄 패스
METRO 1·2·6 & **RER** A Charles de Gaulle-Étoile 2번 출구(Avenue de Friedland)에서 도보 1분
WEB www.paris-arc-de-triomphe.fr

2
샹젤리제 거리
●
콩코르드 광장

Pont de
la Concorde

전망대에서는 파리 시내가 한눈에 들어오고, 멀리 라 데팡스까지 볼 수 있다.

개선문 아래 가운데 바닥에 있는 무명용사의 묘. 제1차 세계대전 중 전사한 병사의 무덤으로, 비석에는 '1914~1918 조국을 위해 죽은 한 프랑스 병사가 이곳에 잠들다'라는 글귀가 새겨져 있고, 그 위로 '추억의 불길'이 타고 있다.

189

② 오~ 샹젤리제 ♪
샹젤리제 거리 Avenue des Champs-Élysées

도로 양쪽에는 가로수가 아름답게 늘어서 있어 도심 속에 있으면서도 쾌적함을 느낄 수 있다.

개선문에서 콩코르드 광장까지 이르는 샹젤리제 거리는 이곳에 상점을 내는 것만으로도 홍보 효과를 톡톡히 누릴 수 있을 만큼 전 세계인의 이목이 쏠리는 쇼핑 거리다. 명품 브랜드뿐만 아니라 합리적인 가격의 패션 브랜드와 액세서리, 자동차 쇼룸 등 볼거리가 다채로우며 카페나 식당도 많이 들어서 있다. 임대료가 비싸서 다른 거리보다 가격이 높게 형성돼 있음에도 거리 분위기에 취해 너무 비싸거나 맛없는 곳이 많아서 식사 장소로는 추천하지 않는다. 이 거리에서 콩코르드 광장을 향해 서면 광장의 오벨리스크를 볼 수 있다. MAP ②-D & ⑥-A

GOOGLE MAPS 샹젤리제
ADD Avenue des Champs-Élysées, 75008
METRO 1·2·6 & **RER** A Charles de Gaulle-Étoile부터 1·8·12 Concorde 까지, 어느 역에서나 밖으로 나오면 샹젤리제 거리와 만나게 된다.

③ 프랑스를 대표하는 명품
루이비통 메종 샹젤리제
Louis Vuitton Maison Champs-Élysées

프랑스를 대표하는 브랜드인 루이비통의 본점. 규모가 커 루이비통의 전 라인을 볼 수 있다. 쾌적한 쇼핑 공간을 위해 입장객 수를 조절하기 때문에 줄이 길게 늘어서는 광경도 목격하게 된다. 불친절하다는 평도 끊이지 않는 곳이니 몽테뉴 거리나 르 봉 마르셰 백화점 등에 있는 매장을 먼저 들러볼 것을 추천한다. MAP ②-D

GOOGLE MAPS 샹젤리제 루이비통
ADD 101 Av. des Champs-Élysées, 75008
OPEN 10:00~20:00(일요일 11:00~19:00, 일부 토요일 ~22:00)
METRO 1 George V 2번 출구에서 바로
WEB www.louisvuitton.fr

샹젤리제 거리의 새바람
갤러리 라파예트 샹젤리제 백화점
Galeries Lafayette Champs-Élysées

대기업 간판과 명품 브랜드점으로 가득한 샹젤리제 거리에 새바람을 불어넣은 곳. 2019년 샹젤리제 거리에 오픈한 갤러리 라파예트는 남성관, 여성관이라는 기존 콘셉트를 버리고 다양한 장르를 적절히 섞어 공간을 널찍하게 구성해 백화점이 하나의 거대한 편집숍처럼 보이게 했다. '샹젤리제의 오늘'을 즐기고 싶다면 이곳을 집중 공략해보자. 백화점 바로 뒤쪽 골목에는 대형 슈퍼마켓 모노프리가 있는데, 잡화와 식품관의 입구가 다르니 주의할 것. MAP ❷-D

GOOGLE MAPS 샹젤리제 60
ADD 60 Av. des Champs-Élysées, 75008
OPEN 10:00~21:00/일부 공휴일 휴무
METRO 1·9 Franklin D. Roosevelt 1번 출구에서 도보 1분
WEB galerieslafayette.com/m/magasin-champs-elysees

: WRITER'S PICK :
먹으러 가는 백화점

갤러리 라파예트는 먹거리에도 차별화를 둬 가성비 낮기로 유명한 샹젤리제 거리에서 여행자들에게 완성도 높은 미식 경험을 제공한다. 수준 높은 푸드코트와 식료품점, 레스토랑이 대거 입점한 지하 식품관이 대표적이다.

---

⑤ 이강인 + PSG
PSG 플래그십 스토어
PSG Flagship Store

프랑스의 프로 축구 구단, PSG(파리 생제르맹)의 공식 매장이다. 파리를 연고지로 하는 PSG는 우리나라의 이강인 선수가 입단 후 국내에서도 인기가 많아졌다. 샹젤리제 거리에 있어 굿즈만 사고 싶은 이들에게 접근성이 좋다. 다만 그만큼 붐비는 게 단점. 마킹과 패치 서비스는 2층에서 제공한다. 매장 내에 작은 카페가 있어 잠시 쉬어가기에도 좋다. MAP ❷-D

GOOGLE MAPS psg 샹젤리제
ADD 92 Av. des Champs-Élysées, 75008
OPEN 10:00~20:00(일·공휴일 11:00~19:00)
METRO 1 George V역에서 도보 1분
WEB store.psg.fr

파르크 데 프랭스

+ MORE +
파르크 데 프랭스
Parc des Princes

PSG의 홈구장으로, 수용 인원은 약 4만8000명. 여행 중 경기 관람이 어렵다면 경기장 투어로 아쉬움을 달래보자. MAP ❷-D

GOOGLE MAPS parc des princes
ADD 24 Rue de Commandant Guilbaud, 75016
OPEN 경기장 투어 10:00~17:00/날짜는 유동적이므로 홈페이지 확인
PRICE 경기장 투어 25€~(3~12세 15€~)/현장 구매 시 2€ 추가
METRO 10 Porte d'Auteuil역에서 도보 10분/9 Porte de Saint-Cloud역에서 도보 12분
WEB psg.fr

+MORE+

샹젤리제 거리의 복합상업시설

■ 새벽 2시까지 오픈! 퍼블릭 드럭스토어 Publicis Drugstore

카페, 레스토랑, 영화관, 서점, 편집숍 등이 들어선 복합문화공간. 24시간 문 여는 약국도 있으며, 스타 셰프 조엘 로뷔숑의 레스토랑 '라틀리에 드 조엘 로뷔숑'도 이곳에 있다. MAP ❷-D

GOOGLE MAPS 샹젤리제 publicis drugstore **ADD** 133 Avenue des Champs-Élysées, 75008 **OPEN** 08:00~02:00(토·일요일·공휴일 10:00~) **WALK** 개선문에서 도보 1분 **WEB** publicisdrugstore.com

■ 프랑스 내 최대 규모의 티켓 예매 체인점, 프낙 Fnac

휴대폰, 가전, 컴퓨터, 음반, 책 등을 판매하는 대형 복합매장. 각종 공연·영화 티켓과 명소 입장권, 뮤지엄 패스 등을 구매할 수 있다. MAP ❷-D

GOOGLE MAPS V8C4+J2 파리 **ADD** Galerie du Claridge, 74 Av. des Champs-Élysées, 75008 **OPEN** 10:00~20:30(일요일 11:00~20:00) **WALK** 개선문에서 도보 8분/갤러리 라파예트 샹젤리제 백화점에서 도보 1분 **WEB** www.fnac.com

몽테뉴 거리의 랜드마크, 호텔 플라자 아테네

❻ '패잘알'의 야외 박물관 몽테뉴 거리 Avenue Montaigne

샹젤리제 거리 중간 로터리에서 남서쪽으로 뻗은 몽테뉴 거리는 파리에서 가장 규모가 큰 명품 거리로, 파리뿐만 아니라 전 세계 패션계를 이끄는 곳이다. 샤넬, 루이비통, 디올, 구찌, 지방시, 프라다 등 고급 패션 브랜드 매장이 거리 양쪽에 경쟁적으로 늘어서 있어 거리를 걷는 것만으로도 지금의 패션 트렌드를 한눈에 알 수 있다. 쇼핑이 목적이 아니어도 가로수를 따라 산책하듯 걸으면서 구경하는 것만으로도 기분이 좋은 곳. MAP ❸-C & ❼-B

GOOGLE MAPS V884+QC9 파리 **OPEN** 대개 10:00~20:00(일부 상점 ~19:00)/일요일·공휴일에 휴무인 곳도 있음 **WALK** 샹젤리제 거리 중앙에 있는 로터리(Rdpt des Champs-Élysées)에서 알마교까지 이어진다. **METRO** 1·9 Franklin D. Roosevelt~9 Alma-Marceau 사이

PARIS, 개선문 & 샹젤리제 (vertical right margin header)

⑦ 오트 쿠튀르의 성지
디올 파리 30 몽테뉴
Dior Paris 30 Montaigne

2022년 리뉴얼 오픈한 디올 파리 본점. 크리스챤 디올이 한눈에 반한 몽테뉴 거리 30번지 저택에 자리 잡고 있다. 약 1만m² 규모의 단지 안을 세계 최대 규모의 디올 부티크를 비롯해 레스토랑 & 파티스리, 박물관급 갤러리, 3개의 안뜰, 숙박용 스위트룸(La Suite Dior), 오트 쿠튀르와 주얼리 공방으로 채우면서 명품 세계의 독보적인 공간이란 찬사를 한 몸에 받고 있다. 75년에 달하는 디올의 발자취를 보여주는 갤러리 디올(La Galerie Dior)은 크리스챤 디올과 6명의 후계자의 오트 쿠튀르 작품, 오리지널 스케치, 액세서리, 향수 등을 13개의 테마로 나누어 연대순으로 보여준다. 크리스챤 디올의 사무실, 피팅 마네킹 룸 등도 옮겨와 갤러리 내에 그대로 보존하고 있다. 0층과 1층의 레스토랑 & 파티스리 무슈 디올(Monsieur Dior)에서는 거대한 열대 나무가 창문 높이까지 자라난 안뜰의 푸른 빛을 고스란히 식탁 위로 올려 클래식한 프랑스 요리와 티타임을 더욱 감미롭게 즐길 수 있는 분위기를 자아낸다. MAP ⑦-B

GOOGLE MAPS 디올 30 몽테뉴
ADD 부티크 30 Avenue Montaigne, 75008
갤러리 11 Rue François 1er, 75008
레스토랑 32 Avenue Montaigne, 75008
OPEN 부티크 10:00~20:00(일요일 11:00~19:00, 1월 1일·5월 1일·12월 25일 휴무)/
갤러리 11:00~19:00(화요일·1월 1일·5월 1일·12월 25일·전시 교체 기간 휴무) 예약 권장 /
레스토랑 11:30~20:00(일요일 ~19:00)
PRICE 갤러리 12€(10~26세 8€, 9세 이하 무료)
WALK 샹젤리제 거리 중앙에 있는 로터리(Rdpt des Champs-Élysées) 또는 알마교에서 각각 도보 5분(몽테뉴 거리 중간 지점)
WEB www.dior.com
갤러리 www.galeriedior.com

⑧ 영웅들의 작은 광장
클레망소 광장 Place Clemenceau

앵발리드에서 알렉상드르 3세교를 건너 북쪽으로 뻗은 윈스턴 처칠 거리와 샹젤리제 거리가 만나는 교차로에 있는 작은 광장. 제1차 세계대전을 승리로 이끌었던 클레망소 수상과 제2차 세계대전을 승리로 이끌었던 샤를 드골의 동상이 있다. 클레망소는 1차 세계대전 후 독일에 혹독한 배상금을 물려 '호랑이 수상'이라 불리기도 한 인물이다. 클로드 모네의 오랜 친구였으며, 백내장을 앓아 그림 그리기를 포기한 모네를 설득해 수술을 받도록 했다는 일화가 전해온다. MAP ❸-C

GOOGLE MAPS 끌레멍쏘 광장
ADD Place Clemenceau, 75008
WALK 콩코르드 광장에서 도보 8분
METRO 1·13 Champs-Élysées-Clemenceau 1번 출구에서 바로

⑨ 20세기를 연 새로운 궁전
그랑 팔레 Grand Palais

클레망소 광장에서 센강까지 거의 한 블록을 차지하는 그랑 팔레는 1900년 파리 만국 박람회를 위해 지은 거대한 건물이다. 유리로 된 둥근 천장이 유명하며, 밤에는 조명이 들어와 건물 지붕의 청동 조각이 아름다움을 발한다. 2024 파리 올림픽 때 태권도와 펜싱 경기장으로 사용 후 2025년 봄에 재개장할 예정이다. MAP ❻-A

GOOGLE MAPS 그랑팔레
ADD 3 Avenue du Général Eisenhower, 75008
WALK 클레망소 광장에서 도보 1분
WEB www.grandpalais.fr

⑩ 정원이 예쁜 시립 박물관
프티 팔레 Petit Palais

그랑 팔레와 마주 보고 있는 프티 팔레는 고대에서 현대에 이르기까지 방대한 컬렉션을 자랑하는 시립 박물관으로 사용되고 있다. 쿠르베의 초기작품을 비롯해 들라크루아, 모로 등 인상주의와 낭만주의, 사실주의 작가들의 작품을 다수 소장하고 있으며, 상설전은 무료다. 궁전 한가운데 아름답게 가꾸어진 반원형의 안뜰에서 커피 한잔하며 잠시 쉬어가는 것도 좋다. MAP ❻-A

GOOGLE MAPS V887+CR 파리
ADD Avenue Winston Churchill, 75008
OPEN 10:00~18:00(금·토요일 ~20:00)/폐장 45분(특별전은 1시간 45분) 전까지 입장/월요일·1월 1일·5월 1일·7월 14일·11월 11일·12월 25일 휴무
PRICE 상설전 무료/일부 특별전 유료
WALK 그랑 팔레 정문 길 건너 바로
WEB www.petitpalais.paris.fr

11 앵발리드가 저만치 보이네

알렉상드르 3세교
Pont Alexandre III

다리 양 끝에 4개의 거대한 기둥과 그 위에 황금빛 조각상이 있고 난간을 따라 아르누보 양식의 기로등이 줄지어 서 있는 알렉상드르 3세교는 파리에서 가장 화려한 다리로 꼽힌다. 만국 박람회를 위해 개통된 다리답게 북쪽에 있는 조각상은 과학과 예술을, 남쪽에 있는 조각상은 상업과 산업·공업을 상징한다. 다리에서 바라보는 강 건너 앵발리드의 금빛 돔은 화려하면서도 장엄한 분위기를 연출해 여행자들의 시선을 집중시킨다.

2024 파리 올림픽 때 개인 사이클링 도로 경기, 수영 1만 미터, 철인 3종 경기 등의 결승선으로 사용될 예정이므로 통행 제한이 있을 수 있다. MAP ⑥-A

GOOGLE MAPS 알렉상드르 3세 다리
WALK 그랑 팔레에서 도보 4분

195

오픈런을 부르는 '신상' 브랜드

샹젤리제 거리를 필두로 골목마다 명품숍으로 가득한 개선문 & 샹젤리제 지역.
이곳에서 한번 뜨면 전 세계로 퍼져나가는 건 시간 문제다. 그렇다 보니 파리로 첫 출격한 해외 브랜드도
가장 먼저 이 지역을 눈독 들인다. 요즘 가장 핫한 브랜드는 뭘까? 궁금하다면 샹젤리제로 가자.

2.5층에 있는 커다란
팝콘 기계도 명물이다.

MZ 세대가 가장 갖고 싶어 하는 브랜드

자크뮈스 Jacquemus

시몽 포르테 자크뮈스가 19살에 출범시킨 패션 브랜드.
패션 교육도 받지 않고 관련 지식이나 규칙에 대한 이해도 전무했지
만, SNS 마케팅을 통해 패션 피플과 젊은 세대의 관심을 등에 업고
주목받기 시작해 2022년 9월 명품가 몽테뉴 거리에 플래그십 스토
어를 오픈하며 신명품 시장의 선두 주자 입지를 굳건히 다졌다. 독
특한 컬러감과 미니멀한 디자인이 돋보이는 자크뮈스의 의류, 패션
잡화뿐만 아니라 매장 안의 흰색 벽면을 가득 채운 거울과 위트 넘
치는 오브제, 시즌 대표 아이템을 걸친 센스 있는 직원들을 보는 것
만으로도 무척 흥미롭다. 단, 입장 인원을 제한하므로 1시간 이상
줄을 서야 하는 날이 많다는 점 참고. MAP ❸-C

GOOGLE MAPS jacquemus 58
ADD 58 Avenue Montaigne, 75008
OPEN 10:00~19:30(일요일 12:00~19:00)/폐점 1시간 전까지 방문 권장
METRO 1·9 Franklin D. Roosevelt 3번 출구에서 도보 1분(구찌 옆)
WEB www.jacquemus.com

카페 사델즈

힙스터들의 단골 편집숍

키스 KITH

뉴욕에서 작은 스니커즈 편집매장으로 시작해 현재 뉴욕의 스트
리트 패션을 주도하는 브랜드로 성장한 키스가 파리에 진출했다.
아디다스, 디즈니, BMW 등 글로벌 브랜드와의 콜라보 상품을 사
기 위해 매장 앞에 긴 줄이 늘어서고, 브랜드 파워를 입증하는 각
종 한정판 제품들이 종종 화제에 오른다. 매장 한가운데 온실처
럼 꾸민 카페 사델즈(Sadelle's)가 있고, 창업자 로니 피그가 어렸
을 때 아이스크림과 시리얼을 못 먹어 속상했다며 만든 아이스
크림 & 시리얼 매장 트리츠(Treats)도 입점해 있다. MAP ❷-D

GOOGLE MAPS kith 49
ADD 49 Rue Pierre Charron, 75008
OPEN 10:00~20:00(카페 ~19:00)
MENU 샐러드 24€~, 샌드위치 15€~, 카푸치노 8€
WALK 갤러리 라파예트 샹젤리제 백화점에서 샹젤리제 거리 건너 피에
르 샤론 거리(Rue Pierre Charron)로 도보 3분
WEB eu.kith.com

이유 있는 유명함
여행자의 참새방앗간

샹젤리제 거리와 그 주변의 식당은 비싼 가격 대비 음식 맛이 아쉬운 편이라서 숨은 맛집보다는 오랫동안 검증된
인기 레스토랑과 카페로 사람들의 발걸음이 모인다. 전 세계 여행자들이 성지순례라도 하듯 파리에 오면 꼭 들르는
마카롱계의 양대 산맥, 라뒤레와 피에르 에르메도 샹젤리제 거리에 지점을 두고 있다.

마카롱의 고향 방문
라뒤레 Ladurée Paris Champs-Élysées

바삭한 가나슈 사이에 촉촉한 잼이나 크림을 바른 것이 파리
식 마카롱. 지금으로부터 약 160년 전, 이를 처음 개발해 세계
에서 제일 맛있는 마카롱 가게로 알려진 라뒤레의 샹젤리제 지
점이다. 가장 인기 있는 마카롱은 피스타치오(Pistache)와 산딸
기(Framboise) 맛. 먹고 간다면 음료 포함 25~30€ 정도 예상하
자. MAP ❷-D

GOOGLE MAPS 파리 라뒤레
ADD 75 Avenue des Champs-Élysées, 75008
OPEN 08:00~21:30(레스토랑 ~22:00)
MENU 마카롱 1개 2.50€~
WALK 개선문에서 도보 10분
METRO 1 George V 2번 출구에서 도보 2분
WEB www.laduree.fr

박스 포장 시
4~20€가
추가된다.

라뒤레 부티크 정보

라뒤레는 파리 시내에 10여 개 매장을 두고 있다.
그중 마들렌 성당 근처에 있는 본점(16 Rue Royale,
75008)과 생제르맹데프레 성당 근처의 보나파르트 점
(21 Rue Bonaparte, 75006)은 마카롱 열쇠고리 등 기
념품을 다양하게 갖춰 여행자가 즐겨 찾는다. 그 외
루브르 박물관 지하 쇼핑몰과 프렝탕 백화점 등에도
입점해 있으며, 지점마다 가격이 조금씩 다르다.

1862년 문을 연
라뒤레 본점(파리 루아얄 점)

보나파르트 점

예쁜데 달콤함, 이 조합 대찬성!

르 86 샹 록시땅 x 피에르 에르메
Le 86 Champs-L'Occitane x Pierre Hermé

라뒤레의 수석 파티시에였던 피에르 에르메가 설립해 라뒤레의 독주를 단숨에 따라잡은 마카롱 전문점 피에르 에르메와 프랑스 화장품 브랜드 록시땅이 의기투합해 샹젤리제 거리 86번지에 문을 연 콘셉트 스토어. 록시땅 뷰티 매장과 피에르 에르메 마카롱 부티크, 디저트 및 공정무역 커피를 제공하는 살롱 드 테로 이루어져 있다. 오랫동안 생제르맹데프레 본점에서만 만날 수 있었던 피에르 에르메의 간판 마카롱 이스파한 (Ispahan)도 이곳에서 맛볼 수 있다. MAP ❷-D

트렌디한 감성으로 주목받고 있는 스페인 디자이너 로라 곤잘레스의 차분하고 고급스러운 인테리어와 1000개의 유리 풍선 조명이 눈길을 사로잡는다.

GOOGLE MAPS 86Champs
ADD 86 Avenue des Champs-Élysées, 75008
OPEN 부티크 10:30~22:00(금·토요일 10:00~23:00, 일요일 10:00~), 살롱 드 테 10:30~22:30(금요일 10:00~23:00, 토요일 10:00~24:00, 일요일 10:00~)/일부 공휴일 휴무
WALK 라뒤레 샹젤리제점 바로 건너편
WEB 86champs.com

툭, 파리지앵의 일상 속으로

라브뉴 L'Avenue

명품 쇼핑의 성지, 몽테뉴 거리 중심에 자리한 레스토랑. 테라스 석에 앉아 명품 브랜드의 간판이 즐비하게 늘어선 거리를 느긋하게 내다보면 바삐 움직이는 파리지앵의 일상을 들여다보는 듯한 느낌이다. 패션 관련 종사자는 물론 셀럽들이 즐겨 찾는 곳이라 유명인도 심심치 않게 볼 수 있다. 파스타나 샌드위치 등의 식사 메뉴가 인기인 곳이지만 가볍게 커피나 차만 마셔도 되는 분위기다. 런치는 예약 권장, 디너는 예약 필수. MAP ❼-B

GOOGLE MAPS V884+WG 파리
ADD 41 Avenue Montaigne, 75008
OPEN 08:00~02:00
MENU 플라 32~72€, 칵테일 22€~, 커피 8€
WALK 디올 파리 30 몽테뉴 바로 건너편
WEB www.avenue-restaurant.com

이탈리아 요리에 진심인 편

피콜리노 파리지 Piccolino Parigi

군더더기 없는 심플한 인테리어와 코지한 분위기가 돋보이는 이탈리안 레스토랑이다. 신선한 풀 향기가 코끝을 자극하는 이탈리아산 올리브오일을 살짝 찍어 식전 빵으로 허기를 달래면, 예쁘게 플레이팅한 감각적인 요리가 눈과 입을 즐겁게 한다. 스파게티, 뇨키, 리소토, 피자 등 우리에게도 흔한 메뉴가 프랑스로 건너와 특별한 요리로 변신한 곳. 신선한 제철 재료를 사용하기 때문에 메뉴가 수시로 바뀌며, 키즈 메뉴도 준비돼 있다. MAP ❷-D

GOOGLE MAPS piccolino parigi
ADD 16 Rue Copernic, 75116
OPEN 12:00~14:30, 19:00~22:30
MENU 안티파스티 11€~, 파스타·리소토 15€~, 세콘디(주요리) 21€~
WALK 개선문에서 도보 8분/트로카데로 광장에서 도보 10분
WEB piccolinoparigi.fr

어린이용
토마토 파스타(9€)

따뜻한 요리는 대부분
프랑스 전통 주물 냄비
스타우브(Staub)에 내온다.

뭐가 이렇게 다 맛있지?

레 코코트 Les Cocottes

파리의 최고급 호텔인 호텔 드 크리용의 전 수석 셰프가 운영하는 프렌치 레스토랑. 어떤 걸 주문하더라도 실패할 확률이 0%에 가까운 만족스러운 음식 맛과 합리적인 가격, 모던하고 쾌적한 매장 등에 부담 없는 외식 장소로 인기가 높다. 추천 메뉴는 평일 점심에만 제공하는 오늘의 요리. 카운터석이 널찍해서 혼자 저녁 식사를 하기에도 좋은 곳이다. MAP ❷-D

GOOGLE MAPS les cocottes arc
ADD 2 Avenue Bertie Albrecht, 75008
OPEN 12:00~14:30, 19:00~22:00/토·일요일·7월 말~9월 초 휴무
MENU 오늘의 요리(평일 점심) 2코스 39€~, 3코스 46€~, 앙트레 16€~, 플라 26~38€, 디저트 14€~
WALK 개선문에서 도보 6분
WEB www.lescocottes-arcdetriomphe.fr(예약 가능)

이걸 보려고 파리에 왔지
루브르 & 튈르리

콩코르드 광장과 카루젤 광장 사이의 널따란 프랑스식 정원, 튈르리 정원을 중심으로 그 서쪽 끝에 있는 오랑주리 미술관과 동쪽 끝에 있는 루브르 박물관은 파리 예술 여행의 하이라이트다. 이곳이 '인생 박물관'이 될지, 별다른 감흥을 느끼지 못한 그저 그런 곳이 될지는 어떤 동선을 따라다니냐에 달려있으니, 가기 전에 관심 있는 작품 리스트를 작성하고 미리 계획을 세우도록 하자.

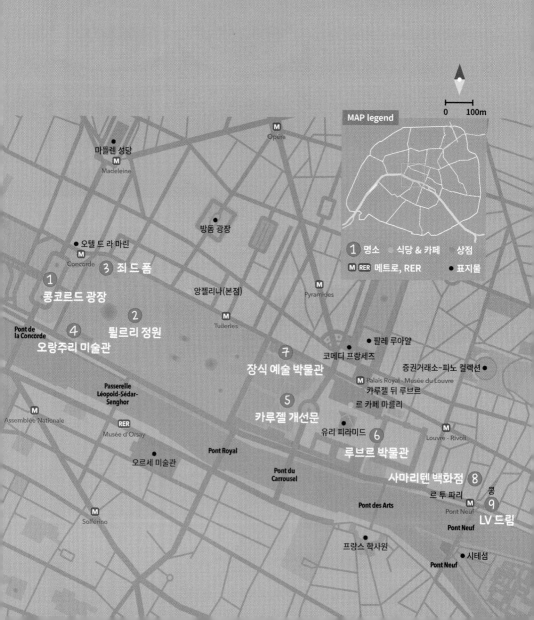

MAP legend

0   100m

1 명소   식당 & 카페   상점

M RER 메트로, RER   ● 표지물

1 콩코르드 광장

3 죄 드 폼

마들렌 성당
Madeleine

Opéra

방돔 광장

● 오텔 드 라 마린
Concorde

앙젤리나(본점)

Pyramides

2 튈르리 정원

Tuileries

Pont de
la Concorde

4 오랑주리 미술관

7 장식 예술 박물관

● 팔레 루아얄

코메디 프랑세즈   증권거래소~피노 컬렉션 ●

M Palais Royal - Musée du Louvre

Passerelle
Léopold-Sédar-
Senghor

RER
Musée d'Orsay

M
Assemblée Nationale

5 카루젤 개선문

카루젤 뒤 루브르

르 카페 마를리

유리 피라미드 **6**

루브르 박물관

M
Louvre - Rivoli

Pont Royal

오르세 미술관

Pont du
Carrousel

사마리텐 백화점 8

르 투 파리

M
Pont Neuf

콩

9

LV 드림

Pont des Arts

M
Solférino

Pont Neuf

프랑스 학사원

● 시테섬

Pont Neuf

 유럽에서 가장 큰 광장
콩코르드 광장
Place de la Concorde

동쪽은 튈르리 정원과 루브르 박물관, 서쪽은 샹젤리제 거리, 남쪽은 센강, 북쪽은 마들렌 성당으로 둘러싸여 있어 꼭 한 번은 들르게 되는 곳. 광장 중앙에는 나폴레옹이 이집트 룩소르에서 가져온 높이 23m의 거대한 오벨리스크와 각각 바다와 강을 상징하는 2개의 분수가 있고, 광장 네 모퉁이에는 프랑스 8개 도시(브레스트·루앙·리옹·마르세유·보르도·낭트·스트라스부르·릴레)를 상징하는 여인상이 있다. 샹젤리제 거리에서 광장으로 들어오는 입구 양쪽의 조각상은 베르사유 궁전 근처의 마를리 궁진에서 옮겨온 마를리의 말(Chevaux de Marly) 한 쌍으로, 18세기 쿠스투의 작품을 복제한 것이다. 광장 한가운데에 서면 사방이 탁 트여 개선문은 물론 에펠탑까지 한눈에 들어온다. 올림픽 기간에는 3x3 농구와 브레이킹, BMX 프리스타일, 스케이트보드 경기장으로 변신한다. MAP ⑥-A

GOOGLE MAPS 콩코르드광장
METRO 1·8·12 Concorde 하차

+ M O R E +

오텔 드 라 마린 Hôtel de la Marine

콩코르드 광장 북쪽에 있는 웅장한 신고전주의 양식의 건물이 4년간의 리모델링을 마치고 2021년 공개됐다. 콩코르드 광장을 만든 루이 15세가 보석, 가구, 태피스트리 등을 보관하기 위해 1774년 건립했고, 대혁명 이후 200년 넘게 해군 최고 사령부로 사용되던 곳. 보관소로 사용되던 루이 15세 당시 관리 소장의 사무실과 아파트를 실감나게 복원한 전시실을 오디오 가이드 투어로 돌아볼 수 있다. 인천공항 제2 터미널의 유리 지붕 설계에 참여했던 영국 건축가 휴 더튼이 디자인한 거대한 유리 지붕이 압권인 안뜰(무료)은 꼭 한번 들러보자. MAP ⑥-A

GOOGLE MAPS 오텔 드 라 마린
ADD 2 Place de la Concorde, 75008
OPEN 안뜰 08:00~24:00,
전시실 10:30~19:00(금 ~21:30)/폐장 45분 전까지 입장/1월 1일· 5월 1일· 12월 25일 휴무
PRICE ·알 타니 컬렉션+살롱+로지아 13€, 아파트+라운지+로지아 17€/전체 통합권(예매 필수) 23€/11~3월 매월 첫째 일요일 일부 전시관 무료
WALK 콩코르드 광장에서 도보 1분
WEB hotel-de-la-marine.paris

한여름의 싱그러움을 닮은

② 틸르리 정원 Jardin des Tuileries

콩코르드 광장에서 카루젤 개선문까지 센강 북쪽에 길게 늘어선 너비 325m,
길이 920m의 아름다운 프랑스식 정원이다. 무성한 마로니에와 플라타너스
사이로 곳곳에 조각상과 거대한 분수가 어우러져 파리 시민들의 휴식처로 사
랑받고 있다. 매년 여름 틸르리 정원 축제 때면 활기 넘치는 테마파크로 변신
해 회전목마, 관람차, 범퍼카, 트램펄린 등 60여 개 놀이기구가 설치되고, 크
리스마스 시즌에는 대규모 크리스마스 마켓이 열린다. MAP ⑥-A

ADD Jardin des Tuileries, 75001
OPEN 07:00~21:00(6~8월 ~23:00, 10~3월 07:30~19:30)/틸르리 정원 축제(La Fête
Foraine des Tuileries) 7월 초~8월 말 11:00~23:00(금·토·공휴일 전날 ~00:45)
WALK 콩코르드 광장에서 도보 1분
METRO 1 Tuileries 하나뿐인 출구에서 바로

오랑주리 미술관의 쌍둥이 갤러리

죄 드 폼 Jeu de Paume ③

틸르리 궁전에 있던 테니스장을 개조한 전
시관. 주로 사진이나 현대 예술 관련 특별전
이 열린다. 무료 전시회도 종종 열리니 시간
여유가 있다면 들러보자. MAP ⑥-A

GOOGLE MAPS 파리 주드폼
ADD 1 Place de la Concorde, 75008
OPEN 11:00~19:00(화요일 ~21:00)/폐장 30분 전까지 입장/
월요일·1월 1일·5월 1일·7월 14일·12월 25일 휴무
PRICE 12€(학생·25세 이하 9€)/전시에 따라 다름
WALK 콩코르드 광장에서 도보 4분
WEB www.jeudepaume.org

④ 모네의 <수련>이 주는 벅찬 감동
오랑주리 미술관 Musée de l'Orangerie

튈르리 정원 내 오렌지 나무를 재배하던 온실, 오랑주리를 개조해 만든 미술관. 규모는 작지만 모네가 기증한 <수련> 연작을 비롯해 세잔·르누아르 등 인상주의 화가들의 그림이 많아 '제2의 오르세'라 불리기도 한다. 특히 자기 그림을 다른 사람의 그림과 같은 공간에 전시하지 말라는 모네의 요구에 따라 한 층 전체에 모네의 <수련> 연작 8점을 전시한 2개의 대형 전시실은 감동 그 자체다. 최근에는 호크니를 비롯한 현대 미술 특별전도 종종 진행하면서 더 새로운 미술관으로 변화를 꾀하고 있다. 작품에 관한 자세한 설명은 214~215p 참고. MAP ⑥-A

GOOGLE MAPS 오랑주리 미술관
ADD Jardin des Tuileries, 75001
OPEN 09:00~18:00(금요일 ~21:00, 상황에 따라 유동적)/폐장 45분 전까지 입장/화요일·5월 1일·7월 14일 오전·12월 25일 휴무/ 무료입장객 포함 예약 권장
PRICE 12.50€(18~25세·금요일 18:00 이후 10€)/ 뮤지엄 패스 / 매월 첫째 일요일·17세 이하 무료(일요일 무료 입장은 예약 필수)/지베르니 모네의 집 통합권 23.50€(할인 혜택은 없지만 줄 서는 시간 단축)
WALK 콩코르드 광장에서 도보 4분
WEB www.musee-orangerie.fr

모네가 의도한 대로 자연 채광을 받아들여 하루 종 빛의 강도에 따라, 또 계절에 따라 다른 분위기의 수련을 감상할 수 있다.

⑤ 파리 최초의 개선문
카루젤 개선문 Arc de Triomphe du Carrousel

튈르리 정원의 동쪽 끝에 있는 카루젤 광장 중앙에 나폴레옹이 세운 높이 14.60m, 너비 19.50m의 개선문. 화재로 소실된 튈르리 궁전이 있던 곳에 나폴레옹의 수많은 전승을 기념하기 위해 1808년에 세웠다. 초기의 개선문 윗부분에는 나폴레옹이 베네치아의 산 마르코 대성당에서 가져온 청동 말이 세워져 있었으나 나폴레옹이 몰락한 이후 베네치아로 반환됐고, 지금은 마차를 탄 여신상이 그 자리를 대신하고 있다. 콩코르드 광장의 오벨리스크와 샤를 드골 광장의 개선문, 라 데팡스의 신개선문이 일직선상에 있는 기점이다. MAP ⑥-B

GOOGLE MAPS 카루젤 개선문
ADD Place du Carrousel, 75001
WALK 루브르 박물관 유리 피라미드에서 도보 2분

⑥ 세계 최고의 박물관
루브르 박물관 Musée du Louvre

전시장의 총 면적이 7만3000m²(약 2만2000평)에 달하며 수장고의 미술품만도 무려 46만 여 점에 달하는 세계 최대 규모의 박물관. 매년 1천만 명 가까이 방문한, 세계에서 가장 인기 있는 박물관이기도 하다. 12세기경 요새로 지어진 건물을 16세기 초 '프랑스 르네상스의 아버지'로 불리는 프랑수아 1세가 르네상스 양식의 궁전으로 개축했으며, 17세기 후반 7개의 방에 갤러리를 꾸미고 레오나르도 다빈치의 <모나리자>와 프랑수아 1세 수집품 등을 전시한 특별전시관을 만들면서 현대 루브르 박물관의 토대를 마련했다. 이후 프랑스 대혁명이 발발할 무렵 이곳의 예술품들은 왕가만의 것이 아니므로 개방해야 한다는 시민의 요구가 거세져 1793년에 일부를 일반에게 공개했다. 프랑스 각 시대의 유명 건축가 가운데 루브르와 관계를 맺지 않은 사람은 없었는데, 그중에서도 이오밍 페이가 1989년에 완공한 나폴레옹 광장의 유리 피라미드는 루브르 역사상 가장 획기적인 작품으로 손꼽힌다. 작품에 관한 자세한 설명은 210~213p 참고. MAP ⑥-B

GOOGLE MAPS 루브르박물관
ADD Musée du Louvre, 75001
OPEN 09:00~18:00(금요일 ~21:45)/폐장 1시간 전까지 입장/화요일·1월 1일·5월 1일·12월 25일 휴무/ 무료입장객 포함 예약 권장
PRICE 22€(개시 후 다음 날까지 들라크루아 미술관 무료입장) /17세 이하·7월 14일·9~6월 매월 첫째 금요일 18:00 이후 무료(예약 필수)/ 뮤지엄 패스 /일부 특별전 입장료는 별도
METRO 1·7 Palais Royal-Musée du Louvre 하차, Musée du Louvre 방향으로 표지판을 따라가면 지하로 연결된다(통로는 08:30~ 20:30에만 개방).
WEB www.louvre.fr

*현장 판매 티켓은 준비된 수량이 적거나 예매 취소 표가 나왔을 때만 소량 나온다. 가능한 예매 후 방문하자.

 블링블링! 볼수록 갖고 싶어
장식 예술 박물관
Musée des Arts Décoratifs

루브르 궁전에 속한 박물관으로, 16세기부터 현대에 이르는 장식 예술과 의상·섬유, 광고 등의 역사를 한눈에 볼 수 있는 곳이다. 작고 세밀한 공예품부터 의상, 가구, 장난감에 이르기까지 중세와 근·현대를 아우르는 방대한 양의 소장품이 전시실을 빽빽하게 채우고 있다. 패션을 주제로 열리는 다양한 특별전도 눈여겨보자. MAP ⑥-B

GOOGLE MAPS 파리 장식미술관
ADD 107 Rue de Rivoli, 75001
OPEN 11:00~18:00(특별전 목요일 ~21:00)/폐장 45분 전까지 입장/월요일·1월 1일·5월 1일·12월 25일 휴무 /토·일요일 방문 시 예약 권장
PRICE 15€/ 뮤지엄 패스 /일부 특별전 진행 시 요금 추가 / 니심 드 카몽도 박물관 통합권 22€(오디오 가이드 포함, 4일간 유효)
WALK 루브르 박물관의 리슐리외관에서 길게 뻗은 건물. 입구는 건물 중간, 튈르리 정원과 리볼리 거리(Rue de Rivoli)쪽 2곳에 있다.
WEB www.madparis.fr

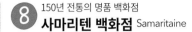

8 150년 전통의 명품 백화점
사마리텐 백화점 Samaritaine

프랑스 정부가 역사 기념물로 지정해 보호하고 있는 기존 아르누보 & 아르데코 건축물과 화려한 유리 외관을 자랑하는 현대적인 건축물 리볼리(Rivoli)로 이루어진 파리의 노포 백화점. 전체 건물면적 중 백화점이 차지하는 규모는 갤러리 라파예트 백화점 본관의 절반에도 못 미치지만 약 600개의 입점 브랜드 중 50개를 사마리텐 한정 브랜드로 채워 차별화했다. 패션 코너를 신발, 액세서리, 의류 등 층별로 나누는 대신 머리끝부터 발끝까지 같은 층에서 구매할 수 있게 했고, 지하 1층을 유럽 최대 규모의 뷰티 매장으로 꾸민 점도 특징이다. MAP ⑥-B

GOOGLE MAPS 사마리텐 백화점
ADD 9 Rue de la Monnaie, 75001
OPEN 10:00~20:00
WALK 루브르 박물관 유리 피라미드에서 도보 13분/시테섬에서 북쪽으로 퐁 뇌프를 건너 바로
METRO 7 Pont Neuf 1번 출구에서 바로
WEB www.dfs.com/en/samaritaine

> 건물마다 다른 콘셉트의 디자인이라 색다른 분위기를 자아낸다.

9 루이비통 마니아를 위한 공간
LV 드림 LV Dream

2022년 12월 루이비통이 오픈한 복합 공간. 가구 매장을 개조해 바닥의 타일부터 벽 장식까지 거의 모든 것에 루이비통의 아이덴티티를 쏟아 부었다. 1층은 루이비통 재단(미술관)을 설계한 프랑크 게리, 이세이 미야케, 슈프림 등이 지금까지 루이비통과 콜라보했던 제품들을 전시하는 공간이며, 2층 한쪽에는 론칭 준비 중인 아이템들을 미리 선보이는 코너와 기프트숍이 마련돼 있다. 입장은 무료지만, 홈페이지에서 예약해야 들어갈 수 있다(일주일 전부터 예약 가능). 세금 환급도 가능. MAP ⑥-B

GOOGLE MAPS lv dream
ADD 26 Quai de la Mégisserie, 75001
OPEN 11:00~20:00
WALK 시테섬에서 북쪽으로 퐁 뇌프를 건너 바로(사마리텐 백화점 건너편)
WEB fr.louisvuitton.com/fra-fr/magasin/france/lv-dream
예약 lvdream.seetickets.com/timeslot/lv-dream?lang=fr-FR(국가 선택 창이 나오면 프랑스 선택)

+ M O R E +

모든 것이 좋았다
르 투 파리 Le Tout-Paris

사마리텐 백화점의 새 주인이 된 LVMH가 오픈한 럭셔리 호텔 슈발 블랑 파리(Cheval Blanc Paris)의 루프톱 레스토랑 & 바. 에펠탑에서 노트르담 대성당을 아우르는 전경을 갖춘 7층 명당자리를 차지하고 있다. 1층에서 엘리베이터를 타면 순간 내부 벽면이 파리의 풍경으로 바뀌는 기발한 아이디어도 돋보인다. 전망이 인기를 끌어 올리는 데 한몫하는 곳이라 맑은 날에만 오픈하는 테라스석을 차지하기가 쉽지 않다. 테라스석에서는 음료만 주문 가능. 성수기에는 예약 없이 방문하기 힘들다. 홈페이지에서 예약 가능. MAP ⑥-B

GOOGLE MAPS cheval blanc paris　　**ADD** 8 Quai du Louvre 75001
OPEN 07:00~01:00　　**MENU** 앙트레 28€~, 플라 48€~, 음료 14€~
WALK 퐁네프 다리 북단에서 1분(사마리텐 백화점 단지 남쪽, 호텔 슈발 블랑 파리 7층)
WEB www.letoutparis.fr

죽기 전에 꼭 가봐야 할
루브르 박물관 관람 코스

루브르 박물관은 전시된 작품을 꼼꼼히 보려면 일주일로도 모자랄 정도로 방대한 컬렉션을 자랑한다. 7000여 점의 회화 작품을 비롯해 총 3만5000여 점의 작품이 전시돼 있으며, 한 작품당 10초씩만 본다고 해도 모든 작품을 감상하려면 밤낮으로 한 번도 쉬지 않고 꼬박 4일이 걸린다. 또한 총 14.4km에 달하는 복도를 걸어 403개의 방을 모두 돌아보려면 대략 2만 보를 걸어야 한다. 따라서 다시 오기 어렵다는 점 때문에 자칫 욕심을 부리다가는 중간에 지쳐 핵심 작품을 놓칠 수 있으니 유명한 작품이나 평소 보고 싶던 작품을 위주로 보는 것이 좋다. 총 12개의 전시실이 드농(Denon)관, 리슐리외(Richelieu)관, 쉴리(Sully)관, 나폴레옹 홀의 특별전시실에 고루 나뉘어 있는데, 내부가 상당히 넓고 복잡하니 지하 2층 나폴레옹 홀의 안내 데스크에서 나눠주는 한글 지도를 항상 들고 다닐 것. 이 책에서 소개하는 대표 작품을 중심으로 관람하면 약 3시간이 걸린다. 일부 작품은 특별전과 복원 등의 이유로 전시되지 않을 수 있다.

¤ 성공적인 관람을 위한 준비 사항

루브르 박물관은 워낙 방문자가 많아 뮤지엄 패스 소지자 등 무료입장인 경우에도 입장 시각을 지정해 예약·예매하는 것이 거의 필수다. 박물관 홈페이지에서 예약 완료 후 예약 확인증(e-티켓)을 프린트하거나 스마트폰에 저장해 입구에서 보여주면 된다. 이때, 본인이 지정한 시각에서 30분 전 도착하는 것이 좋다. 입장 전 소지품 검사에 많은 시간이 걸리니 여러 개의 입구 중 줄이 제일 짧은 곳을 이용하자. 밖으로 한 번 나오면 당일이라도 다시 들어갈 수 없다는 점도 알아두자.

■ 루브르 박물관 입구

❶ **유리 피라미드 입구** 메인 입구. 입구에 도착하면 소지품 검사를 받기 위한 줄을 서야 한다. e-티켓 소지자와 입장 시각을 예약한 뮤지엄 패스 소지자를 위한 줄이 따로 있어 비교적 빨리 입장할 수 있다. 소지품 검사를 받은 후 에스컬레이터를 타고 내려가면 나폴레옹 홀이 나온다. 티켓이 없는 사람은 나폴레옹 홀에서 입장권을 구매한다.

❷ **카루젤 뒤 루브르** Carrousel du Louvre 메트로 1·7 Palais Royal-Musée du Louvre역은 지하 쇼핑몰 카루젤 뒤 루브르를 통해 나폴레옹 홀과 연결돼 비가 오거나 추운날 편리하게 이용할 수 있다. 밖에서 들어간다면 리볼리 거리(Rue du Rivoli)에 있는 쇼핑몰 입구를 이용한다.

❸ **파사주 리슐리외** Passage Richelieu 리볼리 거리에서 유리 피라미드로 가는 파사주 중간에 있다.

❹ **포르트 데 리옹** Porte des Lions 센강 방향, 카루젤 개선문 남쪽에 있는 입구. 드농관의 아프리카·아시아·오세아니아·아메리카 전시실로 연결된다(금요일엔 폐쇄).

■ 오디오 가이드

닌텐도를 이용해 다양한 방식으로 박물관을 둘러볼 수 있도록 도움을 주는 오디오 가이드(6€, 한국어 지원)를 잘 활용하자. 약 700점의 작품 설명을 들을 수 있고, 자신의 현재 위치를 파악해 원하는 작품이 있는 곳까지 가는 방법과 소요 시간도 알려준다. 온라인으로 예매하거나 매표소나 자동판매기에서 오디오 가이드 대여권을 먼저 구매한 후 지하 2층 나폴레옹 홀, 지하 1층 각 전시관 입구 옆에 있는 오디오 가이드 대여 부스로 간다. 대여 시 신분증 지참 필수.

Hall Napoléon 지하 2층

지하 2층은 박물관의 상징처럼 여겨지는 유리 피라미드 아래 공간인 나폴레옹 홀(Hall Napoléon)이다. 안내 데스크, 매표소, 물품 보관소, 카페, 레스토랑 등 모든 시설이 이곳에 모여 있다. 어떤 방향의 출구를 이용해도 이곳으로 오기 때문에 만남의 장소로 이용해도 좋다. 큰 짐은 전시관에 입장하기 전 무료 물품 보관소에 맡겨야 하는데, 박물관 안에는 소매치기가 많으니 작은 가방도 보관하는 것이 좋다.

티켓 자동 판매기

안내 데스크

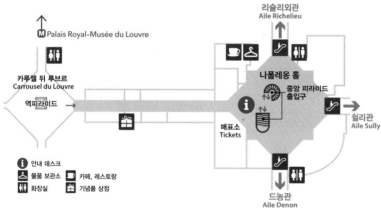

- 리슐리외관 Aile Richelieu
- Palais Royal–Musée du Louvre
- 카루젤 뒤 루브르 Carrousel du Louvre
- 역피라미드
- 나폴레옹 홀
- 중앙 피라미드 출입구
- 매표소 Tickets
- 쉴리관 Aile Sully
- 드농관 Aile Denon

- ℹ 안내 데스크
- 물품 보관소
- 화장실
- 카페, 레스토랑
- 기념품 상점

+MORE+

루브르 박물관 지하 쇼핑몰, 카루젤 뒤 루브르 Carrousel du Louvre

1981년 미테랑 대통령이 그랑 루브르(Grand Louvre) 프로젝트를 발표하고 유리 피라미드 공사와 루브르 확장공사를 벌이던 중 지하에서 유물이 나오자 그곳에 거대한 지하 광장을 만들었다. 카루젤 개선문 아래에 있다고 해서 카루젤 뒤 루브르라 이름 붙였고, 한쪽에 쇼핑몰, 식당가 등 편의시설이 들어서면서 쇼핑의 명소로 자리 잡았다. 지하라고 하지만 천장에 거꾸로 매달아 놓은 역피라미드가 채광창 역할을 해 쾌적하게 쇼핑할 수 있다.

WEB www.carrouseldulouvre.com

Entresol 지하1층

리슐리외관

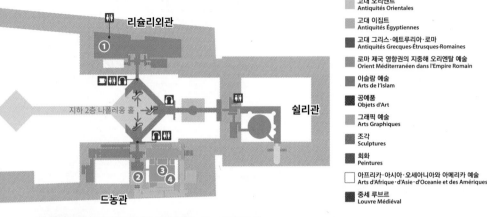

■	고대 오리엔트 Antiquités Orientales
■	고대 이집트 Antiquités Égyptiennes
■	고대 그리스·에트루리아·로마 Antiquités Grecques·Étrusques·Romaines
■	로마 제국 영향권의 지중해 오리엔탈 예술 Orient Méditerranéen dans l'Empire Romain
■	이슬람 예술 Arts de l'Islam
■	공예품 Objets d'Art
■	그래픽 예술 Arts Graphiques
■	조각 Sculptures
■	회화 Peintures
□	아프리카·아시아·오세아니아와 아메리카 예술 Arts d'Afrique·d'Asie·d'Oceanie et des Amériques
■	중세 루브르 Louvre Médiéval

지하 2층 나폴레옹 홀

쉴리관

드농관

❶ **<마를리의 말>**
쿠스투, 1745년 `102번 방`

❷ **<유럽 여인의 초상>**
작자 미상, 1~2세기경 `183번 방`

로마 제국 시대 때 이집트에서 제작된 무덤 유적. 관 뚜껑에 생전의 모습을 그렸는데, 보존 상태가 양호하고 사실적 묘사가 뛰어나 역사적 가치가 높다.

❸ **이슬람 예술** Arts de l'Islam `186번 방`

최신 설비를 이용한 지도와 안내 스크린으로 우리에게는 생소한 이슬람 문화를 소개한다. 화려하고 정교한 이슬람 문양의 공예품이 많다.

❹ **<생루이의 세례반>**
무하마드 이븐 알잔,
1320~1340년 `186번 방`

루이 13세와 나폴레옹 3세의 아들 등 여러 프랑스 왕과 그 가족이 세례를 받을 때 사용한 세례반(세례용 물을 담은 그릇). 황동을 베이스로 금과 은을 사용해 매우 정밀하게 장식을 새겨 넣어 지중해 주변 이슬람 지역의 문화 탐구에 많은 힌트를 제시해 온 작품이다. 조상들이 중세 내내 주적으로 간주했던 이슬람 문화권에서 만든 그릇으로 왕들이 세례를 받았다는 사실은 역사의 아이러니다.

Rez-de-Chaussée 0층

카루젤 뒤 루브르   파사주 리슐리외
↓   ↓

① 리슐리외관   ②

유리 피라미드 입구 →

쉴리관

포르트 데 리옹
↓

③ ④   ⑤ ⑥

드농관

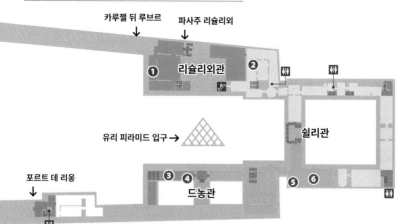

❶ 함무라비 법전 Stèle(Code de Hammurabi)
작자 미상, BC 1792~1750년경 **227번 방**

'눈에는 눈, 이에는 이'라는 보복주의 형벌로 유명한 법전. 고대 바빌로니아에서 만든 세계 최초의 성문 법전으로, 1901년 프랑스 탐험대에 의해 페르시아에서 발견됐다. 높이 2.25m의 돌기둥에 총 282조의 법률이 빼곡히 새겨져 있다.

❷ 필리프 포의 무덤 작자 미상, 1475~1500년(?) **210번 방**

부르고뉴의 디종에 자리한 시토 수도원에 있던 필리프 포의 석관. 필리프 포는 백년 전쟁 중에 25년간 포로 생활을 한 샤를 도를레앙(샤를 7세의 사촌이자 뛰어난 중세 시인)의 석방에 큰 공을 세운 부르고뉴의 공작이다. 기사 복장을 하고 누워 있는 그를 옮기는 8인의 조각이 왕족의 무덤에 버금갈 정도로 화려하다.

❸ <죽어가는 노예>
미켈란젤로,
1515년 **403번 방**

❻ <아를의 비너스>
작자 미상,
BC 25년경
344번 방

❹ <큐피드와 프시케>
카노바, 1793년
403번 방

❺ <밀로의 비너스>
작자 미상,
BC 150~125년경
345번 방

211

1er Étage 1층

③ <사모트라케의 니케>
작자 미상, BC 190년경
`703번 방`

❶ 나폴레옹 3세 거처
Appartements Napoléon III `535~548번 방`
프랑스의 마지막 황제 나폴레옹 3세가 생활하던 공간으로, 화려함의 극치를 이룬다.

❷ <루이 14세의 초상>
이아생트 리고, 1701년 `602번 방`

④ <나폴레옹 1세의 대관식>
다비드, 1807년 `702번 방`

⑤ <마라의 죽음>
다비드, 1800년 `702번 방`

⑥ <그랑 오달리스크>
앵그르, 1814년 `702번 방`

❼ <민중을 이끄는 자유의 여신>
들라크루아, 1830년 `700번 방`

❽ <메두사호의 뗏목>
제리코, 1819년 `700번 방`

⑨ <모나리자> 다빈치,
1503~1506년 `711번 방`

⑩ <가나의 결혼식>
베로네세, 1563년 `711번 방`

**⑪ <성모와 아기 예수,
그리고 아기 세례요한>**
라파엘로, 1508년 `710번 방`

리슐리외관

쉴리관

드농관

2e Étage 2층

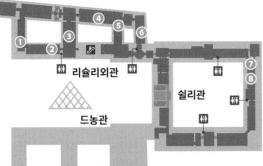

리슐리외관

쉴리관

두농관

❶ <자화상> 시리즈 렘브란트 844번 방

❷ <레이스를 짜는 여인>
베르메르 Johannes Jan Vermeer,
1670년 837번 방

묘한 공간감으로 신비로
움이 느껴지는 작품. <진
주 귀걸이를 한 소녀>로
유명한 네덜란드의 화가
베르메르의 작품이다. 사생활이 알려지지 않아 베일
에 싸인 화가로, 그림마다 서명을 달리했고 남긴 작품
도 많지 않다.

❸ <마리 드 메디시스> 시리즈 루벤스, 1622~1624년 801번 방

❹ <엉겅퀴를 들고 있는 예술가의 자화상>
뒤러 Albrecht Dürer, 1493년 809번 방

북유럽의 다빈치로 불리는 화가, 뒤러의 자화상이다.
윗부분에 "나의 일은 위에서 정한 대로 이루어질
것이다"라는 글귀가 적혀 있다. 부모에 의해 정
략결혼을 하게 된 그는 작품 속에서 행복한
결혼을 상징하는 '예린지오'라는 풀을 들
고 있지만 그리 행복해 보이지 않는 표정
에서 그의 진심을 엿볼 수 있다.

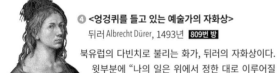

❺ <가브리엘 데스트레와 그녀의 자매
비야르 공작 부인으로 추정되는 초상화>
퐁텐블로파, 1594년 824번 방

❻ <사냥의 여신 디안>
퐁텐블로파, 1550년경 823번 방

❼ <질>
와토, 1719년 917번 방

❽ <목욕하는 디안>
부셰, 1742년 919번 방

213

모네의 정원을 탐하다
오랑주리 미술관 탐방

<수련> 연작은 모네가 1914년부터 1926년까지 그린 최후의 대작이다. 제1차 세계대전 직후인 1918년,
모네는 종전을 기념하며 자신의 그림을 국가에 기증했는데, 그중 정부의 지원을 받아 제작한 대형 작품을 포함한
총 19점의 <수련>이 오랑주리 미술관에 소장돼 있다. 특히 세로 2m, 가로의 합 91m에 달하는
대형 그림 8개를 각각 4개씩 전시하고 있는 1·2번 전시실이 하이라이트다.

한편, 20세기 초 파리의 가장 중요한 화상이자 예술가들의 후원가였던 폴 기욤(Paul Guillaume)을 기념하여 만든
지하 2층 전시실에는 르누아르, 모딜리아니 등의 작품들이 전시돼 있고, 특별전도 종종 열린다.

1번 전시실

<아침>	<녹색 반사>
<석양>	<구름>

2번 전시실

<버드나무가 있는 아침> <2그루의 버드나무> <버드나무가 있는 맑은 아침>

<나무들의 반사>

<수련 Les Nymphéas > 모네, 1914~1926년

<수련>이 있는 전시실은 타원형으로 설계해 모네가 사랑한 지베르니의 정원과 연못 풍경을 더욱 실감 나게 느끼게 한다. 1번 전시실은 아침부터 일몰까지 시간순으로 빛의 변화를 담아냈고, 2번 전시실은 맑은 날의 아침, 같은 빛을 받더라도 다양한 모습을 보여주는 버드나무와 수련을 담았다.

모네는 말년에 백내장을 앓으면서 사물의 본질보다는 빛을 받은 대상이 서로에게 영향을 주는 '빛의 반사'에 주목했다. 사물의 경계가 모호해지면서 찰나의 순간에도 자연은 같은 색과 형태를 유지하지 않고 다채롭게 변한다는 점을 깨달은 것. 한눈에 비친 세상을 한 폭에 담기 위해 캔버스의 크기는 점점 커졌다. 작가의 시선에 의존하는 인상주의가 무엇인지 관람자가 온몸으로 느끼도록 만든 것. 그것이 바로 오랑주리 미술관이 최고의 장소로 손꼽히는 이유다. 그림의 가로 크기는 600~1700cm로 작품마다 다르지만 세로는 200cm로 모두 같다.

오랫동안 변함 없는 인기
카페 & 바 & 살롱 드 테

루브르 박물관 관람을 마쳤다면, 이제 도란도란 이야기 꽃을 피우며 여행의 쉼표를 찍어볼 시간이다.
누구라도 반해버릴 매혹적인 휴식 공간을 소개한다.

루브르 궁전 뷰 맛집
르 카페 마를리 Le Café Marly

루브르 박물관 안뜰에 자리한 카페. 유리 피라미드와 카루젤 개선문, 루브르 박물관 내 마를리 안뜰의 조각상이 보여 어느 테이블에 앉아도 운치 있는 전경을 즐길 수 있다. 식사 시간을 피해 찾으면 원하는 자리에 앉을 가능성이 높다. 다만 아름다운 전망에 비해 디저트나 음식 맛은 현저히 떨어지니 간단한 음료 정도만 주문하는 것이 좋다. 주문 실수와 계산 실수 등 직원의 서비스에 대한 불만이 끊이지 않는 곳이라는 점을 참고하자. MAP ⑥-B

GOOGLE MAPS V86P+M9 파리
ADD 93 Rue de Rivoli, 75001(루브르 박물관 내)
OPEN 08:30~02:00
MENU 칵테일 17€~, 맥주 9€~, 음료 8€~, 디저트 12€~
WALK 루브르 박물관 유리 피라미드 앞에서 카루젤 개선문을 바라보고 오른쪽에 있다.
WEB cafe-marly.com

칵테일 잔에 비친 시테섬

콩 Kong

미국 드라마 <섹스 앤 더 시티>에 등장하며 더욱 유명해진 레스토랑 겸 바. 음식 맛보다는 분위기 하나로 인기를 유지해온 곳으로, 20세기 최고의 디자이너라 불리는 필립 스탁이 인테리어를 맡았다. 오픈한지 20년이 넘은 지금까지도 파리지앵과 여행자들에게 트렌디한 명소로 사랑받고 있다. 들어서자마자 방문객을 맞이하는 건 유리 돔으로 둘러싸인 아름다운 전경. 해 질 무렵 방문하면 은은한 불빛 아래 노을 진 센강을 바라보며 낭만적인 시간을 보낼 수 있다. 식사보다는 차나 칵테일 한잔 즐기는 것을 추천한다. 주 1~3회 유명 DJ를 초청해 클럽으로 변신한다. MAP ⑥-B

GOOGLE MAPS kong paris
ADD 1 Rue de Pont Neuf, 75001
OPEN 12:00~24:00(목요일 ~01:00, 금·토요일 ~02:00, 일요일 브런치 ~17:00)/런치 12:15~16:30, 디너 19:00~23:30, 바 18:00~ 02:00
MENU 칵테일 18~20€, 런치 세트 41€~, 앙트레 22~28€, 플라 31~48€, 디저트 15~18€
WALK 루브르 박물관 유리 피라미드에서 도보 10분/시테섬에서 북쪽으로 퐁 뇌프를 건너 도보 2분
METRO 7 Pont Neuf 1번 출구에서 도보 2분
WEB www.kong.fr

밀푀유

쇼콜라 쇼

오리지널 몽블랑

파리의 맛이 궁금해?

앙젤리나(본점) Angelina

1903년 문을 열어 귀족과 부유층의 사교장으로 애용되던 곳. 여전히 고급스러운 자태를 뽐내며 손님들을 맞고 있다. 세계에서 가장 맛있다는 이 집의 몽블랑 케이크는 실로 엮은 듯한 모양의 부드러운 밤 크림 속에 생크림과 머랭이 숨어 있어 달콤함의 극치를 느낄 수 있다. 진정한 몽블랑 마니아라면 쇼콜라 쇼와 함께 먹어야 한다는데, 너무 달아서 머리가 아플 지경이니 첫 방문자라면 홍차가 무난하다. 루브르 박물관의 리슐리외관 1층과 뤽상부르 정원, 베르사유 궁전 등에 지점이 있다. MAP ⑥-A

GOOGLE MAPS 앙젤리나 본점
ADD 226 Rue de Rivoli, 75001
OPEN 07:30~19:00(금요일 ~19:30, 토·일요일·공휴일 08:00~19:30)
MENU 몽블랑 7.90€~, 홍차 8€~, 쇼콜라 쇼 9.90€/매장에서 먹으면 메뉴당 2~3€ 추가
WALK 콩코르드 광장에서 도보 7분/루브르 박물관 유리 피라미드에서 도보 10분
WEB www.angelina-paris.fr

파리 쇼핑의 메카
팔레 루아얄 & 오페라

루브르 박물관 북쪽, 팔레 루아얄에서 시작해 서쪽의 방돔 광장과 마들렌 광장, 엘리제 궁전, 북쪽의 오페라 가르니에까지 이르는 지역은 명품숍의 본점을 필두로 파리지앵의 사랑을 한 몸에 받는 로컬 브랜드들의 로드숍이 즐비한 쇼핑의 명소다. 예술 작품인 건축물과 광장, 150년 이상 붙박이로 서 있는 백화점과 200년 전 만들어진 파사주가 한 걸음만 내딛어도 장면 안에 들어오는 곳. 전통과 현대가 공존하는 파리의 모습이 가장 다이나믹하게 펼쳐지는 곳이다.

① 우아하고 아름다운 17세기 궁전
팔레 루아얄 Palais-Royal

1639년, 당시 재상이던 리슐리외가 자신의 저택으로 지은 궁전이다. 그가 죽고나서 '왕궁'이란 뜻의 팔레 루아얄로 이름이 바뀌었고, 대혁명 이후 당시 소유주가 건물 양쪽에 회랑을 꾸미고 저택을 나눠 상가로 임대하면서 시민 공간이 됐다. 현재 팔레 루아얄 건물에는 프랑스 최고 행정법원과 프랑스 헌법재판소 등이 입주해 있고, 회랑을 따라 헌책방, 골동품점 등의 상점과 카페가 들어서 있다. 안뜰(중정)에는 프랑스 현대 예술의 대표 주자 중 한 명으로 꼽히는 다니엘 뷔랑이 높낮이가 다른 흑백 줄무늬 원기둥 260개를 일정한 간격으로 설치한 작품 <두 개의 고원 (Les Deux Plateau)>(1986년)이 있다. 그중 울타리를 쳐 놓은 기둥 위에 동전을 던져 올리면 다시 파리에 오게 된다는 속설이 전해진다. 정문은 루브르 박물관 방향에 있다. MAP ⑥-B

GOOGLE MAPS 팔레루아얄
ADD Place du Palais Royal, 75001
OPEN 08:30~22:30(10~3월 ~20:30)/ 시즌에 따라 조금씩 다름
PRICE 무료
WALK 루브르 박물관의 유리 피라미드에서 도보 5분
METRO 1·7 Palais-Royal-Musée du Louvre 5번 출구에서 도보 1분
WEB domaine-palais-royal.fr

+ M O R E +

코메디 프랑세즈 Comédie Française

프랑스 연극을 발전시키기 위해 부르고뉴 극장과 게네고 극장을 합병해 1680년에 설립 후 18세기 말에 팔레 루아얄 입구 쪽 지금의 건물에 들어섰다. 프랑스 고전극을 중심으로 해외 작품과 현대극도 간간이 상연한다. 극장이 있는 리슐리외 거리와 몰리에르 거리가 만나는 지점에는 코메디 프랑세즈의 창설을 지원한 극작가 몰리에르를 기념해 만든 몰리에르 분수가 있다. 17세기에 활동한 몰리에르는 <타르튀프>, <돈 후안>, <인간혐오자>, <수전노>의 4대 희극으로 유명하며, 그가 사용한 프랑스어의 아름다움 때문에 지금도 어학 공부를 위해 그의 작품을 보러 다니는 유학생이 많다. MAP ⑥-B

몰리에르 분수
(Fontaine de Moliere)

GOOGLE MAPS 코메디 프랑세즈
ADD 1 Place Colette, 75001
WALK 팔레 루아얄 정문 왼쪽
WEB comedie-francaise.fr

어디에도 없을 럭셔리
생토노레 거리 & 포부르 생토노레 거리
Rue du Saint-Honoré & Rue du Faubourg Saint-Honoré

팔레 루아얄 정문 앞의 콜레트 광장(Place Colette)에서 시작해 서쪽으로 길게 이어지는 생토노레 거리와 포부르 생토노레 거리는 세계적으로 내로라하는 명품 브랜드 매장과 편집숍이 늘어선 쇼핑 거리다. 하나같이 다른 지역보다 큰 규모를 자랑하는 단독 로드숍인데다 브랜드마다 인테리어 콘셉트도 명확해 쇼윈도만 구경해도 시간 가는 줄 모르게 된다. 명품숍은 주로 방돔 광장과 프랑스 대통령 관저인 엘리제 궁전 사이에 모여 있다. MAP ⑥-A·B

GOOGLE MAPS hermes faubourg
OPEN 10:00~19:00(일부 상점 ~20:00)/일요일·공휴일에 쉬는 곳도 있다.
WALK 팔레 루아얄 정문을 등지고 오른쪽, 대각선 길 건너 하겐다즈가 있는 거리다.

명품숍 사이에 우뚝 선 당당함
방돔 광장 Place Vendôme

리츠 파리와 같은 최고급 호텔과 디올·루이비통·샤넬 등 명품숍, 보석상 등 고풍스러운 건물들이 둘러싸고 있는 팔각형의 아름다운 광장이다. 앙리 4세의 정부였던 가브리엘 데스트레의 큰아들 방돔 공이 살던 왕실 소유 부지를 건축가 망사르와 보프랑, 경제학자 존 로 등이 개발을 추진하여 18세기 중반에 지금의 모습을 갖췄다. 광장 12번지는 쇼팽이 숨을 거둔 곳으로도 유명하다.

광장 중앙에는 나폴레옹이 아우스터리츠 전투에서 이긴 기념으로 로마의 트라야누스 기둥을 본떠 세운 높이 44m의 방돔 기념비가 있다. 처음에는 기념비 꼭대기에 나폴레옹 동상이 있었는데, 파리 코뮌 당시 떼어내 퐁 뇌프에 있는 앙리 4세 동상을 제작하는 데 사용했고, 지금 있는 것은 나폴레옹 3세 동상이다. MAP ⑥-A

GOOGLE MAPS 방돔광장
ADD Place Vendôme, 75001
WALK 팔레 루아얄에서 도보 10분

: WRITER'S PICK :
호텔 리츠 파리
Hôtel Ritz Paris

1898년 스위스 출신의 호텔업자 세자르 리츠가 세운 럭셔리 호텔. 쇼팽, 헤밍웨이, 찰리 채플린 등 많은 명사가 이곳에 머물렀는데, 영국의 전 왕세자비 다이애나와 애인 도디 알 파예드가 교통사고로 숨지기 전 마지막 저녁식사를 한 장소로 알려졌다. 리츠 파리의 현재 소유주가 도디의 아버지다. 1900년대 탈코르셋에 앞장선 코코 샤넬은 제2차 세계대전 중 리츠 파리로 이주해 1971년 87세의 나이로 별세할 때까지 이곳에 머물렀다. 샤넬이 발코니에서 방돔 광장을 바라보다가 영감을 얻어 향수 '샤넬 N° 5'의 병마개를 디자인했다는 건 유명한 일화다. 리츠 파리는 샤넬을 기리며 그녀가 머물던 방에 '코코 샤넬 스위트룸'이란 이름을 붙였다.

④ 그리스 신전을 빼닮은 아름다움
마들렌 성당 L'Église de La Madeleine

콩코르드 광장에서 센강을 등지고 서면 보이는 높이 20m, 52개의 열주를 가진 그리스 신전 모양의 성당이다. 루이 15세 때 착공했다가 중단되었고, 후에 프랑스군의 업적을 기리기 위해 나폴레옹이 1806년 공사를 재개했으나 나폴레옹이 몰락하는 바람에 또다시 중단됐다가 루이 필리프 1세가 통치하던 1842년에 완공했다. 정면 입구 윗부분(페디먼트)에 앙리 르메르의 <최후의 심판>이라는 거대한 부조 작품이 있는데, 저녁이 되면 부조를 향해 조명이 불을 밝힌 모습이 무척 아름답다. 성당 안으로 들어서면 잔잔히 흐르는 음악과 촛불이 어우러져 마음이 차분해진다. 예배당 중앙에 있는 카를로 마르체티의 <마리아 막달레나의 승천상>을 비롯해 볼거리도 많고 무료 음악회도 종종 열리니 시간이 허락되는 여행자는 꼭 들어가보자. MAP ❸-C

GOOGLE MAPS 마들렌성당
ADD Place de la Madeleine, 75008
OPEN 09:30~19:00/미사 진행 시 일부 접근 제한
PRICE 무료
WALK 방돔 광장에서 도보 7분
METRO 8·12·14 Madeleine 4·5번 출구에서 도보 1분
WEB www.eglise-lamadeleine.com

+ M O R E +

파리 도심 속 첫 이케아
이케아 시티 IKEA City-Paris La Madeleine

파리 주변에 7개의 대형 매장을 운영 중인 이케아가 파리 시내에 첫 번째로 문을 연 도심형 소규모 매장이다. 주요 취급 품목은 작은 가구와 문구, 생활용품, 주방용품 등이며, 나이키나 애플 같은 인기 브랜드나 유명 디자이너와 협업한 상품이 종종 화제에 오른다. 2021년 사마리텐 백화점 북쪽에 이케아 데코레이션 점도 오픈했다. MAP ❸-C

GOOGLE MAPS ikea madeleine
ADD 23 Bd. de la Madeleine, 75001
OPEN 10:00~20:00(일요일 11:00~)/일부 공휴일 휴무
WALK 마들렌 성당 정문에서 도보 2분
METRO 8·12·14 Madeleine 3번 출구에서 바로
WEB www.ikea.com/fr/

⑤ 비밀스런 대통령 궁
엘리제 궁전 Le Palais de L'Élysée

1718년에 완공해 루이 15세의 애첩 퐁파두르와 나폴레옹의 왕비 조제핀이 살던 곳. 화려한 실내 장식과 예술품을 다수 보유하고 있어 프랑스의 숨은 보물 창고로도 알려졌다. 현재 프랑스 대통령 관저로 사용 중이며, 평소에는 들어갈 수 없지만 특별전이나 행사 진행 시 일부를 개방한다. MAP ❸-C

GOOGLE MAPS 엘리제궁전
ADD 55 Rue du Faubourg Saint-Honoré, 75008
WALK 마들렌 성당에서 도보 8분

6 <오페라의 유령>의 배경이 된 곳
오페라 가르니에 Palais Garnier

아폴로 동상 양쪽으로 '시'와 '조화'를 상징하는 2개의 금빛 조각이 건물 꼭대기에 세워진, 우안 상업지역의 랜드마크다. 나폴레옹 3세가 건설을 명령하고 샤를 가르니에가 설계해 짓기 시작했으나, 왕이 죽은 후 1875년에 완공돼 나폴레옹 3세 전용 로열 박스와 출입구는 주인을 잃은 채 개관했다. 좌석 수는 2200여 개, 무대 등장인물은 한 번에 450명까지 가능해 규모 면에서 당시 세계 최대였지만 명성과 달리 음향 시설이 취약해 오페라보다 발레 공연이 더 많이 열렸고, 1989년 오페라 바스티유가 문을 연 이후로 오페라는 거의 공연하지 않았다. 뮤지컬로도 만들어진 가스통 르루의 소설 <오페라의 유령>의 배경이 된 극장으로도 유명하다. MAP ❸-D

GOOGLE MAPS 오페라가르니에
ADD 8 Rue Scribe, 75009
OPEN 10:00~17:00(7월 중순~9월 초 ~18:00)/공연에 따라 유동적, 폐장 45분 전까지 입장/1월 1일·5월 1일·12월 25일·공연 준비 기간 휴무/ 예약 권장
PRICE 내부 관람 15€(12~25세·8일 이내 오르세 미술관 티켓 소지자 10€)/ 특별전 진행 시 요금 추가
WALK 마들렌 성당에서 도보 8분
METRO 3·7·8 Opéra 1·3번 출구로 나와 길을 건넌다.
WEB www.operadeparis.fr

: WRITER'S PICK :
오페라 가르니에 건물 투어

오페라 가르니에는 발레를 보지 않더라도 내부를 관람할 수 있다. 천장에 늘어뜨린 약 6t의 화려한 샹들리에와 샤갈의 천장화 <꿈의 꽃다발>, 벽화, 조각품으로 꾸민 내부는 둘러보는 것만으로도 색다른 기분을 느낄 수 있다. 하이라이트는 베르사유의 '거울의 방'처럼 황금빛 벽과 샹들리에, 폴 자크 에메 보드리의 그림들로 장식한 그랑 푸아예(Le Grand Foyer). 귀족들이 공연 전이나 휴식 시간에 친교를 나누던 곳으로, 후기 바로크 양식의 걸작으로 꼽힌다. 여인이 계단을 오를 때 드레스 자락이 예쁘게 펴질 수 있도록 곡선 형태로 디자인한 중앙 계단과 파리 시내 전경이 한눈에 들어오는 발코니, 드가의 스케치와 과거 극장에서 활동한 발레리나의 슈트, 토슈즈 등을 전시한 박물관도 인상적이다.

그랑 푸아예

샤갈의 천장화 <꿈의 꽃다발>

중앙 계단

 칙! 칙! 나만의 향 고르기
프라고나르 향수 박물관 Musée du Parfum-Fragonard

프랑스 향수 산업의 메카인 프랑스 남부 지방 그라스(Grasse)의 대표 향수 브랜드, 프라고나르의 장인정신이 깃든 조향 비법과 제조 과정, 전 세계 향수의 역사에 대해 살펴볼 수 있는 곳. 조향사의 안내에 따라 향수를 직접 시향하고 향수 사용법 등을 배울 수 있다. 투어가 끝난 뒤 숍에서 향수와 캔들, 비누 등을 구매할 수 있는데, 가격대도 다양하고 포장도 감각적이라 지인에게 선물할 아이템을 고르기 좋다. MAP ❸-D

GOOGLE MAPS V8CJ+H4 파리   **ADD** 9 Rue Scribe, 75009
OPEN 09:00~18:00(일요일 ~17:00)/5월 1일·일부 공휴일 휴무/폐장 1시간 전까지 입장/
박물관에 도착하면 카운터에 견학 의사를 전하고 투어 가이드를 기다린다.
PRICE 무료(영어 또는 프랑스어 가이드 투어로 진행되며, 약 30분 소요)
WALK 오페라 가르니에에서 도보 2분
WEB musee-parfum-paris.fragonard.com

+MORE+

블러디 메리는 원래 어떤 맛?
해리스 뉴욕 바 Harry's New York Bar

1915년에 프렌치75, 1920년에 블러디 메리, 1931년에 사이드카, 1960년에 블루 라군을 탄생시킨 칵테일 업계의 노장. 맨해튼에 있던 바의 인테리어를 해체하여 이곳으로 옮겨와 1911년에 문을 열었다. 카뮈, 사르트르, 헤밍웨이, 피츠제럴드, 코코 샤넬, 험프리 보가트, 다프트 펑크 등의 유명인들이 이곳을 다녀갔다고. 문을 연 당시 모습을 그대로 간직하고 있으며, 무려 400가지나 되는 칵테일을 즐길 수 있다. MAP ❸-D

GOOGLE MAPS 해리스 뉴욕 바 **ADD** 5 Rue Daunou, 75002 **OPEN** 12:00~02:00(일요일 17:00~01:00) **MENU** 칵테일 15~19€(22:00부터는 피아노 연주 비용 2€ 추가) **WALK** 오페라 가르니에 또는 방돔 광장에서 각각 도보 4분 **WEB** harrysbar.fr

프렌치75

⑧ 통통 튀는 트렌드를 잡아라!
프렝탕 오스만 Printemps Haussmann

명품 브랜드는 물론 프랑스 신진 디자이너의 브랜드도 다수 입점해 있어 신선함이 느껴지는 백화점. A.P.C., 이자벨 마랑, 아크네 스튜디오 등 젊은 층에게 인기 있는 브랜드가 많다. 본관인 여성관(Femme)과 뷰티·아동관(Beauté Maison Enfant), 남성·식품관(Homme-Du Goût) 총 3개 건물로 이루어져 있다. 남성·식품관 9층의 무료 테라스와 옥상의 전망 좋은 레스토랑 & 바 페뤼슈(Perruche)도 꼭 들러야 할 포인트. 세금 환급 처리는 여성관과 남성·식품관 지하 1층에 있는 안내 데스크를 이용할 것. **MAP ❸-D**

GOOGLE MAPS 쁘렝탕백화점 파리
ADD 64 Boulevard Haussmann, 75009(본관)
OPEN 10:00~20:00(일요일 11:00~)/시즌에 따라 유동적, 일부 공휴일 휴무
WALK 갤러리 라파예트 남성관 맞은편/오페라 가르니에에서 도보 3분
METRO 3·9 Havre-Caumartin 또는 RER E Havre-Caumartin에서 바로
WEB www.printemps.com

> 갤러리 라파예트보다 40년 앞선 1865년에 처음 문을 열어 1881년 화재 후 재건한 본관은 유서 깊은 백화점답게 건물 안팎이 모두 아르누보 양식으로 화려하다.

> 돔형 지붕 아래 크리스마스트리가 세워지는 크리스마스 시즌이면 사진을 찍으려는 인파로 가득한 'SNS 성지'가 된다.

⑨ 프랑스에서 가장 큰 백화점
갤러리 라파예트 오스만
Galeries Lafayette Paris Haussmann

120년 이상 프랑스를 대표해온 쇼핑 성지다. 연간 3700만 명 이상이 방문하며 외국인들의 매출이 절반 넘게 차지할 정도로 파리 여행자들의 필수 방문 코스로 꼽힌다. 루이비통, 샤넬, 에르메스 등 명품 브랜드가 대거 입점해 있고, 특히 루이비통 매장은 신상품을 가장 빠르게 들여오는 곳으로 유명하다. 백화점은 본관(Coupole, 화장품·가방, 여성·아동복)과 남성관(Homme), 리빙 & 식품관(Maison & Gourmet) 총 3개 건물로 나뉜다. 본관 1층에는 한국어 안내 데스크와 한국부, 세금 환급 센터가 있고, 6층에는 전망 좋은 카페테리아, 8층(옥상)에는 파리 시내를 한눈에 볼 수 있는 무료 전망대가 있다. 먹거리의 보고인 리빙 & 식품관 지하 1층 식품관은 자타공인 프랑스 최고 백화점을 자부하는 만큼 타 백화점을 압도한다. 백화점을 상징하는 본관의 둥근 천장(쿠폴)은 꼭 3층에 있는 바닥이 유리로 된 글라스워크를 거닐며 감상할 것. 매주 금요일 15:00(7·8월 17:00 추가)에 본관 4층에서 패션쇼(20€(7·8월 25€), 11세 이하 15€, 예약 필수)가 열린다. **MAP ❸-D**

GOOGLE MAPS 라파예트백화점
ADD 40 Boulevard Haussmann, 75009(본관)
OPEN 본관·남성관 10:00~20:30(일요일 11:00~20:00), 식품관 09:30~21:30(일요일 11:00~20:00)/시즌에 따라 유동적/1월 1일, 5월 1일, 12월 25일 휴무
METRO 7·9 Chaussée d'Antin-La Fayette에서 지하 통로로 연결
WEB haussmann.galerieslafayette.com(패션쇼 예약은 영문으로 전환한 뒤 상단 메뉴에서 'Experiences' 선택)

갤러리 라파예트 vs 프렝탕 오스만

루프톱 테라스 전격 비교

오스만 대로의 양대 백화점 옥상에 마련된 야외 테라스만큼은 여행 중 잠시 휴식하기에 제격이다.
그 어떤 방해도 없이 오페라 가르니에와 에펠탑에 몽파르나스 타워까지 바라볼 수 있는 독보적인
자리에 위치해 이곳에 오르면 180° 파노라마 뷰로 파리 시내를 한눈에 내려다볼 수 있다.
특히 해 질 무렵 에펠탑 방향이 붉게 달아오르는 모습이 장관이다.

Point 1 갤러리 라파예트
본관 8층 무료 전망대

도심에서 파리 전망을 무료로 볼 수 있는 가장 실속 있
는 장소다. 테라스 한켠의 바에서 천천히 음료를 마시
며 잠시 휴식하거나 간단한 식사도 할 수 있다. 시즌에
따라 기간 한정 레스토랑도 오픈한다.

OPEN 10:00~19:30(일요일·공휴일 11:00~)/바 10:00~01:00

Point 2 프렝탕 백화점 남성·식품관 9층 페뤼슈
Perruche

오른쪽으로 에펠탑, 왼쪽으로 오페라 가르니에가 넓게 펼쳐진
멋진 뷰를 자랑하는 레스토랑 & 바. 야외 테이블도 있고 손님이
많아도 빨리 나가라며 눈치 주지 않는 분위기라서 느긋하게 전
망을 감상할 수 있다. 레스토랑 오픈 전 오후 시간에는 바만 이
용할 수 있는데, 술을 병 단위로 주문하면 레스토랑 자리에 앉을
수 있다. 레스토랑은 예약 권장.

OPEN 12:00~15:00, 19:00~02:00(토·일요일 12:30~16:00, 19:00~/마
지막 주문은 23:00)
WEB perruche.paris

+ M O R E +

미식가의 안식처, 프렝탕 오스만

미식가라면 프랑스 구르메의 모든 것을 보여주
는 남성·식품관 7·8층에 주목! 7층에서는 푸아그
라, 캐비어, 트뤼프 등 고급 식자재부터 꿀, 잼,
초콜릿, 와인 등의 구르메까지, 8층에서는 채소
와 과일 등을 판매하는 마켓 플레이스와 프랑스
전역에서 찾아낸 명물 레스토랑, 치즈·와인숍을
만날 수 있다.

225

⑩ 햇빛 쏟아지는 파사주 걷기의 즐거움
파사주 주프루아 Passage Jouffroy

파리 최초로 천장 전체를 금속과 유리로 지은 파사주. 파리의 파사주 중 가장 인기 높은 곳으로, 파사주 데 파노라마와 나란히 연결해 1845년에 지어졌다. 길이 약 140m, 너비 약 4m의 아케이드 안에는 밀랍 인형 전시관인 그레뱅 박물관(Musée Grévin), 영화 전문 서점 시네도크(Cinédoc), 쇼팽이 즐겨 찾아 그의 이름을 딴 오텔 쇼팽(Hôtel Chopin), 옛날 장난감 가게 팽 데피스(Pain d'Épices) 등이 들어서 있다. 파사주 주프루아를 통과하면 골동품점, 헌책방, 중고 카메라점이 몰려 있는 파사주 베르도(Passage Verdeau)로 연결된다. MAP ❸-D

GOOGLE MAPS V8CR+PQ 파리
ADD 10 Bd Montmartre(남쪽 입구)~9 Rue de la Grange-Batelière(북쪽 입구)
OPEN 07:00~21:30/상황에 따라 유동적, 그레뱅 박물관 10:00~18:00(토·일요일·공휴일·방학 기간 09:30~19:00)/시즌에 따라 유동적/폐장 1시간 전까지 입장
PRICE 그레뱅 박물관 19.50€(5~18세 14.50€)/3일 전 온라인 예약 기준
WALK 오페라 가르니에에서 도보 12분
METRO 8·9 Richelieu Drouot에서 도보 2분
WEB grevin-paris.com(그레뱅 박물관)

그레뱅 박물관에서 레옹과 찰칵!

그레뱅 박물관

파사주 베르도

⑪ 19세기의 향수를 부르는 파사주
파사주 데 파노라마
Passage des Panoramas

1799년 파리에서 두 번째로 조성된 파사주이자 1817년 최초로 가스등을 밝힌 곳. 다른 파사주와 연결되는 통로가 많아 미로같이 복잡한 구조가 탐험심을 자극한다. 이상야릇한 인형과 키치한 엽서, 각종 오브제와 인테리어 소품 등을 파는 개성 만점의 가게가 많으며 와인숍과 바도 여럿 있다. 내추럴 와인을 비롯해 유기농 채소 등 엄선한 재료로 만든 요리가 맛있기로 입소문이 자자한 이탈리안 비스트로 라신(Racines)도 추천할 만하다. 파사주 주프루아와 몽마르트르 대로를 사이에 두고 바주보고 있다. **MAP ❸-D**

GOOGLE MAPS V8CR+JQ 파리
ADD 10 Rue Saint-Marc(남쪽 입구)~11 Boulevard Montmartre (북쪽 입구)
OPEN 06:30~24:00/상황에 따라 유동적
WALK 팔레 루아얄에서 도보 8분/오페라 가르니에에서 도보 12분
METRO 8·9 Richelieu Drouot 2번 출구에서 도보 2분

⑫

팔레 루아얄 갈 땐 꼭 들르기로 약속!
갤러리 비비엔 Galerie Vivienne

1823년에 오픈한 갤러리 비비엔은 지금 봐도 감탄할 만큼 아름다운 공간이다. 길이 176m, 너비 3m의 아케이드 안에는 파사주의 초기 인테리어 소재인 모자이크 타일 바닥과 구리 램프, 고풍스러운 시계, 석상들이 잘 보존돼 있다. 패션 디자이너 장 폴 고티에 1호점과 와인 판매 업계의 원로 르그랑(067p)이 입점해 있으며, 살롱 드 테, 중고 서점, 장난감 가게, 인테리어 소품점 등도 볼거리다. 나란히 있는 갤러리 콜베르(Galerie Colbert)에 그대로 남아 있는 유리 돔 또한 놓치지 말자. **MAP ❻-B**

GOOGLE MAPS V88Q+FR 파리
ADD 4 Rue des Petits-Champs(남쪽 입구), 6 Rue Vivienne(서쪽 입구), 5-7 Rue de la Banque(동쪽 입구)
OPEN 08:30~20:00
WALK 팔레 루아얄 북쪽 끝에서 도보 1분
METRO 3 Bourse 2번 출구에서 도보 4분
WEB www.galerie-vivienne.com

파리의 쇼핑을 책임진다

프랑스 명품숍과 그 일당들

팔레 루아얄부터 엘리제 궁전까지 2km 거리 안에는 세계적인 명품 브랜드가 모두 모였다.
여기에 더해 오스만 대로의 백화점들과 골목 안 부티크들도 이에 질세라 매력을 발산한다.

골목 구석구석
명품숍

팔레 루아얄과
오페라 가르니에
주변

귀여운 여우 로고가 시그니처

메종 키츠네 (본점) Maison Kitsuné

일본의 마사야 구로키와 프랑스의 길다 로액 디자이너가 만들어낸 프랑스 라이프스타일 브랜드. 유니크한 패턴을 적용해 매일 입어도 질리지 않으면서도 트렌디한 디자인으로 전 세계에 두터운 마니아층을 형성하고 있다. 유명 브랜드와의 컬래버레이션을 통해 리미티드 에디션을 종종 선보인다. MAP ❻-B

GOOGLE MAPS V88P+HX 파리
ADD 52 Rue de Richelieu, 75001
OPEN 10:00~19:00/일요일·일부
공휴일 휴무
WALK 팔레 루아얄에서 도보 3분
WEB www.kitsune.fr

너무나 사랑스런 플랫 슈즈

레페토 (본점) Repetto

사랑스러운 플랫 슈즈의 대명사. 오드리 헵번이 영화 <퍼니 페이스>에서 빨간색 레페토 플랫 슈즈를 신고 나와 전 세계에 플랫 슈즈 열풍을 일으켰다. 오페라 가르니에에서 공연하는 무용수들을 위한 신발과 의상을 만들던 로즈 레페토의 부티크에서 시작해 지금은 패션 피플들의 우아하고 사랑스러운 스타일을 완성해주는 세계적인 브랜드로 성장했다. MAP ❸-D

GOOGLE MAPS 레페토 파리
ADD 22 Rue de la Paix, 75002
OPEN 10:00~19:00(일요일 11:00~18:00)/
일부 공휴일 휴무
WALK 오페라 가르니에에서 도보 3분
WEB www.repetto.fr

228

따끈따끈 신상이 왔어요
샤넬(본점) Chanel

명품 브랜드 샤넬의 본점. 핸드백은 물론 구두와 의류까지 다양한 라인을 선보이며, 우리나라에 수입되지 않은 신상품이 많아 샤넬 마니아의 사랑을 듬뿍 받고 있다. MAP ❸-C

GOOGLE MAPS 샤넬 본점
ADD 31 Rue Cambon, 75001
OPEN 10:00~19:00(일요일 11:00~)/일부 공휴일 휴무
WALK 방돔 광장에서 도보 4분
WEB www.chanel.com

본점에서만 제공하는
하얀색 쇼핑백과 박스

뽀얀 우윳빛 앤티크 도자기
아스티에 드 빌라트
Astier de Villatte

최근 우리나라에서도 큰 인기를 얻고 있는 프랑스 명품 도자기 브랜드. 바스티유의 장인들이 반죽부터 유약을 발라 굽는 모든 공정을 직접 진행하는 만큼 가격이 비싼 편이지만 우리나라보다 저렴하게 구매할 수 있다. 그릇에 새기는 그림은 컬렉션마다 다양한 분야의 디자이너들과 협업한 것으로, 그릇 하나하나가 예술 작품과 같은 퀄리티다. MAP ❻-B

GOOGLE MAPS V87M+HF 파리
ADD 173 Rue Saint-Honoré, 75001
OPEN 11:00~19:00/일요일 휴무
WALK 팔레 루아얄에서 도보 4분
WEB astierdevillatte.com

셀럽들이 애정하는 여행 가방
메종 고야드(본점)
Maison Goyard

1853년 프랑수아 고야드가 귀족을 위해 여행 가방을 만들기 시작해 170년이 넘는 지금까지도 많은 셀럽의 여행길에 빠지지 않는 동반자가 되고 있는 가방 브랜드. 특유의 패턴과 가볍고 활용성 좋은 소재가 특징으로, 패턴 속에 새겨진 글씨는 창업 당시의 위치 그대로 생토노레에 자리한 이곳 본점의 주소다. MAP ❻-A

GOOGLE MAPS V88H+HG 파리
ADD 233 Rue Saint-Honoré, 75001
OPEN 10:00~19:00/일요일·일부공휴일 휴무
WALK 방돔 광장에서 도보 2분
WEB goyard.com

패션피플들의 선택
발렌시아가(플래그십 스토어)
Balenciaga

프랑스에 본거지를 둔 세계적인 패션 브랜드 발렌시아가의 패션 아이템을 총망라한 매장. 전통적인 발렌시아가만의 디자인을 비롯해 유니크한 스타일까지 우리나라보다 저렴한 가격에 만나볼 수 있다. 스테디셀러 가방과 독특한 디자인의 슈즈와 모자가 인기다. MAP ❻-B

GOOGLE MAPS V88J+94 파리
ADD 336 Rue Saint-Honoré, 75001
OPEN 10:00~19:30(일요일 11:00~19:00)
WALK 방돔 광장에서 도보 2분
WEB balenciaga.com

마들렌 성당부터
엘리제 궁전까지

포부르 생토노레 거리

디스플레이부터가 예술
랑방(본점) Lanvin

잔 랑방이 만든 명품 브랜드. 패션계의 거장 칼 라거펠트가 '위대한 디자이너'라고 칭송한 바 있는 랑방은 20세기 초 아르누보 양식을 대표하는 아름다운 옷을 선보이며 유명해졌다. 매달 바뀌는 매장 디스플레이도 감각적이다. MAP ❸-C

GOOGLE MAPS lanvin faubourg
ADD 22 Rue du Faubourg Saint-Honoré, 75008
OPEN 10:30~19:00/일요일·일부 공휴일 휴무
WALK 마들렌 성당에서 도보 2분
WEB www.lanvin.com/fr/

모든 명품의 여왕
에르메스(본점) Hermès

명품 중에서도 명품으로 꼽히는 프랑스 패션 브랜드. '돈 주고도 못 산다'고 알려진 버킨백은 장인이 하나하나 수제로 만들어 일주일에 1~2개만 제작되며, 1000만~3000만원 정도에 팔린다. 경매에 부치면 1억원을 호가하기도 한다고. 인테리어 소품과 테이블웨어 등도 선보인다. MAP ❸-C

GOOGLE MAPS hermes faubourg
ADD 24 Rue du Faubourg Saint-Honoré, 75008
OPEN 10:30~18:30/일요일·일부 공휴일 휴무
WALK 마들렌 성당에서 도보 3분
WEB www.hermes.com, 상담 예약 hermesfaubourg.com

하이힐의 혁명가
로저 비비에(본점) Roger Vivier

스틸레토 힐로 단숨에 전 세계 하이힐의 판도를 바꾼 로저 비비에의 본점이자, 백화점을 제외한 파리 유일의 단독 매장이다. 혁신적인 뒤꿈치 디자인으로 패션계의 중심에 우뚝 섰으며, 구두 앞코의 네모난 버클은 로저 비비에의 심벌이 됐다. MAP ❸-C

GOOGLE MAPS roger vivier faubourg
ADD 29 Rue du Faubourg Saint-Honoré, 75008
OPEN 11:00~19:00/일부 공휴일 휴무
WALK 마들렌 성당에서 도보 4분
WEB www.rogervivier.com

파리까지 온 보람이 있네~
명품 쇼핑 노하우

온라인 쇼핑에 익숙한 여행자라면 굳이 파리의 명품 매장을 찾아갈 필요가 있을까 의문이 들 수 있다.
관세와 개별소비세까지 고려한다면 오히려 국내에서 구매하는 것보다 더 비싸지는 상황도 생기기 때문이다.
하지만 파리의 명품 매장에선 온라인에서는 구하기 어려운 레어 아이템을 비롯한 풍성한 제품 라인, 다양한 디자인과
사이즈를 구할 수 있다는 사실! 특히 우리나라에 정식 매장이 없는 브랜드나 프랑스에서만 출시한 한정 상품을
중심으로 쇼핑 리스트를 작성한다면 더욱 만족할 만한 쇼핑을 즐길 수 있다.
여기서 잠깐, 파리에서 명품 쇼핑할 때 주의점. 전 세계 쇼퍼들이 모여들어 원하는 모델이 빨리 동나는 경우가 많으니,
미리 상품의 모델명과 번호, 사진을 파악해서 일찍 방문하도록 하는 게 좋다.

¤ 명품 쇼핑 체크리스트

❶ 옷차림은 최대한 깔끔하게 하고 간다. 차림새가 추레하면 위아래를 훑어보고
대충 응대하는 종업원도 있다.

❷ 백화점에서 구매할 때는 최대한 문 여는 시간에 맞춰 방문하자. 조금이라도 늦
으면 기다리는 시간만 길어지고 원하는 물건이 동날 수도 있다.

❸ 손님을 응대하고 있는 직원을 부르는 것은 삼간다. 막 계산을 끝낸 직원 옆에
서서 기다리거나, 친절할 것 같은 직원을 눈치껏 찾아보자. 원하는 것을 얘기할
때는 당당하게 물어본다.

❹ 구매하려는 모델이 없다면 보유하고 있는 매장을 찾아달라고 요청한다. 대부
분 온라인으로 재고를 파악하고 있다.

❺ 필요하다면 박스 포장과 개별 쇼핑백을 요청하자. 또 비가 올 때는 쇼핑백에 레
인 커버를 씌워주기도 하는데, 말하기 전에는 알아서 해주는 곳이 거의 없으니
계산 전에 미리 요청하는 것이 좋다.

❻ 세금 환급 서류는 잊지 말고 꼭 챙기자. 프랑스는 한 상점에서 3일 이내에
100.01€ 이상 구매하면 상품에 따라 12~20%의 부가가치세를 환급해 준다.
백화점에서는 식품과 일부 상품을 제외하고 합산도 가능하다. 세금 환급에 대
한 자세한 사항은 082p 참고.

요즘 파리, 요즘 카페

이름 좀 있다 하는 스페셜티 커피부터 커피에 진심인 패션 브랜드까지.
요즘 파리에서 제일 잘 나가는 카페 탐험에 나서볼까.

아늑한 공간에서 즐기는 스페셜티 커피
텔레스코프 Télescope

깔끔하고 아기자기한 인테리어로 아늑한 분위기를 풍기는 카페. 조용하고 차분한 공간이라 마음 편안히 머물다 갈 수 있다. 고급 원두로 내린 스페셜티 커피로 입맛 까다로운 파리지앵의 마음을 사로잡은 곳이기도 하다. 커피 고유의 맛과 향을 제대로 느낄 수 있는 에스프레소도 좋지만 부담스럽다면 크림을 넣어 부드러운 맛을 내는 카페 크렘을 추천한다. MAP ⑥-B

GOOGLE MAPS 텔레스코프 카페 파리
ADD 5 Rue Villedo, 75001
OPEN 08:30~16:00/토·일요일 휴무
MENU 커피 3€~, 디저트 3.50€~
WALK 팔레 루아얄에서 도보 3분
INSTAGRAM telescopecafe

커피에 진심인 두 형제
카페 뉘앙스 Café Nuances

1920년대부터 걸려 있던 오래된 간판과 유리문, 유리 천장, 바닥 타일 등 20세기 초 유행한 아르데코 스타일의 디자인을 현대적인 감각으로 재해석한 인테리어가 돋보이는 스페셜티 커피전문점. 순수한 열정만으로 커피 세계에 뛰어든 샤를 & 라파엘 형제가 수백 번의 테스트를 거쳐 선정한 5가지 원두를 최적의 배합 비율로 블렌딩하여 특별한 커피 맛을 완성하고 있다. 망고 향이 살짝 도는 풍부한 맛이 일품인 메테오리트(Météorite, 운석) 원두가 커피 애호가를 방돔 광장 주변으로 불러들이는 중. 생제르맹데프레(22 Rue du Vieux Colombier)에 지점이 있다. MAP ⑥-B

GOOGLE MAPS V89J+5G 파리
ADD 25 Rue Danielle Casanova, 75001
OPEN 08:00~18:00(토·일요일 09:00~)
MENU 에스프레소 3€, 플랫 화이트 5.50€
WALK 방돔 광장에서 도보 2분

'Beurre(버터), Laiterie(우유),
Œuf(달걀)'라 쓰인 빈티지한
느낌의 간판이 묘한 분위기와
매력을 뿜어낸다.

팔레 루아얄의 핫 플레이스
카페 키츠네(팔레 루아얄 점) Café Kitsuné

유니크한 스타일을 추구하며 전 세계 두터운 팬 층을 보유한 메종 키츠네가 운영하는 카페. 머그잔과 컵 받침, 스푼, 접시, 빨대까지 모두 메종 키츠네에서 디자인한 제품을 사용해 독특한 감각이 묻어난다. 에코백과 티셔츠 등의 굿즈도 인기 만점. 팔레 루아얄 정원이 내다보이는 회랑 안에 있어 자리가 없을 땐 테이크아웃해서 정원 벤치에 자리 잡고 느긋한 한때를 보내기 좋다. 튈르리 점(208 Rue de Rivoli, 75001)은 카페 바로 옆에 메종 키츠네를 운영하며, 팔레 루아얄 정문 근처(2 Place André Malraux, 75001)와 마레 지구(30 Rue du Vertbois, 75003)에도 지점이 있다. MAP ⑥-B

GOOGLE MAPS kitsune palais royal
ADD 51 Galerie de Montpensier, 75001
OPEN 09:30~19:00
MENU 라테 5.50€, 유자 & 허니 6€, 차이 라테 6€
WALK 팔레 루아얄 정문으로 들어서 왼쪽 회랑을 따라 도보 4분
WEB maisonkitsune.com

테이크아웃도
가능!

GOOGLE MAPS cafe verlet
ADD 256 Rue Saint Honoré, 75001
OPEN 10:00~19:00/일요일·8월 중 약 4주간 휴무
MENU 커피 3.95€~, 쇼콜라 쇼 9€~
WALK 팔레 루아얄 입구에서 도보 4분/루브르 박물관 유리 피라미드에서 도보 6분

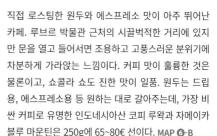

커피 애호가들의 단골 카페
카페 베를레 Café Verlet

직접 로스팅한 원두와 에스프레소 맛이 아주 뛰어난 카페. 루브르 박물관 근처의 시끌벅적한 거리에 있지만 문을 열고 들어서면 조용하고 고풍스러운 분위기에 차분하게 가라앉는 느낌이다. 커피 맛이 훌륭한 것은 물론이고, 쇼콜라 쇼도 진한 맛이 일품. 원두는 드립용, 에스프레소용 등 원하는 대로 갈아주는데, 가장 비싼 커피로 유명한 인도네시아산 코피 루왁과 자메이카 블루 마운틴은 250g에 65~80€ 선이다. MAP ⑥-B

명품숍을 넘어 명품 카페 & 레스토랑까지
르 빌라주 Le Village

마들렌 성당 바로 앞, 샤넬과 디올 등 명품 브랜드점이 모여 있는 르 빌라주 루아얄 안쪽으로 들어가면 복잡한 파리 시내를 벗어난 듯 한적한 분위기의 가게가 나타난다. 느긋한 티타임을 보내기에 제격인 곳이니 야외 테이블석에 앉아 커피 한잔의 여유를 부려보자. MAP ❸-C

GOOGLE MAPS V89F+P5 파리
ADD 25 Rue Royale, 75008
OPEN 08:00~20:00(토요일 08:30~, 일요일 11:00~19:00)

MENU 커피 5€~
WALK 마들렌 성당 정면으로 난 길을 따라 도보 1분
WEB levillageparis.com

파리의 맛을 우리집으로
파리의 식료품점, 에피스리

마들렌 성당과 오페라 가르니에 주변에는 오래된 식료품점인 에피스리(Épicerie)가 가득하다.
예스러운 느낌이 물씬 풍기는 식료품점을 구경하며, 귀국 기념품으로 가져가고픈 파리의 맛을 골라보자.

프랑스를 대표하는 고메 브랜드
포숑 Fauchon

1886년 마들렌 성당 근처에 문을 열어 지금까지 인기를 누리고 있는
고급 디저트 & 식료품 전문점. 프랑스를 대표하는 다양한 전통 홍차
와 꿀 향·장미 향·과일 향 차가 어우러진 티포투(Tea for Two), 수확시
기까지 깐깐하게 계산해 만드는 잼 등은 맛도 좋지만 포장도 고급스러
워 선물로도 인기가 높다. 아페리티프부터 디저트까지 판매하는 부티
크와 레스토랑(Le Grand Café Fauchon) 등으로 나뉘어 운영하며, 바로
옆에 차와 디저트를 취급하는 티 & 인퓨전도 있다. MAP ❸-C

GOOGLE MAPS 포숑 마들렌
ADD 11 Place de la Madeleine, 75008
OPEN 부티크 09:00~17:00, 레스토랑 07:00~
10:30·12:00~22:30, 티 & 인퓨전 10:30~18:30(일
요일 휴무)
WALK 마들렌 성당 정문을 바라보고 성당의 왼쪽
측면 길 건너
WEB www.fauchon.com

+ M O R E +

생토노레 & 포부르 생토노레 거리
주변에 본점을 둔 디저트의 제왕들

■ **라뒤레 Ladurée**
160년 전통의 프랑스 최고 마카롱 브랜드.
ADD 16 Rue Royale, 75008
WALK 마들렌 광장에서 도보 1분

■ **달로와요 Dalloyau**
1802년 창업한 오페라 케이크의 발상지.
ADD 101 Rue du Faubourg Saint-Honoré, 75008
WALK 엘리제 궁전에서 도보 6분

■ **장폴 에뱅 Jean-Paul Hévin**
초콜릿과 제과 분야의 명장.
ADD 231 Rue Saint-Honoré, 75001
WALK 방돔 광장에서 도보 2분

■ **라 메종 뒤 쇼콜라 La Maison du Chocolat**
수제 초콜릿의 절대 강자.
ADD 225 Rue du Faubourg Saint-Honoré, 75008
WALK 개선문에서 도보 8분

별별 머스터드가 다 있네
마유 Maille

1747년 창립자 마유의 이름을 따 개업
한 머스터드 전문점. 사과, 산딸기, 풍접
초 꽃봉오리 등 30여 종에 이르는 다채
로운 맛과 향, 색상의 머스터드와 식초
가 앙증맞은 용기에 담겨 미식가를 유혹
한다. 신선한 머스터드를 즉석에서 용기
에 담아 구매할 수도 있다. MAP ❸-C

GOOGLE MAPS Maille 마들렌
ADD 6 Place de la Madeleine, 75008
OPEN 10:00~19:00/일요일·1월 1일·5월 1일·
7월 14일·12월 25일 휴무
WALK 마들렌 성당 정문에서 도보 1분
WEB www.maille.com

꿀 한 병에 6.90~21.70€

파리지앵이 꿀맛같이 먹는 이것

라 메종 뒤 미엘 La Maison du Miel

1898년 창업해 1905년부터 지금의 자리를 지켜온 꿀 전문점. 파리 시내 공원에서 채취한 희귀 꿀(Miel de Paris)을 비롯해 프랑스를 중심으로 세계 각국에서 수집한 50여 종의 꿀과 꿀을 이용한 식초·머스터드·잼·쿠키·캔디·화장품·비누 등을 판매하고 있다. 창업한 해에 판매했던 꿀을 지금도 만날 수 있으며, 시식 코너도 마련돼 있다. MAP ❸-C

GOOGLE MAPS V8CG+JH 파리
ADD 24 Rue Vignon, 75009
OPEN 09:30~19:00/일요일 휴무
WALK 마들렌 성당 뒤쪽으로 도보 3분
WEB maisondumiel.fr

150년 전통의 프리미엄 티

쿠스미 티 Kusmi Tea

1867년 러시아에서 창업해 파리로 본점을 옮겨온 곳. 가게 안으로 들어가면 벽면 선반을 가득 채운 화사한 빛깔의 양철 캔이 시선을 사로잡는다. 오렌지와 계피 향이 나는 녹차 라벨 임페리알(Label Impérial), 캐러멜과 레몬 향이 감도는 상트페테르부르크(St. Petersburg), 디톡스 차가 인기. MAP ❸-D & ❻-B

25g 용량의 미니 틴 케이스를 선보여 명차 브랜드 쿠스미 티의 대중화에 앞장섰다.

GOOGLE MAPS 쿠스미티 오페라
ADD 33 Av. de l'Opéra, 75002
OPEN 10:00~19:00(일요일 11:00~19:00)
WALK 방돔 광장과 오페라 가르니에에서 각각 도보 5분
WEB www.kusmitea.com

+ M O R E +

여행자의 1일 1와인을 책임지는
라 뉴 케이브 La New Cave

주로 중저가 와인을 취급하는 와인숍. 여행 기념품으로 삼을 와인이나 여행 중 숙소에서 마실 와인을 사기에 좋다. 특히 친절한 주인이 알기 쉽게 설명해줘 와인 초심자도 어렵지 않게 와인을 고를 수 있다. 여행용 캐리어에 넣을 수 있도록 에어캡(0.50€/병)에 싸주는 세심한 서비스도 맘에 드는 곳. MAP ❸-C

GOOGLE MAPS la new cave
ADD 33 Boulevard Malesherbes, 75008
OPEN 10:30~19:30(금요일 ~20:00)/일요일 휴무
WALK 마들렌 성당에서 도보 5분
WEB www.lanewcave.fr

파리에서 잘 먹는 꿀팁!
다채로운 프랑스 맛

내공 가득한 솜씨로 동네 단골들과 여행자를 끊임없이 끌어모으는 식당 열전.

부팔라 치즈
토마토 샐러드

부드러운 맛이 일품!
오자 모엘

로컬들도 줄 서는 캐주얼 레스토랑

엘스워스 Ellsworth

혼자 찾아도 친절하게 맞아주는 편안한 분위기의 캐주얼 레스토랑. 메뉴는 제철 재료를 사용하기 때문에 따라 자주 바뀌지만 발효 우유로 염지한 닭을 튀긴 프라이드 치킨 같은 퓨전 요리를 주로 선보이며, 대부분의 메뉴가 우리 입맛에 잘 맞는다. 직원들의 영어가 수준급이라 비교적 수월하게 메뉴나 와인을 추천받을 수 있는데, 특히 식사에 와인 페어링을 찰떡같이 잘하기로도 소문났다. 디너만 제공하며, 예약 필수다. 홈페이지 예약 가능. **MAP ❻-B**

GOOGLE MAPS ellsworth paris
ADD 34 Rue de Richelieu, 75001
TEL 01 42 60 59 66
OPEN 18:30~22:00(금요일 19:00~, 토요일 19:00~22:30)/일~화요일 휴무/내부 공사 중으로 여름철 임시 휴무
MENU 2코스 38€~, 3코스 48€~, 프라이드 치킨 추가 13€~
WALK 팔레 루아얄 정문에서 도보 3분. 몰리에르 분수 바로 옆
WEB ellsworthparis.com

우리 입맛에 딱!
프라이드 치킨

하우스 와인을 주문하면 병째 갖다주며, 계산할 때 남은 양을 가늠해 청구한다. 보통 한 잔에 5€~

실패하지 않는 조합! 베스트셀러인 르 빅 페르낭 (Le Big Fernand)과 도톰한 감자튀김

프랑스 요리의 정석
르 루아 뒤 포토푀 Le Roi du Pot au Feu

'프랑스 요리의 기본'이라 여겨지는 포토푀(Pot-au-Feu)를 전문으로 선보이는 곳. 소고기와 양배추, 양파, 셀러리, 무 등을 푹 끓여내 우리나라의 갈비탕과 비슷한 맛을 내며, 특별한 향신료를 첨가하지 않아 재료 고유의 맛이 잘 살아있다. 뜨끈한 국물이 생각나는 추운 날 에너지를 보충하기에 제격. 제대로 즐기려면 연골을 빵에 발라 먹어보자. 국물을 더 먹고 싶으면 수프(Bol de Bouillon)를 따로 주문한다. **MAP ❸-C**

GOOGLE MAPS V8CG+VM 파리
ADD 34 Rue Vignon, 75009
TEL 01 47 42 37 10
OPEN 12:00~22:00/일·월요일·공휴일 휴무(월요일 유동적 오픈)
MENU 포토푀 25€, 앙트레 5€~, 수프 6€
WALK 마들렌 성당에서 도보 4분

기대하세요, 햄버거 장인의 맛
빅 페르낭 Big Fernand

맛있는 프랑스 빵과 식자재를 무기로 햄버거의 본고장인 미국에 지점을 낸 고수의 가게. 스스로를 햄버거 장인으로 여기는 직원들의 자부심이 대단하다. 매일 굽는 신선한 빵과 찰기가 생길 정도로 다진 패티에다 비밀 소스를 얹어 차별화된 맛을 낸다. 빵과 패티, 소스를 모두 선택할 수 있어 입맛에 따라 무궁무진하게 다양한 햄버거를 즐길 수 있다. 시즌 한정 햄버거도 추천. 마레 지구를 비롯해 파리 시내에 5개의 지점이 있다. **MAP ❻-B**

GOOGLE MAPS 빅페르낭 생토노레
ADD 40 Place du Marché Saint-Honoré, 75001
OPEN 11:30~23:00
MENU 세트 메뉴 18€~, 빅 페르낭 15€, 핫도그 9€
WALK 방돔 광장에서 도보 5분
WEB www.bigfernand.com

영화의 역사가 시작된 곳
르 그랑 카페 카퓌신 Le Grand Café Capucines

1895년 뤼미에르 형제가 처음으로 영화를 상영하면서 영화인들의 성지가 된 카페 겸 레스토랑. 매일 들여오는 싱싱한 해산물로 유명한데, 특히 해산물 모둠(Plateaux Fruits de Mer)은 비싼 가격만큼 비주얼과 맛을 보장한다. 에스프레소는 더블 샷이 기본이며, 따뜻한 음료를 주문하면 피낭시에와 머랭 쿠키가 함께 나와 가격 대비 만족도가 높다. **MAP ❸-D**

GOOGLE MAPS 르 그랑 카페 카퓌신
ADD 4 Boulevard des Capucines, 75009
TEL 01 43 12 19 00
OPEN 07:00~01:00
MENU 앙트레 8.50€~, 플라 19.50€~, 해산물 모둠 29.50~89.50€/1인, 음료 4.50€~
WALK 오페라 가르니에에서 도보 1분
WEB www.legrandcafe.com

체코 출신 알폰스 무하의 그림과 포스터 등으로 클래식한 멋을 살린 화려한 아르누보 양식의 인테리어

한 번쯤 가보고 싶은
고급 프렌치 레스토랑 & 바

가격은 비싸지만 충분히 납득이 갈 만한 맛과 근사한 분위기를 느낄 수 있는 최고급 레스토랑,
오래된 것에 대한 사랑이 지극한 파리지앵에게 세월의 흔적이 고스란히 새겨진 바와 티룸 방문이야말로
파리여행의 잊지 못할 한 페이지가 된다.

미슐랭 별 셋의 세계로 초대합니다
에피큐어 Epicure

맛과 분위기, 서비스 무엇 하나 빠질 것이 없어 미슐랭 별 3개를 받았
다. 명품 쇼핑 거리로 유명한 포부르 생토노레 거리의 호텔 르 브리스
톨(Le Bristol) 안에 있는 레스토랑으로, 우아한 인테리어와 멋스러운 플
레이팅을 겸비해 프랑스 미식을 제대로 경험할 수 있다. 앙트레부터 디
저트까지 제대로 된 미식을 즐기려면 셰프 에릭 프레송(Eric Frechon)
이 제안하는 코스 요리를 추천. 먹는 방법이 궁금할 땐 담당 서버에게
물어보면 된다. 여성은 심플한 정장, 남성은 재킷과 타이를 기본으로
갖춰야 하며, 타이가 없다면 레스토랑 입구에서 빌릴 수 있다. 예약은
필수. 비싼 가격이 부담스럽다면 조금 저렴한 런치 타임에 방문하는 것
도 요령이다. **MAP ❸-C**

GOOGLE MAPS 호텔 르 브리스톨
ADD 112 Rue du Faubourg Saint-Honoré,
75008
TEL 01 53 43 43 40
OPEN 07:30~10:30, 12:00~13:30 19:30~21:30/
런치와 디너는 일·월요일 휴무
MENU 조식 45€~, 앙트레 95€~, 플라 85~195€,
디저트 45€~, 7코스 요리 440€
WALK 엘리제 궁전에서 도보 3분
METRO 9·13 Miromesnil에서 도보 4분
WEB oetkercollection.com

헤밍웨이와 기분 좋은 한잔을
바 헤밍웨이 Bar Hemingway

칵테일 애호가인 헤밍웨이가 제2차 세계대전 중 종군기자 신분으로 파리에 머물며 자주 방문했던 호텔 리츠 파리의 바. 1979년부터 '바 헤밍웨이'로 이름을 바꾸고 잡지 표지 사진과 구형 타자기, 신분증 등 헤밍웨이 흔적으로 실내를 꾸몄다. 나무패널을 덧댄 벽과 가죽 소파, 깊은 가죽 의자 같은 인위적인 설정이 자칫 관광지 같은 느낌을 주지만 고객들에게 가게 로고가 새겨진 몽당연필을 무료로 주거나 여성이 칵테일을 주문하면 장미꽃 한 송이를 제공하는 것으로 기대감을 높인다. 두 번이나 '세계 최고의 바텐더 헤드'로 선정된 이곳의 수석 바텐더 콜린 필드가 추천하는 칵테일은 세렌디피티(Serendipity). MAP ❸-D

GOOGLE MAPS 헤밍웨이바 파리
ADD 15 Place Vendôme, 75001
OPEN 17:30~00:30
MENU 칵테일 34€~
WALK 방동 광장의 기념비를 정면으로 바라보고 왼쪽에 보이는 호텔 리츠 파리에 있다.
WEB ritzparis.com

'헤밍웨이 스타'라는 이름의 신문형식을 갖춘 메뉴판에는 20개 이상의 칵테일 리스트와 배경 스토리가 적혀 있고, 10€를 내면 기념으로 가져갈 수 있다.

홍차에 적신 마들렌 조각
살롱 프루스트 Salon Proust

리츠 파리의 단골이었던 <잃어버린 시간을 찾아서>의 작가, 마르셀 프루스트의 이름을 딴 호텔 라운지 바. 귀족 저택의 서재 같은 분위기의 기품 있는 공간에서 3단 트레이에 빵과 케이크, 타르트 등이 곁들여 나오는 프렌치 티타임을 만끽할 수 있다. 프루스트가 홍차에 적신 마들렌 과자를 먹으면서 잃어버린 시간을 찾았던 것처럼. MAP ❸-D

GOOGLE MAPS salon proust
ADD·WALK·WEB 바 헤밍웨이와 동일
OPEN 프렌치 티타임 14:00~19:30(입장 및 주문 ~17:30), 샴페인 바 18:00~20:00
MENU 프렌치 티 75~115€

오늘도 파리에서 하드캐리
아시안 맛집

루브르와 오페라 사이 지역은 일식당, 중식당, 한식당 등 아시아 음식점이 많아서 현지의 한국인과 우리나라 여행자들이 즐겨 찾는다. 뜨끈한 국물이 생각나거나 느끼한 서양 음식에 질렸을 때 이곳에서 기분을 전환해보자.

덴푸라우동

덴푸라우동

내 입맛에 착 붙는 우동 육수
사누키야 Sanukiya

파리 현지인과 일본 여행자들의 호평을 받으며 급속도로 유명해진 우동 맛집. 한국 교민과 여행자들을 위한 반가운 한글 메뉴판도 등장했다. 추천 메뉴는 진하고 깊은 국물 맛과 푸짐한 건더기로 승부하는 덴푸라우동(새우튀김 우동)과 니쿠 우동(소고기 우동). 특히 11:30~18:00에만 제공하는 런치 세트는 가성비 좋기로 유명하다. 원하는 우동에 6€를 추가하면 프라이드치킨과 달걀말이, 닭고기 우엉밥이 함께 나오고, 여기에 3€를 더 추가하면 음료까지 더해 정말 배부른 한 끼를 먹을 수 있다. **MAP ⑤-B**

GOOGLE MAPS 사누키야
ADD 9 Rue d'Argenteuil, 75001
OPEN 11:30~22:00/매월 둘째 화요일·일부 공휴일 휴무
MENU 텐푸라우동 19€, 니쿠우동 16€
WALK 팔레 루아얄에서 도보 5분

파리의 우동 성지
우동 비스트로 쿠니토라야
Udon Bistro Kunitoraya

일식당이 유독 많은 팔레 루아얄 근처에서도 최고의 일식집으로 꼽히는 곳. 감칠맛 나는 가쓰오부시 국물에 탱글탱글한 면발이 어우러진 일본 본토 우동을 맛볼 수 있다. 현지의 맛을 한껏 살린 깔끔한 맛의 우동과 바삭하게 튀긴 튀김류가 특히 호평을 받는다. 쫄깃한 면발의 우동은 어떤 메뉴든 다 맛있지만 바삭한 새우튀김을 얹은 덴푸라우동 맛이 기가 막히다. 단, 가격에 비해 양이 적은 편이다. **MAP ⑤-B**

GOOGLE MAPS 우동 쿠니토라야 파리
ADD 41 Rue de Richelieu, 75001
OPEN 12:00~14:30, 19:00~22:00/일요일 휴무
MENU 텐푸라우동 26€, 치킨 가라아게(Tori Karaage) 18€, 반숙 달걀(Œuf Demi Dur) 5€
WALK 팔레 루아얄에서 도보 2분
WEB kunitoraya.com

식사 때는 늘 긴 줄이 늘어서니 최대한 일찍 방문하자.

반갑다, 너란 오코노미야키
아키 Aki

오코노미야키

덮밥류와 우동, 메밀 등 익숙한 일식 메뉴를 저렴하게 선보여 큰 기대나 부담 없이 만족할만한 식사를 맛볼 수 있는 곳. 특히 오픈 키친에서 만드는 오코노미야키로 유명한 집이다. 김치를 넣어 매콤함을 더한 김치 오코노미야키도 있다. 맞은편에 있는 불랑제리 아키에서는 쇼트 케이크와 멜론 빵 같은 일본식 베이커리와 도시락, 샐러드를 판매하며, 북쪽으로 5분 거리에 덮밥과 카레, 샌드위치 전문섬 아키 카페도 있어 메뉴 선택의 폭이 넓다. MAP ❻-B

GOOGLE MAPS 아키 파리
ADD 11bis Rue Sainte-Anne, 75001(본점)
OPEN 11:30~22:45(금·토요일 ~23:00)/일요일 휴무
MENU 오코노미야키 13.50€~, 덮밥 14€~, 판메밀
(자루소바) 12.30€~/맞은편 불랑제리 아키 도시락
9.50~18€
WALK 팔레 루아얄에서 도보 2분
WEB www.akiparis.fr(불랑제리, 카페)

면을 찍어먹는
츠케멘 국물

츠케멘

시오 라멘

오사카에서 먹던 츠케멘 맛 그대로
비스트로 라멘 류키신(용기신)
Bistro Ramen Ryukishin Paris(龍旗信)

'진짜 일본 라멘 맛'이라는 당찬 구호로 오사카, 도쿄, 런던, 밀라노, 발렌시아에 이어 파리에 문을 연 라멘집이다. 오리고기와 닭고기 육수를 베이스로 시오(소금) 라멘, 츠케멘(소바처럼 국물에 찍어 먹는 라멘), 매운 라멘 등 다양한 라멘을 선보인다. 그중 크리미한 국물이 매력적인 츠케멘은 꼭 먹어봐야 하는 메뉴. 덴푸라(튀김), 고기, 잘게 썬 양파, 파, 김이 먹음직스럽게 올라가 있다. 점심 시간에는 찐만두 또는 군만두와 함께 세트로 즐길 수 있다. MAP ❻-B

GOOGLE MAPS ramen ryukishin 59
ADD 59 Rue de Richelieu, 75002
OPEN 12:00~14:30(토요일 ~15:00), 19:00~
21:30(일요일 12:30~14:45, 18:45~21:15)/월요
일·일부 공휴일 휴무
MENU 점심 세트(만두+라멘) 24€, 라멘 18.60~
22.60€, 츠케멘 21.20~23.20€
WALK 팔레 루아얄에서 도보 3분

중독성 높은
새우 팟타이

하노이 스타일 포보

월~금요일 해피아워에는
모든 칵테일을 6.50€에 즐길 수 있다.

각종 재료가 듬뿍 든
스프링롤

프렌치 감성 베트남 음식점
하노이 카페 Hanoï Cà Phê

365일 여행자와 현지 직장인이 뒤엉킨 오페라 가르니에 근처에 프렌치 감성으로 문을 연 베트남 레스토랑이다. 대로변 테라스와 0층, 지하에 150석 규모로 자리 잡고 DJ의 음악을 곁들여 다음날 새벽까지 문을 여는 활기 가득한 곳. 쌀국수의 종류는 매운 비빔 쌀국수 보분(Bò Bún) 4가지, 진한 국물의 소고기 쌀국수 팟오포(Pot-ò-Phô), 볶음 쌀국수 팟타이(Pad Thaï)가 있다. 팟타이는 닭고기(Poulet), 새우(Crevettes), 비건, 조개관자(Noix de St Jacques) 중에 선택! 재철 재료를 사용하므로 시즌에 따라 메뉴는 살짝 달라진다. 쌀국수만으로는 양이 살짝 부족하다면 스프링롤(튀긴 Nems 또는 월남쌈 Rouleaux de Printemps)을 추가하자. 베르시 빌라주와 라 데팡스의 웨스트필드 레 카트르 탕(Les Quatre Temps) 쇼핑센터에 지점이 있다. MAP ❸-D

GOOGLE MAPS hanoi caphe opera
ADD 30 Boulevard des Italiens, 75009
OPEN 12:00~00:30(금·토요일 ~01:00)
MENU 스프링롤 8.90€~, 보분 15.50€~, 팟오포 15.90€~, 팟타이 17.90€~, 칵테일 10.50€~
WALK 오페라 가르니에에서 도보 5분
WEB hanoi-caphe.com

+MORE+

오페라 주변의 한국 식품점

■ 에이스 마트 ACE Mart

주인과 직원이 대부분 한국인이라 편하게 쇼핑할 수 있는 슈퍼마켓. 가까이에 오페라 지점(43 Rue Saint-Augustin)과 조리 음식도 파는 정육점 도야지(Boucherie, 58 Rue Sainte-Anne)가 있고, 루브르 박물관 근처에도 지점(3 Rue du Louvre)이 있다. 톨비악 점(134 Rue de Tolbiac)과 에펠탑 근처에 하이마트(71 bis Rue St Charles)를 운영한다. 온라인 주문 가능. MAP ❸-D

GOOGLE MAPS ace mart 63
ADD 63 Rue Sainte-Anne, 75002
OPEN 10:00~21:00/일부
공휴일 휴무
WEB acemartmall.com

■ K-마트 K-Mart

한국에서 공수한 콩나물과 두부, 아이스크림까지 만날 수 있는 큰 슈퍼마켓. 넓은 공간에 한·중·일 음식 재료가 깔끔하게 정리돼 있다. 신라면은 한국과 가격 차이가 크지 않고, 즉석에서 조리한 반찬류와 주먹밥도 있다. 이곳에서 장을 보는 프랑스인도 많다. 샹젤리제 거리 근처(9 Rue du Colisee)에 더 큰 규모의 지점이, 에펠탑 근처의 쇼핑몰 보그르넬(174p) 등 파리에 총 5개의 지점이 있다. 온라인 주문 가능. MAP ❺-B

GOOGLE MAPS k mart opera
ADD 8 Rue Sainte-Anne, 75001
OPEN 10:00~21:00/일부
공휴일 휴무
WEB online.k-mart.fr

파리의 구시가
시테섬 & 라탱 지구

센강 위에 유유히 떠 있는 조각배 모양의 섬 시테섬(Île de la Cité)은 파리의 시발점이자 프랑스 거리의 시작점이다. 14세기에 거대한 규모로 완공된 노트르담 대성당에서는 잔다르크의 명예회복 심판이 열렸고, 나폴레옹과 조세핀의 대관식을 비롯해 수많은 왕의 대관식과 귀족의 결혼식이 치러졌다.

시테섬 남쪽으로는 대학이 밀집해 있는 라탱 지구(Quartier Latin, 카르티에 라탱)가 젊은 열기를 더한다. 라탱 지구는 중세에 소르본 대학 학생들과 교수들이 라틴어로 대화하며 공부한 것에서 붙여진 이름으로, '라틴어 구역'이란 뜻이다. 대학가 주변으로는 주머니가 가벼운 학생들을 상대로 한 먹자골목이 형성돼 있으며, 소르본 대학에서 생미셸 광장까지는 서점 및 소소한 생활용품 상점도 많이 들어서 있다.

① 파리의 시작, 프랑스의 심장
시테섬 Île de la Cité

여의도 옆 밤섬과 비슷한 크기의 작은 섬으로, BC 1세기경 시테섬에 거주하고 있던 파리시(Parisii) 부족이 이 지역에 진출한 로마 카이사르의 군대에 맞서 싸우면서 역사서에 본격적으로 등장했다. '파리'라는 명칭도 이 부족의 이름에서 유래한 것으로 전해진다.

5세기 말, 프랑크 왕국을 통일하고 메로빙거 왕조 시대를 연 프랑스 최초의 왕 클로비스 1세(Clovis I, 재위 488~511년)는 섬이라는 지리적 특성을 살려 요새 겸 궁전(현 콩시에르주리)을 건축했다. 이 궁전은 섬의 3분의 1을 차지할 정도로 꾸준히 확장됐고, 오늘날까지 최고 법원, 성당, 박물관 등으로 사용되고 있다. 1358년 샤를 5세가 루브르 궁전으로 옮기기 전까지 프랑스 왕실이 있었으니 시테섬은 그야말로 프랑스 역사의 중심이라 할 수 있다. MAP ❻-D

GOOGLE MAPS 시테섬
METRO 4 Cité 하나뿐인 출구로 나와 뒤로 돌아서면 오른쪽이 최고 법원 단지, 왼쪽이 노트르담 대성당 방향이다.
RER B·C Saint-Michel–Notre-Dame에서 Notre-Dame 방향으로 나오면 바로 보이는 프티교(Petit-Pont)를 건너 도보 1분

+MORE+

엘리자베스 2세 여왕 꽃시장 Marché aux fleurs Reine-Elizabeth-II

200년 역사를 간직한 일명 '시테섬 꽃시장'. 2014년 영국 여왕의 프랑스 방문을 기념해 개칭했다. 형형색색의 꽃, 정원이나 집에 잘 어울릴 장식품, 목각·양철 인형, 다양한 원예용품이 발길을 잡으며 센강 주변까지 이어진다. 일요일에는 새시장이 열린다. MAP ❻-D

GOOGLE MAPS V84X+52 파리
ADD 37 Place Louis Lépine, 75004 **OPEN** 09:30~19:00
WALK 노트르담 대성당 정문에서 도보 4분/최고 법원 단지 정문에서 도보 2분
METRO 4 Cité 하나뿐인 출구에서 바로

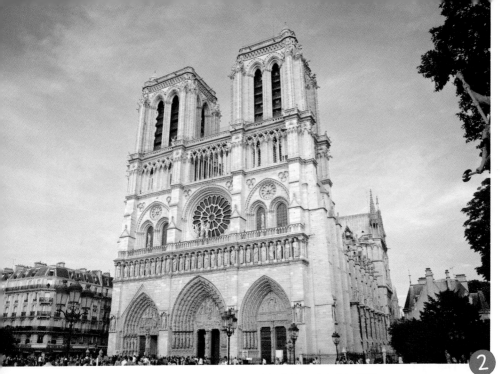

+ MORE +

노트르담 대성당 포토 포인트!

정문 위쪽에 있는 장미창을 중심으로 완벽한 대칭을 이루는 노트르담 대성당은 사면이 모두 다른 아름다움을 자랑한다. 그중 성당 뒤쪽의 요한 23세 광장(Square du Jean XXIII)과 센강 남쪽으로 연결된 아르슈베셰교(Pont de l'Archevêché) 위에서 바라보는 동쪽 모습은 버팀벽의 화려함과 정원의 조화로 가장 아름다운 경관을 선사한다. 성당 뒤쪽 두 번째 다리인 투르넬교(Pont de la Tournelle) 역시 노트르담 대성당과 시테섬, 센강이 어우러진 풍경을 담기 좋은 곳이다. 투르넬교 남쪽에는 파리의 수호성인 생트주느비에브(Sainte-Geneviève)의 조각상이 있다.

프랑스의 거리 측정 기준이 되는 표식, 푸앙 제로(Point Zéro)가 노트르담 대성당 정문 앞 광장 바닥에 새겨져 있다. 1924년에 처음 설치됐고, 가운데 팔각형의 황동판을 한 번 밟으면 1년 안에 다시 파리에 오게 된다는 얘기가 전해진다.

가장 완벽한 고딕 양식의 대성당

노트르담 대성당
Cathédrale Notre-Dame de Paris

650년이 넘도록 파리의 정신적 지주로 사랑받아온, 세계에서 가장 유명한 성당. 1345년 완공 이후 유럽 내 수많은 성당 건축과 예술에 영감을 주었고, 18세기에 앵발리드의 돔 성당이 건축되기 전까지 파리에서 제일 높은 건축물이었다. '노트르담의 꼽추'로 널리 알려진 빅토르 위고의 소설 <노트르담 드 파리>(1831년)의 배경이 된 곳.

성당 내부는 첨두아치 모양의 높은 천장과 다채로운 스테인드글라스로 장식돼 있고, 8000여 개의 파이프와 5개의 키보드로 이루어진 대형 오르간은 파리 최대 크기를 자랑한다. 종탑에서 내려다보는 센강과 파리 시내 전망 또한 무척 아름답기로 유명하다. 하지만 안타깝게도 2019년 4월 15일에 발생한 화재로 지붕 구조물과 고딕 양식을 대표하는 첨탑이 심하게 훼손되고 내부가 손상돼 관람은 불가능하다. 2024년 12월 8일부터 순차적으로 재개장할 예정이며, 복원 작업은 2027년까지 마무리할 계획이다. MAP ⑥-D

GOOGLE MAPS 노트르담 대성당
ADD Place du Parvis Notre-Dame, 75004
METRO 4 Cité 하나뿐인 출구에서 도보 4분
WEB www.notredamedeparis.fr

: WRITER'S PICK :

노트르담 대성당의
정문 3곳을
화려하게 수놓은
조각들

❶ **최후 심판의 문** 특별한 날에만 열리는 문이다. 문 위의 조각은 죽은 자들이 깨어나 심판을 받고 천국과 지옥으로 간다는 내용을 담고 있다. 양옆의 조각상들은 12사도다. 사도들의 발아래에는 미덕을 갖춘 여인들이 들고 있는 방패에 선(善)을 상징하는 동물이 각각 새겨져 있고, 그 아랫줄에는 악덕한 사람들의 행위가 묘사돼 있다.

❷ **생테티엔** 기독교 최초의 순교자 생테티엔(Saint-Étienne)의 조각상. 우리나라 기독교식 명칭은 스테판 혹은 스데반이다.

❸ **생드니** 3세기 중반 몽마르트르에서 참수당한 생드니(Saint-Denis)는 자신의 잘린 목을 들고 파리 북쪽으로 11km 떨어진 카톨라퀴(Catolacus)까지 걸어갔다고 한다. 이 마을은 후에 생드니로 이름을 바꾸고, 그가 도착해서 쓰러진 자리에 생드니 대성당을 세웠다. 이후 생드니는 프랑스의 수호성인이 됐다. 성 안나의 문 오른쪽 위에는 생드니 주교상이 있고, 성모 마리아의 문 왼쪽에는 잘린 목을 들고 있는 생드니 조각상이 있다.

성모 마리아의 문   **최후 심판의 문**   **성 안나의 문**

③ 프랑스 최고의 사법 기관
최고 법원 단지
Palais de Justice

시테섬 서쪽에 있는 최고 법원 단지는 생트샤펠과 콩시에르주리를 포함한 거대한 단지다. 시테섬의 3분의 1을 차지할 만큼 크고 웅장한 규모로, 과거 로마의 지배를 받았을 때부터 도시의 중심지 역할을 해왔다. 프랑스 대혁명 때 혁명 재판소로 사용된 이후 최근까지도 최고 재판소와 민·형사 재판소로 쓰였지만, 현재는 항소법원(Cour d'Appel de Paris)만 남아 있다. 내부 관람도 가능한데, 출입이 금지된 곳이 많아 실제로 볼 수 있는 곳은 많지 않다. 정문을 바라보고 건물 오른쪽 끝으로 가면 14세기에 완공한 파리 최초의 시계탑(Tour de l'Horloge du Palais de la Cité)을 볼 수 있다. **MAP ⑥-D**

GOOGLE MAPS 팔레 드 쥐스티스
ADD 10 Boulevard du Palais, 75001
OPEN 09:00~17:00/일요일·일부 공휴일 휴무
PRICE 무료
WALK 노트르담 대성당에서 도보 5분
METRO 4 Cité 하나뿐인 출구에서 도보 1분

파리 최초의 시계탑

본관 건물에 프랑스 대혁명 정신인
'자유, 평등, 의리'가 새겨져 있다.

④ 신비한 스테인드글라스 사전
생트샤펠 Sainte-Chapelle

1248년, 신앙심이 깊었던 루이 9세가 동로마 황제에게 산 예수의 가시 면류관과 십자가 조각, 예수를 찌른 창의 날, 로마 병사들이 포도주를 적셔 예수에게 주었다는 헝겊 조각 등을 보관하기 위해 건립한 성당이다. <성서> 속 1134개의 장면을 묘사하고 있는 스테인드 글라스가 기둥과 천장, 회중석의 벽 부분을 제외하고 성당 2층 전체를 장식하고 있는데, 그 규모와 색채가 상상 이상으로 크고 화려해 입이 떡 벌어진다. 노트르담 대성당의 화재 이후 생트샤펠로 발길을 돌리는 여행자가 부쩍 늘어 입장하려면 예약은 필수! 소지품 검사에 시간이 꽤 걸리니 일정에 여유를 갖고 방문하자. MAP ⑥-D

GOOGLE MAPS 생트샤펠
ADD 8 Boulevard du Palais, 75001
OPEN 09:00~19:00(10~3월 ~17:00)/폐장 40분 전까지 입장/1월 1일·5월 1일·7월 26일(2024년)·12월 25일 휴무/ 무료입장 포함 예약 강력 권장
PRICE 13€/콩시에르주리 통합권 20€/11~3월 매월 첫째 일요일 무료/ 뮤지엄 패스
WALK 최고 법원 단지 정문을 바라보고 왼쪽에 입구가 있다./노트르담 대성당에서 도보 5분
WEB www.sainte-chapelle.fr

> 가시 면류관 모양의 첨탑을 천사가 수호하는
> 모습으로 디자인한 생트 샤펠의 지붕

⑤ 프랑스 공포정치의 상징
콩시에르주리 Conciergerie

프랑스 최초의 왕 클로비스 1세가 6세기 초에 지은 프랑스 최초의 왕궁으로, 원래 이름은 시테 궁전(Palais de la Cité)이었다. 10~14세기 카페 왕조의 왕들은 이곳을 새 궁전(Nouveau Palais)이라 불렀고, 14세기 중반 발루아 왕조의 샤를 5세가 왕실 거주지를 루브르 궁전으로 옮기고 이곳에 궁전 운영을 감독하는 고위 관료(Concierge)의 집무실과 파리 최초의 감옥을 설치하면서 콩시에르주리란 이름을 얻었다. 지금은 프랑스 혁명을 기리는 국립 역사 기념관으로 사용되고 있다. 내부에는 단두대의 이슬로 사라지기 전까지 투옥돼 있던 마리 앙투아네트의 독방을 비롯해 혁명 기간 동안 죄수를 담당한 교도관실, 처형에 사용된 단두대의 칼날 등을 재현·전시해놓았다. MAP ⑥-D

GOOGLE MAPS 콩시에르주리
ADD 2 Boulevard du Palais, 75001
OPEN 09:30~18:00/폐장 30분 전까지 입장/1월 1일·5월 1일·7월 26일(2024년)·12월 25일 휴무/ 예약 권장
PRICE 13€/생트샤펠 통합권 20€/1~3월·11월 매월 첫째 일요일 무료/ 뮤지엄 패스
WALK 최고 법원 단지 정문을 바라보고 오른쪽에 입구가 있다.
WEB www.paris-conciergerie.fr

6 17세기판 '그들이 사는 세상'
생루이섬 Île Saint-Louis

시테섬과 생루이교로 연결된 생루이섬은 프랑스 왕 중에 유일하게 성인으로 시성된 루이 9세의 이름을 붙인 섬으로, 불로뉴숲 근처 16구에 형성된 파시(Passy) 지구와 함께 파리 최고급 주택지로 꼽힌다. 생루이 앙 릴 성당(Église Saint-Louis en l'Île)을 비롯해 지금까지 잘 보존된 건물이 많아 차분하고 조용한 분위기를 자아낸다. 이 중 베르사유 궁전의 설계에 참여한 르 보가 지은 로칭관(Hôtel de Lauzun, 17 Quai d'Anjou)과 랑베르관(Hôtel Lambert, 2 Rue Saint-Louis en l'Île)은 꼭 보아야 할 곳. 섬 내에는 인테리어 소품 상점과 예쁜 카페가 많아 시테섬만큼이나 많은 사람이 찾는다. MAP ⑤-C

> 시테섬과 생루이섬,
> 투르넬교 전경

GOOGLE MAPS 생루이섬
WALK 노트르담 대성당 뒤쪽, 요한 23세 광장에서 생루이교(Pont Saint-Louis)를 건너면 생루이섬이다.
METRO 7 Pont Marie 2번 출구에서 마리교(Pont Marie)를 건넌다. 전체 도보 2분

7 파리 고등교육과 학생 혁명의 중심
생미셸 광장 Place Saint-Michel

광장 주변으로 7개의 대학이 모여 있는 생미셸 광장은 우리나라 서울의 대학로와 비슷한 곳이다. 저렴한 먹자골목과 서점, 카페, 영화관, 클럽도 가까이에 있고, 광장은 물론 골목마다 거리 예술가들의 공연이 이어져 늘 젊음의 활기가 넘친다. 파리 생제르맹 FC의 축구 경기가 있는 날이면 광장을 사이에 두고 열광적인 거리 응원이 펼쳐지기도 하며, 다양한 시위와 가두행진이 심심치 않게 열린다. 광장에는 제2차 세계대전 때 전사한 학생들의 이름을 새긴 기념비와 대천사 미셸(미카엘)이 악마를 밟고 선 조각상이 있는 분수가 있다. MAP ⑥-D

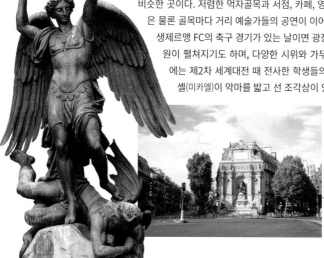

GOOGLE MAPS 생미셸광장
ADD Place Saint-Michel, 75006
METRO 4 & **RER** B·C Saint-Michel-Notre-Dame 하차

> 분수 왼쪽에서 시작되는 생미셸 대로(Bd. Saint-Michel)를 따라 상점가가 펼쳐진다.

249

+MORE+

부키니스트 Bouquinistes

센강을 따라 늘어선 초록색의 중고서적 가판대. 현재 약 240곳이 강변 여기저기에 흩어져 있다. 지금은 책보다 고지도, 옛날 잡지, 포스터, 그림엽서, LP 음반 등을 더 많이 취급하는데, 그 역사가 400년을 훌쩍 넘는다. 헤밍웨이, 피츠제럴드, 릴케 같은 작가들도 이 길을 거닐며 책을 사곤 했다고. 특히 이곳은 파는 측과 사는 측이 가격 협상을 하며 거래를 성사시키는 경우가 많아 구경하는 재미를 준다.

⑧ 이제는 전설이 돼버린 서점
셰익스피어 앤 컴퍼니 Shakespeare & Company

센강과 함께 노트르담 대성당이 코앞에 내다보이는 곳. 영화 <비포 선셋>, <미드나잇 인 파리> 등 영화의 배경으로도 등장해 이제는 관광 명소가 돼버린 영미 문학 전문 서점이다. 파리에 영미 문학을 꽃피운 상징적인 곳으로, 무명 시절의 헤밍웨이를 물심양면으로 지원해주는 등 미국과 영국 등에서 온 가난한 작가들에게 보금자리가 돼주며 문학가들의 사교장 역할을 했다. 여행자들은 기념품으로 에코백을 구매하고 병설 카페에서 커피 한잔할 목적으로 이곳을 찾곤 한다. 점심 무렵부터는 여행자가 많아지지만 오전에는 코앞에 내다보이는 노트르담 대성당을 감상하며 느긋한 티 타임을 즐길 수 있다.

MAP ⑥-D

GOOGLE MAPS 셰익스피어앤컴퍼니
ADD 37 Rue de la Bûcherie, 75005
OPEN 서점 10:00~20:00(일요일 12:00~19:00), 카페 09:30~19:00(토·일요일 ~20:00)/일부 공휴일 휴무
MENU 커피 2.50€~, 에코백 16€~
WALK 노트르담 대성당에서 두블교(Pont au Double) 건너 도보 2분/생미셸 광장에서 도보 3분
WEB shakespeareandcompany.com

파리에서 가장 오래된 나무가 있는 공원
르네 비비아니 광장 Square René Viviani

⑨

여행자로 붐비는 라탱 지구와 노트르담 대성당 인근에서 잠시 조용하게 쉬어갈 수 있는 곳. 파리에서 가장 오래된 나무(아카시아)가 있는 곳으로도 유명하다. 광장 중앙에는 이 마을에 살다가 나치에 의해 아우슈비츠로 끌려간 유대계 아이들 100여 명에 대한 조의를 담아 기둥에서 흘러내리는 눈물을 형상화한 조형물이 설치돼 있다. 셰익스피어 앤 컴퍼니 바로 옆에 있으니 함께 들러보자. MAP ⑥-D

GOOGLE MAPS square rene viviani
ADD 25 Quai de Montebello, 75005
OPEN 08:00~17:00(토·일요일 09:00~)
WALK 노트르담 대성당에서 두블교 건너 바로

⑩ 내 맘을 끌어당기는 중세 예술
클뤼니 박물관 Musée de Cluny

3세기 때 지은 욕장이 있던 자리에 건설한 중세 클뤼니 수도원장의 거처를 1843년부터 중세시대 박물관(Musée National du Moyen Âge)으로 사용하고 있다. 규모는 그리 크지 않지만 고대 로마의 욕장터와 노트르담 대성당·생트샤펠의 진품 조각상 및 스테인드글라스, 금세공품, 중세 가구 등이 많아 중세 예술의 보고라 불린다. 가장 주목할 것은 총 6장의 태피스트리로 된 <여인과 유니콘>이다. 15세기 말 브뤼셀에서 제작한 것으로 추정되며 유럽의 태피스트리 중 가장 뛰어나고 아름답다는 평가를 받는다. MAP ⑥-D

GOOGLE MAPS cluny museum
ADD 6 Place Paul Painlevé, 75005(입구 28 Rue du Sommerard)
OPEN 09:30~18:15(매월 첫째·셋째 목요일 ~21:00)/폐장 45분 전까지 입장/월요일·1월 1일·5월 1일·12월 25일 휴무
PRICE 12€(18~25세·야간 개장 목요일 18:15 이후 10€)/매월 첫째 일요일 무료/ 뮤지엄 패스
WALK 생미셸 광장에서 도보 6분
WEB www.musee-moyenage.fr

> 나란히 걸려 있는 다섯 작품은 왼쪽부터 미각, 청각, 시각, 후각, 촉각의 오감을 상징한다. 다섯 작품에 등장한 여인들이 우울한 표정을 짓고 있는 반면, 이들과 마주 보고 있는 여섯 번째 작품은 여인의 환한 웃음으로 순수한 사랑과 자유로운 선택의 기쁨을 표현했다.

+MORE+

파리의 대형 서점, 지베르 조제프 Gibert Joseph & 지베르 죈 Gibert Jeune

지하 1층, 지상 6층 건물 2개가 빼곡히 책으로 가득 찬 책의 전당. 새 책과 헌책이 공존하는 프랑스의 대표 서점이다. 교사이던 지베르 조제프가 1886년에 처음 문을 연 서점이 크게 성공한 뒤 그의 아들들이 이어받아 지베르 조제프와 지베르 죈으로 나누어 운영하고 있다. 파란색 차양이 상징인 지베르 조제프는 클뤼니 박물관 주변에 4개 매장이 있으며, 문구류나 음반도 같이 취급한다. 노란색 차양이 상징인 지베르 죈은 생미셸 노트르담역 주변에 2개가 있다. 노란색 스티커나 오카시옹(Occasion) 표시가 붙은 것은 중고 서적이라 가격이 저렴하니 잘 보고 고르자. MAP ⑥-D

GOOGLE MAPS gibert joseph 26
ADD 26 Bd. Saint-Michel, 75006(지베르 조제프)
OPEN 10:00~19:30(지점마다 다름)/일요일 휴무
WALK 지베르 조제프-클뤼니 박물관에서 생미셸 대로 방향으로 나오면 길 건너 바로 보인다./지베르 죈-생미셸 광장에서 센강을 바라보고 대로 오른쪽에 있다.
WEB www.gibert.com

11 소르본 대학 Université Paris-Sorbonne

프랑스 최고(最高)의 명문대

가난한 신학생을 위해 헌신하던 로베르 드 소르본 신부가 1253년에 설립했다. 파리 대학, 파리 제4대학, 파리 소르본 대학 등으로 여러 번 이름을 바꾸다가 2018년에 소르본 대학이라는 원래의 이름을 되찾았다. 빅토르 위고, 베이컨, 퀴리 부인, 질 들뢰즈, 장뤼크 고다르 등 세계적인 명사를 배출해낸 프랑스 최고의 대학으로, 현재 인문학, 과학과 공학, 의학 세개의 단과대학으로 구성돼 있다. 일반 입장은 제한되며, 공연이나 특별전 등이 있을 때 내부를 살짝 엿볼수 있다. 또 유동적으로 진행하는 가이드 투어(7~15€)도 있으니 홈페이지 참고. MAP **⑥**-D

GOOGLE MAPS 소르본 대학교
ADD Place de la Sorbonne, 75005
PRICE 가이드 투어는 유동적으로 진행 7~15€
WALK 팡테옹 또는 뤽상부르 정원에서 각각 도보 5분
METRO 10 Cluny La Sorbonne 2번 출구에서 도보 5분
WEB www.sorbonne-universite.fr

인문학부의 입구를 지키고 있는
사회학의 창시자, 오귀스트 콩트

12 팡테옹 Panthéon

프랑스 위인들이 잠든 곳

천연두에 걸린 루이 15세가 병이 나은 것을 감사하며 파리의 수호성인 성 주느비에브를 모시기 위해 세운 곳이다. 로마의 판테온을 모델로 1758년에 착공해 약 30년 만에 완공했으나 완공을 한 해 앞두고 프랑스 대혁명이 발발해 '모든 신을 섬기는 신전'이라는 뜻의 '팡테옹'으로 이름을 바꾸고 '위대한 프랑스인'이라는 칭호를 받을 만한 사람을 신분에 상관없이 안치했다. 1791년 열린 삼부회에서 제3신분 대표로 활약한 혁명가 미라보를 시작으로 빅토르 위고, 퀴리 부인 등 170여 명의 프랑스의 위인이 지하 묘실에 묻혀 있다. 내부는 프랑스 혁명을 주제로 한 조각과 벽화로 장식돼 있고, 폭 84m의 돔 아래에는 물리학자 푸코(Léon Foucault)가 지구의 자전운동을 증명한 실험을 기념하는 '푸코의 진자'를 재현해놓았다. MAP **⑥**-D

푸코의 진자

볼테르의 무덤과
그의 조각상

GOOGLE MAPS 팡테옹
ADD Place du Panthéon, 75005
OPEN 10:00~18:30(10~3월 ~18:00)/폐장 45분 전까지 입장/
1월 1일·5월 1일·12월 25일·행사일 휴무/ 예약 권장
PRICE 13€/11~3월 매월 첫째 일요일 무료/ 뮤지엄 패스 /오디오
가이드 3€(한국어 제공)
WALK 소르본 대학 앞 소르본 광장에서 도보 5분
RER B Luxembourg 2번 출구에서 도보 5분
WEB www.paris-pantheon.fr

프랑스 최초의 왕 클로비스 1세가 묻은 파리의 수호성인 성 주느비에브의 석관

루드 스크린

한 편의 아름다운 영화 같아라
⑬ 생테티엔뒤몽 성당 Église Saint-Étienne-du-Mont

6세기부터 자리한 작은 성당으로, 팡테옹 근처에 있다. 15~17세기에 증축해 현재까지 이르고 있으며, 파리에서 유일하게 남아 있는 루드 스크린(101p)과 거대한 발코니 오르간, 아름다운 스테인드글라스가 유명하다. 성당 앞 계단과 옆길은 영화 <미드나잇 인 파리>에서 극 중 주인공 길이 시간을 초월하는 자동차를 기다린 장소로 알려졌다. 파스칼, 라신, 마라 등이 이곳에 잠들어 있다. MAP ⑥-D

GOOGLE MAPS 파리 생 에티엔뒤몽
ADD Place Sainte-Geneviève, 75005
OPEN 08:00~19:30(월요일 14:30~, 수요일 ~22:00
(방학 기간 ~19:30), 토·일요일 ~20:00)/방학 기간
월요일 휴무/미사·행사 진행 시 입장 제한
PRICE 무료
WALK 팡테옹 정문을 바라보고 왼쪽 뒤로 도보 1분
WEB www.saintetiennedumont.fr

파리에서 손꼽히는 현대 건축물
아랍 세계 연구소 Institut du Monde Arabe

2만7000여 개의 조리개판으로 빛의 양을 조절하는 아라베스크 문양의 독특한 창문 구조가 돋보이는 파리의 대표적인 현대 건축물. 아랍 국가들과 유럽 간의 교류를 위해 설립한 기관으로 박물관과 연구실, 체험 교실 등을 운영하고 있다. 9층에 있는 전망대는 무료로 입장할 수 있으니 꼭 올라가 보자. 생루이섬에서 쉴리교(Pont de Sully)를 건너면 바로 닿을 수 있다. MAP ⑤-C

내부에서 본 창문

GOOGLE MAPS 아랍세계연구소
ADD 1 Rue des Fossés Saint-Bernard, 75005
OPEN 10:00~18:00(전시관 토·일요일·공휴일 ~19:00)/폐장 45분 전까지 입장/월요일 휴무
PRICE 전시관 9€/ 뮤지엄 패스 / 일부 특별전 진행 시 요금 추가
WALK 팡테옹에서 도보 12분/르네 비비아니 광장에서 도보 10분
METRO 7·10 Jussieu 또는 10 Cardinal Lemoine에서 도보 7분
WEB www.imarabe.org

명불허전

명불허전
네임드 카페 & 디저트숍

밥은 몰라도 커피와 디저트는 절대 포기 못 하는 사람들 모여라!
커피 맛 좋기로 유명한 카페와 꼭 가봐야 할 인기 디저트 맛집들을 소개한다.

슈크림 마니아가 아니어도 반할
오데트 Odette

프랑스의 대표 디저트 마카롱을 제치고 젊은 파리지앵의 입맛을 사로잡은 슈 전문점. 베레모를 쓴 것 같은 깜찍한 모양의 슈는 크림에 따라 9가지 종류가 있는데, 그중 초콜릿·피스타치오·커피 맛이 가장 인기 있다. 여기에 진한 쇼콜라 쇼를 곁들이면 완벽한 디저트 타임! 르네 비비아니 광장과 1160년에 건축한 생쥘리앵르포브르 성당(Église Saint-Julien-le-Pauvre), 그리고 멀리 노트르담 대성당까지 보이는 이 카페에서 쉬노라면 파리의 골목들이 특별하게 느껴진다. 오페라 가르니에 근처와 레 알 지역에도 지점이 있다. MAP ⑥-D

GOOGLE MAPS 오데트
ADD 77 Rue Galande, 75005
OPEN 09:00~20:00(화~목요일 10:00~)
MENU 슈 2.20€, 커피 3.30€~, 쇼콜라 쇼 5.90€
WALK 르네 비비아니 광장에서 도보 1분/ 노트르담 대성당에서 도보4분
WEB www.odette-paris.com

바삭한 크루아상을 맛보면 기분이 좋거든요
라 메종 디사벨 La Maison d'Isabelle

오후 3시쯤 되면 재료가 떨어져 동나기 일쑤니 서둘러 가자.

2018년 파리 최고의 크루아상! 오직 이 상 하나로 빵돌이, 빵순이들을 매일 줄 세우는 불랑제리 & 파티스리다. 이 집의 크루아상은 '바삭하다'는 단어가 무엇을 의미하는지 정확히 알려준다. 유기농 밀가루와 AOC(프랑스 원산지 관리) 인증 버터에 파티셰의 노련한 솜씨가 더해져 겉은 바삭하고 속은 쫄깃하면서 쉽게 부서지지 않는 명품 크루아상이 완성된다. 세상 맛있지만 가격은 단돈 1.20€! MAP ⑥-D

GOOGLE MAPS R8XX+W8 파리
ADD 47ter Bd Saint-Germain, 75005
OPEN 06:00~20:00/월요일·7월 말~8월 중순 휴무
MENU 크루아상 1.20€~
WALK 르네 비비아니 광장에서 도보 4분/생테티엔뒤몽 성당에서 도보 5분

한 개론 부족해, 너무 맛있으니까

베르시용 Berthillon

1954년에 문을 연 '검증된' 아이스크림 가게. 파리에서 생루이섬에 간다고 하면 "베르시용 가는 거야?"라고 물을 정도로 유명한 집이다. 언제 가도 길게 줄을 서야 하는데, 가격 대비 양이 매우 적다는 것이 흠이라면 흠이다. 메뉴는 모두 제철 과일을 이용해 만들며 우유와 크림을 넣은 글라스(Glace)와 우유의 양을 최소화하고 직접 만든 시럽을 넣은 소르베(Sorbet, 셔벗)로 나뉜다. 인기 메뉴는 시원하고 상큼한 딸기(Fraise)와 레몬(Citron) 맛. 실내에 앉아 먹으면 메뉴당 1.50~2€가 추가된다. MAP ❺-C

GOOGLE MAPS 파리 베르티용
ADD 29-31 Rue Saint-Louis en l'Île, 75004(생루이섬)
OPEN 10:00~20:00/월·화요일·7월 말~8월 휴무
MENU 스쿱에 따라 3.50€·6.50€·8.50€, 생크림 0.60€~
WALK 노트르담 대성당 뒤쪽 생루이교 건너 도보 5분
WEB www.berthillon.fr

시원 달콤 상큼한 '장미 젤라토'

아모리노 Amorino

베르시용의 아성을 위협하는 이탈리아식 젤라토 전문점. 2002년 이탈리아에서 온 두 젊은이가 창업한 곳으로, 메뉴에 이탈리아어가 먼저 표기돼 있을 정도로 본토의 맛이라는 자부심이 높다. 추천 메뉴는 신선한 재료의 맛이 그대로 느껴지는 요구르트(Yogurt)와 딸기(Fragola) 맛. 튈르리 정원, 루브르 박물관 등 파리에만 30여 개 지점이 있다. 지점에 따라 살롱 드 테를 운영하거나 키오스크로 주문 후 원하는 맛을 직원에게 얘기한다. MAP ❺-C

GOOGLE MAPS paris amorino louis
ADD 47 Rue Saint-Louis en l'Île, 75004(생루이섬)
OPEN 12:00~20:30(금~일요일 11:00~23:50)/일부 공휴일 휴무
MENU 콘이나 컵 크기에 따라 4€·5€·6.30€(콘 선택 시 각각 0.30€ 추가)
WALK 노트르담 대성당 뒤쪽 생루이교 건너 도보 4분
WEB www.amorino.com

'프로카페러'를 위한 프랑스 대표 커피

말롱고 Malongo

1934년 니스에서 창업한 원두커피 메이커 말롱고의 직영 카페. 전시장을 방불케 할 정도로 방대한 커피 관련 용품도 판매하고 있어 구경하는 재미가 쏠쏠하다. 다른 카페에 비해 커피의 양이 많고 컵 사이즈를 선택할 수 있다는 것도 장점이다. 다양한 블렌딩으로 실험적인 맛을 선보이는 바리스타 추천 커피(L'Offre du Barista)를 비롯해 여러 가지 커피와 차, 디저트를 즐길 수 있다. 공정 무역으로 들여와 카페에서 직접 로스팅한 원두(6.30€~/250g)는 용량과 가격대가 다양해 선물용으로 좋다. MAP ❻-D

GOOGLE MAPS 말롱고 파리
ADD 50 Rue Saint-André des Arts, 75006(라탱 지구)
OPEN 08:00~19:00(일요일 08:30~)/일부 공휴일 휴무
MENU 커피 2.90€~, 차 4.90€~
WALK 생미셸 광장에서 도보 3분
WEB www.malongo.com

현지인의 북마크!
로컬들의 단골 상점

대학생부터 관광객까지 다양한 사람들이 모이는 라탱 지구.
모두가 대형 백화점과 명품숍을 찾아가기 바쁠 때, 슬쩍 현지인지들의 쇼핑 스폿을 방문해보자.

프랑스 대표 니치 향수 브랜드
딥티크 Diptyque

인테리어 소품 상점에서 향초 시리즈를 만들어 팔던 것을 시작으로 세계적인 향수 브랜드로 자리매김했다. 자연에서 받은 영감을 토대로 향을 담아내, 남들과 다른 향을 원하는 젊은 층에게 특히 사랑받고 있다. 파리 시내에 7개 매장이 있으며, 본점은 생제르맹데프레 거리에 있다. MAP ⑥-D

GOOGLE MAPS R9X2+VM 파리
ADD 34 Bd. Saint-Germain, 75005
OPEN 10:00~19:00/일요일·일부 공휴일 휴무
WALK 생미셸 광장에서 도보 10분/노트르담 대성당 뒤쪽에서 도보 5분
METRO 10 Maubert-Mutualité에서 도보 4분
WEB www.diptyqueparis.com

덴마크의 다이소
노말 Normal

물가 비싼 유럽에서 가성비 뛰어난 생활용품 숍으로 살림의 달인이 사랑해 마지않는 공간. 잡화, 화장품, 식품, 장난감, 심지어 각종 소스까지 다양한 품목을 1€부터 업어올 수 있다. 아이들이 좋아하는 캐릭터의 문구류와 간식도 판매한다. 몽파르나스역, 생라자르역, 몽마르트르에도 매장이 있다. MAP ⑥-D

GOOGLE MAPS normal 75005
ADD 5 Bd. Saint-Michel, 75005
OPEN 08:30~20:30(토요일 10:00~)/일요일·일부 공휴일 휴무
WALK 생미셸 광장에서 도보 2분
WEB normal.fr

때맞춰 만나는
여행자를 위한 음식점

볼 건 많고 시간은 촉박한 시테섬과 라탱 지구.
여행자의 허기를 빠르게 달래줄 요기 거리와 인생샷을 건질 수 있는 음식점을 찾는 재미가 쏠쏠하다.

푸아그라가 들어간
샐러드

양파 수프

화보 찍으러 가는 비주얼 맛집
오 비유 파리 다르콜
Au Vieux Paris d'Arcole

SNS에서 #시테섬을 검색해보자. 여러 번 눈에 띄는 이미지는 아마 이곳일 테다. 봄과 여름이면 보라색 등나무꽃이 주렁주렁 매달리고, 민트색 간판과 500년 전에 지은 석조 건물이 매력적이다. 18세기에 문을 연 유서 깊은 와인 바로, 맛보다는 오랜 역사와 빈티지한 분위기에 더 후한 점수를 매기는 곳이니 푸아그라나 달팽이 요리 같은 앙트레 메뉴를 안주 삼아 와인 한 잔 기울이거나 샐러드나 양파 수프로 간단히 요기하는 것이 좋다. MAP ❻-D

GOOGLE MAPS vieux arcole
ADD 24 Rue Chanoinesse, 75004
OPEN 12:00~13:45(토·일요일 ~14:00), 18:00~21:45(토요일 ~22:00, 일요일 ~21:30)
MENU 앙트레 12~29€, 플라 17~44€, 디저트 10~13€
WALK 노트르담 대성당 정문을 바라보고 왼쪽 골목으로 도보 2분
WEB restaurantauvieuxparis.fr

한국식 불고기버거로 즐겨보자
시소 버거 Shiso Burger

노트르담 대성당과 센강에서 가까우면서 혼자 가도 눈치 보이지 않고, 맛도 좋고, 불닭버거와 회오리 감자튀김, 찹쌀떡, 김치까지 갖춘 아시아 스타일의 퓨전 버거집. 불고기 버거와 고구마튀김은 우리나라에서 먹던 맛과 싱크로율 100%에 가깝다. 테이크아웃 해서 센강변을 전망 좋은 카페 삼아 먹는 것도 좋다. 퐁피두 센터 근처에 지점(15 Rue du Grenier-Saint-Lazare, 75003)이 있다. MAP ❻-D

GOOGLE MAPS shiso burger 21
ADD 21 Quai Saint-Michel, 75005
OPEN 11:30~22:30(금·토요일 ~23:30, 일요일 12:00~)
MENU 버거 10.90~18.50€, 감자튀김(Frites Maison) 5€, 회오리 감자(Twisted Potatoes) 5€, 고구마튀김(Sweet Potatoes) 7€
WALK 생미셸 광장에서 도보 1분
WEB www.shisoburger.fr

미슐랭 너머의 미식 가이드
유서 깊은 고급 레스토랑

300~400년 전부터 프랑스 미식의 역사를 써온 센강변의 레스토랑들.
그 때 그 시절 파리 상류층의 식사 세계로 초대한다.

귀족의 삶이란 이런 것
라페루즈 Lapérouse

과거 미슐랭 3스타를 받았던 전통 있는 레스토랑. 1766년 창업 당시에는 귀족과 부르주아의 사교 모임 장소였고, 19세기에는 문학가와 예술가들이 토론을 벌이던 유서 깊은 곳이다. 루이 14세의 저택이었던 만큼 당시 귀족들의 생활상을 그대로 보여주는 우아한 분위기기 속에서 최소 3시간은 이어지는 근사한 만찬을 즐길 수 있다. 남녀 커플이 방문하면 남자에게 주는 메뉴판에만 가격이 적혀 있는, 과거 부르주아식 매너도 체험할 수 있다. 격식을 갖춘 정장 차림과 프랑스식 테이블 매너 숙지는 필수. 모든 메뉴가 평균 이상의 맛을 보장한다. 1인당 예산은 100€ 내외. 일행끼리 조용히 식사할 수 있는 개별 룸은 1인당 35€ 이상의 추가 비용이 있다. 세트 메뉴를 제공하는 평일 런치에 방문한다면 조금 저렴하지만 당분간 런치 타임은 휴무다. **MAP ⑥-D**

GOOGLE MAPS V84R+2J 파리
ADD 51 Quai des Grands Augustins, 75006
TEL 01 43 26 68 04
OPEN 19:30~24:00/일요일·일부 공휴일 휴무
MENU 앙트레 28~88€, 플라 46~105€, 디저트 18€~
WALK 시테섬에서 남쪽으로 퐁 뇌프를 건너 왼쪽으로 도보 2분/
생미셸 광장에서 도보 3분
METRO 4 & **RER** B·C Saint-Michel–Notre-Dame에서 도보 4분
WEB www.laperouse-paris.fr

100년 이상 스테디셀러!
수플레(Le Soufflé)

파리 최고령 레스토랑

라 투르 다르장 La Tour d'Argent

16~17세기 왕과 귀족들의 사교장이었던 저택에 들어선, 파리에서 가장 오래된 레스토랑. 무려 1582년부터 기나긴 역사와 전통을 이어왔다. 한때 미슐랭 별 3개를 받기도 했으나, 미슐랭의 평가 기준 중 하나인 '새로운 메뉴 개발'이 없어 지금은 별 1개를 유지하고 있다. 정중한 서버의 안내에 따라 홀에 들어서면 고급스러운 분위기와 어울러진 시원한 통유리 전망에 감탄이 절로 나온다. 노트르담 대성당과 센강이 펼쳐지는 풍경을 제대로 즐기고 싶다면 디너보다 런치 타임에 방문할 것. 대표 메뉴인 오리(Caneton/Canard) 요리를 주문하면 지금까지 판매한 오리 숫자가 새겨진 귀여운 엽서를 함께 건네준다(지금은 100만을 훌쩍 넘었다). 봄~가을에는 7층 옥상에도 식당을 운영해 멋진 전망과 함께 식사할 수 있다 (예약 필수). 생루이섬에서 남쪽(좌안)으로 투르넬교(Pont de la Tournelle) 건너 바로 왼쪽에 있다. MAP ⑤-C

GOOGLE MAPS R9X3+WX 파리
ADD 15 Quai de la Tournelle, 75005
TEL 01 43 54 23 31
OPEN 12:00~14:00, 19:00~21:00/일·월요일 휴무
MENU 오리 요리 116€~(코스 145€~), 앙트레 86€~, 플라 105€~, 런치 4코스 150€~, 디너 코스 360€~
WALK 생루이섬에서 남쪽으로 투르넬교를 건너 바로(Pont de la Tournelle)/아랍 세계 연구소에서 도보 3분
WEB tourdargent.com

> 프랑스에서 가장 많은 와인을 보유한 곳으로도 유명한 만큼 와인 메뉴판이 커다란 사전처럼 두툼하다. 소믈리에에게 음식과 어울리는 와인을 추천해달라고 하자.

한 잔 술과 함께 저무는
라탱 지구의 밤

밤이 되면 파리는 낮과는 전혀 다른 모습의 놀이터로 변신한다.
파리지앵처럼 시크하게 술 한 잔 앞에 놓고 수다 떨고 싶을 때 제일 먼저 달려가야 할 주점과 재즈 클럽을 찾아가 보자.

재즈에 퐁당 빠진 밤
카보 드 라 위셰트 Caveau de la Huchette

영화 <라라랜드>의 주인공 미아와 세바스찬이 파리로 타임워프 해
한바탕 춤을 췄던 재즈 클럽. 16세기에 지어져 기사단원들과 혁명
지도자들의 비밀 모임 장소로 쓰인 지하 창고에 1949년 문을 열었
다. 반세기 넘는 세월 동안 클로드 볼링 같은 프랑스 재즈 연주자와
라이오넬 햄튼, 카운트 베이시, 아트 블래키 같은 전설적인 미국 재
즈 거장들이 무대에 서면서 파리 재즈의 성지가 됐다. 비틀스가 무
명시절에 수백 번 공연했던 리버풀의 케이번 클럽이 이곳의 인테리
어를 따라 했을 정도. 지하 공연장의 규모는 작지만 무대 앞 공간에
서 재즈를 온몸으로 느끼기에 제격이다. 예약은 받지 않으며 음료
주문은 0층에서 직접한다. **MAP ⑥-D**

GOOGLE MAPS caveau huchette
ADD 5 Rue de la Huchette, 75005
OPEN 21:00~02:00(금·토요일 및 공휴일 전날 ~04:00)/일부 공휴일 휴무
PRICE 입장료 14€(금·토요일 및 공휴일 전날 16€, 24세 이하 학생 10€), 맥주
7€~
WALK 생미셸 광장에서 도보 3분/르네 비비아니 광장에서 도보 2분
WEB www.caveaudelahuchette.fr

파리에선 타파스도 푸짐하지
수리 타파스 프랑세즈
SOURIRE Tapas Françaises

스페인의 '한 입 거리' 안주 타파스가 프랑스로
오면서 '한 접시'로 푸짐해졌다. 그래도 여전히
타파스라 양이 살짝 부족하니 여럿이 방문한
다면 각기 다른 메뉴를 주문해 여러 맛을 동시
에 느껴보자. 와인은 병째 주문을 권장하는 분
위기다. 특별하진 않지만 완성도 높은 음식과
친절한 직원들 덕분에 평일 저녁에는 예약하
지 않으면 들어가기 힘들다. 예약 없이 방문한
다면 바 카운터나 가게 앞에 펼쳐 놓은 야외 테
이블을 이용하자. **MAP ⑥-D**

GOOGLE MAPS sourire galande
ADD 27 Rue Galande, 75005
OPEN 19:00~22:30(브런치 토·일요일 12:00~14:30)
MENU 타파스 7~14€, 와인 1잔 6€~
WALK 르네 비비아니 광장에서 도보 2분
WEB www.sourire-restaurant.com

천장에 달린 메뉴판에 침이 꼴깍~

라방 콩투아 드 라 메르/테르
L'Avant Comptoir de la Mer/Terre

천장에 대롱대롱 매달아 놓은 메뉴 사진들을 보고 편리하게 주문할 수 있는 개성 있는 인테리어가 독특한 타파스 바. 테이블 없이 기다란 바에 걸터앉거나 서서 먹는 형태라 간단한 안주와 함께 와인 한 잔을 걸치기 좋다. 프랑스판 마스터셰프에 심사위원으로 출연한 스타 셰프 이브 캉드보르드가 운영해 맛의 실패 확률이 적은 것도 장점. 메르는 주로 굴, 연어, 대구 등을 사용한 해산물 요리를 만날 수 있고, 바로 옆에 자리한 테르는 피키요 고추와 푸아그라, 하몽 등 채소와 고기를 주로 사용한 요리를 선보인다. 바쁜 시간에는 직원의 불친절한 서비스에 종종 불만이 제기되기도 한다. MAP ⑥-D

GOOGLE MAPS avant comptoir mer
ADD 3 Carrefour de l'Odéon, 75006
OPEN 12:00~23:00/일부 공휴일 휴무
MENU 타파스 6~22€, 와인 3.50€~
WALK 생미셸 광장에서 도보 6분/생제르맹데프레 성당 정문에서 도보 8분
METRO 4·10 Odéon 2번 출구에서 도보 1분
WEB camdeborde.com

라방 콩투아 드 라 메르　　　　라방 콩투아 드 라 테르

오리 콩피

오자 모엘

문 닫기 전에 가야 할 곳

레 피포스 Les Pipos

1847년에 오픈한 뒷골목 선술집 스타일의 식당. 옆 테이블과 경계가 불분명한 좁은 가게라 다소 불편하지만 제2차 세계대전 직후의 인테리어를 그대로 유지하고 있는 레트로한 분위기가 매력이다. 영화 <미드나잇 인 파리>에 등장하면서 여행자들에게 유명해졌지만 오 자 모엘(Os à moelle), 오리 콩피(Confit de Canard) 같은 전통적인 프랑스 비스트로 요리를 맛볼 수 있어 오래전부터 현지인들로 늘 붐비던 곳이다. 건물 소유주가 가게 문을 닫으려 하자, 단골들이 앞장서 파리 시장과 문화부 장관, 유네스코에까지 진정서를 내 막았다고 한다. 해피아워(16:00~20:00)에는 주류가 조금 할인된다. MAP ⑥-D

GOOGLE MAPS les pipos
ADD 2 Rue de l'École Polytechnique, 75005
OPEN 09:00~01:00/일요일 휴무
MENU 타파스 6€~, 런치 2코스 16.50€~, 앙트레 7€~, 플라 17€~, 와인 1잔 6€~
WALK 생테티엔뒤몽 성당에서 도보 1분

파리의 걷고 싶은 길 #2

Rue Saint-Julien le Pauvre

생쥘리앵르포브르 거리
노트르담 대성당, 르네 비비아니 광장, 생쥘리앵르포브르 성당

Rue Chanoinesse

샤누아네스 거리
노트르담 대성당 뒷골목,
오 비유 파리 다르콜 앞

파리의 지성
생제르맹데프레 & 오르세

파리에서 가장 오래된 성당의 이름을 딴 생제르맹데프레 지역은 가장 파리다운 모습을 간직하고 있는 곳이다. 세월의 흔적이 스민 오래된 건물과 낭만적인 카페들이 줄지어 늘어서고, 멋지게 차려입은 파리지앵이 자유롭게 활보하는 곳. 19세기 후반 몽마르트르 시대가 저물기 시작하며 많은 화가와 시인, 소설가가 생제르맹데프레에 모여 토론을 즐겼는데, 지금도 그때의 모습을 간직하고 있는 카페와 레스토랑이 남아있다. 소박하고 예스러운 멋을 지닌 이곳에서 카페나 골목을 산책하며 시간을 거슬러 올라가는 것도 파리를 여행하는 멋진 방법의 하나다.

RER Musée d'Orsay   Pont Royal

11 오르세 미술관   루브르 박물관

봉푸앙(스톡)   Pont du Carrousel

0   200m   M Solférino   셍크 마르스   Pont des Arts

메종 갱스부르(서점)

메종 세르주 갱스부르 12   불리 1803   Pont Neuf

데롤   갈레트 카페

로댕 미술관   메종 플뢰르 파리   자코브 거리

봉통(쉬르플뤼)   M Rue du Bac   드보브 에 갈레   외젠 들라크루아 미술관

마욜 미술관 10   9 보파사주   르 를레 드 랑트르코트   제롬 드레퓌스   부티크 벨로즈   코시

메르시 보파사주   생 펄   라 소시에테   3   프레디스

자크 주냉   그르넬 거리   카페 드 플로르 2   1 생제르맹 데프레 성당   리틀 브레즈

위고 에 빅토르   크라방   M Mabillon   라 그랑 크레므리

브라스리 리프   레 두 마고   M Odéon

크리드   르 바 데프레   시티파르마

Sèvres-Babylone   피에르 에르메 (본점)   Saint-Germain-des-Prés   라 크레므리

쿠팀 카페 (본점)   마르셀   M   푸알란(본점)   Saint-Sulpice   카라멜

북바인더스 디자인   7 호텔 루테티아   4 생쉴피스 성당

8 르 봉 마르셰

프루티니   M Vaneau

6 라스파이 시장   뤽상부르 박물관   뤽상부르 궁전

M Rennes

라 파리지엔느

M Saint-Placide   5 뤽상부르 정원

MAP legend

RER Luxembourg

M Notre-Dame des Champs

1 명소   식당 & 카페   상점
M RER 메트로, RER   표지물

M Montparnasse-Bienvenüe

자드킨 미술관

중앙 제단 오른쪽, 생브누아 예배당 기념
명판. 가운데가 데카르트 기념 명판이다.

① 파리에 현존하는 성당 중 가장 오래된 곳

생제르맹데프레 성당
Abbaye de Saint-Germain-des-Prés

542년 클로비스 1세의 아들이 스페인에서 가지고 온 성물을 보관하기 위해 558년에 건립했다. 이후 여러 차례의 화재로 몇 번 복구됐다가 1822년 현재의 모습을 완성했다. 11~12세기에 지은 로마네스크 양식의 종각과 내부가 현재까지 남아 있는데, 원래 있던 3개의 종탑 중 2개는 1794년 보관 중이던 화약 재료가 폭발하는 바람에 불타고 1개만 남았다.

성당 안에는 17세기 프랑스의 합리주의 철학자 데카르트를 비롯해 성인과 왕, 위인들의 묘와 기념비가 있다. 데카르트는 스웨덴 크리스티나 여왕의 개인교사로 초청돼 스톡홀름에 갔다 1년 만에 병이 들어 그곳에서 사망했다. 그의 시신은 목이 잘려 몸은 이곳에 묻히고 머리는 스톡홀름에 묻혔는데, 지금은 몰래 가져온 머리와 함께 몸 전체가 이곳에 묻혀 있다. 성당을 끼고 라바예 거리(Rue de l'Abbaye)로 돌아가면 피카소가 그의 친구였던 시인 기욤 아폴리네르(1880~1918년)를 위해 만든 조각상 <아폴리네르에 대한 경의>를 볼 수 있다. MAP ⑥-D

GOOGLE MAPS 생제르맹데프레 성당
ADD 3 Place Saint-Germain-des-Prés, 75006
OPEN 07:30~20:00(토요일 08:30~, 일·월요일 09:30~)/
미사 진행 시 일부 입장 제한
PRICE 무료
METRO 4 Saint-Germain-des-Prés에서 바로

성당 옆 작은 공원에 있는 피카소의 작품,
<아폴리네르에 대한 경의>

265

② 파리 지성의 상징
카페 드 플로르 Café de Flore

1887년 문을 연 이래 130년이 넘는 세월 동안 파리를 대표해온 카페. 바로 옆에 자리 잡은 레 두 마고(Les Deux Magots, 144p)와 함께 파리 카페의 양대산맥으로 불린다. 한때 보부아르와 사르트르가 연애를 즐기던 장소이자 피카소, 브라크, 카뮈와 같은 당대 최고의 예술가와 지성인, 프랑스 전 대통령 프랑수아 미테랑을 비롯한 정치인들이 열띤 토론을 벌인 토론의 장이기도 했다. 이제는 전 세계에서 이곳을 찾는 이가 너무 많아 카페라기보다는 관광 명소에 가깝다. MAP ❻-D

추천 메뉴는 달콤하고 진한
초콜릿 맛이 환상적인 쇼콜라 쇼
(Chocolat Spécial Flore)!

GOOGLE MAPS 카페 드 플로르
ADD 172 Boulevard Saint-Germain, 75006
OPEN 07:30~01:30
MENU 쇼콜라 쇼 9.50€~, 커피 4.90€~
WALK 생제르맹데프레 성당에서 도보 2분

③ 낭만주의 화가의 로맨틱한 저택
외젠 들라크루아 미술관
Musée National Eugène Delacroix

보들레르가 "르네상스의 마지막, 그리고 현대 회화의 첫 거장"이라 칭한 19세기 낭만주의 화가 들라크루아(1798~1863년)의 작업실 겸 생가를 미술관으로 개조한 곳이다. 그의 대표작 <민중을 이끄는 자유의 여신>은 1998년까지 100프랑 지폐에 실렸을 정도로 프랑스인들에게 많은 사랑을 받고 있다. 1857년, 들라크루아는 생쉴피스 성당의 벽화를 완성하기 위해 이곳으로 이주해 생을 마감할 때까지 매우 만족하며 머물렀던 것으로 전해진다. 화가의 자화상과 스케치, 판화 등과 그가 사용했던 화구들도 함께 전시하고 있으며, 들라크루아가 직접 가꾼 안뜰도 구경할 수 있다. MAP ❻-D

GOOGLE MAPS 들라크루아 기념관
ADD 6 Rue de Furstenberg, 75006
OPEN 09:30~17:30(매월 첫째 목요일 ~21:00/2024년 8월 1일은 제외)/폐장 30분 전까지 입장/화요일·1월 1일·5월 1일·12월 25일 휴무/ 주말·성수기 예약 권장
PRICE 9€/루브르 박물관 티켓 소지자(개시 후 다음 날까지)·매월 첫째 일요일·7월 14일 무료/ 뮤지엄 패스
WALK 생제르맹데프레 성당 정문에서 도보 3분
WEB www.musee-delacroix.fr

공사 비용이 부족해 2개의 종루가 높이와 디자인이 다르게 완성됐다는 후문이 있다.

정원 북쪽에 자리한 뤽상부르 궁전은 프랑스 상원 의사당으로 사용되고 있어 특별전시가 있을 때에만 내부를 공개한다.

5

④

파리에서 노트르담 다음으로 큰 성당

생쉴피스 성당
Église Saint-Sulpice

6세기 때 농민들을 위해 세운 성당을 17~19세기에 증축한 생쉴피스 성당은 내부 길이 113m, 너비 58m의 거대한 성당이다. 내부에는 1849~1861년 들라크루아가 그린 프레스코화와 1862년에 복구한 프랑스에서 가장 큰 파이프 오르간(노트르담의 오르간과 공동 1위), 소설 <다빈치 코드>에 등장한 '로즈 라인'이 있어 여행자들의 발길을 끈다. 빅토르 위고가 결혼식을 올린 곳이기도 하다. MAP ⑥-D

GOOGLE MAPS 생쉴피스 성당
ADD 2 Rue Palatine, 75006
OPEN 08:00~19:45/미사 진행 시 일부 입장 제한
PRICE 무료
WALK 생제르맹데프레 성당 정문에서 도보 5분
METRO 4 Saint-Sulpice 1번 출구에서 도보 3분

파리에서 가장 크고 아름다운 정원

뤽상부르 정원과 궁전 Jardin & Palais du Luxembourg

23만m²(약 7만 평)의 방대한 부지 위에 조성한 뤽상부르 정원은 온 가족이 함께 즐길 수 있는 아름답고 흥미로운 공간이다. 나무 그늘로 덮여 있는 산책로를 따라 한가로이 산책할 수 있고, 곳곳에 많은 벤치가 놓여 있어 담소를 나누며 쉬어가기에도 좋다. 정원 안에는 무려 106개나 되는 석상이 있다. 그중 로댕의 스승이었던 쥘 달루의 <들라크루아 흉상>과 부르델의 <베토벤 흉상>은 놓치지 말 것. 궁전의 주인이었던 앙리 4세의 미망인 마리 드 메디시스를 위해 그녀의 고향인 이탈리아의 석굴 양식을 본떠 만든 메디시스 분수도 여행자들의 발길이 이어지는 명소다. 궁전 서쪽에는 온실을 개조한 뤽상부르 미술관과 몽블랑 케이크로 유명한 앙젤리나의 살롱 드 테가 있다. MAP ⑥-D

메디시스 분수(Fontaine Médicis)

GOOGLE MAPS 뤽상부르 공원
ADD Jardin du Luxembourg, 75006
OPEN 계절·날씨에 따라 일출 후 개장(07:30~08:15), 일몰 전 폐장(16:30~21:45)
WALK 생쉴피스 성당에서 도보 3분
RER B Luxembourg 1번 출구에서 바로

: WRITER'S PICK :

나폴레옹이 어린이들에게 바친 정원

뤽상부르 정원은 남편(앙리 4세)이 죽자 9세의 아들 루이 13세를 왕위에 올리고 섭정이 된 마리 드 메디시스가 자신이 어릴 때 살던 피렌체의 피티 궁전을 모방해 지은 뤽상부르 궁전에 딸린 정원이다. 왕실 정원 건축가 자크 부와소가 이탈리아식 정원으로 맨 처음 설계한 것을 1635년에 당시 최고의 조경가 르 노트르가 다시 손을 대 프랑스식 정원으로 바꾸었다. 이후 나폴레옹이 아이들을 위한 놀이터로 개조해 놀이기구, 인형극 무대 등을 설치하면서 파리 시민이 가장 사랑하고 많이 찾는 공원이 됐다.

들라크루아 흉상. 궁전과 뤽상부르 미술관 사이 오솔길에 있다.

프랑스 큐비즘을 대표하는 조각가
자드킨 미술관 Musée Zadkine

뤽상부르 정원 가까이에 프랑스 전위 조각 선구자인 오십 자드킨(Ossip Zadkine, 1890~1967년)의 미술관이 있다. 피카소가 큐비즘의 평면을 지배했다면 자드킨은 입체로 해석해 한층 더 다양한 큐비즘을 보여준 작가라 할 수 있다. 러시아 출신으로 주로 프랑스에서 활동했으며, 그가 살던 집과 아틀리에를 개조해 박물관으로 공개하고 있다. 몽파르나스에서도 걸어갈 수 있는 거리다. MAP **9**-B

GOOGLE MAPS R8VM+6H 파리
ADD 100bis Rue d'Assas, 75006
OPEN 10:00~18:00/월요일·1월 1일·5월 1일·12월 25일·일부 공휴일·전시 준비 기간 휴무
PRICE 상설전 무료/특별전 진행 시 유료
WALK 뤽상부르 정원과 남쪽의 가스통 모네르빌 시민공원(Esplanade Gaston Monnerville)이 만나는 지점에서 도보 5분
WEB www.zadkine.paris.fr

비싼 값 하는 그 이름, 유기농
라스파이 시장 Marché Raspail

파리지앵의 식탁에서 흔히 볼 수 있는 채소와 과일, 생선, 고기, 치즈 등 각종 식자재를 유기농으로 만나볼 수 있는 곳. 가격은 재래시장답지 않게 그만큼 비싼 편이다. 생제르맹데프레 남쪽, 메트로 12호선 렌역 2번 출구 바로 앞에서부터 시장이 펼쳐져 초행길의 여행자도 쉽게 찾아갈 수 있다. MAP **6**-C

GOOGLE MAPS R8XH+H2 파리
ADD 58-78 Boulevard Raspail, 75006
OPEN 화·금요일 07:00~14:30(일요일은 유동적 오픈)
WALK 뤽상부르 정원과 르 봉 마르셰에서 각각 도보 7분
METRO 12 Renne에서 바로

7 유서 깊은 5성 호텔에서 맛보는 커피 한 잔
호텔 루테티아 Hôtel Lutetia

1910년 오 봉 마르셰(지금의 르 봉 마르셰) 백화점 소유주가 백화점에 쇼핑 온 고객을 더 머무르게 하기 위해 지은 유서 깊은 호텔이다. 19세기 초에 유행한 아르누보의 우아한 실루엣과 아르데코의 세련된 디테일 등 당시 최신의 기술과 디자인이 결합된 역사적인 건물로, 4년간의 리모델링을 거쳐 2019년 5성급 럭셔리 호텔로 재개장했다. 프랑스의 5성급 호텔 중에서도 최고급 호텔들에 부여하는 '팔라스 등급'을 받은 곳으로, 프랑스 내 31개의 팔라스 등급 호텔 중 좌안에서는 유일하게 이곳이 이름을 올렸다. 하룻밤 숙박료가 100만 원을 훌쩍 넘지만 호텔 0층의 티 하우스에서는 비교적 저렴한 비용으로 사치를 누릴 수 있다.

커피 9€~, 티 12€~. MAP **6**-C

GOOGLE MAPS hotellutetia
ADD 43 Bd Raspail, 75006
OPEN 티 하우스 생제르맹 12:00~22:00/시즌에 따라 유동적
WALK 생쉴피스 성당에서 도보 8분/르 봉 마르셰 백화점에서 도보 2분
WEB www.hotellutetia.com

'루테티아'는 고대 로마시대에 사용된 '파리'의 라틴어명이다.

식품관, 라 그랑드 에피스리

LE BON MARCHE

시즌에 따라 달라지는 에스컬레이터 장식도 찰칵!

현존하는 세계에서 가장 오래된 백화점

⑧ 르 봉 마르셰 Le Bon Marché

1852년 백화점 형태로 전환하여 여러 상품을 갖추고 정찰제와 교환·환불 시스템을 선보인 세계 최초의 현대식 백화점이자 고급 백화점의 대명사. 세월의 흔적이 엿보이는 고풍스러운 외관과 달리 늘 새롭게 단장하는 내부는 포토 스폿으로 인기일 정도로 쾌적한 환경을 유지한다. 로컬들이 주로 찾는 곳은 1923년에 설립한 별관 0층에 있는 1000평 규모의 식료품관 라 그랑드 에피스리(La Grande Epicerie)다. 트뤼프 오일이나 최상품 소금 등 고급 식자재와 향신료, 와인 등을 갖춰 가격은 비싼 편이지만 그런 만큼 맛과 품질은 보장한다. 라 타블(La Table, 별관 1층)이나 로즈 베이커리(Rose Bakery, 본관 2층) 등의 레스토랑도 분위기 좋기로 유명하다. 세금 환급 데스크가 있는 본관 3층에는 영유아부터 중학생까지 유·아동복 매장이 널찍하고 쾌적하게 자리 잡고 있다. MAP ⑥-C

GOOGLE MAPS 르봉 마르셰
ADD 24 Rue de Sèvres, 75007
OPEN 10:00~19:45(일요일 11:00~)/8월 15일 휴무
METRO 10·12 Sèvres-Babylone 2번 출구에서 길 건너 바로
WEB www.lebonmarche.com

+MORE+

생제르맹데프레의 쇼핑 거리

■ **그르넬 거리** Rue de Grenelle
에펠탑에서 시작해 앵발리드를 지나 생제르맹데프레 지구를 잇는 거리. 주로 생제르맹데프레 지역에 셀린, 마르지엘라, 프라다, 폴 스미스 등 고급 패션 브랜드가 들어서 있다. 다른 거리보다 여행자가 많지 않고 한적한 편이라서 느긋하게 걸으며 쇼핑할 수 있다.
WALK 생제르맹데프레 성당 정문에서 도보 5분

■ **자코브 거리** Rue Jacob
생제르맹데프레 성당 북쪽에 있는 들라크루아 미술관 옆 길이다. 이자벨 마랑, 제롬 드레이퓌스, 부티크 벨로즈 등 인기 패션숍과 벤시몽 매장, 현지인이 즐겨 찾는 베이커리 체인 폴(Paul) 등 좁은 골목 가득 볼거리와 먹거리로 가득하다. 구석구석 천천히 골목을 구경하며 시간 보내기 좋다.
WALK 생제르맹데프레 성당 정문에서 도보 2분

'아름다운 통로'라는 뜻의 미식 거리, 보파사주

⑨ 맛집 옆에 또 맛집!
보파사주 Beaupassage

2018년, 프랑스의 유명 건축가와 조경 예술가가 파리 7구의 오래된 동네를 단장해 탄생시킨 근사한 다이닝 스폿이다. 수도원 건축 양식부터 20세기 현대 건축까지 시크한 감각과 고전적인 아름다움이 어우러진 거리에 마카롱으로 유명한 피에르 에르메의 파티스리를 비롯해 미슐랭 3스타·2스타 셰프들의 베린(Verrine, 유리컵에 담긴 디저트) 숍·비스트로·와인 바·레스토랑·불랑제리와 와인 셀러, 치즈 장인의 치즈 가게 등이 한자리에 모였다. 이곳에 문을 연 모든 곳이 맛집이라고 해도 부족함이 없을 정도. 생제르맹데프레 중심가에서는 살짝 벗어났지만 지역 주민 사이에서는 나름 인기 스타라 오픈 시간 전부터 줄이 생긴다. MAP ⑥-C

GOOGLE MAPS V83G+R6J 파리
ADD 53-57 Rue de Grenelle, 75007
OPEN 07:00~23:00/가게마다 다름
WALK 르 봉 마르셰 백화점에서 도보 5분/오르세 미술관에서 도보 10분
WEB facebook.com/beaupassageparis/

마욜의 작업실

⑩

<지중해>

근대 조각의 3대 거장
마욜 미술관 Musée Maillol

로댕과 부르델 이후 프랑스의 조각계를 이끈 아리스티드 마욜(1861~1944년)의 작품을 전시하는 미술관이다. 마욜이 생애의 마지막 10년간 크게 의존한 그의 뮤즈이자 모델이었던 디나 비에르니가 마욜의 작품들을 정리하여 1995년에 개관했다. 앙드레 지드가 '조각의 부활'이라고 찬미한 마욜의 대표작 <지중해>와 프랑스 나비파·세잔·드가·로댕의 작품 등 비에르니가 수집한 미술품도 볼 수 있다. <지중해>의 여러 버전은 오르세 미술관에서도 만날 수 있다. 0층에서는 다양한 분야의 특별전도 활발히 열린다. MAP ⑥-C

GOOGLE MAPS 마욜 미술관
ADD 59-61 Rue de Grenelle, 75007
OPEN 10:30~18:30(수요일 ~22:00)/일부 공휴일 휴무/ 예약 권장
PRICE 17.50€(학생·19~25세 14.50€, 6~18세 12.50€)/수요일 6세 이상 12.50€
WALK 보파사주 북쪽 입구를 바라보고 오른쪽으로 도보 1분
WEB www.museemaillol.com

인상주의 작품의 보고
오르세 미술관 Musée d'Orsay

'오르세냐, 루브르냐' 그것이 문제인 '미알못'에게 두말 않고 추천하는 미술관이다. 이름값만 보자면 루브르 박물관에 뒤지지만 광고나 일상 곳곳에서 쉽게 접할 수 있는 친숙한 작품이 많아서 방문 후의 만족도는 오히려 더 높다. 모네·르누아르·반 고흐 등 인상주의 화가들의 작품이 주를 이루는데, 인상주의 자체가 소소한 일상과 풍경을 담고 있어 역사나 종교에 대한 지식이 필요한 이전 시대의 작품들보다 더 쉽게 다가온다.

오르세 미술관은 1900년 파리 만국 박람회 때 기차역으로 지었던 건물을 미술관으로 개조해 만들었기 때문에 구조가 독특하다. 철도가 있던 0층의 중앙부에는 조각상이 전시돼 있고, 바닥부터 유리 지붕까지 막힘이 없어 날씨와 시간대에 따라 분위기가 달라진다는 점도 매력이다. MAP ⑥-A

GOOGLE MAPS 오르세미술관
ADD 1 Rue de la Légion d'Honneur, 75007
OPEN 09:30~18:00(목요일 ~21:45)/폐장 1시간 전까지 입장/월요일·5월 1일·12월 25일 휴무/ 예약 권장, 매월 첫째 일요일 예약 필수
PRICE 현장/온라인 14/16€(목요일 18:00 이후 10/12€)/귀스타브 모로 미술관(8일 이내)·오페라 가르니에(14일 이내) 일반 티켓 소지자 11€(현장 구매만 가능)/17세 이하, 30세 이하 예술·건축·의상 관련 전공 학생, 매월 첫째 일요일 무료(예약 필수)/로댕 또는 오랑주리 미술관 통합권 25€(현장 구매만 가능, 상황에 따라 판매는 유동적)/ 뮤지엄 패스
WALK 튈르리 정원에서 센강을 건너 도보 2분/보파사주에서 도보 10분
RER C Musée d'Orsay에서 바로
WEB www.musee-orsay.fr

안녕이라는 말을 어떻게 할까
메종 세르주 갱스부르
Maison Historique de Serge Gainsbourg

'버킨 백'의 주인공 제인 버킨의 남편이었던 세르주 갱스부르(Serge Gainsbourg)의 생가. 한국인이 그를 기억할 만한 건 그가 작사하고 프랑수아즈 아르디가 부른 '코멍 트 디하듀(Comment Te Dire Adieu, 안녕이라는 말을 어떻게 할까)' 정도지만, 프랑스인들에게 그는 1960~70년대를 풍미한 시대의 아이콘이자 대중음악의 상징이었다. 그가 죽을 때까지 살던 집 그대로의 모습으로 2023년 오픈한 이곳에서 불꽃같이 살았던 보헤미안의 감각을 느껴보자. MAP ⑥-C

GOOGLE MAPS 메종 갱스부르
ADD 5bis Rue de Verneuil, 75007(티켓 구매 14 Rue de Verneuil)
OPEN 집·박물관·서점 09:30~20:00(수·금요일 ~22:30, 집은 예약 시간 엄수), 카페 & 바 10:00~02:00(화·수요일 ~24:00, 일요일 ~20:00)/월요일·일부 공휴일 휴무/ 집, 박물관은 예약 필수
PRICE 집+박물관 29€(7~25세 16€), 박물관 12€(7~25세 6€)
WALK 오르세 미술관에서 도보 10분/생제르맹데프레 성당에서 도보 8분
WEB www.maisongainsbourg.fr

가이드 투어로만 입장할 수 있으며, 티켓은 오픈하자마자 금세 마감된다. 집 내부 촬영은 엄격히 금지.

서점 겸 카페 메종 갱스부르
(Maison Gainsbourg)

미술 교과서 속 그림들이 한가득
오르세 미술관 탐방

오르세 미술관은 지하 2층과 지상 6층 규모로, 주요 전시관은 0·2·5층에 있고 나머지는 난간이나 건물 일부에 마련돼 있다.
입구로 들어가 0층 오른쪽부터 감상하기 시작해 다 둘러본 뒤 에스컬레이터를 타고 5층으로 올라가
인상주의, 후기 인상주의 작품을 감상하고 차례로 내려오면서 관람하는 게 효율적이다.
입구의 안내 데스크에 한국어 안내도가 마련돼 있으니 꼭 챙겨 가자. 예상 소요 시간은 3~4시간.

¤ 오르세 미술관 관람 팁

❶ 티켓 구매는 입구 A, 뮤지엄 패스 소지자는 입구 C로 들어간다.

❷ 오르세 미술관 일반 티켓 소지 시 오페라 가르니에와 귀스타브
　모로 미술관 티켓을 할인받을 수 있다.

❸ 오르세 미술관은 유지·보수에 필요한 자금을 해결하기 위한 작
　품 대여가 빈번하기 때문에 보고 싶은 작품이 없을 수 있다.

❹ 예술 서적을 비롯해 우편엽서, 포스터, 기념품 등을 판매하는
　미술관 숍은 기념품과 수준 높은 선물을 살 수 있는 최상의 장
　소다. 미술관 관람을 마치고 나오면서 천천히 둘러보자.

5층 테라스에서 바라본
센강 건너편의
튈르리 정원과 루브르 박물관

Niveau 0 0층

ℹ️ 인포메이션 데스크
🎫 매표소
🎧 오디오 가이드 대여부스
🛄 물품 보관소
🎁 기념품 숍
🍴 레스토랑, 카페
🪜 계단
〽️ 에스컬레이터
🚻 화장실

티켓 구매자 입구 A

뮤지엄 패스 소지자 입구 C

0층 전경

<만종>
밀레, 1857년

<이삭 줍는 여인들>
밀레, 1857년

<샘>
앵그르, 1856년

<피리부는 소년>
마네, 1866년

<오르낭의 장례식>과 <화가의 아틀리에>는
등장인물들의 실제 키와 체격이 동일한 크기로
그려진 작품으로도 유명하다.

<오르낭의 장례식>, 쿠르베, 1855년

<화가의 아틀리에>, 쿠르베, 1855년

Niveau 2 2층

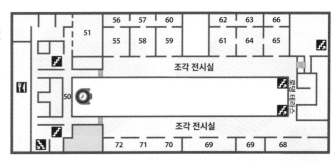

<북극곰>, 폼폰, 1923~1933년

<지옥의 문>, 로댕, 1880~1917년

<뱀을 부리는 여인>, 루소, 1907년

Niveau 5 5층

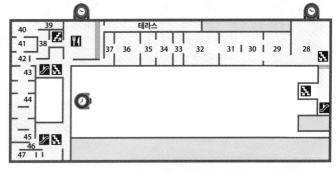

카페 캄파나

: WRITER'S PICK :

미술관 내 레스토랑

미술관 안에는 2개의 레스토랑이 있다. 그중 5층에 위치한 카페 캄파나(Café Campana)는 오르세 미술관의 상징인 대형 시계 바로 옆에 있어 특별한 공간감을 선사한다. 음료뿐 아니라 식사도 할수 있으며, 목요일 해피아워(17:00~19:00)에는 와인을 3€~에 제공한다. 식사는 2층 레스토랑(Restaurant du Musée d'Orsay)을 추천. 시내 고급 레스토랑에 버금가는 근사한 분위기 속에서 2코스 세트 메뉴(앙트레+플라 또는 플라+디저트)를 27€~에 즐길 수 있다.

<올랭피아>
마네, 1863년

<풀밭 위의 점심 식사>
마네, 1863년

<물랭 드 라 갈레트의 무도회>
르누아르, 1876년

<피아노 치는 소녀>
르누아르, 1892년

<루앙 대성당 연작>
모네, 1892~1893년

<사과와 오렌지>
세잔, 1900년

<오베르쉬르우아즈 성당>
반 고흐, 1890년

<예술가의 초상>
반 고흐, 1889년

<타히티의 여인들>
고갱, 1891년

<춤추는 잔 아브릴>
로트레크, 1892년

<14세의 어린 댄서>
드가, 1881년

여기가 힙 소굴
#생제르맹데프레 #쇼핑

한편에는 세계에서 가장 오래된 백화점이 있고 다른 한편은 대학가 라탱 지구와 맞닿아 있는 생제르맹데프레.
주택가와 명품숍, 젊은 취향의 부티크, 스트리트 패션이 경계 없이 어우러져 다양한 볼거리를 선사하는 이곳에서
독특한 콘셉트와 개성으로 이목을 끄는 가게들을 골라 가보자.

사랑스러운 개성을 뽐내고 싶을 땐
부티크 벨로즈
Boutique Bellerose

유럽에서 사랑받는 벨기에의 패션
브랜드. 우리나라에는 '벨레로즈'라
고 알려져 있다. 활동성을 강조한 캐
주얼 의류가 주를 이루며 가벼운 소
재를 이용한 독창적인 디자인을 선
보인다. 자연스러우면서도 러블리한
스타일의 원피스, 스커트, 셔츠가 인
기 상품. 아기자기한 액세서리도 많
다. 마레 지구를 비롯해 파리 시내에
6개의 지점이 있다. **MAP ❻-D**

GOOGLE MAPS V83P+RG 파리
ADD 3 Rue Jacob, 75006
OPEN 10:30~19:30(일요일 13:00~
19:00)/7~8월 중 약 4주간 휴무
WALK 생제르맹데프레 성당 정문에서 도
보 4분
WEB www.bellerose.be

파리지앵의 실용 만점 잇템
제롬 드레퓌스
Jérôme Dreyfuss

심플한 디자인에 훌륭한 소재가 더
해져 프랑스인이 사랑하는 가방 브
랜드가 탄생했다. 세계적인 디자이
너 이자벨 마랑의 남편 제롬 드레퓌
스가 만든 브랜드로, 파리 시내를 돌
아다니다 보면 이 가방을 든 파리지
앵을 심심치 않게 목격할 수 있다. 세
월이 지나 손때묻은 자연스러운 착용
감이 더 매력적으로 느껴지는 편안한
디자인이 특징. 파우치, 지갑, 구두도
다양하게 갖췄다. 파리 시내에 9개의
지점이 있다. **MAP ❻-D**

GOOGLE MAPS V83P+WH 파리
ADD 4 Rue Jacob, 75006
OPEN 11:00~19:00(토요일 ~19:30)/일요
일 휴무
WALK 부티크 벨로즈 맞은편
WEB jerome-dreyfuss.com

영국의 봉푸앙
카라멜
Caramel

노팅힐에 본점을 둔 영국의 프리미
엄 아동복 브랜드. 유행에 민감하
지 않은 클래식한 디자인과 사랑스
러운 분위기로 두터운 마니아 층을
형성하고 있으며, 영국 패브릭 브랜
드인 리버티의 고급 원단을 직접 디
자인해 만든 희소성 높은 의류와 영
국 감성을 세련되게 담은 제품들로
인기가 많다. **MAP ❻-D**

GOOGLE MAPS V82P+CR 파리
ADD 4 Rue de Tournon, 75006
OPEN 11:00~19:00/일·월요일 휴무
WALK 생쉴피스 성당 정문에서 도보 4분
WEB www.caramel-shop.co.uk

북유럽 감성 한 스푼
북바인더스 디자인
Bookbinders Design

파리에서도 비교적 고가의 문구류로 취급받는 스웨덴 전통 고급 문구 브랜드. 수작업으로 꼼꼼히 만든 무산성 천 커버의 노트와 바인더로 큰 인기를 끌고 있다. 매장 안에 정갈하게 진열된 컬러풀한 노트와 바인더들은 색깔별로 하나씩 쓸어 담고 싶은 소장욕을 마구 불러일으킨다. 실내장식 효과까지 덤으로 주는 사진 앨범도 강추 아이템. MAP ❻-C

GOOGLE MAPS V82F+JC 파리
ADD 130 Rue du Bac, 75007
OPEN 10:00~19:00(월요일 12:00~)/일요일·공휴일 휴무
WALK 르 봉 마르셰 백화점 본관 후문과 콘란 숍이 있는 사거리 코너
WEB www.bookbindersdesign.com

260년 역사를 지닌 니치 향수
크리드 Creed

다양한 향을 조향해 소량만 만들어내는 니치(Niche) 향수의 최고봉. 1760년 영국 왕실 의상을 만들던 런던의 부티크에서 '하우스 오브 크리드'라는 향수를 선보인 이래 유럽 전역의 왕실과 귀족의 사랑을 받았다. 비싼 원료를 사용하며, 재료 특유의 향이 강하지 않아 편안한 느낌을 주는 것이 특징. 샹젤리제 거리 근처(38 Avenue Pierre 1er de Serbie, 75008)와 갤러리 라파예트 오스만에도 매장이 있다. MAP ❻-C

GOOGLE MAPS creed paris 75007
ADD 74 Rue des Saints-Pères, 75007
OPEN 11:00~19:00/일요일·공휴일 휴무
WALK 르 봉 마르셰 백화점에서 도보 5분/생쉴피스 성당에서 도보 6분
WEB www.creedfragrance.fr

우아한 패키지와 꽃 향기에 취하다
불리 1803 Buly 1803

우아한 꽃향기와 고급스러운 패키지가 시그니처인 프랑스의 대표 화장품 브랜드. 조향사 장 뱅상 불리가 꽃향기가 나는 화장품을 만들어 19세기 유럽 귀족들의 큰 호응을 얻으며 유명해졌다. 페이스 크림과 핸드 크림으로 유명하지만 최근 향수와 바디 오일로도 주목받고 있다. 매장에서 제품을 구매하면 필기체로 이름을 적어줘 특별한 이를 위한 유니크한 선물로도 제격이다. MAP ❻-B

GOOGLE MAPS 불리1803 75006
ADD 6 Rue Bonaparte, 75006
OPEN 11:00~19:00/일요일·일부 공휴일 휴무
WALK 생제르맹데프레 성당 정문에서 도보 4분
WEB buly1803.com

그렇게 맛있다며?

#생제르맹데프레 #디저트맛집

예쁜 거리를 산책하다 우연히 발견한 부티크에서 취향 저격 아이템을 득템! 마무리는 당 충전이다.
식지 않는 파리 디저트의 인기. 그 중심은 생제르맹데프레다.

인기 No.1 이스파한

No.2,
초콜릿 맛과 장미 맛

마카롱의 새로운 지평을 열다

피에르 에르메(본점) Pierre Hermé(Bonaparte)

기존의 틀을 벗은 독창적인 디저트로 파티스리계의 피카소라 불리는 피에르 에르메의 본점. 바삭하면서도 입에 넣자마자 사르르 녹는 피에르 에르메의 마카롱은 촉촉하고 부드러운 라뒤레의 마카롱과 개성은 분명하게 갈리지만 우열을 가리기 힘들 정도로 매력적이다. 밀푀유나 에클레어 등 패스트리도 고소함과 바삭함이 뛰어나며, 여름에는 아이스크림과 소르베, 음료도 추천. 특히 납작한 마카롱 사이에 아이스크림이나 소르베를 넣은 미스 글라글라(Miss Gla'Gla)의 인기가 독보적이다. 샹젤리제 거리와 라파예트 백화점, 마레 지구를 비롯해 파리 시내에 20여 개의 지점이 있다. MAP ❻-D

GOOGLE MAPS 피에르 에르메 본점
ADD 72 Rue Bonaparte, 75006
OPEN 11:00~20:00(금·토요일 10:00~20:00, 일요일 10:00~19:00)/일부 공휴일 휴무
MENU 마카롱 1개 2.80€~, 박스 세트 8개입 25€~
WALK 생쉴피스 성당을 등지고 분수 오른쪽 길 건너 골목 안에 있다./ 생제르맹데프레 성당 정문에서 도보 4분
WEB www.pierreherme.com

박스에 담으면 포장비(4~20€)가 추가된다.

밀푀유

생토노레
바닐라 타르트

이토록 아름다운 디저트의 향연

위고 에 빅토르 Hugo & Victor

미슐랭 3성급 레스토랑 기 사부아 출신의 오너 셰프 위그 푸예가 오감을 책임지는 파티스리 & 쇼콜라티에. 고전적인 조리법을 혁신적인 디자인으로 승화시켜 참신한 디저트를 선보인다. 천연 과일로 보석처럼 꾸민 타르트와 버터의 풍미가 일품인 피낭시에, 그리고 커스터드 크림이 와그작 씹히는 파이의 식감과 바닐라를 첨가한 가나 슈크림의 진한 달콤함이 일품인 밀푀유는 파리 최고라 해도 좋을 정도. 소믈리에도 있어 완벽한 와인 한잔과 함께 밀푀유를 페어링할 수 있다. 서울에도 지점이 있다. MAP ❻-C

GOOGLE MAPS hugo & victor paris
ADD 40 Boulevard Raspail, 75007
OPEN 10:00~19:00(금요일 ~20:00, 토요일 09:30~20:00)
MENU 타르트 8.50€~, 피낭시에 1.90€, 밀푀유 8€
WALK 르 봉 마르셰 백화점에서 도보 2분
WEB hugovictor.com

마리 앙투아네트가 선택한 초콜릿
드보브 에 갈레 Debauve & Gallais

루이 16세의 왕실 약제사이자 초콜릿 장인이었던 쉴피스 드보브가 1800년에 창업한 초콜릿 전문점. 그는 마리 앙투아네트가 약이 써서 먹기 싫다고 불평하자 사탕수수와 약을 버무린 금화 모양의 피스톨(Pistoles)을 처방해 환심을 샀다. 그 후 나폴레옹을 거쳐 루이 필리프에 이르기까지 프랑스 왕실의 공식 초콜릿 납품업체로 인정받아 부르봉 왕가의 백합 문양을 심볼로 사용하고 있다. 지금도 19세기의 전통 제조법을 고수하며 장인들이 수작업으로 생산하고 있으며, 카카오 함량이 높아 묵직하고 깊은 맛을 내는 것이 특징이다. 프랑스에 매장은 이곳과 파사주 데 파노라마 근처(33 Rue Vivienne) 지점 하나뿐이지만 우리나라를 비롯해 세계 여러 나라에 지점을 두고 있다. MAP ❻-D

둥글고 납작한 동전 모양의 피스톨과 여러 가지 재료로 속을 채워 만드는 봉봉, 바 형태의 태블릿이 대표 상품이다.

겨울 한정 마롱 글라세

GOOGLE MAPS debauve & gallais
ADD 30 Rue des Saints-Pères, 75007
OPEN 09:30~19:00(토요일 10:30~19:30)/일요일·일부 공휴일 휴무
MENU 초콜릿 1개 2.50€~, 피스톨 12피스 박스 25€~
WALK 생제르맹데프레 성당 정문에서 도보 5분
WEB debauve-et-gallais.com

투박한 모양의 푸알란식 사과 타르트

미슈 빵

프랑스 빵의 살아있는 전설
푸알란(본점) Poilâne

90년이 넘는 세월 동안 멋 부리지 않고 우직하게 빵 하나만으로 승부해온 곳. 파리의 다른 빵집에서처럼 색이 곱고 모양이 예쁜 빵보다는 게랑드 지방의 천연 소금만을 이용해 나무 화덕에서 구워내는 16세기 전통 방식의 레시피를 이어가는 의미 있는 가게다. 살바도르 달리가 단골로 찾던 곳으로도 유명하며, 주말이면 1000여 명이 다녀가는 파리의 명소 중 하나다. 밀가루, 누룩, 식염만을 사용해 만드는 미슈 빵은 찰지고 쫀득한 질감에 씹을수록 고소한 맛이 매력적인 이 집의 베스트셀러다. 마레 지구(38 Rue Debelleyme, 75003)와 에펠탑 근처(49 Bd de Grenelle, 75015), 뷰트쇼몽 공원 근처(83 Rue de Crimée, 75019)에도 지점이 있다. MAP ❻-C

GOOGLE MAPS 푸알란 파리
ADD 8 Rue du Cherche-Midi, 75006
OPEN 07:15~20:00/일요일·일부 공휴일 휴무
MENU 미슈 빵 0.7€~/100g
WALK 생제르맹데프레 성당과 르 봉 마르셰 백화점에서 각각 도보 6분
WEB www.poilane.com

프랑스 카페 문화의 혁신
쿠튐 카페(본점) Coutume Café

최근 파리의 카페 문화는 젊고 재능 있는 바리스타들이 주도하고 있는데, 그 선봉에 있는 곳이 쿠튐 카페다. 쿠튐은 커피 재배지, 재배 방법, 수확까지 모든 공정을 직접 보고 최고 품질의 원두를 사용하는 것으로 유명하며, 정기적으로 로스팅 대회를 열어 실력 있는 바리스타들을 양성하기도 한다. 2011년 문을 열어 파리 7구에서 가장 맛 좋은 커피를 내리는 카페로 이름을 날리다가 지금은 파리 유명 호텔과 카페, 미슐랭 레스토랑에 원두를 납품하고 있다. 브런치도 수준급. 라탱 지구(Institute 점), 라파예트 백화점, 동역 근처 등 파리 시내에 6개 지점이 있다. **MAP ❻-C**

GOOGLE MAPS V829+M8 파리
ADD 47 Rue de Babylone, 75007
OPEN 08:30~17:30(토·일요일 09:00~18:00)/일부 공휴일 휴무

MENU 에스프레소 3€, 라테·카푸치노 5€, 아이스 라테 6€
WALK 르 봉 마르셰 백화점에서 도보 5분
WEB coutumecafe.com

맛차 라테

제철 과일과 샹티이 크림을 올린 팬케이크

생제르맹데프레를 닮은 카페
생 펄 Saint Pearl

'예쁜 카페'라는 수식어가 잘 어울리는 작은 카페. 커다란 창문 너머로 성 블라디미르 대성당이 보이는 클래식한 분위기에 헤링본 마루와 원목 테이블, 흰색 벽 등이 감각적으로 어우러진 사랑스러운 공간이다. 추천 메뉴는 제철 과일과 샹티이 크림을 올린 팬케이크와 맛차 라테, 그리고 맛차 케이크. 이 외에도 비건 수프, 샐러드, 글루텐 프리 당근 케이크, 샌드위치, 토스트, 버블티 등 메뉴가 다양해 구경하기도, 음식을 골라 먹기도 좋다. **MAP ❻-D**

GOOGLE MAPS saint pearl
ADD 38 Rue des Saints-Pères, 75007
OPEN 08:00~19:00(토·일요일 10:00~18:00)
MENU 맛차 라테 5€, 팬케이크 14.50€~, 서울 토스트 15.50€
WALK 생제르맹데프레 성당 정문에서 도보 4분
INSTAGRAM @saint_pearl

2층에서 내려다본 1층 모습도 그림이 된다.

커피 맛만큼 분위기도 중요하다면

메종 플르레 파리 Maison Fleuret Paris

의학·약학으로 유명한 파리 시테 대학의 생제르맹데프레 캠퍼스 바로 옆에서 도서관같이 아늑하고 조용한 분위기로 존재감을 발휘하는 카페. 문예·비평 잡지 <라 누벨 르뷔 프랑세즈(NRF)>로 벽면을 가득 채우고 클래식 음악이 흐르는 아날로그적 감성 가득한 공간은 마치 영화 속 한 장면처럼 느껴지기도 한다. 대학교 앞이지만 노트북 사용을 금지하므로 안락한 분위기에서 여유롭게 시간을 보내는 데는 이만한 곳이 없다. 베이킹 클래스를 운영할 정도로 쿠키와 케이크 맛도 결코 빠지지 않는다. MAP ❻-D

GOOGLE MAPS maison fleuret
ADD 30 Rue des Saints-Pères, 75006
OPEN 09:00~18:30(일요일 09:30~)/월·화요일·공휴일 유동적 휴무
MENU 에스프레소 3.50€, 라테 5.50€~, 쿠키·케이크 5€~
WALK 생제르맹데프레 성당 정문에서 도보 5분(드보브 에 갈레 바로 오른쪽)
INSTAGRAM @maisonfleuretparis

1유로의 행복

라 파리지엔느
La Parisienne(Madame 점)

2016년 파리 최고의 바게트 경연대회에서 우승하며 단숨에 주목받은 불랑제리(2024년에는 3위). 이 대회에서 우승하면 엘리제 궁전에 1년간 빵을 납품하게 돼 '프랑스 대통령이 매일 먹던 빵'이라는 말을 평생 듣게 된다. 우승한 빵은 '트라디시옹(Tradition)'이라고 불리는 전통 바게트로, 일반 바게트와 달리 밀가루, 물, 소금, 이스트만으로 만든다. 그 외 타르트와 파이 등 디저트도 반응이 매우 좋다. 라탱 지구(52 Bd Saint Germain, 75005), 레 알(21 Rue des Halles, 75001), 몽파르나스(19 Rue d'Odessa, 75014) 등 파리 시내에 총 7개 매장이 있다. MAP ⑥-D

GOOGLE MAPS la parisienne madame
ADD 48 Rue Madame, 75006
OPEN 07:00~20:00/수요일·일부 공휴일 휴무
MENU 트라디시옹 바게트 1.50€~, 바게트 샌드위치 5€~
WALK 뤽상부르 정원에서 도보 2분/생쉴피스 성당에서 도보 6분
WEB boulangerielaparisienne.com

눈으로 먹는 비주얼 갑 #인싸디저트

프루티니
Fruttini

과일 모양의 소르베로 주목받고 있는 아이스크림 전문점. 레몬, 아보카도, 용과, 파인애플, 서양배 등 알록달록 새콤상큼한 과일 모양 소르베 20여 종을 쇼케이스에서 골라 먹는 재미가 있다. 상큼한 셔벗 스타일의 소르베는 식사 후 입가심하기에도 좋다. MAP ⑥-C

GOOGLE MAPS R8XF+MX 파리
ADD 24 Rue Saint-Placide, 75006
OPEN 10:30~19:00/일부 공휴일 휴무
MENU 소르베 5~28€
WALK 르 봉 마르셰 백화점 뒤쪽으로 도보 2분
WEB www.fruttini.com

레몬 & 시트론
소르베

키위 소르베

애플망고
소르베

지금 당신에게 가장 필요한
#생제르맹데프레 #맛집

먹는 거에 진심인 파리 사람들. 그들이 선택한 한 끼.

파리에서 가장 맛있는 포카치아 샌드위치
코시 Così

화덕에서 따끈따끈하게 구워낸 포카치아(Focaccia)가 싱싱한 채소와 햄, 치즈를 만나 맛있는 샌드위치로 둔갑하는 곳. 디저트와 음료가 딸린 세트 메뉴로 주문하면 더욱 든든한 한 끼가 완성된다. 특히 소고기 샌드위치(Perfide Albion)는 소고기와 토마토, 양파를 구워내기 때문에 진한 향이 일품. 재료와 드레싱을 직접 선택할 수 있는 샐러드(Everything But)도 훌륭하다. 주문은 입구에서 받으며, 영어도 통한다. 느긋한 식사를 즐길 수 있는 2층 테이블 추천. MAP ⑥-D

GOOGLE MAPS cosi 75006
ADD 54 Rue de Seine, 75006 **OPEN** 12:00~23:00/일부 공휴일 휴무
MENU 샌드위치 8€~, 샐러드 10€~, 세트 메뉴 12.50~16€
WALK 생제르맹 성당 정문에서 도보 4분

로컬들의 단골 레스토랑
라 소시에테 La Société

레 두 마고(144p) 바로 옆, 생제르맹데프레 성당을 바라보며 식사할 수 있는 레스토랑. 주말엔 로컬들의 가족 모임으로, 평일에는 인근 직장인의 점심 식사로 인기다. 가격은 좀 비싼 편이지만 특별한 날 한 끼 식사로는 더없이 완벽하다. 추천 메뉴는 신선한 랍스터가 든 파스타. 매콤한 맛이 우리 입맛에 잘 맞는다. 예약을 권장하지만 줄이 늘어서는 곳은 아니니 부담 없이 방문해보자. MAP ⑥-D

GOOGLE MAPS V83M+Q8 파리
ADD 4 Place Saint-Germain des Prés, 75006 **TEL** 01 53 6 360 60
OPEN 12:00~15:00, 19:00~23:00(금~일요일 10:00~24:00)/일부 공휴일 휴무
MENU 앙트레 12~34€, 플라 24~72€, 파스타 52€~
WALK 생제르맹데프레 성당 정문 맞은편(루이비통 오른쪽 건물)
WEB restaurantlasociete.com

살짝 매콤한 겨자 소스를 얹은 샐러드와 빵은 세트에 포함된다.

50년 이상 고집해온 단 한 가지 메뉴

르 를레 드 랑트르코트
Le Relais de L'Entrecôte

50년이 넘는 세월 동안 오직 스테이크(Entrecôte Steak, 갈빗살 스테이크) 한 가지 메뉴만 고집해온 뚝심 있는 식당. 딱 먹기 좋을 만큼 익힌 뒤 식지 않게 두 번에 걸쳐 내오는 스테이크와 비법을 절대 공개하지 않는 비밀 소스가 인기 비결이다. 요리는 스테이크와 샐러드, 빵, 감자튀김이 포함된 세트 메뉴 하나뿐이라 직원은 음료와 디저트만 주문받는다. 주말과 성수기에는 오픈 전에 미리 가야 제 시간에 식사할 수 있다. 샹젤리제(15 Rue Marbeuf, 75008)와 몽파르나스(101 Boulevard du Montparnasse, 75006)에도 지점이 있다. MAP ⑥-D

GOOGLE MAPS V83M+R4 파리
ADD 20 Rue Saint-Benoît, 75006
OPEN 12:00~14:30(토·일·공휴일 ~15:00), 18:45~23:00
MENU 스테이크 29€, 와인 1잔 5€~, 디저트 5.50€~
WALK 생제르맹데프레 성당 정문에서 도보 1분(카페 드 플로르가 있는 골목 안쪽)
WEB www.relaisentrecote.fr

분위기 좋기로 소문난 생제르맹데프레 본점

피시앤칩스

블랙 버거

피시앤칩스를 맛있게 먹는 방법

메르시 보파사주 Mersea Beaupassage

미슐랭 2스타 셰프 올리비에 벨랭(Olivier Bellin)이 보파사주에 오픈한 레스토랑 체인. 지속 가능한 어업을 지지하는 해산물 전문 식당으로 영·미식 스트리트 푸드를 창의적으로 재해석한 요리를 선보인다. 시그니처 메뉴는 신선한 명태에 콘플레이크와 빵가루를 섞은 튀김 옷을 입혀 겉은 바삭하고 속은 보드라운 피시앤칩스. 오징어 먹물로 반죽한 빵에 바삭하게 튀긴 명태 패티를 넣은 블랙 버거 역시 추천 메뉴다. 둘 다 짭짤한 감자튀김이 곁들여지며, 케첩, 타르타르 등 4가지 소스 중 한 가지를 선택할 수 있다. 다양한 스위트와 자연 발효 빵으로 만든 샌드위치와 샐러드를 판매하는 테이크아웃 코너도 있다.

MAP ⑥-C

GOOGLE MAPS mersea beaupassage
ADD 53-57 Rue de Grenelle, 75007
OPEN 12:00~15:00, 17:30~22:30(토·일요일·공휴일 11:30~22:30)/일부 공휴일 휴무
MENU 피시앤칩스 18.95€, 블랙 버거 18.95€
WALK 르 봉 마르셰 백화점에서 도보 5분(보파사주 내)
WEB merseaparis.com

오늘의 플라, 생선 요리

런치의 여왕

셍크 마르스 Cinq-Mars

오르세 미술관 근처에서 맛, 가격, 서비스 삼박자를 모두 갖춘 인기 레스토랑.
점심시간에 세트 메뉴를 22~28€에 제공하는 오늘의 요리가 인근 직장인은
물론 여행자들에게 환영받는다. 플라는 대개 생선 요리와 소 또는 돼지고기
요리 2가지가 준비되며, 앙트레의 양도 넉넉해 든든하고 만족스러운 한 끼를
먹을 수 있다. MAP ❻-A

GOOGLE MAPS restaurant cinq mars
ADD 51 Rue de Verneuil, 75007
OPEN 12:00~14:30(토·일요일 12:30~15:00), 19:30~22:30/일부 공휴일 휴무
MENU 앙트레 5.50~34€, 플라 15~59€, 디저트 9~18€
WALK 오르세 미술관 입구에서 도보 3분

앙트레, 연어가 든
스크램블 에그

오늘의 플라,
돼지고기 요리

285

미슐랭 스타 셰프의 초밥
르 바 데프레 Le Bar des Prés

프랑스 요리 예능 프로그램에서 인기를 얻은 오너 셰프 시릴 리냑(Cyril Lignac)이 운영하는 퓨전 레스토랑 겸 바. 스타 셰프의 명성에 미슐랭 별 1개가 더해져 늘 손님들로 가득하다. 프랑스식과 일식을 조합한 퓨전 요리가 메인으로, 여럿이 나눠 먹을 수 있는 메뉴도 많다. 하지만 가격대비 양이 적은 편이라 배불리 먹고 싶다면 여러 개를 주문해야 한다는 점이 아쉽다. 식사 대신 칵테일이나 와인과 함께 안주를 곁들일 수 있는 바 석도 마련돼 있다. 전화 예약 권장. MAP ⑥-D

GOOGLE MAPS V83J+46 파리
ADD 25 Rue du Dragon, 75006
TEL 01 43 25 87 67
OPEN 12:00~14:30, 19:00~23:00/일부 공휴일 휴무
MENU 초밥(Sushi) 1개 7€~, 모둠 초밥(6개, Assortiment Shusi) 40€, 요리(À Partager) 26€~, 칵테일 13€~
WALK 생제르맹데프레 성당 정문에서 도보 4분
WEB www.bardespres.com

언제든 즐길 수 있는 건강한 한 끼
마르셀 Marcel

브레이크 타임이 없어 여행자에게 특히 반가운 레스토랑. 식사 때를 놓쳤다면 고민하지 말고 가보자. 푸짐한 양과 깔끔한 플레이트, 친절한 서비스로 든든한 한 끼를 기분 좋게 먹을 수 있다. 추천 메뉴는 달달함의 끝판왕인 프렌치토스트와 푸짐한 양으로 배를 채워주는 콥샐러드. 단, 평일 점심과 주말 브런치 타임에는 대기 줄이 길어지니 시간에 여유를 두고 방문하자. MAP ⑥-C

GOOGLE MAPS 마르셀 바빌론느
ADD 15 Rue de Babylone, 75007
OPEN 10:00~22:00(일요일 ~18:00)/일부 공휴일 휴무
MENU 팬케이크 13€, 당근 케이크 8€, 프렌치 토스트 14€, 콥 샐러드 20€
WALK 르 봉 마르셰 백화점에서 도보 1분
WEB restaurantmarcel.fr

브르타뉴에 가지 않고 브르타뉴 크레페 맛보기

크레프리

파리의 트렌디세터들과 외국인이 즐겨 찾는 생제르맹데프레에서도
크페페의 고향 브르타뉴 정통의 맛을 고집하는 곳들.

갈레트의 단짝,
시드르

쉬페르 콩플레트

시드르에 재운
양파와 수제 소시지가
든 크레페(Artisanal
Gourmet Sausage)

<피가로>가 선정한 파리 최고 크레프리

리틀 브레즈 Little Breizh

전통의 맛은 물론 청량하게 꾸민 인테리어까지 브르타뉴에 있는 크레프리를 똑 떼어다 파리에 옮겨 놓은 것 같은 곳. 대표적인 식사용 메뉴는 햄, 달걀, 치즈, 베이컨 등을 넣어 든든한 쉬페르 콩플레트(Super Complète). 유기농 밀가루와 메밀로 만든 바삭한 갈레트가 어우러져 고소하고 짭짤하며 부드러운 맛의 삼중주를 느낄 수 있다. 메밀 반죽을 이토록 바삭하게 구워내는 비밀은 바로 주인장만 아는 반죽 방법에 숨어있다고. MAP ⑥-D

GOOGLE MAPS little breizh paris
ADD 11 Rue Grégoire de Tours, 75006
OPEN 12:00~14:30, 18:30~22:30/일·월요일·7~8월 중 약 4주간 휴무
MENU 세트 메뉴 11.90€~, 식사용 크레페 9€~, 시드르 5€~
WALK 생제르맹데프레 성당 정문에서 도보 5분

브르타뉴의 명물을 한 자리에

갈레트 카페 Galette Café

갈레트와 함께 굴 산지로 유명한 브르타뉴의 캉칼 (Cancale)에서 공수한 굴(Huîtres) 요리를 맛볼 수 있는 크레프리. 굴을 주문하면 메밀 반죽을 얇게 만들어 바싹 구운 갈레트를 곁들여 내오므로 굴 6~9개면 한 끼 식사로 충분하다. 식사용이나 디저트용 크레페도 수준급. MAP ⑥-D

GOOGLE MAPS 갈레트 카페 파리 75007
ADD 2 Rue de l'Université, 75007
OPEN 12:00~22:00(월 ~16:00, 토 ~17:00)/일요일 휴무
MENU 식사용 크레페 11.50€~, 굴 16.50€~/6개
WALK 생제르맹데프레 성당 정문에서 도보 5분
WEB www.galettecafe.fr

단맛이 강해 크레페와 궁합이 잘 맞는 브레즈 콜라(Breizh Cola)

식사 시간에는 항상 줄이 길게 늘어서니 피크 시간을 피해 가자.

영어 메뉴판이 있어 편하게 주문할 수 있다.

시드르 4€~

: WRITER'S PICK :
식사용 크레페 & 간식용 크레페

우리나라에서는 크레페를 주로 디저트라 여기지만 프랑스에서는 식사용으로 다양하게 개발됐다. 식사용 크레페는 일반적으로 기본인 레 클라시크(Les Classiques), 달걀과 햄 베이스의 레 콩플레트(Les Complètes), 독창적인 재료로 만든 레 스페시알리테(Les Spécialités) 등 3가지로 나뉘며, 디저트용 크레페는 대부분 르 쉬크르(Le Sucre)에 있다. 전문점(크레프리)에서 만나는 가장 대표적인 크레페는 메밀로 만들어 겉은 바삭하고 속은 부드러운 갈레트(Galette)나 사라쟁(Sarrasin). 메밀 알레르기가 있다면 갈레트 크레페는 피하자. 일반 레스토랑이나 길거리에서 판매하는 크레페는 보통 밀가루로 만들어 식감이 부드럽다.

믿고 가는
#생제르맹데프레 #와인 & 칵테일 바

파리 좀 아는 사람들의 아지트, 생제르맹데프레에서 찾은 인기 폭발 와인 바.
종종 웨이팅도 감내해야 하지만 흥겨운 분위기에서 현지인처럼 부담 없이 마시고 싶다면 살펴볼 것.

맛조개

파리의 혼술 탑픽
프레디스 Freddy's

좁다란 골목을 따라 카페와 술집이 늘어선 먹자
골목, 센 거리(Rue de Seine)에서 직장인들이 퇴
근 후 한잔하러 들르는 곳. 타파스 바 형태의 주점
이라 저렴한 가격에 흥겨운 분위기가 더해져 색
다른 파리지앵의 모습을 볼 수 있다. 실패 없는 메뉴
는 호박 튀김(Beignets de Courgette)과 맛조개
(Couteaux). 다만 접시당 양이 매우 적고 칠판에
그날그날 메뉴를 필기체로 적어놓고 있어 눈치가
꽤 필요하다. 저녁에는 발 디딜 틈 없이 붐비는데,
명당자리는 입구 바로 옆 자리. 직원이 자주 입
구를 쳐다보기 때문에 주문하기도 편하고, 덜 붐
비고, 거리를 오가는 사람을 구경하며 혼술하기도
좋다. MAP ⑤-D

GOOGLE MAPS 프레디스 파리 6e
ADD 54 Rue de Seine, 75006
OPEN 12:30~14:30, 18:30~22:30/일부 공휴일 휴무
MENU 타파스 한 접시당 6~13€, 와인 1잔 6.50€~
WALK 생쉴피스 성당 정문에서 도보 4분/
들라크루아 미술관에서 도보 2분

무화과를 곁들인
오리 가슴살 구이

동네 사랑방 같은 와인 바
라 크레므리 La Crèmerie

편안하고 세련된 분위기와 부담 없는 안주로 자칫 여
행자에게 어렵게 느껴지기 쉬운 와인 바의 문턱을 낮
춘 곳이다. 다량의 내추럴 와인과 유기농 와인을 보
유하고 있으며, 직원에게 추천을 부탁하면 친절하
게 도와준다. 추천 안주는 스트라치아텔라 디 부팔라
(Stracciatella di Bufala, 18€). 크리미한 치즈가 절인 버
섯, 절인 파, 올리브 오일에 절인 토마토, 엔다이브, 견
과류와 어우러져 와인과 찰떡궁합을 이룬다. 여럿이
나눠 먹기 좋은 안주로는 빵이 함께 나오는 햄·치즈 모
둠을(Assortiment de Charcuteries & de Fromages) 추
천. 생제르맹데프레 성당 근처에 조금 더 큰 규모의 2
호점 라 그랑드 크레므리(La Grande Crèmerie)가 있다.

MAP ❻-D

스트라치아텔라
디 부팔라

모둠 햄

유제품 판매점
(La Cremerie)이었던 이전
가게 이름과 간판을 그대로
사용하고 있다.

2호점, 라 그랑드 크레므리

GOOGLE MAPS la cremerie 9 / 2호점 la grande cremerie
ADD 9 Rue des Quatre Vents, 75006 /
2호점 8 Rue Grégoire de Tours, 75006
OPEN 18:30~22:30/일요일·일부 공휴일 휴무,
2호점 18:00~24:00/일부 공휴일 휴무
MENU 스트라치아텔라 디 부팔라 12€, 와인 1잔 6.50€~
WALK 생쉴피스 성당 뒤쪽에서 도보 2분 /
2호점 생제르맹데프레 성당 정문에서 도보 5분
WEB lagrandecremerie-paris.fr(2호점)

건물 전체가 복합 문화 공간인 칵테일 바
크라방 CRAVAN

센강 서쪽, 비교적 한적한 16구에서 운영
하던 칵테일 바가 인기를 끌자 번화가로 진
출해 오픈한 2호점. 칵테일 바와 도서관,
작업실, 영화관을 한 울타리 안에 조합한
복합 시설로, 자유로운 분위기 속에서 칵테
일을 즐길 수 있다. 파리의 멋쟁이들과 함
께 맛있는 칵테일을 즐기고 싶은 여행자에
게 강추! **MAP ❻-D**

GOOGLE MAPS cravan paris 6e
ADD 165 Bd Saint-Germain, 75006
OPEN 17:00~01:00(토요일 12:00~)/
일·월요일·일부 공휴일 휴무
MENU 칵테일 1잔 14€~, 안주류 7€~
METRO 4 Saint-Germain Germain-des-Prés
에서 도보 3분
WEB cravanparis.com

파리의 걷고 싶은 길 #3

Cour du Commerce – Saint – Andre

코메르스생탕드레 거리: 오데옹역 2번 출구~르 프로코프(Le Procope) 후문
여행, 그 다음의 여행

Rue Férou

페루 거리: 생쉴피스 성당~뤽상부르 정원의 뤽상부르 미술관 사이
랭보의 시 〈취한 배(Le Bateau Ivre)〉의 벽

변화와 역동의 거리
레 알 & 보부르

1969년 프랑스 대통령에 취임한 조르주 퐁피두는 파리의 대표적 빈민가였던 레 알(Les Halles)과 보부르(Beaubourg)의 재개발을 추진했다. 그 결과 보부르에 모습을 드러낸 퐁피두 센터는 개관 이후 1억5천만 명 이상이 방문한 파리의 대표 명물로 부상했고, 재래시장이 있던 레 알은 현대식 디자인의 대형 종합 쇼핑센터가 들어서면서 생기 넘치는 젊은이들의 거리로 바뀌었다. 레 알 북쪽, 메트로 에티엔 마르셀(Étienne Marcel)역 주변에는 디자이너 부티크와 편집숍, 파리에서 제일 오래된 빵집, 실력 있는 식당과 디저트숍들이 포진해 있어 언제 가더라도 현지인과 여행자들로 활기가 넘친다.

0 100m

피제리아 포폴라레

● 갤러리 비비엔

Ⓜ Sentier

노즈

Ⓜ Réaumur-Sébastopol
Arts et Métiers Ⓜ

58m.   스토러   4 파사주 뒤 그랑 세르

아 시몽   에스파스   송홍
모라   킬리워치

● 팔레 루아얄

드일르랑   2 생튀스타슈 성당

Ⓜ Étienne Marcel

오베르주 니콜라 플라멜

라 알 오 그랭   3
증권거래소-피노 컬렉션   시소 버거

Ⓜ Les Halles

Châtelet-Les Halles RER 1
웨스트필드 포럼 데 알   글라스 비시르

Ⓜ Rambuteau

● 루브르 박물관   클로버 그릴   5 ● 국립 현대 미술관
라 파리지엔느   퐁피두 센터
                                    국립 고문서 박물관 ●

MAP legend

Ⓜ Châtelet   르 뒥 데 롱바르   포 14

프리 '피' 스타

플뢰

6   킬로 숍
생자크 탑   프리 '피' 스타

Ⓜ Hôtel de Ville

1 명소   식당 & 카페   상점   파리 시청사

Ⓜ RER 메트로, RER   ● 표지물

Pont au Change

콩시에르주리 ●   Pont Notre-Dame

Pont d'Arcole

1 파리의 기이한 지하도시
웨스트필드 포럼 데 알 Westfield Forum des Halles

중세부터 파리에서 제일 큰 중앙시장이 있던 자리에 들어선 대규모 복합 쇼핑센터. 2018년 새단장을 거쳐 깔끔하고 모던한 디자인으로 재개관했다. 지상 1층 지하 4층 규모의 독특한 역피라미드 모양 건물은 지하 4층까지 햇빛이 들어오며, 거대한 잎 모양의 캐노피 지붕이 넓은 야외공간을 뒤덮고 있다. 내부에는 세포라, 키코, H&M 홈, 대형 슈퍼마켓 등 130여 개의 상점과 20여 개의 식당과 카페, 30개가 넘는 상영관을 갖춘 영화관 등을 갖췄다. RER과 메트로 4개 노선이 교차하는 교통의 요지이며, 근처의 이노상 분수와 함께 만남의 장소로 인기가 높아 늘 많은 사람으로 북적인다. 세금 환급은 쇼핑센터 전체 합산이 안 되므로 상점별로 따로 서류를 받아야 한다. 소매치기가 극성인 곳이니 소지품 간수에 특히 신경 쓰자. MAP ⑥-B

> 1550년 완공한 르네상스 양식의 이노상 분수(Fontaine des Innocents). 파리에서 가장 오래된 분수다.

GOOGLE MAPS 웨스트필드 포럼데알
ADD 101 Rue Berger, 75001
OPEN 10:00~20:30(일요일 11:00~19:30)/상점마다 다름
WALK 팔레 루아얄에서 도보 10분/시테섬에서 북쪽으로 퐁 뇌프를 건너 도보 8분
METRO 4 Les Halles 또는 **RER** A·B·D Châtelet-Les Halles에서 지하로 연결
WEB westfield.com/france/forumdeshalles

+MORE+

파리 재즈의 현주소, 르 뒥 데 롱바르 Le Duc des Lombards

파리의 재즈 클럽 랭킹에서 항상 상위권을 차지하는 곳이다. 데이빗 샌본, 다이안 슈어 등의 스타가 거쳐 갔고, 밥티스트 트로티뇽, 올리비에 테밈 같은 젊은 재즈 뮤지션을 지속적으로 발굴하고 출연시키는 신규 플랫폼 역할을 하며 늘 에너지 넘치고 트렌디한 재즈를 선보인다. 하루에 두 번 19:30, 22:00에 1시간 15분씩 공연이 있다(입장은 공연 30분 전부터). 금요일과 토요일 밤 11시 이후에는 즉흥 연주인 잼 세션(무료)이 벌어지니 재즈 팬이라면 놓치지 말자. 종류는 많지 않지만 단품 요리와 칵테일도 최상급이다. MAP ⑥-B

GOOGLE MAPS duc lombards
ADD 42 Rue des Lombards, 75001
OPEN 19:00, 21:30/일요일·8월 중 약 2주간 휴무
PRICE 29~41€

MENU 맥주 4€~, 와인 6€~/1잔
WALK 포럼 데알 남쪽 이노상 분수에서 도보 2분/퐁피두 센터에서 도보 5분
WEB www.ducdeslombards.com

베를리오즈의 <테 데움>이 초연된 곳

② 생튀스타슈 성당 Église Saint-Eustache

레 알 중앙시장 바로 옆에 17세기에 세워진 성당. 1789년 대혁명과 1871년 파리 코뮌 당시에 화염에 휩싸였던 탓에 성당 내부는 매우 소박한 모습이다. 노트르담 대성당, 생 쉴피스 성당과 함께 프랑스에서 가장 큰 규모의 오르간이 있는 곳이기도 한데, 이왕이면 8000개의 파이프로 구성된 오르간의 압도적인 소리를 들어볼 수 있는 일요일 오후에 방문해보자. 오르간이 주역이 되어 900여 명의 오케스트라 및 합창단과 협연하는 베를리오즈의 대곡 <테 데움(Te Deum)>이 여기서 초연되었다. 루이 14세의 재상이었던 콜베르와 모차르트 어머니인 안나 마리아 모차르트의 무덤이 안치된 곳이기도 하다. MAP ⑥-B

GOOGLE MAPS 생뙤스타슈 성당
ADD 2 Impasse Saint-Eustache, 75001
OPEN 09:30~19:00(토·일요일 09:00~)/오르간 연주 일요일 오후(무료, 보통 17:00에 시작, 정확한 시간은 홈페이지 참고)/미사·행사 진행 시 일부 입장 제한
PRICE 무료
WALK 웨스트필드 포럼 데 알에서 도보 1분
WEB www.saint-eustache.org

+MORE+

파리의 방산시장

생튀스타슈 성당 주변에는 주방용품과 조리기구, 제과·제빵용품, 일회용 포장 재료 등을 중점적으로 취급하는 상점가가 형성돼 있어 '파리의 방산시장'이라 불린다. 1820년 창업해 저렴한 냅킨부터 제과 도구, 고급 주방 가구까지, 조리와 관련된 모든 제품을 한자리에서 만날 수 있는 으 드일르랑(E. Dehillerin)이 대표적. 1814년 창업한 모라(Mora)와 규모는 작지만 비교적 최근에 문을 열어 깔끔한 아 시몽(a. Simon)도 요리에 관심이 많은 여행자라면 한 번쯤 발 도장을 찍고 가는 곳이다. 대개 저녁 6~7시까지 영업하며, 일요일과 공휴일에는 문을 닫는다.

ADD 으 드일르랑 18-20 Rue Coquillière, 75001/모라 13 Rue Montmartre, 75001/아 시몽 48 Rue Montmartre, 75002
WALK 생튀스타슈 성당 정문에서 도보 2~3분

생튀스타슈 성당 옆에 자리한 앙리 드 밀러의 조각, <듣다(Écoute)>(1986년)

③ 증권거래소가 현대 예술의 전당으로
증권거래소-피노 컬렉션
Bourse de Commerce-Pinault Collection

구찌, 입생로랑, 발렌시아가 등 명품 브랜드와 세계 최고의 경매회사 크리스티를 거느린 프랑수아 피노가 40여 년간 수집한 현대 예술 작품 5000여 점 가운데 하이라이트를 선별해 선보이는 전시장. 일본 건축가 안도 타다오가 총감독을 맡아 150년 된 파리 증권거래소 건물을 4년간 리모델링해 2021년 개관했다. 유리 돔 천장과 그 아래에 설치한 지름 29m, 높이 9m의 원통형의 철근 콘크리트 구조물이 신선한 볼거리를 제공한다. MAP ❻-B

GOOGLE MAPS 피노 컬렉션 파리 **ADD** 2 Rue de Viarmes, 75001
OPEN 11:00~19:00(금요일 ~21:00)/화요일·5월 1일 휴무 예약 권장
PRICE 14€(학생·18~26세 10€)/매월 첫째 토요일 17:00 이후(예약 필수) 무료
WALK 생퇴스타슈 성당 정문에서 도보 2분
WEB www.pinaultcollection.com/fr/boursedecommerce

④ 바라만 봐도 예쁜 파사주
파사주 뒤 그랑 세르 Passage du Grand Cerf

현재 파리에 남아 있는 파사주 중 가장 아름답기로 정평이 난 곳. 복잡한 관광지에서 살짝 떨어져 있어 명성에 비해 사람이 많이 붐비지 않는다. 지은 지 200년 가까이 된 건물이라고는 믿기지 않을 정도로 스타일리시한 모습과 주철 소재의 장식물이 눈을 즐겁게 한다. 인테리어용품점과 빈티지 안경점, 와인숍 등이 눈여겨볼 만하다. MAP ❻-B

'큰 사슴(Grand Cerf)'이라는 파사주 이름답게 곳곳에 사슴 조형물이 달려 있다.

GOOGLE MAPS 파사주 뒤 그랑 세르
ADD 10 Rue Dussoubs(서쪽 입구)~145 Rue Saint-Denis(동쪽 입구)
OPEN 08:30~20:00/일요일 휴무
WALK 생퇴스타슈 성당 정문에서 도보 6분

파란색은 송풍구, 초록색은 급수관, 노란색은 전기,
빨간색은 에스컬레이터와 엘리베이터를 나타낸다.

폼피두 센터의 명물, 에스컬레이터

⑤ 프랑스의 '문화 공장'
퐁피두 센터 Centre Pompidou

건물 내부에 있어야 할 철근 골조와 전기·수도 파이프, 에스컬레이터, 엘리베이터가 모두 건물 밖으로 드러난 특이한 구조의 복합 문화 공간. 지상 7층 규모로, 4·5층이 국립 현대 미술관 상설전시관으로, 6층(갤러리 1·2)과 1층(갤러리 3·4)이 특별전시관으로 사용된다. 그 외에 공연장, 영화관, 도서관, 서점, 카페 등이 들어서 있다. 조각 작품과 분수로 꾸며놓은 5층 테라스, 파리 시내가 한눈에 내려다보이는 6층의 고급 레스토랑 조르주(Georges)는 놓치면 아쉬운 스폿이다. 건물 앞 광장과 스트라빈스키 분수(Fontaine Stravinsky)가 있는 광장에서는 거리의 예술가들이 눈길을 끈다. 2025년 여름부터 약 5년간 보수 공사에 들어갈 예정이다. MAP ⑤-A

GOOGLE MAPS 퐁피두센터
ADD Place Georges-Pompidou, 75004
OPEN 11:00~21:00(목요일 6층 ~23:00, 12월 24·31일 ~19:00)/폐장 1시간 전까지 입장/화요일·5월 1일 휴무/시설마다 조금씩 다름/ 예약 권장
PRICE 국립 현대 미술관 상설전 15€(18~25세 12€)/매월 첫째 일요일 상설전 무료/특별전 포함 시 15~18€(18~25세 12€~, 전시에 따라 다름)/상설전 뮤지엄 패스 (매표소에 뮤지엄 패스를 보여주면 특별전 티켓 할인 구매 가능)
WALK 웨스트필드 포럼 데 알 또는 파리 시청사에서 각각 도보 5분
METRO 11 Rambuteau 하차 후 바로
WEB www.centrepompidou.fr

⑥ 파리 중심부의 불가사의한 보물
생자크 탑 Tour Saint Jacques

샤틀레역 근처의 작은 공원에 우뚝 서 있는 탑. 원래 이 자리엔 16세기 레 알 중앙시장 정육점 주인들의 후원으로 지은 성당이 있었으나, 혁명 때 파괴되어 탑만 남았다. 당시 이곳에 있던 성당은 예수의 제자 야고보의 유해가 묻혀 있다고 알려진 스페인의 산티아고데콤포스텔라까지 걸어가는 산티아고 순례길의 출발점이었다고. 탑 중앙에는 17세기에 활동한 수학자 겸 철학자 파스칼이 이곳에서 연구실을 운영한 것을 기념해 세운 조각상이 있다. MAP ⑥-B

GOOGLE MAPS saint jacques tower
ADD Square de la Tour Saint-Jacques, 75004
WALK 퐁피두 센터서 도보 5분/파리 시청사에서 도보 5분

파리 현대 예술의 심장
국립 현대 미술관 탐방

다채롭고 독특한 공간 구성이 돋보이는 국립 현대 미술관은 옛 정취가 가득한 파리에서 가장 현대적 에너지가 충만한 곳이다. 예술에 특별히 관심이 없는 사람도 분명 만족할 만한 곳. 파리 뮤지엄 패스 소지자는 상설전시장에만 무료입장할 수 있고, 특별전까지 관람하려면 매표소에 뮤지엄 패스를 보여주고 할인 입장권을 구매해야 한다.

<두 마리 앵무새가 있는 구성>
레제, 1935~1939년

<빨강, 파랑과 하양의 구성>
몬드리안, 1937년

<에펠탑의 신랑·신부>
샤갈, 1938~1939년

<푸른 하늘>
칸딘스키, 1940년

<루마니아풍 블라우스>
마티스, 1940년

<샘>
뒤샹, 1917년(1964년)

: WRITER'S PICK :

입장 전 체크!

퐁피두 센터에는 50x25x 40cm보다 큰 가방을 들고 들어갈 수 없다. 또 배낭은 크기가 작아도 미술관에는 반입이 안 되므로 0층의 무료 물품 보관소에 맡기고 들어간다. 운영 시간은 11:00~22:00.

퐁피두 센터 0층

6층 테라스에서 바라본 몽마르트르

미술관 풍경

스트라빈스키 분수

요즘엔 여기가 대세라며?
에티엔 마르셀 Étienne Marcel

파리발 디자이너 부티크와 편집숍, 빈티지숍이 유행에 민감한 젊은 층을 끌어모으는 핫 스폿.
1847년 문을 연 까르띠에 최초의 아틀리에(29번지), 파리에서 제일 오래된 빵집도 이 동네를 한층 유니크하게
만들어주는 주역이다. 매주 목요일과 일요일에 생튀스타슈 성당 옆에 서는 시장도 놓칠 수 없는 볼거리.
유명 빈티지 편집숍 에스파스 킬리워치(Espace Kiliwatch)에 대한 정보는 069p를 참고하자.

몽마르트르 거리를 대표하는 편집숍
58m.

감각적인 컬렉션을 선보이는 편집숍. 에티엔 마르셀 지역의 메인 쇼핑 스
트리트인 몽마르트르 거리에 앞다투어 들어선 여러 로드숍을 대표하는
가게로 손꼽힌다. 주로 신발, 가방, 파우치 등 잡화류를 판매하며, 레페토,
아페쎄 등 프랑스 브랜드를 중심으로 한 심플한 디자인의 제품들이 주류
를 이룬다. 그 외에도 꼼 데 가르송, 랑방, 마틴 마르지엘라 등 다양한 브
랜드에서 엄선한 실용적인 아이템을 만나볼 수 있다. MAP ❺-B

GOOGLE MAPS 58m montmartre
ADD 58 Rue Montmartre, 75002
OPEN 10:00~19:00(토요일 ~19:30)/일요일·일부
공휴일 휴무
WALK 생튀스타슈 성당 정문에서 도보 3분
WEB 58m.fr

마치 향수 박물관에 온 듯 큰 규모와
디스플레이가 감탄을 자아낸다.

향수 덕후를 위한 편집숍
노즈 Nose

향수 강국 파리의 저력을 보여주는 향수 전문 편집숍. 향수 박물관을 방불케
하는 규모와 디스플레이가 감탄을 자아낸다. 파리에서도 손꼽히는 유명 브
랜드부터 우리나라에 잘 알려지지 않은 독특하고 개성 있는 향수까지 다양하
게 갖추고 있다. 그 외 비누나 향초, 뷰티 제품도 다양하니 시간을 갖고 천천
히 둘러보자. MAP ❺-B

GOOGLE MAPS nose bachaumont
ADD 20 Rue Bachaumont, 75002
OPEN 11:00~19:30/일요일·일부 공휴일 휴무
WALK 생튀스타슈 성당 정문에서 도보 5분
WEB noseparis.com

소리 없이 강한 맛
#레 알 #보부르 #맛집

쇼퍼와 미술 애호가, 대학생, 여행자들로 항상 붐비는 레 알과 보부르.
파리에서 가장 오래되고 큰 재래시장이 있던 곳인 만큼 저렴한 가격과 맛으로 승부하는 숨은 고수들도 많다.

미트볼 소고기 수프

2종류를 고를 수 있는
스몰 사이즈 +
피스타치오 가루

파리를 홀린 최고의 쌀국수
송흥 Song Heng

파리의 쌀국수 명가 포 14(371p)를 제치고 파리에서 가
장 맛있는 쌀국수집으로 등극한 곳. 아시안뿐 아니라 현
지인의 극찬으로 워낙 유명해져 전 세계 여행자들이 줄을
서서 기다리는 맛집이 되었다. 다른 쌀국수집보다 도톰한
면과 저렴한 가격도 인기 비결. 마레 지구와 레 알·보부르
사이에 있어 오다가다 들르기에도 좋은 위치. 메뉴는
국물이 있는 '포'와 비빔국수인 '보분' 2가지뿐이지만 진
한 육수 맛에 중독된 사람들은 그 맛을 잊지 못하고 다시
찾는다. 테이블도 몇 개 되지 않는 작은 식당이라 합석은
기본. 현금 결제만 가능하다(프랑스에서 발급된 신용카드는
16€ 이상 가능). MAP ⑤-A

GOOGLE MAPS 송흥 파리
ADD 3 Rue Volta, 75003
OPEN 11:15~16:00/일요일·7월 말~9월 초 바캉스 기간 휴무
MENU 미트볼 소고기 수프(Soupe au Bœuf avec Boulettes)
10.90~11.90€
WALK 퐁피두 센터에서 도보 10분/마레 지구의 국립 고문서 박
물관에서 도보 12분
METRO 3·11 Arts et Métier 2번 출구에서 도보 1분

한 스쿱의 행복
글라스 바시르 Glace Bachir

퐁피두 센터 주변의 대세 스위츠로 떠오른 레바논 아이스
크림. 피스타치오 가루와 부드러운 휘핑크림, 터키식 아
이스크림인 돈두르마처럼 쫄깃한 맛이다. 1936년 레바논
의 소도시 비크파야의 한 가정집에서 바시르 형제가 시작
했고, 2016년에 파리에 문을 열었다. 100% 유기농 재료
를 사용해 지금도 그때 레시피대로 만들고 있다. 로즈, 레
몬, 초콜릿, 피스타치오, 딸기 등 다양한 맛 중에서 인기
No.1은 향긋한 맛이 일품인 로즈. 몽마르트르에도 지점(7
Rue Tardieu)이 있다. MAP ⑤-A

GOOGLE MAPS glace bachir 58
ADD 58 Rue Rambuteau, 75003
OPEN 12:30~22:30/일부 공휴일 휴무
MENU 스몰(Petit) 4.50€, 미디움(Moyen) 6.10€, 라지(Grand)
8.50€/컵 또는 콘 선택, 피스타치오 가루 추가 2.90€, 휘핑 크림
무료
WALK 퐁피두 센터에서 도보 1분(퐁피두 센터 앞 광장 근처)
WEB bachir.fr

재료가 떨어지면
일찍 문닫는다.

파리에서 가장 오래된 빵집

스토러 Stohrer

1730년에 오픈해 관광 명소처럼 유명해진 불랑제리. 대표 상품은 럼에 절인 작은 스펀지케이크인 바바 오럼(Baba au Rhum)으로, 영국 여왕도 맛봤다고 알려졌다. 단, 알코올에 약한 사람에겐 에클레르나, 생토노레, 타르트 종류를 추천. 요리도 맛이 좋기로 유명하며, 다양한 케이터링 서비스도 제공한다. 내부에 먹을 수 있는 공간이 없으니 몽트르게유 거리를 산책할 때 잠시 들러 테이크아웃해 가자. 여름에는 아이스크림도 판매한다. 클레르 거리(35 Rue Cler)와 몽마르트르(23 Rue Lepic)를 비롯해 파리에 5개의 지점이 있다. MAP ⑥-B

GOOGLE MAPS stohrer
ADD 51 Rue Montorgueil, 75002
OPEN 08:00~20:30(일요일 ~20:00)/일부 공휴일 단축 운영 또는 휴무
MENU 바바 오 럼 5.60€, 타르트 5.20€~, 에클레르 5€, 생토노레 6.60€
WALK 생튀스타슈 성당 정문에서 도보 5분
WEB www.stohrer.fr

아름다운 미술관에서 식사를

라 알 오 그랭 Restaurant La Halle aux Grains

피노 컬렉션(295p) 3층에 새로 문을 연 레스토랑. 최초에는 곡물 창고로 지어졌던 건물이라는 점에 착안해 곡물을 재료로 한 다양하고 창의적인 음식을 선보인다. 세계적인 건축가 안도 타다오가 리모델링한 건축물 안에서 작품을 보면서 먹는 식사는 상상 이상의 만족감을 준다. 런치와 디너는 예약 필수. MAP ⑥-B

GOOGLE MAPS 피노 컬렉션 파리
ADD 2 Rue de Viarmes, 75001
OPEN 런치 12:00~15:00, 카페 15:00~18:00, 디너 19:30~24:00(라스트 오더 21:30)/화요일은 디너만 가능, 일부 공휴일 휴무
PRICE 3코스 런치 57€, 6코스 디너 98€~, 앙트레 23€~, 플라 37€~
WALK 생튀스타슈 성당 정문에서 도보 2분
WEB halleauxgrains.bras.fr

바바 오 럼

생토노레

<해리 포터> 팬들의 성지

오베르주 니콜라 플라멜
Auberge Nicolas Flamel

무려 1407년에 지어진, 파리에서 가장 오래된 집을 개조한 레스토랑. <해리포터> 시리즈의 덤블도어 교장의 친구로 나온 마법사 플라멜의 실제 모델인 14세기 연금술사 니콜라스 플라멜이 지은 곳으로, 당시 모습이 최대한 보존돼 있다. 원래 합리적인 가격대의 레스토랑이었는데, 2021년 주방장을 교체한 후 독창적인 파인 다이닝으로 미슐랭 1스타를 받으면서 음식 가격이 많이 올랐다. 디너는 예약 필수. **MAP ⑤-A**

예전 모습을 보존한 외관과 내부의 벽난로. 역사적 가치는 물론 관광 명소로 손색이 없어, 건물을 보러 오는 사람도 많다.

GOOGLE MAPS V973+C7 파리
ADD 51 Rue de Montmorency, 75003
OPEN 12:15~13:45, 19:15~21:00/토·일요일·7~8월 중 약 4주간 휴무
MENU 런치 세트 78€, 세트 메뉴 138€~
WALK 퐁피두 센터에서 도보 5분
WEB auberge.nicolas-flamel.fr

진짜 고기를 맛보고 싶다면 여기 !

클로버 그릴
Clover Grill

르 그랑(Le Grand)으로 유명한 미슐랭 2스타 셰프 장 프랑수아 피에주(Jean-François Piège)가 운영하는 8개의 레스토랑 중 스테이크에 힘을 준 곳. 매장 가운데에 설치된 냉장고의 유리문을 통해 그날의 신선한 고기를 직접 보고 선택한 후 부위별로 맛볼 수 있다. 고기에 여러가지 소스와 감자튀김이 곁들여 나온다. 전채로는 오븐에 구운 소 다리뼈 골수 요리 오자 모엘(Os à Moelle, 18€)을 추천. 고기 가격은 고기의 종류나 부위에 따라 다르다. **MAP ⑤-A**

GOOGLE MAPS clover grill
ADD 6 Rue Bailleul, 75001
OPEN 12:00~14:30, 19:00~23:00/화요일은 디너만 가능/일·월요일 휴무
PRICE 스테이크 100g 16~40€, 앙트레 13€~
METRO 1 Louvre Rivoli에서 도보 2분
WEB jeanfrançoispiege.com/clover-grill

오자 모엘

301

파리의 걷고 싶은 길
#4

Rue Montorgueil

몽토르게유 거리:
에티엔 마르셀 거리(Rue Étienne Marcel)~스토러(Stohrer) 블랑제리
구경하고, 먹고 마시는 사이 거리는 풍경이 되어간다.

파리 골목 문화 탐험
마레 지구

당신이 마레 지구(Le Marais)에 가야 할 이유는 셀 수 없이 많다. 마레 지구는 파리에서 가장 아름다운 곳이자, 파리 예술과 패션 트렌드를 이끄는 문화 심장부이며, 태생적 다문화 지역이다. 17세기 초 귀족을 시작으로 수공업자와 노동자, 신흥 부르주아와 유대인들이 차례로 모여들어 터전을 이뤘으며, 퐁피두 센터와 활기 넘치는 게이 문화가 합류해 '마레 지구=문화 발신지'란 공식을 정착시켰다. 현재는 골목마다 늘어선 고급 상점과 젊은 크리에이터들이 바통을 이어받아 파리의 유행을 견인하고 있다. '파리의 오늘'을 즐기고 싶다면 그냥 지나쳐서는 안 될 곳이다.

MAP legend

① 명소   식당 & 카페   상점
Ⓜ 메트로, RER   ● 표지물

● 레퓌블리크 광장(공화국 광장)
Ⓜ République
Ⓜ Temple
Ofr. 리브래리, 갤러리
드리민 맨
시즌
브로큰 암
자크 주냉
Ⓜ Oberkampf
봉탕 라 파티스리
앙프랑트
와일드 앤 더 문 샬롯
앙팡 루즈 시장
오블라디
Ⓜ Filles du Calvaire
포펠리니
세 잘랭 미암 미암   푸알란
이봉 랑베르
(2호점)
빅 러브
프렌치 트로터   퐁토슈
블렌드 햄버거
브레즈 카페   붓 카페
메르시
Ⓜ Saint-Sébastien-Froissart
Ⓜ Rambuteau
팽 드 쉬크르
피카소 미술관 ⑤
● 퐁피두 센터   라 메종 플리송
국립 고문서 박물관 ③
디비노
플뢰   이탈리   프랑 부르주아   코냐크-
아르켓   거리   ④ 제 박물관   카페 데 뮈제
르 베아슈베 마레   마리아주 프레르   르 프티 마르셰
자딕에볼테르(스톡)   라스 뒤 팔라펠   카르나발레 ⑥ 박물관
Ⓜ Hôtel de Ville ②   슈바르츠 델리   산드로(아웃렛)   Ⓜ Chemin Vert
① 르 루아르 당 라 테이에르   카레트
파리 시청사   프리 '피' 스타   레클레르 드 제니   보주 광장 ⑦
● 생제르베 성당   에마   베튄쉴리 ⑨ 저택
Pont d'Arcole   레부양테   Ⓜ Saint-Paul   ⑧
바토뷔스 선착장   세 마드무아젤   샘폴 생루이 성당   빅토르 위고의 집
● 시테섬   라 카페오테크   생폴 생루이 성당
Pont Louis-Philippe
Ⓜ Pont Marie
● 노트르담 대성당   ● 생루이섬   Pont Marie   Ⓜ Bastille
바스티유 광장

① 문화와 낭만이 담긴 시청사
파리 시청사 Hôtel de Ville de Paris

17세기 르네상스 양식의 아름다운 건물이 여행자의 시선을 잡아끄는 곳. 건물 정면의 대형 시계 밑에는 '자유, 평등, 의리'라는 글자가 새겨져 있고 건물 곳곳에 박힌 예술가, 과학자, 정치가, 기업가 등 파리를 빛낸 유명인들의 조각상이 화려함을 더한다. 샤를 드골이 제2차 세계대전 막바지에 파리에 입성해 '파리 수복'을 부르짖은 장소이자, 로베르 두아노의 사진 <시청 앞에서의 키스>의 배경지라는 것도 시청사를 이야기할 때 빠지지 않고 등장하는 단골 소재다. 내부는 특별전 기간이나 비정기적으로 공지하는 가이드 투어를 예약한 사람만 무료로 돌아볼 수 있다. 시청사 정면을 바라보고 건물의 왼쪽 측면에 있는 관광안내소(29 Rue de Rivoli, 올림픽 기간에는 임시 휴무)에서 투어 예약을 받는다. 겨울철에는 시청사 앞에 스케이트장이 개장하며, 스케이트 대여료만 내면 이용할 수 있다. 동쪽으로 인접해 있는 성당은 생제르베 성당(Église Saint-Gervais)으로, 16세기에 만든 파리에서 가장 오래된 오르간이 있다. MAP ⑤-C

궁전 못지않은 화려한 내부.
무료 가이드 투어로 돌아볼 수 있다.

GOOGLE MAPS 파리시청
ADD Place de l'Hôtel de Ville, 75004
OPEN 가이드 투어는 당분간 진행 예정 없음, 특별전 오픈 시간은 전시에 따라 다름 /토·일요일·공휴일 휴무
PRICE 가이트 투어 무료/특별전은 대부분 무료, 전시에 따라 다름/스케이트 대여료 5€ 정도
WALK 생자크 탑에서 도보 3분
METRO 1·11 Hôtel de Ville 5번 출구에서 바로
WEB www.paris.fr

: WRITER'S PICK :
파리의 역사를 품은 시청사

파리 시청사는 14세기부터 공사(公舍)로 사용된 유서 깊은 곳이다. 1533년, 프랑수아 1세가 유럽의 기독교 국가 중 가장 큰 도시인 파리의 위용을 드높일 시청사를 짓기 위해 이탈리아 건축가를 임명해 르네상스 양식으로 짓기 시작했으며, 루이 13세 때인 1628년에 완공했다. 하지만 실제 시청사로 사용된 것은 파리 코뮌 때 화재로 소실된 이후 1874~1882년에 재건되고 나서부터다.

지하 DIY 매장

2 온갖 예쁘고 실용적인 것들의 모임
르 베아슈베 마레 Le BHV Marais

파리 시청사 바로 옆에 있는 백화점. 디자인 강국답게 지갑을 열게 만드는 예쁜 문구류와 취미생활 용품, 주방용품이 가득해 커피용 설탕 하나를 사더라도 마치 디자인 소품을 고르듯 신중해지는 곳이다. 특히 지하 1층의 DIY 코너는 집 한 채를 뚝딱 지을 수 있을 정도로 웬만한 제품은 다 갖추고 있으니 인테리어에 관심이 많다면 필히 들를 것. 다른 백화점과 달리 화장실이 무료다!
MAP **⑤**-A

GOOGLE MAPS bhv marais
ADD 52 Rue de Rivoli, 75004
OPEN 10:00~20:00(일요일 11:00~19:00)/
일부 공휴일 휴무
WALK 파리 시청사에서 도보 1분(바로 북쪽)/퐁피두 센터에서 도보 6분
METRO 1·11 Hôtel de Ville 5번 출구에서
길 건너편
WEB www.bhv.fr

셀럽들의 파티 궁전
국립 고문서 박물관
Musée des Archives Nationales

수비즈 저택(Hôtel de Soubise)이라 알려진 화려한 궁전. 루이 14세 시대 건축가 피에르 알렉시스 드라메르가 건물을 증축했고, 로코코 양식이 최고의 전성기를 맞이한 루이 15세 시대에 로코코 양식을 태동시킨 제르맹 보프랑이 실내 장식을 맡았다. 귀족들과 문인들의 토론장이자 음악가들의 연주회장으로 사용된 왕자의 살롱(Salon du Prince)과 공주의 살롱(Salon de la Princesse)은 부드럽고 우아한 곡선미가 두드러진 로코코 양식의 진수를 보여준다. 정원은 잔디와 토피어리, 계절마다 바뀌는 다양한 꽃과 나무가 어우러져 잠시 쉬어가기에 좋다. MAP **⑤**-A

왕자의 살롱

GOOGLE MAPS 국립고문서 박물관
ADD 60 Rue des Francs Bourgeois, 75003
OPEN 10:00~17:30(토·일요일 14:00~)/화요일·공휴일 휴무
PRICE 정원·박물관 무료, 수비즈·로앙 저택은 공사 중으로 개방구역에 따라 무료~5€(특별전 진행 시 8€~)/가이드 투어 8€~(예약 필수, 홈페이지 상단 메뉴에서 'MUSÉE' > Visites guidées)
WALK 파리 시청사에서 도보 8분/피카소 박물관에서 도보 7분
WEB www.archives-nationales.culture.gouv.fr

대부호가 기증한 저택 박물관
코냐크-제 박물관 Musée Cognacq-Jay

④

사마리텐 백화점의 창립자였던 에르네스트 코냐크와 그의 부인
제가 국가에 기증한 예술품이 전시된 박물관. 건물 또한 부부가
살던 저택을 기증한 것이다. 렘브란트, 부셰, 프라고나르 등 바
로크와 로코코 회화 대가들의 작품이 주요 볼거리며, 16세기 분
위기를 간직한 도농 저택(Hôtel Donon)과 18세기 조각·금속공
예품·장신구들도 아름다워 눈길이 간다. MAP ❺-A

GOOGLE MAPS 코냐크-제 박물관 파리　**ADD** 8 Rue Elzevir, 75003
OPEN 10:00~18:00/월요일·공휴일 휴무
PRICE 무료/일부 특별전 유료
WALK 국립 고문서 박물관에서 도보 5분
WEB www.museecognacqjay.paris.fr

<자화상>

<셀레스탱>

<아비뇽의 처녀들을 위한 습작>

❺ 전 세계에서 피카소 작품 수론 여기가 제일!
피카소 미술관 Musée Picasso

피카소의 유족들이 막대한 상속세 대신 프랑스 정부에 물납한 다수의 피카
소 작품이 전시된 미술관. 17세기에 지어진 역사적 건축물 살레 저택(Hôtel
Salé)을 보수해 1985년 개관했다. 조각·회화·판화·데생 등 5000여 점의 방대
한 컬렉션을 자랑하며, 피카소가 수집한 세잔·드가·마티스·르누아르·브라크
등의 작품도 있다. 단, 전시품을 정기적으로 교체하기 때문에 보고 싶은 작
품이 없을 수도 있다는 걸 감안해야 한다. 눈여겨볼 작품은 청색 시대의 걸작
<자화상>(1901년)과 <셀레스탱>(1904년), 20세기 미술의 출발점을 연 <아비
뇽의 처녀들을 위한 습작>(1907년) 시리즈. 작품들을 연대순으로 전시해 놓
아 피카소의 예술 세계를 이해하는 데 도움이 된다. 입장권은 물론 오디오 가
이드까지 예매하고 오는 사람이 많아 일찍 동날 때가 많으니 홈페이지에서
방문일시를 지정해 예매하고 가는 것이 좋다. MAP ❺-A

GOOGLE MAPS 파리 피카소박물관
ADD 5 Rue de Thorigny, 75003
OPEN 09:30~18:00(10~3월 월~금요일
10:30~/일부 공휴일·방학 기간 09:30~, 매월
첫째 수요일 ~22:00)/폐장 45분 전까지 입
장/월요일·1월 1일·5월 1일·12월 25일 휴
무/ 예약 권장
PRICE 16€(일부 전시장 비공개 시 12€, 특별
전 진행 시 요금 추가)/매월 첫째 일요일, 17
세 이하 무료/오디오 가이드 5€/ 뮤지엄 패스
WALK 코냐크-제 박물관에서 도보 3분
METRO 11 Rambuteau 4번 출구에서 도보
10분 또는 1 Saint-Paul 하나뿐인 출구에
서 도보 8분
WEB www.museepicassoparis.fr

피카소의 유품을 물납받은 뒤
10년 넘게 공들여 준비한
공간이다.

마레 지구 북쪽, 앙팡 루즈 시장
Marché des Enfants Rouges

다양한 식료품점과 꽃 가게가 볼거리인 마레 지구의 시장. 아케이드 시장 안에서 이탈리아, 모로코, 일본 등 세계 각지 음식을 파는 식당들도 인기다. 그중에서도 앙팡 루즈 시장의 꽃이라 불리는 샌드위치 가게 셰 잘랭 미암 미암(Chez Alain Miam Miam, 09:00~16:00(토요일 ~17:00, 일요일 ~15:30)/월·화요일 휴무/상황에 따라 유동적)을 놓치지 말자. 늘 긴 줄이 늘어선 곳으로, 할아버지가 만들어 주는 화려한 비주얼의 푸짐한 샌드위치를 맛볼 수 있다. 인기가 많아지자 근처에 2호점(26 Rue Charlot, 09:00~17:00/월·화요일 휴무)도 오픈했다. 바로 옆에 작고 예쁜 공원(Square du Temple-Elie Wiesel)이 있어 간식거리를 사 들고 쉬어가기 좋다. MAP ⑤-A

GOOGLE MAPS 앙팡루즈시장
ADD 39 Rue de Bretagne, 75003
OPEN 08:30~20:30(목요일 ~21:30, 일요일 ~17:00)/가게마다 다름/월요일 휴무
WALK 피카소 미술관에서 도보 6분
METRO 8 Filles du Calvaire 또는 Saint-Sébastien -Froissart에서 도보 7분

프랑수아 제라르의
<레카미에 부인의 초상>(1805년)

파리의 역사를 엿보다
카르나발레 박물관 Musée Carnavalet

선사 시대부터 20세기까지 파리 역사를 소개하는 국립박물관. 1880년 문을 연 후 최근 5년간의 리모델링을 거쳐 2021년 재개관했다. 17세기 귀족이자 파리 사교계를 재미있게 묘사한 <서간집>의 저자로 유명한 세비녜 부인이 살던 카르나발레 저택과 그 뒤쪽에 자리한 펠르티에 저택(Hôtel Le Peletier)에 그림, 사진, 조각, 가구, 도자기, 장신구, 모형, 동전, 소품, 간판 등을 시대별로 나누어 전시하고 있다. 전시품의 양이 방대하므로 관심 있는 시대를 정해 놓고 집중적으로 돌아보는 것이 좋다. MAP ⑤-A

GOOGLE MAPS 카르나발레 박물관
ADD 23 Rue de Sévigné, 75003
OPEN 10:00~18:00/폐장 45분 전까지 입장/월요일·1월 1일·5월 1일·12월 25일 휴무
PRICE 무료/일부 특별전 5€~
WALK 피카소 미술관에서 도보 5분/코냐크-제 박물관에서 도보 3분
METRO 1 Saint-Paul 하나뿐인 출구에서 도보 5분
WEB www.carnavalet.paris.fr

파리 시민에게 '도시 생활의 로망'을 심어준 장소
(구) 보주 광장 Place des Vosges

파리에서 가장 오래된 광장으로, 근대 도시 파리가 시작된 곳이다. 1605년
앙리 4세가 계획해 왕의 광장(Place Royale)이라 이름 붙였으나 후에 루이
13세의 광장으로 바뀌었고 왕정 시대 내내 사교의 중심지가 되었다.
보주 광장은 한 면에 9채씩, 총 36개의 오텔(Hôtel)로 둘러싸인 대칭 구조
를 이루고 있다. 남북의 중앙에는 각각 왕과 왕비의 저택이 있었고, 후에 리
슐리외 재상과 극작가 몰리에르 등 보주 광장의 아름다움에 매혹된 유명
인사들이 이곳으로 이주하면서 마레 지역은 파리 최고의 부촌으로 성장했
다. 광장 중앙에 서 있는 루이 13세 기마상을 뒤로하고 화랑과 상점이 있
는 아케이드를 지나면 부티크가 늘어선 프랑 부르주아 거리(Rue des Francs
Bourgeois)가 나온다. **MAP ⑤-C**

GOOGLE MAPS 파리 보주 광장
ADD Place des Vosges, 75004
WALK 카르나발레 박물관에서 도보 3분/피카소 미술관에서 도보 8분/파리 시청사에
서 도보 15분
METRO 1 Saint-Paul 하나뿐인 출구에서 도보 8분

> 날씨가 좋은 날에는
> 점심을 먹거나
> 햇살을 만끽하는 사람들로
> 넘쳐난다.

루이 13세
기마상

309

<빅토르 위고, 영웅의 흉상>,
로댕, 1902~1908년

빅토르 위고가 생의 마지막을 보낸 침대와
책상 등을 그대로 가져와 재현했다.

⑧ <레미제라블>의 탄생지
빅토르 위고의 집 Maison de Victor Hugo

1831년 <노트르담 드 파리>로 대가의 반열에 오른 빅토르 위고가 1832년
부터 1848년까지 살던 집을 박물관으로 만든 곳. 보주 광장 건물 중 가장 크
고 아름다운 로앙 게메네 저택(Hôtel Rohan Guéménée) 안에 있다. <레미제
라블> 집필을 시작한 곳으로도 유명하며, 빅토르 위고가 머무르던 방과 <노
트르담 드 파리> 2쇄본, 펜으로 그린 500여 점의 드로잉, 그가 사용한 물건
들을 볼 수 있다. 입장료가 무료라 더 반가운 곳. MAP ⑤-C

GOOGLE MAPS 빅토르 위고 저택
ADD 6 Place des Vosges, 75004
OPEN 10:00~18:00/월요일·일부 공휴일
휴무
PRICE 무료/일부 특별전 유료
WEB www.maisonsvictorhugo.paris.fr

⑨ 공작의 대저택
베튄쉴리 저택 Hôtel de Béthune-Sully

앙리 4세 때 국무장관에 임명되어 30년 넘게 종교전쟁을 치르면서
위기에 처한 국가의 부흥에 힘쓰며 막강한 권력과 부를 쌓은 베튄
쉴리 공작이 1624~1630년에 지은 저택. 프랑스 후기 르네상스 양
식의 건물로, 그리스 신화를 모티브로 조각한 아름다운 부조가 유
명하다. 내부는 훼손을 염려해 예약제 소규모 가이드 투어로만 공
개한다. MAP ⑤-C

GOOGLE MAPS V937+QF 파리
ADD 62 Rue Saint-Antoine, 75004
OPEN 안뜰 09:00~19:00(서점 13:00~)/서점 월요일·공휴일 휴무
PRICE 정원 무료, 내부 가이드 투어 12€(예약 필수)
WALK 보주 광장에서 빅토르 위고의 집 정문을 바라보고
오른쪽 끝에 있는 통로로 나가면 바로 연결
(정원 문은 불규칙하게 오픈)
WEB www.hotel-de-sully.fr

힙순이들 모여라!
#마레 #독립서점

서점이라기보다는 빈티지 편집숍에 가까운 마레의 독립서점들. 보물 찾기하듯 득템을 노리는 여행자들과
파리 감성을 담고 싶은 인스타그래머들의 발길이 끊이지 않는다.

아티스트들의 아지트
Ofr. 서점, 갤러리 Ofr. Librairie, Galerie

'Open Free Ready', 즉 모든 것에 열린 공간이라는 뜻
의 예술 전문 서점. 남다른 감성으로 큐레이팅한 사진,
건축, 디자인, 패션, 여행 서적 등 빽빽하게 놓인 서적
을 만나볼 수 있다. 서점뿐 아니라 출판사 운영도 겸하
며, 서점 안쪽에는 작은 전시회를 여는 갤러리 공간을
마련해 두었다. 이곳의 시그니처 에코백은 다양한 색상
과 사이즈로 제작되어 현지인은 물론 우리나라 여행자
들에게도 인기다. 2024년 2분 거리에 지점(Grand Ofr.
Gallery, 1 Rue Eugene Spuller)도 오픈했다. MAP ❺-A

GOOGLE MAPS ofr 파리
ADD 20 Rue Dupetit-Thouars, 75003
OPEN 10:00~20:00/일부 공휴일 휴무
WALK 피카소 미술관에서 도보 12분/레퓌블리크 광장
(Place de la République)에서 도보 4분
METRO 3 Temple에서 도보 1분

갤러리와 서점 사이 어디쯤
이봉 랑베르 Yvon Lambert

문 하나 사이를 두고 펼쳐지는 조용한 세상. 가게 안
으로 들어가자마자, 로컬들이 왜 이곳에 푹 빠져있는
지 단번에 알 수 있는 서점 겸 갤러리다. 쾌적하고 깔
끔한 인테리어를 가득 채우고 있는 건 예술 관련 서
적. 사진과 미술 등 분야가 다양하고 양도 방대하지만
센스 있는 디스플레이 덕에 한 권 두 권 들춰보는 재
미가 상당하다. 게다가 일 년 내내 파리 아티스트들의
전시가 펼쳐지는 갤러리 역할도 톡톡히 하고 있다고.

MAP ❺-A

GOOGLE MAPS yvon lambert
ADD 14 Rue des Filles du Calvaire, 75003
OPEN 10:00~19:00(일요일 14:00~)/월요일·일부 공휴일 휴무
WALK 피카소 미술관에서 도보 6분/레퓌블리크 광장(Place
de la République)에서 도보 6분
METRO 8 Filles du Calvaire 1번 출구에서 도보 1분

시크한 디자인의 에코백도
Ofr 에코백 못지않은 인기를
자랑한다.

본격, 구석구석 골목 쇼핑
#마레 #편집숍

특별히 무언가를 사지 않아도 좋다. 마레 지구 여행의 백미는 구석구석 숍들을 탐닉하는 것.
파리 최고 디렉터들이 큐레이팅한 아이템들이 패션 피플을 열광케 한다.

쇼핑하고 영화 한 편!
메르시 Merci

봉푸앙을 창립한 코앙 부부의 대형 편집숍. 아페쎄와 이자벨 마랑 등 프랑스
대표 브랜드와 신진 디자이너들의 제품을 두루 갖췄으며, 시즌마다 바뀌는
형형색색의 디스플레이와 인테리어·주방 용품, 가구 등 라이프스타일 전체를
아우르는 아이템을 만나볼 수 있다. 수익금의 일부를 자선기금으로 쓰는 '착
한 상점'이기도 하나, 가격은 꽤나 사악한 편. 오히려 자유롭게 영화를 감상
할 수 있도록 한쪽 벽면을 스크린으로 가득 채운 0층의 르 시네 카페(Le Ciné
Café)에 더 만족하고 나오는 사람이 많다. 다양한 분야의 브랜드와 디자이너,
쉐프들과 컬래버레이션한 전시장 라 시베트(La Civette, 113번지)와 집 전체를
메르시 감성으로 꾸민 르 피에다테르(Le Pied-à-Terre, 109번지)도 둘러보자.

MAP ❺-A

GOOGLE MAPS 메르시 파리
ADD 111 Blvd. Beaumarchais, 75003
OPEN 10:30~19:30(금·토요일 ~20:00, 일요일 11:00~)
WALK 피카소 미술관에서 도보 6분
METRO 8 Saint-Sébastien-Froissart 1번 출구에서 도보 1분
WEB www.merci-merci.com

+MORE+

리빙 & 라이프스타일 편집숍

■ **앙프랑트 Empreintes**
프랑스 공예예술가 협회가 운영
하는 지하 1층, 지상 3층 규모의
고급 편집숍. 장신구, 식기, 가구,
조명 등 프랑스 공방에서 제작한
100% 수공예 창작품을 구매할 수
있다. **MAP ❺-A**

GOOGLE MAPS Empreintes 3e
ADD 5 Rue de Picardie, 75003
OPEN 11:00~13:00, 14:00~19:00/
일·월요일·일부 공휴일 휴무
WALK 피카소 미술관에서 도보 7분
WEB empreintes-paris.com

■ **플뢰 Fleux**
린넨, 식기, 가구, 조명, 패션, 욕실
용품 등 라이프스타일에 초점을 맞
춘 편집숍. 깔끔하고 고급스러운 아
이디어 상품들을 이웃해 있는 4개
의 매장에서 선보인다. **MAP ❺-A**

GOOGLE MAPS Fleux
ADD 39/40/43/52 Rue Sainte-
Croix de la Bretonnerie, 75004
OPEN 10:45~20:30/일부 공휴일 휴무
WALK 르 베아슈베 마레에서 도보 3분
WEB www.fleux.com

메르시의 상징, 피아트 친퀘첸토.
자동차는 종종 바뀐다.

르 시네 카페

심플함 속에 묻어나는 멋
프렌치 트로터 French Trotters

파리지앵들의 '최애' 브랜드를 한 곳에서 만나볼 수 있는 편집숍. 제롬 드레퓌스, 아미, 미쉘 비비안, 에이브릴 가우, 마스코브 등의 의류와 액세서리 등 시즌 아이템을 발 빠르게 들여놓는다. 뿐만 아니라 세라믹 브랜드 아스티에 드 빌라트(229p)의 인테리어 소품, 우리나라에서도 유명한 바이레도 향수, 프렌치 감성의 생활 잡화까지 만나볼 수 있다. 이 모든 것이 조화롭게 어우러지는 심플하고도 차분한 공간. MAP ❺-A

GOOGLE MAPS V967+MM 파리
ADD 128 Rue Vielle du Temple 75003
OPEN 11:30~19:30(일요일 14:00~19:00)/월요일·일부 공휴일 휴무
WALK 피카소 미술관에서 도보 4분/앙팡 루즈 시장에서 도보 2분

더.더.더. 트렌디한 오늘
브로큰 암 The Broken Arm

패션 관련 온라인 매거진을 운영하던 친구 셋이 의기투합하여 오픈한 편집숍이다. 트렌드를 앞서는 감각적인 셀렉션으로 소문이 자자한 편집숍답게 3.1 필립 림, 라프 시몬스 등 주목받는 신진 디자이너의 제품과 주요 브랜드의 한정 아이템을 발 빠르게 들여온다. 패션 관련 책들과 미술 재료들도 있어 의류뿐 아니라 여러 방면에서 파리의 트렌드를 주도하고 있는 곳임을 알 수 있게한다. 최근 파리지앵이 사랑하는 카페 드리민 맨(335p)의 지점이 매장 한 편에 입점해 쇼핑과 여유를 동시에 즐길 수 있는 곳이 되었다. MAP ❺-A

GOOGLE MAPS 브로큰암 파리
ADD 12 Rue Perrée, 75003
OPEN 11:00~ 19:00/일·월요일·일부 공휴일 휴무
WALK 피카소 미술관에서 도보 10분/앙팡 루즈 시장에서 도보 3분
METRO 3 Temple 하나뿐인 출구에서 도보 4분
WEB www.the-broken-arm.com

+MORE+

2022년 오픈!
아르켓 Arket

스웨덴 H&M 그룹의 프리미엄 브랜드, 아르켓의 플래그십 스토어가 마레 지구에 오픈했다. 북유럽의 전통인 단순함과 기능성을 바탕으로 의류는 물론 생활용품, 에코백, 컵 등 라이프스타일 전반에 걸쳐 유행을 타지 않는 지속 가능한 디자인을 선보인다. 1층에선 간단한 카페 메뉴를 즐길 수 있는데, 색연필과 어린이용 하이체어도 제공하므로 어린아이와 함께 여행하는 이들에게 제격이다. 서울 여의도와 신사동에도 매장이 있다. MAP ❺-A

GOOGLE MAPS arket paris
ADD 13 Rue des Archives 75004
OPEN 10:00~20:00(일요일 11:00~19:00)/일부 공휴일 휴무
WALK 파리 시청사에서 도보 5분
WEB arket.com

카페 드리민 맨에서 커피를 테이크아웃 해서 매장 밖 넓은 벤치에서 여유롭게 즐겨보자.
커피 3~6€

골목+카페+바

'파리 한 달 살기'를 하며 하나씩 도장 깨고 싶은 카페로 넘쳐나는 마레 지구.
대부분의 가게가 문을 닫는 일요일에도 이곳의 카페들은 활짝 열려 있다.

파리의 감성이란 이런 것
붓 카페 Boot Café

파리만의 감성이 녹아든 작고 사랑스러운 카페. 하늘색의 빛바랜 입구는 마치 프랑스 영화의 한 장면 속으로 통하는 비밀의 문인 듯 무심코 지나가던 발걸조차 사로잡는다. 테이블이 달랑 3개뿐이어서 자리 잡기가 하늘의 별 따기인데도, 잠시나마 이곳에 머물고 싶어하는 이들의 발길이 끊이지 않는다. 간판에는 한때 이곳이 구둣방이었음을 알리는 코르도네리(Cordonnerie)란 단어가 그대로 남아있다. 서울 서촌과 연남동에 지점이 있다. MAP ❺-A

GOOGLE MAPS 부트카페 파리
ADD 19 Rue du Pont aux Choux, 75003
OPEN 10:00~17:00/월~수요일 휴무(상황에 따라 유동적)
MENU 커피 3~6€, 쿠키·케이크 4€~
WALK 피카소 미술관에서 도보 5분/메르시에서 도보 2분
METRO 8 Saint-Sébastien Froissart 1번 출구에서 도보 2분

파리의 7대 카페 중 하나라죠
라 카페오테크 La Caféothèque

오로지 커피 맛 하나로 인정받은 카페. 문을 열고 들어서면 향긋한 커피 로스팅 향과 함께 푸릇푸릇한 식물이 어우러진 빈티지 인테리어가 눈에 들어온다. 벽면을 가득 채운 전 세계의 원두는 직접 수입해 선별하고 로스팅한 것으로, 커피에 대한 애정과 열정이 돋보이는 곳이다. 에스프레소는 물론 다른 카페에서는 쉽게 볼 수 없는 리스트레토(Ristretto)도 준비돼 있어 '진짜 전문점' 느낌이 가득! MAP ❺-C

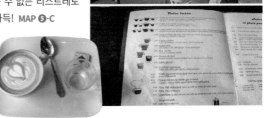

GOOGLE MAPS 라 카페오테크 파리
ADD 52 Rue de l'Hôtel de Ville, 75004
OPEN 09:00~19:00/일부 공휴일 휴무
MENU 커피 2.50~8€, 파티스리 3€~
WALK 파리 시청사에서 도보 5분
WEB www.lacafeotheque.com

눈길을 사로잡는 푸른 물결
오블라디 Ob-La-Di

클래식한 분위기의 마레 골목길에서 이국적인 패턴 디자인으로 눈길을 사로잡는 카페. 거친 콘크리트 질감과 정돈된 기하학 패턴의 푸른 타일이 조화를 이루는 멋스러운 인테리어와 알록달록 화려한 플레이팅의 음식들에 카메라 셔터 누르기가 바빠지는 예쁜 카페. 비틀즈의 노래 <오블라디 오블라다>에서 이름을 따온 이 작은 공간은 이미 잡지와 SNS를 통해서 파리의 핫한 카페로 인기몰이 중. 늦은 아침의 브런치나 출출한 오후의 에너지를 채워줄 파티스리와 타르트, 그래놀라로 언제 들러도 오감 만족을 보장한다. MAP ❺-A

GOOGLE MAPS V977+6J 파리
ADD 54 Rue de Saintonge, 75003
OPEN 09:00~16:00(토·일요일 10:00~17:00)/월·화요일·일부 공휴일 휴무
MENU 커피 3~6€, 파티스리 5€~, 그래놀라 12€
WALK 피카소 미술관에서 도보 6분/앙팡 루즈 시장에서 도보 2분

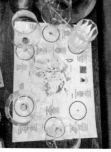

와인 마시기 좋은 지하 동굴
디비노 Divvino

영어에 능통한 직원이 맞이하는 곳. 메뉴판에는 잔 기준 가격만 적혀 있지만, 추가 금액을 지불하고 병 단위로 주문할 수도 있다. 와인 취향을 넓히고 싶다면 샘플러 메뉴인 투르 드 프랑스(Tour de France)를 주문해보자. 프랑스 지도가 그려진 종이 위에 4가지 프랑스 와인이 제공되어 와인 생산 지역의 특성도 알 수 있다. MAP ❺-A

GOOGLE MAPS divvino marais
ADD 16 Rue Elzevir, 75003
OPEN 12:00~22:00/일부 공휴일 휴무
PRICE 와인 1잔 7€~, 투르 드 프랑스 40~190€, 치즈 플레이트 18€
WALK 피카소 미술관에서 도보 1분/보주 광장에서 도보 8분
METRO 8 Chemin-Vert에서 도보 7분
WEB divvino.com

탁 트인 유리창으로 내다보는 마레 뒷골목

시즌 Season

마레의 북적거리는 골목을 살짝 벗어나 한숨 돌리며 쉬어 가기 제격인 곳. 신선하고 건강한 재료로 만든 빵, 부리토, 그래놀라, 생과일주스 등 가벼운 요깃거리와 음료를 맛보고 나면 여행 에너지가 가득 채워진다. 일부 메뉴는 비건과 글루텐 프리로 선택할 수 있고, 디너에는 주문할 수 있는 메뉴가 줄어든다. 마레의 풍경이 내다보이는 커다란 유리창으로 햇볕이 쏟아져 들어오는 개방적인 분위기의 카페여서 테이블은 언제나 친구들과 수다를 떠는 유쾌한 파리지앵으로 붐빈다. 식사 때를 피한 오후에 방문하면 달달한 디저트와 음료를 즐기며 좀 더 여유를 부려볼 수 있다. 근처에 디저트 전문 바이 시즌(8 Rue Dupetit Thouars)이 있고, 몽마르트르(30 Av. Trudaine)와 생 마르탱 운하 근처(67 Rue Saint Sabin)에도 지점이 있다. MAP ➎-A

GOOGLE MAPS V987+33 파리
ADD 1 Rue Charles-François Dupuis, 75003
OPEN 08:30~19:00/일부 공휴일 휴무
MENU 아보카도와 연어 토스트 16€, 시즌 부리토 16.50€, 팬케이크 7.50~19€, 커피 2.50~5.50€/글루텐 프리 빵으로 주문 시 1€ 추가
WALK 피카소 미술관에서 도보 10분
METRO 3 Temple 역에서 도보 5분
WEB www.season-paris.com

+ M O R E +

프랑스 차의 명가
마리아주 프레르 Mariage Frères

루이 14세 시절부터 인도와 페르시아 등에 대한 독점 무역권을 얻어 크게 성공한 마리아주 가문이 처음 문을 연 찻집이다. 본점에는 살롱 드 테도 있어 티 타임을 즐기기 좋은데, 이왕이면 티로 만든 디저트를 곁들여 더욱 깊은 향을 느껴보자. 대표 티는 세련된 꽃향기를 머금은 달콤한 가향차 마르코 폴로와 누구의 입맛에나 잘 맞는 얼그레이. 상점은 백화점을 비롯해 파리 시내에 10여 곳이 있으며, 마들렌 광장, 클레르 거리 등 4곳의 살롱 드 테가 있다. 본점에서는 홍차 테이크아웃도 가능하다. **MAP 본점 ➎-A**

GOOGLE MAPS V954+3J 파리
ADD 30 Rue du Bourg Tibourg, 75004
OPEN 10:30~19:30(레스토랑 & 살롱 드 테 12:00~19:00)
MENU 판매용 차 얼그레이 9~23€/100g, 마르코 폴로 12~27€/100g, 테이크아웃 홍차 5.50€~, 살롱 드 테 홍차 10€~, 스콘 15€, 브런치 35€~, 애프터눈 티 52€~
WALK 파리 시청사에서 도보 5분/르 베아슈베 마레에서 도보 3분
WEB mariagefreres.com

시즌 부리토

동절기에 가끔 선보이는 샥슈카(Shakshuka).
달걀과 돼지고기, 토마토로 만든 매콤한 요리로
우리 입맛에 잘 맞는다.

'달달구리' 마니아에게 추천하는
달콤한 공간

디저트에 남다른 애정을 지닌 사람은 눈여겨 볼 것!
너무나 예쁘고 맛있어 보여서 결정 장애를 부르는 디저트 맛집들.

한 개 맛보고 한 개 더!
팽 드 쉬크르 Pain de Sucre(Pâtisserie)

가게 이름을 번역하면 '설탕 빵'. 상큼한 과일 타르트가 유명한 곳으로, 바삭한 시트지에 새콤한 과일과 달콤한 크림의 조화가 뛰어나다. 이 중 아몬드 파이 위에 산딸기를 올린 '유혹(Tentation)'이 단연코 인기. 가게 앞에 먹고 갈 수 있는 야외 테이블 석이 있다. MAP ❺-A

GOOGLE MAPS pain de sucre 14
ADD 14 Rue Rambuteau, 75004
OPEN 10:00~20:00/화·수요일·일부 공휴일 휴무, 7~8월 중 4~6주 휴무
MENU 타르트 8€~
WALK 국립 고문서 박물관에서 도보 2분
WEB patisseriepaindesucre.com

도심 속 비밀의 정원
봉탕 라 파티스리
Bontemps La Pâtisserie

웬만한 맛으로는 명함조차 내밀지 못할 쟁쟁한 디저트숍들이 모여 있는 마레에서 조용한 돌풍을 일으킨 파티스리다. 동화 같은 분위기의 가게 안에는 프랄린 크림을 곁들인 쇼트브레드 쿠키와 유기농 제철 과일로 산뜻함을 살린 타르트, 케이크 등이 보기 좋게 진열돼 있다. 간판 상품은 바삭한 사블레 쿠키로 만든 프티 케이크. 단, 안에서 먹으면 가격이 2~3배 비싸진다는 것은 알아두자. MAP ❺-A

GOOGLE MAPS bontemps marais
ADD 57 Rue de Bretagne, 75003
OPEN 파티스리 11:00~14:30, 15:00~19:00(토요일 10:30~19:00, 일요일 10:30~14:00, 14:30~17:30), 레스토랑 12:00~18:00(일요일 11:45~18:00)/월·화요일 휴무
MENU 파티스리 5€~(레스토랑에서 주문 시 14€~)
WALK 피카소 미술관에서 도보 8분
WEB bontemps.paris

그림책 속 슈처럼 알록달록
포펠리니 Popelini

색색의 초콜릿을 베레모처럼 머리에 얹은 귀여운 프티 슈 가게. 피스타치오, 초콜릿, 커피, 솔트 버터 캐러멜, 시트론 등 다양한 맛과 모양의 슈가 선택 장애를 불러온다. 생제르맹데프레(47 Rue du Cherche-Midi), 몽마르트르 아래 피갈 지구(44 Rue des Martyrs) 등 파리 시내에 5개의 지점이 있다. MAP ❺-A

GOOGLE MAPS popelini debelleyme
ADD 29 Rue Debelleyme, 75003
OPEN 11:00~19:30(토요일 10:00~, 일요일 10:00~18:00) /일부 공휴일 휴무
MENU 1개 2.80€~
WALK 피카소 미술관에서 도보 6분

슬로푸드의 재해석
유기농 & 비건 푸드

맛은 물론이고 건강까지 챙기고 싶다면 이곳을 주목!
'또 유기농이야' 싶지만 마레는 뭔가 다르다.

베지테리언이라면
반드시 체크해야
할 카페!

내 몸도 아끼고, 지구도 살리고
와일드 앤 더 문 샬롯 Wild & the Moon Charlot

파리지앵의 최대 관심사 중 하나인 유기농 먹거리와 채식에 관해서라면 이곳을 따라
올 곳이 없다. 진정한 음식이란 맛은 기본이고 우리의 몸과 지구 환경에도 좋은 영향
을 끼쳐야 한다고 믿는 파리지앵들이 엄지손가락을 치켜드는 곳. 과일과 채소를 비
가열 방식으로 착즙해 영양소 손실을 막은 콜드 프레스 주스와 스무디, 인근에서 생
산한 유기농 제철 샐러드와 글루텐 프리 페이스트리로 맛도 건강도 톡톡히 챙겨보자.
식료품점과 테이크 아웃 전문점을 비롯해 파리 시내에 9개의 지점이 있다. MAP ❺-A

GOOGLE MAPS V977+96 파리
ADD 55 Rue Charlot, 75003
OPEN 08:00~21:00
MENU 수퍼볼 12.50€, 샐러드 9.90€~, 페이스트리 2.50€~,
플라 12.50€~
WALK 피카소 미술관에서 도보 6분/앙팡 루즈 시장에서 도보
1분
WEB wildandthemoon.com

파리지앵의 장보기
라 메종 플리송 La Maison Plisson

파리지앵의 식탁에 올라갈 신선한 유기농 채소와 가
공식품, 와인 등을 판매하는 식료품점이자 레스토랑
이다. 생산지에서 마트로 이어지는 모든 과정을 꼼
꼼히 검토한 유기농 제품을 판매하며, 이렇게 공수
한 재료로 직접 음식을 만들어 선보인다. 고급 식자
재를 주로 취급해 가격대가 만만치 않지만 건강을
생각하는 이들과 선물로 식료품을 구매하려는 이들
이 즐겨 찾는다. 음식 맛은 평범한 편이므로 마트 구
경 후 카페에서 커피와 디저트를 맛보는 걸 추천한
다. MAP ❺-A

GOOGLE MAPS V958+RW 파리
ADD 93 Boulevard Beaumarchais, 75003
OPEN 08:30~21:00(일요일 ~20:00)/1월 1일·5월 1일·12월
25일 휴무
MENU 커피 2.90€~, 주스 5.50€~, 페이스트리 5.50€~
WALK 보주 광장 또는 피카소 미술관에서 각각 도보 6분/
메르시에서 도보 2분
WEB lamaisonplisson.com

팔라펠 스페셜
(9€)

군침이 싹 도는 길거리 간식
라스 뒤 팔라펠 L'as Du Fallafel

1979년 문을 연 이래 전 세계 파리 가이드북에 빠지지 않
고 소개되는 팔라펠 전문점이다. 팔라펠을 즐겨 먹는 유대
인이 많이 거주하는 마레 지구에서 가장 긴 줄이 늘어서는
식당. '중동식 타코'라고도 불리는 피타(Pitta) 샌드위치는
병아리콩과 누에콩을 갈아 만든 완자 튀김 팔라펠을 얇고
넓적하게 구운 밀가루 반죽에 싸서 각종 채소와 소스를 곁
들인 것이다. 고기류가 든 샌드위치도 있지만 채소만 들어
간 팔라펠 스페셜이 베스트셀러! 고소한 완자 튀김에 구운
채소와 요구르트 소스가 어우러져 은근히 든든하다. 안에
서 먹으면 메뉴당 2~3€ 더 비싸다. MAP ❺-A

GOOGLE MAPS 라스뒤팔라펠
ADD 34 Rue des Rosiers, 75004
OPEN 11:00~23:00(금요일 ~15:00)/토요일 휴무, 일요일은 유동적
MENU 팔라펠 9€~, 음료 3.50€~
WALK 보주 광장에서 도보 7분/카르나발레 박물관에서 도보 4분

팔라펠 볼만 따로
판매도 한다.
(10개 6€)

오직 맛으로 고른
#마레 #맛집

맛있어서 울고 싶은 마레 맛집들. 마레 북쪽의 앙팡 루즈 시장에도
그냥 지나치기 아쉬운 맛집들이 오밀조밀 모여 있다.

송아지 갈빗살 스테이크

감동이야, 이 맛과 친절함
셰 마드무아젤 Chez Mademoiselle

파리의 식당들 중 보기 드물게 유쾌하고 친절한 서비스가 돋
보이는 곳. '주목받는 파리의 젊은 요리사' 리스트에 이름을 올
린 셰프가 만든 요리답게 맛도 훌륭하다. 재료의 신선함을 중
요히 여겨 매장에 대형 냉장고를 두지 않고 당일 재료만 사용
한다. 자존심을 걸고 만든다는 스테이크들은 특제 소스와 풍
부한 육즙이 잘 어우러진다. 굽기 정도는 선택할 수 없지만 셰
프가 알아서 최적의 상태로 구워준다. 두툼한 생선살과 채소
의 조합이 환상적인 생선 스테이크도 추천. MAP ⑤-C

GOOGLE MAPS chez mademoiselle paris
ADD 16 Rue Charlemagne, 75004
OPEN 12:00~15:00(토·일요일 ~16:00), 19:00~23:00/
일부 공휴일 휴무
MENU 앙트레 9~22€, 플라 19~37€, 디저트 10~12€
WALK 보주 광장에서 도보 7분
METRO 1 Saint-Paul 하나뿐인 출구에서 도보 2분
WEB chezmademoiselleparis.fr

저렴하게 체험하는 프랑스 미식
카페 데 뮈제 Café des Musées

고급 레스토랑은 아니지만 <미슐랭 가이드>의 추천 레스토랑
에 이름을 올린 후 예약 없이는 찾기 힘든 곳이 되었다. 대표
메뉴는 소고기를 와인과 육수에 넣고 오븐에서 5시간 푹 익혀
만든 뵈프 부르기뇽(Bœuf Bourguignon). 소스가 느끼하지 않
아 우리 입맛에도 잘 맞고 사이드 메뉴도 푸짐하다. 앙트레로
는 에스카르고(Champignons de Paris Farcis aux Escargots)를
추천. 허브 버터로 구운 양송이버섯과 달팽이의 고소한 향이
식욕을 돋운다. 제철 재료를 사용하므로 시즌에 따라 메뉴가
자주 바뀐다. MAP ⑤-A

GOOGLE MAPS V957+6P 파리 **ADD** 49 Rue de Turenne, 75004
OPEN 12:00~14:30(토·일요일 ~16:00), 19:00~22:30(토·일요일 ~23:00)
MENU 런치 세트 23€~(여름 성수기에는 제공 안 하는 날이 많음), 앙트
레 9~22€, 플라 25~33€, 에스카르고 15€, 뵈프 부르기뇽 26€
WALK 피카소 미술관에서 도보 4분
WEB www.lecafedesmusees.fr

양송이버섯 위에 올린
에스카르고

육류 요리는 부드럽고
감칠맛이 난다.

살살 녹으며 달착지근한 맛이 뛰어난
오리와 바나나구이

관자 요리

쉿! 미식가들의 단골집이랍니다
르 프티 마르셰 Le Petit Marché

파리지앵들이 아끼는 그들만의 아지트. 마레 지구
의 얼굴인 보주 광장 북쪽 골목에 있으며, 오픈 시
간에 맞춰 가도 1시간 넘게 기다려야 하는 경우가
종종 있으니 예약을 권한다. 추천 메뉴인 참치 밀푀
유(Millefeuille de Thon)는 프랑스에서 흔치 않은 간
장 소스를 사용해 우리 입맛에도 잘 맞는다. 겹겹이
쌓은 참치와 바삭하고 담백한 과자의 조화도 일품.
오리와 바나나구이(Magret de Canard Caramélisé
aux Bananes Figues)는 달지 않은 캐러멜 소스가
부드러운 오리고기를 감싸 달콤한 포만감을 선사한
다. 방문했을 때 관자(St Jacques) 요리가 있다면 주
문해보자. 관자의 신선함과 쫄깃함이 뛰어나 단골
들이 이 집의 최고 메뉴로 꼽는다. **MAP ⑤-A**

GOOGLE MAPS V948+WC 파리
ADD 9 Rue de Béarn, 75003
TEL 01 42 72 06 67
OPEN 09:00~02:00/식사 12:00~15:00, 19:00~23:30
MENU 런치 세트 18€~, 앙트레 11€~, 플라 18~28€, 참치
밀푀유 24€, 오리와 바나나구이 24€
WALK 보주 광장에서 루이 13세 기마상 뒤쪽으로 난 길로
도보 2분
WEB www.lepetitmarche.eu

파리 가정식 쿡천재
레부양테 L'Ébouillanté

담백하고 무난한 프랑스 가정식을 제공하는 작은 카페 겸 레스토랑. 시테섬과 마레
지구 사이, 아름다운 중세 느낌의 골목에서 존재감을 드러내고 있다. 프랑스 시골집
에 초대된 듯한 아늑한 분위기 속에서 편안한 식사 시간을 즐길 수 있는 곳. 메뉴는
제철 재료를 사용해 자주 바뀌는데, 플라에 생선이나 오믈렛이 나오는 날은 재료가
떨어져 일찍 마감할 정도로 인기다. 종종 생선 요리에 빵 대신 밥이 나오는 것도 반
가운 점. 수프(Potage)는 곱빼기로도 주문할 수 있다. 번잡한 분위기에서 벗어나 느
긋하게 식사할 수 있는 곳을 찾는다면 여기도 체크해두자. **MAP ⑤-C**

GOOGLE MAPS L'Ebouillante paris
ADD 6 Rue des Barres, 75004
OPEN 12:00~22:00(겨울철 ~19:00)/
월요일 휴무/상황에 따라 유동적
MENU 런치 세트 16€~, 앙트레 7~
14€, 플라 14~16€, 커피 3€~
WALK 파리 시청사에서 도보 5분

은근하게 퍼지는 카레 향이 일품인
야채수프(Potage du Légume)

허브와 카레 소스를 뿌린
도미구이(Filet de Dorade)

파리에 왔으면 크레페를 먹어야죠

브레즈 카페 Breizh Café

브르타뉴식 정통 크레페로 도쿄에서 대성공을 거두자 창업자의 고향인 브르타뉴에 2호점을, 파리에 3호점을 낸 독특한 이력의 크레프리. 식사 시간에는 예약하지 않으면 한참 기다려야 하니 일찍 가는 것이 좋다. 우리나라 여행자들에게는 버섯, 치즈, 달걀, 햄이 들어간 짭짤한 브르타뉴(Bretagne/Bretonne)가 인기. 셰프가 추천하는 크레페 컹켈레즈(Cancalaise)는 훈제 청어, 청어알, 달걀 등이 들어가 캐비아 향을 풍기며, 입안에서 톡톡 터지는 청어알이 독특한 풍미를 전한다. 디저트용으로는 진한 단맛의 캐러멜 시럽을 뿌린 크레페류 추천. 크레페의 단짝인 사과주, 시드르(Cidres) 컬렉션도 훌륭하다. 몽마르트르(93 Rue des Martyrs)를 비롯해 파리에 10여 개의 지점이 있다. MAP ⑤-A

GOOGLE MAPS V966+6P 파리
ADD 109 Rue Vieille du Temple, 75003
OPEN 09:00~23:00/일부 공휴일 휴무
MENU 갈레트(식사용) 12~20€, 크레페(디저트용) 5.90~14.50€, 컹켈레즈 16.50€, 브르타뉴 15.80€, 시드르 14.80€~/1병
WALK 피카소 미술관에서 도보 2분
WEB www.breizhcafe.com

식사용으로 인기 만점, 브르타뉴

캐러멜 시럽 맛이 일품인 디저트, 반레즈(Vannetaise, 9.80€)

'먹부림'을 부르는 프리미엄 마켓

이탈리 Eataly

서울 여의도와 성남 판교에도 지점을 내어 우리와 한층 가까워진 이탈리의 파리 1호점. '더 잘 먹고 더 잘 살자'는 모토로 이탈리아에서 시작한 신개념 복합 음식문화 공간으로, 이탈리아식 레스토랑과 식료품 마켓을 겸하고 있어 현지인과 여행자 모두 즐겨 찾는 핫플레이스다. 이탈리아에서 생산한 제철 식자재를 판매하며, 특히 와인이나 치즈, 햄, 주방 도구에 관심이 많다면 방문할 만하다. 1층엔 커피와 디저트를 골라 먹을 수 있는 카페 3개가 입점해 있고, 레스토랑은 2층, 이탈리아산 와인은 지하에서 만날 수 있다. MAP ⑤-A

GOOGLE MAPS eataly marais
ADD 37 Rue Sainte-Croix de la Bretonnerie, 75004
OPEN 10:00~22:30(목~토요일 ~23:00)/식당에 따라 다름/일부 공휴일 휴무
WALK 파리 시청사에서 도보 5분
WEB eataly.fr

특제 소스를 곁들여 제공하는
고구마튀김도 맛 좋기로
소문난 별미다.

치킨 카레

채소 카레

나의 프랑스식 아메리칸 수제 버거

블렌드 햄버거 Blend Hamburger (Beaumarchais)

햄버거도 프랑스 요리사의 손을 거치면 이렇게 달라질 수 있다. 파리 제일의 정육점에서 받아온 질 좋은 고기로 묵직한 패티를 만들어내 그야말로 최고의 맛을 내는 곳. 직접 만들어 사용하는 케첩과 마요네즈는 자극적이지 않으면서도 고소한 맛이다. 마레 지점을 비롯해 6호점까지 문을 열었으며, 인기가 워낙 높아 주말이나 식사 때는 사람이 몰리니 시간에 여유를 두고 가자. MAP ❺-A

GOOGLE MAPS V968+CQ 파리
ADD 1 Boulevard des Filles du Calvaire, 75003
OPEN 11:30~22:30(월~수요일 11:30~15:00, 18:30~22:00)
MENU 햄버거 12.50€~, 고구마튀김 등 사이드 메뉴 4.50€(월~금요일 11:30~15:00에 햄버거+사이드+음료 19.90€)
WALK 피카소 미술관에서 도보 7분/메르시에서 도보 1분
METRO 8 Saint-Sébastien Froissart에서 바로
WEB blendhamburger.com

입맛 소생시켜줄 일본식 카레

퐁토슈 Pontochoux

일본식 카레로 현지인의 입맛을 사로잡은 카레 전문점. 따끈하고 고소한 쌀밥 냄새와 매콤한 카레 향이 코끝을 자극한다. 작은 규모에 복작복작한 분위기지만 친절한 스태프의 응대에 기분이 좋아지는 곳. 노란 맥주 박스를 쌓아 만든 야외 테이블은 SNS에도 자주 등장하는 이곳의 시그니처다. 가격은 합리적인 편이지만 성인 남자에겐 그리 넉넉한 양이 아니니 곱빼기(XL Size)를 추천. MAP ❺-A

GOOGLE MAPS V968+G2 파리
ADD 18 R. du Pont aux Choux, 75003
OPEN 11:30~19:00(일요일 ~18:00)/월요일·일부 공휴일 휴무
MENU 카레 14.80€(곱빼기 17.80€), 밥 추가 3.50€, 반숙 달걀 3€
WALK 피카소 미술관에서 도보 6분/메르시에서 도보 2분

파리지앵의 이상한 나라 속으로

르 루아르 당 라 테이에르
Le Loir dans La Théière

'찻주전자 안의 들쥐'라는 이름의 카페. <이상한 나라의 앨리스>를 모티브로 한 알록달록한 벽화와 옛 포스터, 복고풍 액자들로 가득한 내부에 들어서면 '이상한 나라'에 빠져버린 앨리스가 된 기분이 든다. 데코레이션은 안중에 없는 듯한 투박하고 큼직한 케이크와 타르트는 유기농 과일과 채소로 만든 것으로, 단맛이 적어 식사 대용으로 좋다. 대표 메뉴는 당근 케이크(Gâteau Carotte)와 머랭을 입힌 레몬 타르트(Citron Meringue). 오전에는 오믈렛이나 오늘의 수프(Soupe du Jour) 등 식사를 대신할 메뉴를 추가로 주문해야 한다. 주말에만 만나볼 수 있는 브런치 역시 푸짐한 양으로 사랑받는다. MAP ❺-C

GOOGLE MAPS V946+FC 파리
ADD 3 Rue des Rosiers, 75004
OPEN 09:00~19:30
MENU 파티스리 6€~, 차 7€~, 오믈렛 13.50€, 주말 브런치 25€~
WALK 보주 광장에서 도보 5분
WEB leloirdanslatheiere.com

파리의 걷고 싶은 길 #5

Rue des Rosiers

로지에르 거리: 라스 뒤 팔라펠(L'as Du Fallafel) 앞
스치는 풍경, 내 것으로 만들기

Rue des Barres

바르 거리: 로텔 드 빌 거리(Rue de l'Hôtel de Ville)~
생제르베 생프로테 성당(Église Saint–Gervais et Saint–Protais) 뒤쪽 보행로
도심 속 아늑한 여유

로컬들의 비밀 산책로
생마르탱 운하와
그 주변

마레 지구를 한 바퀴 둘러봤다면 생마르탱 운하까지 여행의 범위를 넓혀보자. 마레 북동쪽, 프레데릭 르메트르 광장(Square Frédérick-Lemaître)에서 바타이유 드 스탈린 그라드 광장(Place de la Bataille de Stalingrad)까지 2.5km가량 이어지는 생마르탱 운하는 관광객들에게 점령당한 센강 대신 현지인들이 선택하는 나들이 코스다. 최근 운하 주변으로는 작고 맛있는 카페와 레스토랑이 속속 문을 열고 있어 더욱 활기차며, 소문을 듣고 온 외국인 여행자도 늘어나는 추세다.

바스티유 광장 바로 남쪽에서 센강까지 형성된 바생 드 라르제날(Bassin de l'Arsenal)도 생마르탱 운하의 일부다. 하지만 파리에서 생마르탱 운하라고 하면 대개 카페와 상점이 늘어선 북쪽 구간을 말한다. 요트 정박장으로 주로 이용되는 바생 드 라르제날 주변도 풍경이 좋으니 북쪽까지 갈 시간 여유가 없다면 이곳을 잠시 둘러보는 것도 좋다.

MAP legend

① 명소 　식당 & 카페 　상점
Ⓜ RER 메트로, RER 　● 표지물

① 이 물길은 정말 '싱그럽운하'
생마르탱 운하 Canal Saint-Martin

나폴레옹이 파리 시민들에게 안전하고 깨끗한 식수를 공급하기 위해 바스티유 광장 북쪽에 조성한 길이 4.5km의 운하. 영화 <아멜리에>에서 아멜리에가 물수제비를 뜨던 개천이 바로 이곳이다. 잔잔한 물결 위론 유람선이 떠다니고, 플라타너스와 밤나무가 늘어선 둑길과 고풍스러운 다리 풍경에 저절로 힐링이 되는 휴식처. 단, 밤이면 운하 주변이 노숙자들의 천국으로 변해버리니 낮에 방문하는 것이 좋다. MAP ④-C

GOOGLE MAPS V998+WH 파리
WALK 바스티유 광장에서 프레데릭르메트르 광장까지 도보 25분
METRO 3·5·8·9·11 République 4번 출구에서 도보 3분 또는 11 Goncourt 2번 출구에서 도보 4분 또는 2·5·7bis Jaurès 1번 출구에서 도보 1분
WEB www.canauxrama.com(유람선 카노라마), www.pariscanal.com(파리 카날)

유람선은 선개교와 지하 터널 등을 지나며 센강에서는 느끼지 못한 파리의 또 다른 낭만을 선사한다.

에스카르고 쇼콜라 피스타슈

② 헛둘헛둘, 아침 일찍 가야 먹을 수 있는 빵
뒤팽 에 데지데 Du Pain et des Idées

1875년 처음 문을 연 뒤 150년이 다 되도록 변함없는 인기를 얻고 있는 생마르탱 운하의 터줏대감 블랑제리. 2002년 새 주인을 맞아 재오픈했지만 가게 고유의 맛을 내기 위해 사워도우를 사용하고 손으로만 반죽하는 전통 방식을 그대로 유지하고 있다. 평일 아침 일찍부터 점심때까지만 문을 여는데, 오픈과 동시에 줄이 길게 늘어서니 서둘러 찾아가야 한다.

시그니처 빵은 피스타치오 커스터드 크림에 다크 초콜릿 칩이 박혀 있는 달팽이 모양의 데니쉬, 에스카르고 쇼콜라 피스타슈(Escargot Chocolat Pistache)! 바게트 대신 이 집에서만 파는 큰 사각 모양의 팽 데자미(Pain des Amis)와 신선한 사과를 그대로 넣어 만든 사과 쇼송(Chausson à la Pomme Fraîche)도 꼭 맛봐야 한다. 여러 미디어에서 수여한 '올해의 빵집' 타이틀은 빵 맛을 살짝 거들 뿐! MAP ④-C

GOOGLE MAPS V9C7+F5 파리
ADD 34 Rue Yves Toudic, 75010
OPEN 07:15~19:30/토·일요일·12월 마지막 주·7월 말~8월 말 약 4주간 휴무
MENU 에스카르고 쇼콜라 피스타슈 5.50€, 사과 쇼송 4.30€
WALK 생마르탱 운하의 투르낭교(Pont Tournant)에서 도보 4분
METRO 5 Jacques Bonsergent 1번 출구에서 도보 3분
WEB dupainetdesidees.com

③ 프랑스 공화국을 상징하는 대규모 광장
레퓌블리크 광장(공화국 광장)
Place de la République

생기 넘치는 젊음으로 가득찬 광장. 메트로 5개 노선이 교차하는 교통의 요지다. 광장 주변으로 트렌디한 패션·스포츠 브랜드점과 잡화점, 카페, 비스트로가 즐비해 파리의 젊은이들을 밤낮으로 불러 모은다. 광장 중앙에는 프랑스 공화국의 상징인 마리안의 청동상과 자유·평등·의리를 상징하는 3개의 석상, 프랑스 공화국의 역사를 기록한 12개의 청동 부조로 장식한 공화국 기념비(Le Monument à la République)가 있다. 광장 남쪽은 마레 지구와 맞닿아 있으며, 기념비 앞으로 쭉 뻗은 길은 패션 스트리트로 유명한 에티엔 마르셀까지 이어진다. MAP ④-C & ⑤-A

GOOGLE MAPS Place Republique
WALK 생마르탱 운하 남쪽의 프레데릭르메트르 광장에서 도보 3분
METRO 3·5·8·9·11 République 하차

④ 디지털 아트라는 놀라운 신세계
아틀리에 데 뤼미에르 Atelier des Lumières

최근 여행자들 사이에서 가장 핫하게 떠오른 파리의 신 명소. 반고흐, 클림트, 샤갈 등 유명 예술가의 작품을 조명과 대형 영상, 감미로운 사운드로 선보이는 색다른 형태의 전시관으로, 작품이 마치 살아 움직이듯 벽면을 가득 채우며 관람객의 눈과 귀를 사로잡는다. 프랑스 남부의 요새 마을 레 보드프로방스(Les Baux-de-Provence)에서 선보인 빛의 채석장(Carrières de Lumières)이 인기를 얻자 파리 11구의 주물공장을 개조해 2018년 문을 열었다. 페르라셰즈 묘지(339p)와 가깝다. **MAP ⑤-B**

GOOGLE MAPS V96J+J8 파리
ADD 38 Rue Saint-Maur, 75011
OPEN 10:00~18:00(금·토요일 ~22:00, 일요일 ~19:00)/7·8월 월~토요일 ~20:00, 일요일 ~19:00)/폐장 1시간 전까지 입장
PRICE 17€, 학생·12~25세 15€, 3~11세 10€/현장 구매 시 2€ 추가/
예약 권장
WALK 프레데릭메트르 광장·바스티유 광장에서 각각 도보 20분/페르라셰즈의 감베타 거리 쪽 입구에서 도보 12분
METRO 3 Rue Saint-Maur 2번 출구에서 도보 5분
WEB www.atelier-lumieres.com

> 혁명을 주제로 그린 벽화가 있는 바스티유 메트로역

 1789년 7월 14일을 기념하며
바스티유 광장 Place de la Bastille

1789년 7월 프랑스 대혁명이 시작된 곳. 4·11·12구의 경계에 걸쳐 있으며, 광장 한가운데에는 1830년 7월 혁명을 기념해 세운 50m 높이의 7월의 탑(Colonne de Juillet)이 우뚝 솟아 있다. 탑 밑에는 1830년 7월 혁명과 1848년 혁명 때 희생된 사람들의 유해가 묻혀 있고 청동 기둥에 그 이름들이 새겨져 있다. 묘지는 기념관으로 단장돼 프랑스어 가이드 투어로만 들어갈 수 있으며, 탑 위로는 올라갈 수 없다. 광장 부근에는 프랑스 대혁명 200주년을 기념해 1989년에 완공한 오페라 바스티유(Opéra de la Bastille)가 있다. **MAP ⑤-C**

GOOGLE MAPS 바스티유광장
ADD Place de la Bastille, 75011
OPEN 가이드 투어 토·일요일 14:30·16:30 (1회에 18명 한정)/ 예약 필수
PRICE 13€(7~17세 6€)
WALK 보주 광장에서 도보 5분/생루이섬에서 북쪽으로 쉴리교 건너 도보 8분
METRO 1·5·8 Bastille 하차
WEB www.colonne-de-juillet.fr (투어 신청)
www.operadeparis.fr (오페라 바스티유)

⑥ 목표는 길거리 먹방!
바스티유 시장 Marché Bastille

우리나라의 재래시장과 비슷한 분위기 속에서 파리지앵의 일상을 들여다 볼 수 있는 곳. 인테리어 소품이나 골동품보다는 싱싱한 과일과 채소, 해산물, 직접 만든 빵과 음식을 주로 팔아 저렴하고 푸짐하게 배를 채울 수 있다. 토요일 10:00~19:00에는 바스티유 창작 시장(Marché de la Création Paris-Bastille)이라 불리는 예술 시장이 들어서, 아마추어 예술가들의 야외 전시장으로 변신한다. 예술 작품과 공예품, 액세서리에 관심이 많다면 시간 맞춰 들러보자. MAP ⑤-C

GOOGLE MAPS V97C+W4 파리
ADD Boulevard Richard Lenoir, 75011
OPEN 목·일요일 08:30~14:30
WALK 바스티유 광장에서 도보 3분
METRO 5 Bréguet-Sabin에서 5·9 Oberkampf 근처까지 늘어선다.

⑦ 두 얼굴의 저수지
바생 드 라르제날 Bassin de l'Arsenal

생마르탱 운하의 일부로, 센강의 케 드 라 라페(Quai de la Rapée)와 바스티유 광장 사이에 형성돼 있다. 19세기까지 이곳에 있던 무기고(L'Arsenal)에서 이름이 유래했고, 무기고의 전신인 바스티유 요새 주변의 해자를 채우려는 목적으로 센강에서 물을 끌어오던 도랑을 개조해 만들었다. 평소에는 요트가 떠다니는 평화로운 휴식공간이지만 여름에는 파리 플라주(029p)의 메인 장소로 이용되어 아침부터 튜브를 끼고 수영하는 아이들과 모래사장에서 일광욕하는 어른들로 북적인다. 라르제날 항(Port de l'Arsenal)이라고도 부른다. MAP ⑤-C

GOOGLE MAPS port arsenal garden
WALK 바스티유 광장 바로 남쪽

⑧ 당신이 미처 몰랐던 파리
샤론 거리 Rue de Charonne

파리 11구, 바스티유 광장 부근에서 동쪽으로 1km 정도 이어지는 거리. 이자벨 마랑, 레페토, 벨로즈, 프렌치트로터 등 현지인들이 좋아하는 브랜드점과 개성이 뛰어난 신진 디자이너들의 로드숍이 밀집해 있다. 수제 버거 맛집 블렌드 햄버거를 비롯한 젊은 취향의 카페와 레스토랑이 많으니 식사나 커피를 즐기며 천천히 둘러보면 좋은 곳이다. MAP ⑤-D

GOOGLE MAPS V92G+GF 파리
METRO 8 Ledru-Rollin 4번 출구에서 바로

⑨

처음에는 프롬나드 플랑테(Promenade Plantée, 가로수길)라는 평범한 이름으로 불리다가 프랑스 환경 운동의 선구자 르네뒤몽을 기념해 이름을 바꾸었다.

<비포 선셋>의 주인공이 돼볼까?
르네뒤몽 녹색 산책로
Coulée Verte René-Dumont

버려진 철로를 재생해 만든 길이 약 4.7km의 산책로. 1969년부터 운행이 중지된 고가 철도를 방치하다가 1993년에 가로수를 심으면서 산책로로 탈바꿈했고, 영화 <비포 선셋>에 등장하면서 유명해졌다. 2km가량의 철도 상부는 산책로 및 정원으로 꾸며져 녹음이 우거지는 계절에 찾으면 연둣빛 잔디와 짙은 녹색의 벤치가 마음을 설레게 한다. 걷다 보면 꽃과 나무가늘어선 길 중간중간 잘린 건물 틈을 통과하는 구간과 발아래가내려다보이는 쇠 그물이 깔린 구간 등이 나타나 산책이 재밌어진다. 철도 아래 아치 모양 공간엔 아트 갤러리, 가구·공예 공방, 카페 등이 들어서 있다. 산책로는 오페라 바스티유 뒤쪽에서 시작해 뱅센숲 입구까지 이어진다. MAP ⑤-C

GOOGLE MAPS 쿨레 베르트 산책길
ADD 1 Coulée Verte René-Dumont, 75012
OPEN 07:00~21:30(겨울철 ~17:30, 전 시즌 토·일요일 08:00~)/일부 공휴일 휴무
WALK 바스티유 광장에서 도보 5분/파리 리옹역에서 도보 5분
METRO 8 Ledru-Rollin 3번 출구에서 도보 5분

높이 67m, 가로·세로 각각 8.5m의 대형 시계탑이 상징이다.

파리에서 가장 럭셔리한 기차역
리옹역 Gare de Lyon

프로방스·코트 다쥐르·부르고뉴 등의 프랑스 지방을 비롯해 알프스 근교의 스키장과 스위스·이탈리아로 향하는 휴양객을 실어나르는 철도역이다. 1849년에 개통했고 1900년 만국 박람회에 맞춰 대규모 확장 공사를 벌여 대형 프레스코로 장식한 럭셔리한 기차역으로 변모했다. 역 안에는 1901년에 문을 열고 영화 <니키타>의 배경이 된 레스토랑 르 트랑 블뤼(Le Train Bleu)가 들어와 있다. 가격 대비 만족할 수준의 맛은 아니지만 분위기가 좋아 인기가 많은 편. 식사를 하지 않고 음료나 디저트만 먹어도 괜찮은 곳이다. 입장할 때 식사 주문 여부를 물어보며, 음료만 마신다면 테이블이 낮아 편안한 자리로 안내해준다. 기차역 0층의 Hall 1, A~N 플랫폼 맞은편에 있다. MAP ⑩-B

GOOGLE MAPS 파리 리옹역
ADD Place Louis Armand, 75012
OPEN 르 트랑 블뤼 07:30~22:30/식사 11:15~14:30, 19:00~22:30
WALK 르네뒤몽 녹색 산책로 입구와 바생 드 라르제날 센강 쪽 시작 지점에서 각각 도보 10분
METRO 1·14 또는 **RER** A·D Gare de Lyon 하차
WEB www.le-train-bleu.com

⑩

궁전같이 화려한 레스토랑, 르 트랑 블뤼

똑똑! 파리지앵의 집 구경하기
라이프스타일 & 잡화숍

오후의 티 타임에 어울릴 퀄리티 높은 식기류와 인테리어 잡화를 구경하며
파리지앵의 일상 속으로 한 발짝 더 다가가는 시간.

실속이 꽉 찬 디자인 전문 서점
아르타자르 Artazart

생마르탱 운하를 산책한다면 눈길을 사로잡는 빨간 간판을
놓치지 말자. 예술과 디자인 문구에 관심이 많은 이들에게는
보물 창고와도 같은 디자인 전문 서점이다. 톡톡 튀는 디자인
서적은 분야별로 잘 정리돼 있어 찾아보기 쉽고, 구하기 힘든
책도 많이 취급해 디자인 관련 업계 유명인도 종종 찾는다. 다
양한 디자인 문구류와 판화를 비롯한 작은 현대 회화들도 고
급 기념품으로 손색이 없다. 각종 전시와 사인회, 토론회 등도
열리는 등 예술가들의 아지트와 같은 곳. MAP ❹-C

GOOGLE MAPS Artazart
ADD 83 Quai de Valmy, 75010
OPEN 10:30~19:30(일요일 11:00~)/1월 1일·12월 25일 휴무
WALK 생마르탱 운하의 투르낭 드 라 그랑주 오 벨교(Pont Tournant
de la Grange aux Belles) 바로 서쪽
METRO 5 Jacques Bonsergent 1번 출구에서 도보 5분
WEB www.artazart.com

인테리어 마니아의 놀이터
보르고 델레 토발리에 Borgo delle Tovaglie

1996년 이탈리아 북부의 볼로냐에서 홈 패브릭 제조 회사로 출발
한 세계적인 리빙 브랜드, 보르고 델레 토발리에가 운영하는 캐주
얼 럭셔리 콘셉트의 토탈 리빙 편집숍이다. 고급진 원단의 패브릭
제품과 트렌디하고 실용적인 디자인의 식기, 홈퍼니싱, 빈티지 제
품 등이 너른 매장 안이 비좁게 느껴질 정도로 야무지게 진열돼 있
다. 집 꾸미기에 관심 있는 지인들이 입을 모아 추천하는 곳으로,
인테리어 마니아라면 그냥 지나치기 섭섭하다. 한쪽에는 이탈리안
음식을 즐길 수 있는 캐주얼 레스토랑도 있다. MAP ❺-A

GOOGLE MAPS borgo tovaglie paris
ADD 4 Rue du Grand Prieuré, 75011
OPEN 숍 10:30~16:00(토요일 11:00~18:00)/일요일 휴무/유동적 오픈,
식당 12:15~14:30(토요일 브런치 ~15:00), 19:30~22:30/일요일 휴무
WALK 프레데릭메트르 광장에서 도보 7분
METRO 5·9 Oberkampf 1번 출구에서 도보 1분
WEB www.borgodelletovaglie.com

블링블링 금빛의 향연
파사주 도레 Passage Doré

반짝이는 액세서리와 아기자기한 유럽풍 잡화로 눈 둘 곳 없이 화려한
공방 겸 편집숍이다. 벽면을 가득 채운 전시대에는 세상에 하나뿐인
목걸이, 반지, 팔찌 같은 액세서리를 비롯한 각종 문구류와 인테리어
소품이 진열돼 있다. 소중한 추억을 담아 갈 나를 위한 선물을 찾는다
면 추천하는 곳. MAP ④-C

GOOGLE MAPS V996+RM 파리
ADD 6 Rue du Château d'Eau, 75010
OPEN 11:00~19:00/일요일 휴무
WALK 레퓌블리크 광장에서 도보 3분
METRO 5 Jacques Bonsergent 2번 출구에서 도보 2분
WEB passagedore.com

가구 전문점, 스위트 라 트레소르리

환경을 고려한 실용주의 주방용품
라 트레소르리 La Trésorerie

친환경 소재로 만든 주방용품으로 빼곡한 편집숍이다. 북유럽을 중심으로 한
유럽산 제품 중에서도 나무와 같은 천연 자연 소재로 만든 제품과 재활용 가
능한 제품 위주로 셀렉트했다. 침구류, 인테리어 소품, 수공예 액세서리 등
다양한 품목을 취급하나, 주방용품이 주를 이룬다. 바로 맞은편에 가구만 취
급하는 매장(Suite la Trésorerie)도 운영한다. MAP ④-C

GOOGLE MAPS V996+RC 파리
ADD 11 Rue du Château d'Eau, 75010
OPEN 11:00~19:00/일·월요일·일부 공휴일
휴무
WALK 파사주 도레 건너편
WEB latresorerie.fr

커피잔에 감성 한 스푼
#생마르탱 #파리감성핫플

맛있는 빵 한 조각과 커피 한 잔이 주는 행복. 생마르탱에서 다시 쓰는 여행의 기록.

팔방미인 바리스타의 공간
텐 벨스 Ten Belles

2012년 생마르탱 운하 주변에 문을 열자마자 <피가로>의 파리 5대 카페 중 하나로 선정된 곳. 카페 텔레스코프(232p)와 함께 파리의 젊은 바리스타들을 끈끈하게 잇는 카페로, 라테 아트나 드립 커피 등 트렌드를 이끈다. 커피뿐 아니라 간단한 음식들도 퀄리티가 좋아 식사 시간에는 더욱 북적이며, 커피 케이크와 큼직한 쿠키 등 디저트류도 반응이 좋다. 2022년 옆 매장까지 확장 오픈해 조금 더 여유롭게 쉬어갈 수 있다. 생제르맹데프레 지점(53 Rue du Cherche-Midi)과 바스티유 광장 근처의 베이커리 텐 벨스 브레드(17-19 Rue Breguet)도 인기몰이 중이다. MAP ④-C

GOOGLE MAPS Ten Belles Paris 10
ADD 10 Rue de la Grange aux Belles, 75010
OPEN 08:30~17:30(토·일요일 09:00~18:00)
MENU 커피 3€~, 샌드위치 4.50€~, 쿠키 3€~
WALK 생마르탱 운하 중간 즈음, 투르낭 드 라 그랑주 오 벨교(Pont Tournant de la Grange aux Belles) 동쪽
METRO 5 Jacques Bonsergent 1번 출구에서 도보 5분
WEB www.tenbelles.com

명품 셰프의 명품 커피
르 카페 알랭 뒤카스 Le Café Alain Ducasse

스타 셰프 알랭 뒤카스가 라바짜 커피와 손잡고 론칭한 명품 카페. 전 세계 3000여 영세 커피 생산 농가들과 연대해 커피 재배부터 생산, 공급, 판매까지 지원하며 최고급 커피를 들여와 커피 애호가들에게 제값 받고 판매한다. 원두뿐 아니라 커피 관련 도구와 네스프레소 호환 캡슐도 갖췄다. 필터 커피를 주문하면 원하는 만큼 컵에 담아 마들렌과 함께 즐길 수 있다. 일반 커피에는 초콜릿이 제공된다. 웨스트필드 포럼 데알(293p)에 지점이 있고, 파리 시내에 20여 곳의 초콜릿 전문점과 아이스크림 가게가 있다. MAP ⑤-C

GOOGLE MAPS V94C+4V 파리
ADD 12 Rue Saint-Sabin, 75011
OPEN 12:00~19:00/일요일·7~8월 중 약 4주간 휴무
MENU 원두 7€~/125g, 커피 2.50~8€
WALK 바스티유 광장에서 도보 4분
WEB www.lecafe-alainducasse.com

샥슈카

그린 에그 앤 페타

팬케이크(11.20€~)

처음 맛보는 샥슈카

카페 메리쿠르 Café Méricourt

토마토와 고추에 퐁당 빠진 달걀의 모습이 지옥 불에 빠진 것과 같다고 하여 영어로 에그 인 헬(Egg in Hell)이라 하는 북아프리카식 달걀 요리, 샥슈카(Chakchouka)가 맛있기로 소문난 브런치 레스토랑이다. 토마토 샥슈카도 일품이지만 볶은 시금치 위에 페타 치즈와 반숙 달걀을 올리고 잣과 고수잎으로 반전 매력을 보여주는 초록색 샥슈카, 그린 에그 앤 페타(Green Eggs & Feta)도 별미다. 리코타 치즈를 올리고 제철 과일과 호박씨, 건포도, 메이플 시럽을 사용해 새콤달콤하게 즐기는 팬케이크(Pancakes Sucré au Fruits)도 추천 메뉴. 주말에는 홈페이지에서 예약하고 가는 게 좋고, 평일에도 인기 메뉴는 조기 품절될 수 있으니 서둘러 가자. MAP ⑤-B

GOOGLE MAPS cafe mericourt
ADD 22 Rue de la Folie Méricourt, 75011
OPEN 08:30~16:00(토·일요일 09:30~17:00)/라스트 오더는 폐장 1시간 30분 전까지
MENU 샥슈카 12.70€~, 그린 에그 앤 페타 13.20€~
WALK 프레데릭르메트르 광장에서 도보 12분
METRO 9 Saint-Ambroise 1번 출구에서 도보 2분
WEB www.cafemericourt.com

숨은 고수의 커피를 맛보자

드리민 맨 Dreamin' Man

붓 카페(314p)의 커피 맛을 책임지던 바리스타 스기야마가 창업한 카페. 오픈 소식을 들은 파리지앵들이 멀리서도 찾아올 정도로 오베르캄프 일대에서 인기가 높다. 1960~70년대 노래가 흘러나오는 작은 카페는 아날로그 감성을 물씬 풍기는데, 가게 이름도 록 뮤지션 닐 영의 노래 제목에서 따 온 것이라고. 출출할 땐 스기야마의 부인 유이가 직접 구운 스콘과 케이크를 곁들여 보자. 마레 지구의 편집 숍 브로큰 암(313p)에 지점이 있다. MAP ⑤-A

GOOGLE MAPS dreamin man
ADD 140 Rue Amelot, 75011
OPEN 08:30~16:00/일요일 휴무
MENU 에스프레소 3€, 호지차 라테 5€, 아이스라테 6€, 페이스트리 5€~
WALK 레퓌블리크 광장에서 3분

플랫 화이트

천기누설!

#생마르탱 #현지인맛집

관광객은 눈치채기 어렵다. 현지인이 즐겨 찾는 변방의 맛집들.

생마르탱 운하 옆, 검증된 맛집

홀리벨리 Holybelly

마레 지구의 예쁜 산책로와 생마르탱 운하를 거닐던
이들이 약속이나 한 듯 모여드는 사랑스러운 카페.
맛있는 커피와 음식, 캐주얼한 분위기가 매력적인 곳
이다. 팬케이크나 해시브라운 등 미국풍 브런치 메뉴
가 호평을 받으며, 유기농 제철 재료로 만든 기발한 메
뉴도 많아 언제 가도 새로운 기분이다. 다양한 아이스 음
료와 맥주, 칵테일을 선보이며, 직원들이 영어에 능숙해 다국
적 손님들이 즐겨 찾는다. 휴무일과 휴가 기간이 유동적이므로 홈
페이지에서 미리 쉬는 날을 확인한 후 방문하는 것이 안전하다.

MAP **④-C**

GOOGLE MAPS 홀리벨리 파리
ADD 5 Rue Lucien Sampaix, 75010
OPEN 09:00~17:00/일부 공휴일 휴무
MENU 커피 2.50~5€, 팬케이크 9.50~15.50€
METRO 5 Jacques Bonsergent 2번 출구에서 도보 2분
WEB www.holybellycafe.com

인기 No. 1 팬케이크,
보물 상자(Savoury
Stack), 14.50€

'진짜' 이탈리아 본토의 맛

오베르 맘마 Ober Mamma

이탈리아 셰프들이 이탈리아 식자재로 요리하는 빅 맘마 계열의 정통 이탈리안 레스토랑. 파리지앵의 미각을 사로잡은 이탈리안 음식을 맛보려는 사람들로 긴 줄이 늘어선다. 재료를 아끼지 않고 듬뿍 올린 부라타 치즈가 녹아내리는 피자(Regina Burrata), 감미로운 송로버섯 향이 후각을 자극하는 트뤼프 파스타(La Famuese Pate a la Truffe) 등이 인기 메뉴다(메뉴는 매달 바뀐다). 화덕에서 쉼 없이 구워내는 피자와 지글지글 익어가는 요리가 음식에 대한 기대치를 한껏 높인다. **MAP ⑤-A**

GOOGLE MAPS 오베르 맘마 파리
ADD 107 Boulevard Richard-Lenoir, 75011
OPEN 12:00~14:30(토·일요일 ~15:00), 18:45~22:45(목~일요일 18:30~23:00)
MENU 트뤼프 파스타 20€, 마르게리타 피자 12.50€
WALK 프레데릭르메트르 광장에서 도보 7분
METRO 5·9 Oberkampf 4번 출구에서 도보 2분
WEB bigmammagroup.com

: WRITER'S PICK :

파리에서 가장 성공한
이탈리안 레스토랑 그룹, 빅 맘마

세련된 공간에서 전통적인 이탈리아의 맛을 전하겠다는 포부를 밝히고 문을 연 빅 맘마(Big Mamma) 그룹은 9개의 매장을 운영하면서 모든 식자재를 이탈리아 현지에서 공수하고 240여 명의 이탈리아 직원을 고용하며 파리에 진짜 이탈리아 맛을 선사하고 있다. 메뉴는 비슷한 편이지만 매장별로 개성을 살린 멋진 인테리어와 독특한 분위기로 차별화했다.

WEB bigmammagroup.com(예약 가능)

■ **이스트 맘마** East Mamma
빅 맘마 1호점. 레트로 감성과 모던함이 공존하는 인테리어가 특징이다.

ADD 133 Rue du Faubourg Saint-Antoine, 75011(바스티유 광장 근처)

■ **핑크 맘마** Pink Mamma
온실 같은 분위기에서 파스타와 피자를 제공하는 2층 레스토랑과 클럽 라운지 같은 인테리어가 돋보이는 지하 리커 바를 운영한다.

ADD 20bis Rue de Douai, 75009(몽마르트르 묘지 근처)

■ **빅 러브** Big Love
100% 글루텐 프리 피자를 주 무기로 브런치 메뉴를 선보인다.

ADD 30 Rue Debelleyme, 75003
(마레 지구)

■ **피제리아 포폴라레** Pizzeria Popolare
5€부터 시작하는 저렴한 피자가 대표 메뉴인 실속형 매장.

ADD 111 Rue Réaumur, 75002(팔레 루아얄 근처)

■ **라 펠리치타** La Felicità
이탈리아 전통시장 분위기에 트렌디한 감성을 접목한 대형 푸드코트.

ADD 5 Parvis Alan Turing, 75013(프랑스 국립도서관 근처)

여유 한 모금
19구 & 20구 산책

파리의 20개 구(Arrondissement) 가운데 맨 마지막 구인 19구와 20구는 산책 나온 주민들과 뛰노는 아이들의 활기로
가득 찬, 공원과 산책로의 보고다. 복잡한 관광지를 벗어나 햇살 아래 여유롭게 힐링하고 싶을 때 더할 나위 없는 지역.
단, 타 지역보다 낙후돼 있어 우범지역으로 손꼽히는 곳이니 밤보다는 낮에 방문하고,
늦은 시간에는 택시를 이용하는 것이 좋다.

여긴 몰랐을걸? 파리 전망 끝판왕

벨빌 공원 Parc de Belleville

벨빌 언덕에 자리한 공원. 채석장을 단장해 만들었다. 공원 내 해발 108m의 제일 높은
곳에는 파리 시내를 한눈에 볼 수 있는 테라스가 있다. 시내에서 비교적 가까우면서도
언덕 앞으로 시야를 가리는 높은 건물이 없는 절묘한 위치 덕에 파리 전경의 종합판을
이곳에서 볼 수 있다.

공원이 있는 벨빌 지역은 '아름다운 마을'이라는 뜻의 이름과는 달리 예전부터 중국계·
아랍계 이민자들이 주로 모여 사는 서민 지역이었다. 그러나 1980년대 후반부터 가난
한 예술가들이 모여 들어와 임대료가 저렴한 빈 창고나 사무실을 작업실로 사용하면서
분위기가 많이 바뀌었고 여행자들의 발길도 제법 늘었다. 최근에는 젊고 실력 있는 셰
프들이 문 연 개성 넘치는 레스토랑과 바가 마을에 활기를 불어넣는 중. 단, 여전히 밤
에는 통행을 삼가는 것이 좋다. MAP ④-D

GOOGLE MAPS V9CM+CV 파리
ADD 47 Rue des Couronnes, 75020
OPEN 07:00~21:00(토·일요일 08:00~)/
시즌에 따라 유동적
METRO 2 Couronnes 하나뿐인 출구에서 도
보 4분

여성들의 립스틱 자국이 가득한
오스카 와일드의 묘

구석에 있어도 많은 사람이 찾는
짐 모리슨의 묘

파리에서 제일 유명한 묘지

페르라셰즈 묘지 Cimetière du Père-Lachaise

파리 3대 묘지(페르라셰즈, 몽마르트르, 몽파르나스) 중 제일 넓고 아름다운 묘지. 44만m²(약 13만 평)의 넓은 부지를 가득 메운 7만5천 기 이상의 무덤을 보기 위해 매년 300만 명 이상이 찾아오는 파리의 관광 명소다. 쇼팽, 발자크, 오스카 와일드, 몰리에르, 아폴리네르, 비제, 마리아 칼라스, 오귀스트 콩트, 이사도라 덩컨, 막스 에른스트, 에디트 피아프, 마리아 칼라스, 들라크루아, 로시니, 쇠라, 모딜리아니, 짐 모리슨, 이브 몽탕 등 많은 유명인이 이곳에 잠들어 있다. 그중 사람들이 가장 많이 찾는 곳은 쇼팽과 오스카 와일드, 짐 모리슨의 무덤이다. 1960년대 밴드 <도어즈>를 이끌면서 히피들의 정신적 지주가 된 짐 모리슨의 무덤 주변에는 사람들이 자주 술을 마시러 와서 철망으로 막아놓기까지 했다. 우리에게 공동묘지란 으스스한 분위기가 물씬 풍기는 공간이라는 이미지가 강하지만 파리지앵들에겐 편안하게 들렀다 가는 데이트와 산책 코스 중 하나다. MAP ⑤-B

GOOGLE MAPS 페르라셰즈묘지
ADD 16 Rue du Repos, 75020
OPEN 08:00~18:00(토요일 08:30~, 일요일·공휴일 09:00~/11월 초~3월 중순 ~17:30)/폐장 30분 전까지 입장
METRO 2 Philippe Auguste 1번 출구에서 도보 3분 또는 2·3 Père Lachaise에서 도보 1분(보조 입구 이용)

: WRITER'S PICK :

파리의 묘지는 어떻게 관광 명소가 되었을까?

프랑스 대혁명 전까지 파리 시내에는 200여 개의 집단묘지가 있었는데, 1780년대에 이르러 포화 현상이 심각한 사회 문제로 떠올랐다. 대혁명 이후 사망자가 속출해 매장지가 고갈되고 묘지를 운영하는 교구 성당과 사망자·유족 사이의 갈등이 커지는 등 상황이 더 악화되자 당시 통령이던 나폴레옹은 "모든 시민은 출신이나 종교에 상관없이 묻힐 권리가 있다"고 선언하며 체계적인 묘지공급에 나섰다. 그리고 1804년, 민가와 멀리 떨어진 파리 동북쪽 언덕에 세계 최초의 정원식 공원묘지인 페르라셰즈가 개장했다.

파리시는 페르라셰즈가 시내 중심부에서 멀리 떨어진 낙후된 동네에 있다는 단점을 상쇄하기 위해 개장 초 우화 작가 라퐁텐과 극작가 몰리에르 같은 유명인의 묘를 이장해 열심히 홍보했다. 덕분에 무덤 수는 1815년 2000기에서 1830년엔 그보다 16배 더 많은 3만 3000기로 뛰면서 폭발적인 증가세를 이어갔다. 이후 프랑스의 대문호 발자크의 작품 속에서 등장인물들이 모두 페르라셰즈에 묻히면서 인지도가 급상승했고, 1849년 쇼팽, 1850년 발자크의 뒤를 이어 유명인들이 이곳에 묻혔다. 페르라셰즈의 인기에 힘입어 뒤이어 개장한 몽마르트르 묘지와 몽파르나스 묘지 역시 유명 인사들과 부유한 외국인들이 묻히면서 오늘날 매우 인기 있는 관광 명소로 자리매김했다.

쇼팽은 그의 유언에 따라
심장은 조국인
폴란드 바르샤바에,
몸은 이곳에
안치되었다.

채석장이 파리지앵의 힐링 스폿으로

뷰트쇼몽 공원 Parc des Buttes-Chaumont

나폴레옹 3세 통치의 마지막 해에 채석장을 깎아 산과 호수, 섬, 동굴, 폭포, 산책로를 조성해 만든 파리의 대표적인 힐링 명소. 아이들과 함께 산책 나온 동네 주민과 벤치에 앉아 피크닉을 즐기는 파리지앵의 모습이 목가적인 풍경을 자아내는 현지인들의 시크릿 플레이스다. 규모가 24만7000m²(서울 올림픽 공원의 약 1.7배)에 달하며, 회전목마와 꼭두각시 인형 쇼 등 어린이를 위한 즐길 거리도 많다.

공원 중앙에 뾰족한 산 모양으로 만든 인공 섬 꼭대기에는 로마 근교에 위치한 휴양도시 티볼리의 베스타 사원을 본떠 만든 작은 신전(Temple de la Sibylle)이 있다. 신전 아래 전망대에 서면 몽마르트르 언덕이나 에펠탑에서 바라본 것과는 또 다른 파리 시내 전경이 펼쳐져 감동적이다. 공원까지는 생마르탱 운하의 북쪽 끝 지점(메트로 Jaurès 역 부근)에서 일직선으로 뻗어 있는 스크레탕 거리(Ave. Secrétan)를 따라 산책 겸 10여 분 걸어가는 코스를 추천한다. 다른 곳과 마찬가지로 낮에 방문하는 것이 좋다. MAP ❹-B

GOOGLE MAPS 뷰뜨 쇼몽 공원
ADD 1 Rue Botzaris, 75019
WALK 생마르탱 운하 북쪽 끝에서 도보 10분
METRO 7bis Buttes Chaumont 또는 Botzaris 하차

완벽히 정리된 프랑스식 정원이 아닌 좀 더 야생적이고 자연 그대로의 아름다움이 강하게 느껴지는 곳이라 편안한 기분을 느낄 수 있다.

C.Fred Romero

교외와 도심을 잇는 대공원

라 빌레트 La Villette

파리 시내 북동쪽, 19구에 옛 시립 도축장을 재생해 만든 21세기식 도시공원. 상설전시장, 플라네타륨, 영화관 등 볼거리와 즐길 거리가 많다. 이벤트를 통해 사람들이 교류할 수 있는 공간이라는 콘셉트를 전면에 내세우는 곳이라 페스티벌 시즌에는 공원 전체가 각기 다른 이벤트로 가득 찬다. 대표적인 이벤트는 매년 7월 중순~8월 중순 밤(21:30 또는 22:30)에 공원 잔디밭에서 열리는 야외 영화 축제(Cinéma en Plein Air). 이때에는 프랑스를 포함한 각국의 최신작뿐 아니라 컬트 영화, 독립 영화들이 무료로 상영된다(간이 의자, 담요, 간단한 음식 반입 가능). MAP ❶

GOOGLE MAPS 라 빌레트공원
ADD 211 Avenue Jean Jaurès, 75019
OPEN 공원 06:00~01:00, 정원 10:00~20:00/일부 정원은 요일·시즌에 따라 유동적, 예약 필수인 정원도 있음
PRICE 공원 무료/시설에 따라 유료
METRO 7 Porte de la Villette 또는 5 Porte de Pantin 하차
WEB lavillette.com

라 빌레트 관람 포인트 3

Point 1

라 빌레트의 랜드마크
제오드 Géode

거울처럼 매끈한 삼각형의 스테인레스 스틸 판 6433개를 이어 붙여 만든 지름 36m의 거대한 구(球)형 건물이다. 내부는 아이맥스 영화관으로 사용된다. 세계 최대(지름 26m) 반구형 스크린을 통해 상영되는 영화는 보는 이를 감탄케 한다. 현재 공사 중으로 오픈 일정은 미정이다.

GOOGLE MAPS V9VQ+RF 파리
WEB www.lageode.fr

Point 2

유럽 최대 규모의 과학 박물관
파리 과학산업박물관 Cité des Sciences et de l'Industrie

제오드와 육교로 연결되는 박물관으로 로봇, 뇌, 유전자, 교통, 에너지 등 18개의 테마로 나뉜 현대과학 관련 전시물을 선보인다. 상설전시실과 특별전시실, 극장, 플라네타륨, 잠수함, 도서관, 2~7세와 5~12세를 위한 특별전시 공간인 시테 데 장팡(La Cité des Enfants) 등으로 이루어져 있다. 시테 데 장팡과 플라네타륨을 제외하고 모두 하나의 티켓으로 이용할 수 있다. 축구장 면적의 5배에 달하는 지상 3층, 지하 2층으로 이루어진 건물은 과학의 도시 파리를 상징하는 대표적 건축물로 꼽힌다.

GOOGLE MAPS 파리 과학산업박물관
OPEN 09:15~18:00(일요일 ~19:00)/시설마다 조금씩 다름/월요일·1월 1일·12월 25일 휴무 온라인 예약 권장
PRICE 13€(6~24세 10€, 2~5세 3.50€)/ 뮤지엄 패스
WEB www.cite-sciences.fr

©Musée de la Musique ©1992_since

필하모니 드 파리

우리가 알지 못했던 악기의 세계
음악 박물관 Musée de la Musique

음악의 전당(Cité de la Musique) 단지 안에 파리 관현악단의 공연장, 필하모니 드 파리(Philharmonie de Paris)와 함께 들어와 있는 박물관이다. 17·18·19·20세기의 세계 음악으로 나뉜 4개 층의 전시 공간에서 쇼팽이 사용하던 피아노에서 프랑크 자파가 사용한 신서사이저에 이르는 천여 개의 서양 악기와 악보, 연주용 소품들을 전시하고 있다. 건축계의 노벨상으로 불리는 프리츠커 상을 수상한 장 누벨이 디자인에 참여한 현대식 필하모니 드 파리 건물도 볼거리인데, 많은 부분이 애초 건축가의 설계와 다르게 지어져 논란을 빚었다.

GOOGLE MAPS V9QV+RC 파리
ADD 221 Avenue Jean Jaurès 75019(라 빌레트 남쪽)
OPEN 12:00~18:00(토·일요일 10:00~, 12월 24·31일 ~17:00)/월요일·1월 1일·3월 30일·9월 30일·12월 25일 휴무
PRICE 10€(26·27세 8€, 25세 이하 무료/매표소에서 무료 입장권 수령)/ 뮤지엄 패스
METRO 5 Porte de Pantin에서 도보 2분
WEB philharmoniedeparis.fr

파리의 걷고 싶은 길 #6

Rue Crémieux

크레미유 거리: 베르시 거리(Rue de Bercy)~리옹 거리(Rue de Lyon)
그곳에서 온 엽서 한 장

파리 최고의 낭만
몽마르트르

센강과 함께 파리의 낭만을 책임져 온 몽마르트르. 파리 시내에서 가장 높은 곳에 있어 전망을 감상하기에도 좋지만 수많은 거리 화가와 유서 깊은 카페들이 만들어내는 예술적인 향취야말로 전 세계 관광객이 이곳을 찾는 가장 큰 이유다. 파란 하늘과 대비돼 더욱 하얗게 빛나는 사크레쾨르 대성당, 언덕 위로 오르는 계단 사이사이로 바라보이는 파리 시내 전망을 만끽하며 예술의 거리 몽마르트르에서의 낭만을 즐겨보자.

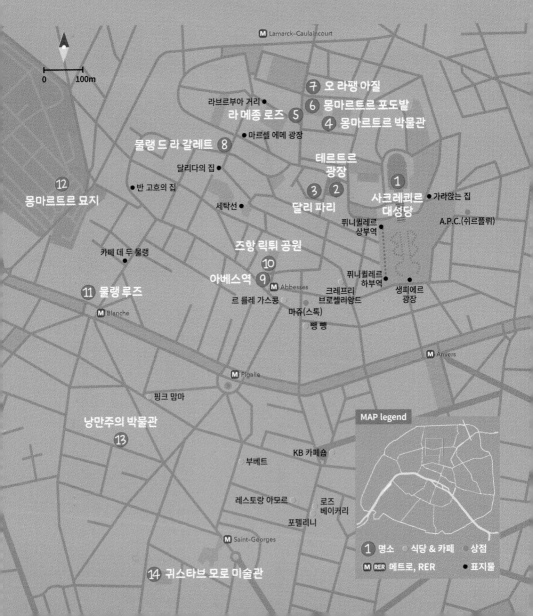

몽마르트르를 편하게 산책하는 법

❶ 메트로 타고 몽마르트르 가기

메트로 2호선 앙베르(Anvers)역에서 내려 출구로 나와 오른쪽 길을 건너 언덕 위로 2분
정도 가면 몽마르트르 언덕 입구인 생피에르 광장(Place Saint-Pierre)이 나온다. 또는
메트로 12호선을 타고 아베스(Abbesses)역에서 내려 CA 은행과 우체국(La Poste) 사이
로 5분 정도 가면 생피에르 광장이다. 앙베르역과 아베스역 모두 출구가 하나뿐이라
길 찾기가 어렵지 않다. 참고로, 아베스역에서 지상으로 올라올 때는 꼭 엘리베이터를
이용하자. 계단을 이용하면 멋진 벽화를 볼 수 있지만 무려 200개의 계단을 올라야
한다.

아베스역 계단

❷ 몽마르트르 언덕 위로 올라가기

몽마르트르 언덕 위까지 다양한 방법으로 올라갈 수 있다. 그중 가장 추천하고 싶
은 방법은 생피에르 광장에서 걸어서 가는 것. 언덕 위로 오르는 237개의 계단 중
간중간에 전망대가 마련돼 있는데, 이곳에 서면 파리라는 도시가 다양한 이야깃거
리로 가득한 한 편의 소설처럼 느껴진다. 대중교통편은 생피에르 광장과 사크레쾨르
르 대성당을 연결하는 케이블카 퓌니큘레르(Funiculaire)와 테르트르 광장과 포도밭
등 골목 구석구석을 다니는 미니버스 몽마르트로뷔스(Montmartrobus)가 있다. 둘 다
t+나 나비고 등으로 탑승할 수 있다.

퓌니큘레르

❸ 꼬마 기차

시간에 여유가 없는 여행자라면 몽마르트르의 주요 명소를 빠르게 돌아볼 수 있는 꼬마
기차(Petit Train)를 타는 것도 좋은 방법. 메트로 2호선 블랑슈(Blanche)역 근처 물랭 루
즈 앞에서 출발한 꼬마 기차는 몽마르트르의 주요 골목을 돌면서 사크레쾨르 대성당 근
처의 테르트르 광장까지 간다. 총 35분 정도 소요되며, 프랑스어와 영어로 간단한 안내
방송이 나온다.

꼬마 기차

OPEN 10:00~19:00(1~3월 ~18:00/1월은 토·일요일만 운행, 10~12월 ~17:00)/30분~1시간 간격/날씨에 따라 유동적
PRICE 10€(11세 이하 5€)
WEB promotrain.fr

: WRITER'S PICK :
팔찌단과 집시, 소매치기 주의!

일명 '팔찌단'으로 불리며 실로 만든 엉성한 팔
찌를 강매하는 사람이 생피에르 광장부터 곳곳
에 포진해 있다. 다짜고짜 달려들어 공짜라면서
강제로 묶고 당당히 돈을 요구한다. '사인단' 집
시들도 악명 높은데, 이들은 떼로 몰려다니며
정신없게 한 뒤 소매치기를 하거나 사인을 강요
한 후 돈을 강탈한다. 누군가 다가오면 긴장을
늦추지 말자. 생피에르 광장의 팔찌단이 걱정된
다면 언덕 왼쪽 골목(Rue Chappe)이나 계단(Rue
Foyatier)으로 올라가는 것도 괜찮은 방법이다.

 몽마르트르를 지키는 백색 성당

사크레쾨르 대성당
Basilique du Sacré-Cœur

몽마르트르 정상에 세운 로만 비잔틴 양식의 성당. 프로이센과 벌인 보불전쟁과 파리 코뮌 내전으로 사망한 이들의 넋을 위로하고 사회 통합을 이루고자 파리 시민의 자발적인 성금으로 지었다. 1873년에 짓기 시작해 46년 만인 1919년에 완공하기까지 많은 우여곡절을 겪었는데, 처음에는 독특한 설계 디자인 때문에 많은 반대에 부딪혔지만 지금은 파리를 대표하는 건축물 중 하나가 되었다.

성당 중앙에는 높이 83m, 너비 50m인 거대한 돔이 있는데, 이 돔에서 파리 시가지를 한눈에 조망할 수 있다. 성당 입구 맨 위에는 예수 조각상이, 양옆에는 루이 9세와 잔 다르크 기마상이 보좌하고 있고, 성당 안은 천장 모자이크와 화려한 장식으로 가득하다. 건물 뒤쪽 종각에는 18t의 커다란 종이 달려 있다. 지하 묘실에는 성당 건축에 큰 공헌을 한 알렉상드르 르장티의 심장이 보관돼 있으며, 여기서부터 돔 전망대까지 300여 개의 계단으로 이어져 있다.

MAP ❸-B

GOOGLE MAPS 사크레쾨르
ADD 35 Rue du Chevalier de la Barre, 75018
OPEN 성당 06:30~22:30/미사 진행 시 일부 입장 제한, 돔 10:00~19:00(시즌과 날씨에 따라 유동적)/돔은 폐장 30분 전까지 입장, 상황에 따라 휴무 및 입장 제한이 자주 있음
PRICE 성당 무료, 돔 8€(15세 이하 5€)
WALK 몽마르트르 언덕 아래 생피에르 광장에서 도보 5분
WEB www.sacre-coeur-montmartre.com

가라앉는 집 Sinking House

최근 SNS를 뜨겁게 달구고 있는 사진이 있으니 바로 사크레쾨르 대성당 동쪽의 라마르크 거리(Rue Lamarck)에 있는 랑볼(L'Envol) 호텔이다. 대성당 바로 앞 계단에서 오른쪽으로 가면 건물이 언덕 아래로 가라앉는 것처럼 보이는 재미있는 사진을 찍을 수 있다.

사실은 번듯하게
바로 선 건물!

② 무명 예술가의 야외 갤러리
테르트르 광장 Place du Tertre

사크레쾨르 대성당 서쪽의 풍물 광장. 바닥이 바둑판 무늬로 된 작은 광장으로, 관광객을 상대로 그림을 그려주는 화가들을 많이 볼 수 있다. 19세기 후반에는 도심지 개발에 밀려난 가난한 화가들의 전당이 돼 유명 화가를 배출해낸 메카였지만 지금은 캐리커처를 그리는 화가들의 집합소가 됐다. 그래도 예술적인 자부심은 꽤 강한 곳이라 파리시에 정식으로 등록되지 않은 화가는 작업 공간조차 잡을 수 없다고. 그림 가격은 흥정하기 나름이지만 초상화가 20~50€ 정도다. 주위에 예스러운 카페나 레스토랑이 많다. MAP ③-B

GOOGLE MAPS 테르트르 광장
ADD Place du Tertre, 75018
WALK 사크레쾨르 대성당 정문을 바라보고 왼쪽 길로 들어서 도보 3분

③ 꿈 꾸는 듯 무의식에 자리 잡은 공간
달리 파리 Dalí Paris

스페인 출신으로 프랑스에서 활동한 천재 예술가 살바도르 달리(Salvador Dalí, 1904~1989년)의 회화와 조각, 오브제 300점 이상을 전시하고 있다. 관내의 독특한 분위기가 달리의 작품 세계를 한껏 느끼게 하는 곳. 전 세계에 그의 전시관과 박물관이 10여 개 있지만 이곳의 접근성이 제일 좋아 팬들의 발걸음이 끊이지 않는다. 테르트르 광장 근처에 있다.

MAP ③-B

GOOGLE MAPS 에스파스 달리
ADD 11 Rue Poulbot, 75018
OPEN 10:00~18:00/일부 공휴일 휴무
PRICE 16€(8~25세 11~13€)
WALK 테르트르 광장에서 도보 2분
WEB www.daliparis.com

〈시간의 윤곽〉
(1977년/1984년)

〈시간의 고결함〉
(1977년/1984년)

〈메 웨스트의 입술 소파〉
(1936년/1974년)

기념품으로 인기!!
〈흘러내리는 시계〉
시리즈, 12€~

347

④ 예술에 둘러싸여 한 박자 쉬어가요
몽마르트르 박물관 Musée de Montmartre

몽마르트르의 역사를 기록해 놓은 자료와 함께 로트레크와 모딜리아니, 위트릴로, 수잔 발라동 등의 작품을 만나볼 수 있는 박물관. 한때 수잔 발라동과 르누아르, 에밀 베르나르 등이 작업실로 사용하던 건물에 들어서 있으며, 아름다운 정원에서 몽마르트르의 전경을 바라보기에도 좋다. 박물관 근처 6번지 건물은 프랑스의 음악가 에릭 사티가 살던 곳이다. MAP ❸-B

GOOGLE MAPS 몽마르트르 박물관
ADD 12 Rue Cortot, 75018
OPEN 10:00~19:00/폐장 45분 전까지 입장/일부 공휴일 휴무
PRICE 15€(18~25세 학생 10€, 10~17세 8€, 9세 이하 무료)/정원만 입장 5€
WALK 테르트르 광장과 달리 파리에서 각각 도보 3분
WEB www.museedemontmartre.fr

⑤ 오늘은 화보 찍기 좋은 날
라 메종 로즈 La Maison Rose

세탁부의 사생아로 태어나 갖가지 궂은일을 겪으며 르누아르, 로트레크, 드가의 모델이자 연인이 된 수잔 발라동(Suzanne Valadon, 1865~1938년)이 아들 모리스 위트릴로(몽마르트르의 풍경화가)와 살던 집. 그녀는 후에 남성을 누드모델로 세운 최초의 여성 화가가 되어 미술사에도 이름을 남겼다. 현재 식당이 된 이곳은 집 앞에서 바라본 몽마르트르 풍경이 아름다워 사진 명소로 거듭났다. 식사는 예약 권장. MAP ❸-B

GOOGLE MAPS 라 메종 로즈   **ADD** 2 Rue de l'Abreuvoir, 75018
OPEN 런치 12:00~14:30, 카페 15:00~17:30, 디너 18:00~21:45(토·일요일 브런치 11:30~ 14:30)/월·화요일 휴무
WALK 몽마르트르 박물관에서 도보 1분
WEB www.lamaisonrose-montmartre.com/en/

⑥ 포도밭, 네가 왜 여기서 나와?
몽마르트르 포도밭
Vignes du Clos Montmartre

사라져가는 파리의 포도밭이 못내 아쉬웠던 1930년대 예술가들이 파리시로부터 분양받은 땅에 가꾼 포도밭. 매년 10월 첫째 주에 4~5일간 포도 수확을 기념하는 축제가 열리며, 이 기간 동안 100개가 넘는 관련 업체와 약 50만 명의 인파가 모여 행진과 투어, 불꽃놀이를 펼친다. 거창한 축제에 비해 포도 수확량은 너무 적어 술을 만들기에는 어렵다고. MAP ❸-B

GOOGLE MAPS V8QR+83 파리
ADD Rue des Saules, 75018
WALK 라 메종 로즈에서 도보 1분

 '재빠른 토끼'라는 재미난 이름의 라이브 바

오 라팽 아질 Au Lapin Agile

몽마르트르 포도밭 옆에 있는 오래된 술집으로, 피카소, 마
티스 등이 술잔을 기울이며 예술을 논하던 곳이다. 낡은 나
무 의자와 탁자, 거무스름한 벽 등이 옛날 분위기 그대로여
서 와인 한잔 기울이는 풍취를 갖는 것도 여행의 즐거움이
다. 포도밭 근처에 가면 냄비 위에서 춤을 추는 토끼가 그려
진 간판이 있는 집을 찾아보자. MAP ❸-B

GOOGLE MAPS 오 라팽 아질
ADD 22 Rue des Saules, 75018
OPEN 21:00~01:00/월·수·일요일 휴무
PRICE 35€~(25세 이하 학생 25€~)/음료 1잔 포함,
추가 음료 3€~
WALK 몽마르트르 포도밭 바로 아래/라 메종 로즈에서 도보 1분
WEB au-lapin-agile.com

19세기 춤신춤왕들의 무도회장

물랭 드 라 갈레트
Moulin de la Galette

오르세 미술관에 전시된 르누아르의 <물랭 드
라 갈레트의 무도회>의 배경으로 유명한 곳.
1622년에 지어진 풍차가 있는 방앗간을 1830
년에 식당으로 개조하며 춤출 수 있는 공간을
만들어 예술가와 한량들의 열렬한 사랑을 받
았다. 지금은 레스토랑으로 영업 중이며, 가격
은 2코스 메뉴가 34€ 정도. 음식 맛은 가격 대
비 괜찮은 편이다. MAP ❸-B

GOOGLE MAPS 물랭 드 라 갈레트
ADD 83 Rue Lepic, 75018
OPEN 12:00~22:15/일부 공휴일 휴무
WALK 테르트르 광장과 라 메종 로즈에서 각각 도보
4분
WEB www.moulindelagaletteparis.com

몽마르트르 예술가들의 아지트

■ 세탁선 Bateau-Lavoir

피카소가 <아비뇽의 처녀들>(1907년)을 그려 큐비즘을 탄생시킨 장소로 유명하다. 그밖에 모딜리아니, 아폴리네르, 마티스, 브라크, 드랭, 콕토 등 많은 예술가가 이곳에 머물렀다. 1970년 화재로 소실된 후 일반 주택이 들어서 내부를 들여다볼 순 없다. 건물 밖에 이곳에 살던 예술가들의 사진과 짤막한 설명이 붙어 있다.

GOOGLE MAPS bateau lavoir
ADD 11bis Rue Ravignan, 75018
WALK 물랭 드 라 갈레트에서 도보 2분

■ 반 고흐의 집 Maison Vincent Van Gogh

반 고흐가 1886년부터 2년간 머무른 곳. 현재 일반 사무실과 주택으로 사용돼 내부에는 들어갈 수 없고, 외벽에 붙은 작은 석판만이 그가 살던 곳임을 알려준다.

GOOGLE MAPS V8PM+JH 파리
ADD 54 Rue Lepic, 75018
WALK 몽마르트르 묘지에서 도보 3분/아베스 광장에서 도보 5분

■ 달리다의 집 Maison de Dalida

알랭 들롱과 함께 부른 듀엣곡 '파롤레, 파롤레(Paroles, Paroles)'로 널리 알려진 영화배우 겸 가수 달리다가 살던 집. 전 세계인의 사랑을 받았지만 연인과 매니저 등 주변인의 잇따른 자살에 힘겨워하다 그녀 역시 이곳에서 스스로 세상을 등지고 몽마르트르 묘지에 잠들었다.

GOOGLE MAPS maison dalida
ADD 11bis Rue d'Orchampt, 75018
WALK 물랭 드 라 갈레트에서 도보 1분

■ 마르셀 에메 광장 Place Marcel Aymé

마르셀 에메의 소설 <벽을 통과하는 남자>(1943년)의 주인공을 조각상으로 만나볼 수 있는 작은 광장. 소설 속 배경인 몽마르트르의 복잡한 골목의 벽을 자유자재로 통과하던 주인공이 벽을 뚫고 걸어 나오는 듯한 모습으로 박제돼 있다.

GOOGLE MAPS place marcel ayme
ADD Place Marcel Aymé, 75018
WALK 물랭 드 라 갈레트에서 도보 1분

9 파리에서 제일 유명한 메트로역
아베스역 Abbesses

메트로 12호선을 타고 아베스역에 내려 엘리베이터를 타고 밖으로 나오면 작은 회전목마가 있는 아베스 광장(Place des Abbesses)이 나타난다. 파리의 옛 모습을 그대로 간직하고 있는 몽마르트르에서도 가장 몽마르트르답다는 평을 받는 이곳은 20세기 초를 풍미한 아르누보의 거장 건축가 엑토르 기마르가 디자인한 날렵한 디자인의 메트로역 입구로 유명하다. 입구에 'METROPOLITAIN'이라고 적은 현판 글씨와 아르누보 양식의 특징인 유리와 철제구조물이 유기적으로 얽힌 모습이 매력적이다. MAP ❸-B

GOOGLE MAPS Abbesses paris
WALK 사크레쾨르 대성당이 있는 언덕 아래 생피에르 광장에서 도보 5분/물랭 드 라 갈레트에서 도보 7분
METRO 12 Abbesses 하차

전 세계 언어의 구조를 공부하며 애쓴 작가의 노력이 담겨 있다.

10 일명 '사랑해 공원'
즈항 릭튀 공원 Square Jehan Rictus

아베스 공원 바로 북쪽에 자리한 작은 공원 안에 <사랑해 벽(Mur des Je t'Aime)>이 있다. 511개의 푸른 타일에 전 세계 300여 개의 언어와 사투리로 1000여 개의 '사랑한다'라는 말을 적어 넣은 이 벽은 프레데리크 바롱과 클레르 키트의 합작품. 두 사람은 상처받은 마음을 사랑으로 치유하자는 취지로 이 벽을 만들었다고 한다. 한국어는 '사랑해', '나 너 사랑해', '나는 당신을 사랑합니다'라고 3군데에 적혀있으니 잘 찾아보자. MAP ❸-B

GOOGLE MAPS V8MQ+VF 파리
OPEN 08:00~20:30(4·9월 ~19:30, 3·10월 ~18:30, 10월 말~2월 ~17:30/전 시즌 토·일요일 09:00~)
WALK 아베스 광장 바로 북쪽

351

11 붉은 풍차와 캉캉으로 물든 밤
물랭 루즈 Moulin Rouge

몽마르트르 아래에 있는 빨간 풍차, 물랭 루즈는 1889년 문을 연 이래 몽마르트르를 대표하는 카바레로 성업했다. 캉캉을 추는 무희들의 화려함에 많은 예술가가 매료되었는데, 특히 이곳에서 살다시피 한 로트레크의 풍경화와 무희들의 그림은 몽마르트르의 기념품에도 자주 등장한다. 현재는 외관을 장식하고 있는 붉은 풍차만 그대로 남아있고, 인테리어와 쇼 내용 등 나머지는 모두 바뀌었다. 바로 앞에서 테르트르 광장까지 가는 꼬마 기차가 출발한다. **MAP ❸-B**

GOOGLE MAPS 물랭 루주
ADD 82 Boulevard de Clichy, 75018
OPEN 21:00(디너 예약 시 18:45 입장), 23:00
PRICE 21:00 음료·디너에 따라 145~440€, 23:00 쇼+음료 115€~
WALK 아베스 광장에서 도보 7분
METRO 2 Blanche 하나뿐인 출구에서 도보 1분
WEB www.moulinrouge.fr

12 예술가를 위한 영혼의 안식처
몽마르트르 묘지 Cimetière de Montmartre

1825년 몽마르트르 언덕 기슭에 조성한 묘지. 페르 라셰즈와 몽파르나스에 이어 파리에서 3번째로 넓은 묘지로, 수많은 문인, 화가, 음악가가 잠들어 있다. 19~20세기를 빛낸 예술가의 무덤이 유난히 많은데, 작곡가 베를리오즈, 낭만파 시인 하이네, 인상주의 화가 드가, 상징주의 화가 귀스타브 모로, 프랑스로 망명한 러시아 발레리노 니진스키, 물리학자 푸코, <적과 흑>의 저자 스탕달, 패션 디자이너 피에르 가르뎅 등 각계각층의 유명인들이 영면하고 있다. **MAP ❸-B**

GOOGLE MAPS 몽마르트르 묘지
ADD Cimetière de Montmartre, 75018
OPEN 08:00~18:00(토요일 08:30~, 일요일·공휴일 09:00~, 11월 초~3월 중순 ~17:30)/폐장 30분 전까지 입장
WALK 물랭 루즈에서 도보 4분
METRO 2 Blanche에서 도보 5분

입구가 도로 아래에 있으니 표지판을 따라 내려간다.

니진스키의 묘

팬이 놓아둔 작은 돌이 없다면 지나치기 쉬운 드가의 묘

낭만을 전시합니다

⑬ **낭만주의 박물관** Musée de la Vie Romantique

네덜란드 태생의 낭만주의 화가 아리 셰퍼(Ary Scheffer, 1795~1858년)의 작업실이던 곳. 그의 초대로 이곳에 자주 드나들었던 들라크루아, 쇼팽, 조르주 상드 등이 남긴 생활의 흔적과 작품을 전시한 박물관으로 사용되고 있다. 작은 건물 2개 중 하나는 상설전시관으로, 예쁜 보석함, 조르주 상드의 초상화, 쇼팽의 왼손 석고상 등을 볼 수 있다. 나머지 하나는 특별전시관으로 운영된다. 파리지앵에게는 박물관보다 정원의 살롱 드 테, 로즈 베이커리가 더 사랑받는다. **MAP ❸-B**

 추운 겨울이나 비 오는 날에는 온실 속에 자리한 로즈 베이커리에서 낭만적인 오후의 티를 즐기고, 꽃향기 가득한 봄과 여름에는 정원을 거닐어 보자.

GOOGLE MAPS V8JM+CC 파리
ADD 16 Rue Chaptal, 75009
OPEN 10:00~18:00/월요일·1월 1일·5월 1일·12월 25일 휴무
PRICE 상설전 무료, 일부 특별전 유료
WALK 물랭 루즈에서 도보 5분
METRO 2·12 Pigalle 하나뿐인 출구에서 도보 5분
WEB museevieromantique.paris.fr

귀스타브 모로의 모든 것

⑭ **귀스타브 모로 미술관**
Musée National Gustave Moreau

마티스의 스승이던 귀스타브 모로(1826~1898년)가 8000여 점에 달하는 자신의 작품 전부를 나라에 기증해 그가 살던 저택에 문을 연 미술관이다. 모로는 그리스·로마 신화와 성서의 내용을 소재로 한 신비로운 분위기의 작품을 많이 남겼다. <주피터와 세멜레(Jupiter et Sémélé)> 시리즈와 <유령(L'Apparition)> 등의 대표작을 비롯해 그가 사용한 이젤, 붓, 가구 등 모든 것이 예전 모습 그대로 남아 있다. 피갈 지구 남쪽 9구에 있다. **MAP ❸-D**

GOOGLE MAPS 귀스타브모로
ADD 14 Rue de la Rochefoucauld, 75009
OPEN 10:00~18:00(0층 11:30~14:30 비공개)/15분 전부터 폐장/화요일·1월 1일·5월 1일·12월 25일 휴무
PRICE 8€(장자크 에네 국립박물관 포함)/매월 첫째 일요일 무료/ **뮤지엄 패스**
WALK 낭만주의 박물관에서 도보 5분
METRO 12 Trinité-d'Estienne d'Orves 1번 출구에서 도보 4분
WEB www.musee-moreau.fr

몽마르트르 아래, 몰랐던 세계
피갈

파리 9구(오페라 구역)와 18구(몽마르트르) 사이에 자리한 지역. 한때 클럽과 카바레가 늘어선 홍등가였지만 최근 몇 년 새 파리의 트렌디한 동네로 떠오르고 있다. 특히 물랭 루즈가 있는 클리시 대로(Boulevard de Clichy) 남쪽의 사우스 피갈은 '부르주아-보헤미안(bourgeois-bohemian)'의 줄임말인 보보(bobo) 스타일을 추구하는 젊은 감각의 부티크들이 눈길을 끈다. 오래된 주택을 개조한 세련된 카페와 레스토랑들도 여행자들을 부르는 이곳의 매력 중 하나. 메트로역은 2·12호선 피갈(Pigalle)역이 제일 가깝다.

파리에 상륙한 뉴요커의 브런치
부베트 Buvette Paris

테이블이 작은 편이라 여럿이 찾을 경우 옹기종기 모여 앉아야 한다.

뉴욕의 브런치 핫 플레이스로 유명한 부베트의 파리 지점. 뉴욕 매장의 분위기를 그대로 옮겨 온 듯한 인테리어와 메뉴를 선보인다. 부베트의 대표 비주얼 메뉴인 그래놀라 요거트와 와플 혹은 샌드위치에 갓 짠 신선한 오렌지 주스를 곁들여 브런치를 즐겨보자. 맛있는 디저트와 커피가 있는 티타임도 추천. 서울에도 매장이 있다. MAP ❸-B

GOOGLE MAPS 부베트 파리
ADD 28 Rue Henry Monnier, 75009
OPEN 09:00~23:00(금요일 ~24:00, 토요일 10:00~24:00, 일요일 10:00~)
MENU 샌드위치 14€~, 샐러드 18€~, 브런치 토스트 16€~, 주스 6€~
WALK 생피에르 광장에서 도보 10분/아베스 광장에서 도보 6분
WEB ilovebuvette.com

착한 레시피로 구워낸 빵과 요리
로즈 베이커리 Rose Bakery

오후의 티타임에는 재료 본연의 맛을 잘 살려낸 빵과 케이크류를 곁들여보자.

유기농 채소를 사용한 친환경 레시피를 선보이는 로즈 베이커리의 파리 1호점이다. 벌꿀을 넣은 수제 브리오슈, 고소한 크럼블과 스콘 등 추천 메뉴가 끝이 없다. 평일에는 파티스리 중심의 티룸으로 운영하며, 주말에는 에그 베네딕트나 키슈 등의 브런치 메뉴를 비정기적으로 선보인다. 바로 옆 테이크아웃 전문점에는 다양한 요리가 준비돼 있다. 파리 시내에 있는 8개의 지점 중 낭만주의 박물관과 르 봉 마르셰 백화점에 있는 티룸이 분위기와 만족도가 가장 높다. MAP ❸-B

GOOGLE MAPS V8HR+Q2 파리
ADD 46 Rue des Martyrs, 75009
OPEN 15:00~18:00(테이크아웃 지점 09:30~19:00)/일부 공휴일 휴무
MENU 커피 3€~, 파티스리 3.50€~
WALK 생피에르 광장에서 도보 10분/아베스 광장에서 도보 7분
WEB www.rosebakery.fr

오래도록 머물고 싶어라

KB 카페숍
KB CaféShop

테이블마다 뭔가에 몰두한 청년들로 가득해 학구적인 느낌을 풍기는 로스터리 카페. 북적이는 소음에서 잠시 벗어나 오롯이 혼자 있고 싶을 때 시간을 보내기 좋은 곳이다. 시드니에서 커피를 배워 온 오너의 대표 메뉴는 플랫 화이트. 디저트와 간단한 식사류도 준비돼 있다. 카운터에서 주문하고 번호표를 받는 시스템이니 자리에서 무작정 기다리지 말고 카운터로 향하자. KB는 호주의 물총새 쿠카버라(Kookaburra)를 줄인 말이다. MAP ❸-B

GOOGLE MAPS KB 카페숍 파리
ADD 53 Avenue Trudaine, 75009
OPEN 07:45~18:30(토·일요일·공휴일 09:00~)/일부 공휴일 휴무
MENU 커피 3€~, 파티스리 5€~
WALK 생피에르 광장에서 도보 7분/아베스 광장에서 도보 6분
WEB kbcoffeeroasters.com

작은 식물원에서 보내는 티타임

레스토랑 아모르
Restaurant Amour

사방을 둘러싼 푸른 식물과 더불어 여유를 만끽할 수 있는 곳. 한낮이라면 눈부신 햇살 아래 티타임을, 저녁에는 은은한 촛불 사이에서 낭만적인 분위기를 즐기며 비밀스러운 시간을 보내자. 호텔 아모르에서 운영하는 레스토랑으로, 음식 맛은 평범한 편이지만 분위기가 좋기로 소문난 곳. 주말엔 손님이 많아 조금 소란스러워진다. 조용히 즐기고 싶다면 평일에 방문하자. MAP ❸-B

GOOGLE MAPS V8HQ+VQ 파리
ADD 8 Rue de Navarin, 75009
OPEN 08:00~11:30, 12:00~23:30(토·일요일 브런치 12:00~16:30)
MENU 커피 3€~, 파티스리 5€~, 앙트레 10€~, 플라 19€~, 브런치 22€~
WALK 생피에르 광장에서 도보 10분/아베스 광장에서 도보 8분
WEB amour.hotelamourparis.fr

우선 배부터 채우고 볼 일
관광지 옆 맛집

언덕길들이 이어지는 몽마르트르를 활보하려면 배를 두둑이 채울 필요가 있다.
관광지와 가까우면서 기본 이상의 맛을 보장하는 맛집들을 찾아보자.

오리 가슴살 구이(Magret de Canard Au Miel, 19.50€)

사우스웨스트 샐러드
(Salade du Sud-Ouest)

영화 <아멜리에>의 무대가 된 가성비 맛집
르 를레 가스콩 Le Relais Gascon

아베스 광장 근처에 있는 작은 식당. 밤낮없이 관광객으로 넘쳐나는 번화가에 있고 영화에도 등장한 유명한 곳으로, 양이 많고 맛도 좋아 '가성비 갑' 식당이다. 저녁이면 저렴한 가격에 흥겨운 분위기가 더해져 맥주를 마시면서 푸짐한 요리를 즐기는 현지인과 여행자들로 북새통을 이룬다. 한국어 메뉴판도 준비돼 있다. 추천 메뉴는 푸짐한 볼 샐러드. 그중 양상추와 토마토, 마늘·허브로 양념한 감자튀김, 오리 모래집, 베이컨 큐브가 양푼만 한 그릇에 가득 담겨 나오는 사우스웨스트 샐러드가 이 집의 명물이다. 몽마르트르 묘지 근처에 2호점(13 Rue Joseph de Maistre)이 있다. MAP ❸-B

GOOGLE MAPS V8MQ+JM 파리
ADD 6 Rue des Abbesses, 75018
OPEN 11:00~24:00/일부 공휴일 휴무
MENU 사우스웨스트 샐러드 15.90€, 평일 런치 세트 18.50€~, 앙트레 9.50€~, 플라 16.50€~
WALK 아베스 광장에서 도보 1분
WEB www.lerelaisgascon.fr

전통적인 식사용 크레페,
샹페트르(Champêtre,
13.50€)

몽마르트르 최고의 크레페 맛집

크레프리 브로셀리앙드
Crêperie Brocéliande

브르타뉴식 크레페의 진수를 보여주는 곳. 메밀가루와 흑밀가루로 만든 짭조름한 갈레트는 바삭하고 고소하면서도 속 재료와 잘 어우러진다. 식사를 하려면 달걀이나 햄, 치즈 등이 들어간 것이 무난한 선택. 점심때보다 크레페 선택의 폭이 넓어지는 저녁에는 사과주 시드르와 크레페, 디저트로 구성된 세트 메뉴를 제공한다. 술을 못 마신다면 시드르 대신 과일주스를 선택하자. 같은 메뉴라도 런치와 디너 가격이 다르다는 점은 알아두자. MAP ❸-B

GOOGLE MAPS V8MR+QF 파리
ADD 15 Rue des 3 Frères, 75018
OPEN 11:30~15:30, 19:00~22:30(토요일 12:00~23:00, 일요일 12:00~22:00)/월·화요일·7~8월 중 2~3주간 휴무
MENU 세트 메뉴 15.80€~(디너 19€~), 식사용 크레페 10.50€~, 시드르 4.50€~
WALK 생피에르 광장에서 도보 2분/아베스 광장에서 도보 3분

단맛 챌린지!
구운 사과 디저트, 폼므레이
(Pommeraie, 9.50€)

눈에 띌 때 쟁여야 할 간식

팽 팽 Pain Pain

2012년 파리 최고의 바게트 상에 빛나는 내공 깊은 불랑제리. 바게트는 물론이고 크루아상, 마카롱, 밀푀유, 에클레어 등 어떤 걸 골라도 상상 이상의 맛이다. 포장지와 쇼핑백도 고급스러워 한 손에 바게트를 들고 몽마르트르 언덕을 돌아다니며 파리 여행 온 기분을 한껏 낼 수 있다. MAP ❸-B

GOOGLE MAPS pain pain
ADD 88 Rue des Martyrs, 75018
OPEN 07:30~19:30/월요일·공휴일 휴무(공휴일이 수요일인 경우 월~수요일 휴무)
MENU 바게트 1.50€~, 바게트 샌드위치 5.50€~, 타르트 4.10€~
WALK 아베스 광장에서 도보 2분/생피에르 광장에서 도보 5분
WEB www.pain-pain.fr

바게트 트라디시옹

파리의 걸고 싶은 길 #7

Rue de l'Abreuvoir

라브르부아 거리: 라 메종 로즈(La Maison Rose) 앞 길

이번 여행 인생샷은 이곳에서!

Rue Saint - Rustique
생뤼스티크 거리: 테르트르 광장 북쪽
16세기 좁은 골목 풍경

파리의 하늘
몽파르나스

파리에서 흔치 않은 현대적인 거리. 파리의 하늘을 향해 우뚝 솟은 몽파르나스 타워를 중심으로 널따란 도로가 시원스레 펼쳐진다. 앙드레 지드, 헤밍웨이, 마티스, 모딜리아니 등 20세기 초 예술가들이 즐겨 찾던 지역으로, 여전히 많은 카페와 레스토랑에서 그들의 흔적을 엿볼 수 있다. 남쪽 몽파르나스 묘지에는 수많은 예술가와 유명인이 잠들어 있다.

파리의 1등 야경이 내 발아래

1 몽파르나스 타워 Tour Montparnasse

1초에 한 층씩, 약 58초 만에
56층에 오른다.

파리의 스카이라인을 과감하게 뚫고 솟은, 파리 시내 유일의
고층빌딩이다. 에펠탑 다음으로 파리에서 가장 높은 209m
높이의 59층짜리 건물로, 1973년 몽파르나스역 앞에 세웠다.
빌딩 꼭대기에는 에펠탑을 비롯한 파리 시내가 한눈에 보이
는 전망대가 있다. 전망대까지는 초고속 엘리베이터를 타고
56층에 내린 다음 계단을 이용해 59층 옥상으로 올라간다. 옥
상에 마련된 실외 전망대는 파리의 멋진 야경을 찍을 수 있는
포토 포인트. 날씨가 좋은 한낮에는 라 데팡스의 신도시까지
조망할 수 있다. MAP ❾-A

GOOGLE MAPS 몽파르나스 타워
ADD 33 Avenue du Maine, 75015
OPEN 4~9월 09:30~23:30, 10~3월 09:30~22:30(토·일요일·
공휴일 ~23:00)/폐장 30분 전까지 입장/옥상 전망대는 날씨
에 따라 유동적
PRICE 20~21€(학생·12~17세 15~16€, 4~11세 10€)/시즌과
요일에 따라 유동적
METRO 4·6·12·13 Montparnasse-Bienvenüe와 연결. 주말
과 공휴일 등 통로가 닫혀 있을 때는 밖으로 나오면 건물이
보인다.
WEB www.tourmontparnasse56.com

오늘 저녁은 특별하게

시엘 드 파리 Ciel de Paris

에펠탑과 눈맞춤할 수 있는 전망 좋은 레스토랑. 테이블에 앉아
창밖에 펼쳐진 풍경을 바라보고 있으면 마치 우주를 유영하는
듯한 기분에 사로잡힌다. 다만 음식 맛은 비싼 가격에 비해 평
범한 수준이므로, 식사 시간을 피해 늦은 저녁 와인이나 칵테일
한 잔을 곁들여보길 권한다. 식사를 하거나 창가 자리에 앉으려
면 예약하고 가는 게 좋다. 드레스 코드가 엄격하지는 않지만
핫팬츠나 슬리퍼는 곤란하다. MAP ❾-A

GOOGLE MAPS 몽파르나스 타워
ADD 몽파르나스 타워 56층
OPEN 08:30~00:30/런치 12:00~14:30, 디너 19:00~00:30(입장 마감
22:30)
MENU 런치 세트 35€~, 디너 세트 79€~, 앙트레 32€~, 플라 41€~
WEB www.cieldeparis.com

③

＜활을 쏘는 헤라클레스＞
(1909년)

거장의 숨결이 느껴지는 조각상

부르델 미술관 Musée Bourdelle

로댕과 함께 현대 조각의 거장이라 불리는 부르델(1861~1929년)
이 1922년부터 몽파르나스에 정착해 죽을 때까지 살던 집을 개
조한 미술관이다. 절제된 균형미 속에서 남성적인 박력을 드러
내는 그의 조각상은 보는 이를 사로잡는 강한 흡인력이 있다. 부
르델의 이름을 세상에 알리는 계기가 된 작품 ＜활을 쏘는 헤라
클레스＞와 ＜베토벤＞ 연작을 비롯해 조각과 스케치 등이 박물관
안팎을 가득 메우고 있다. MAP ❾-A

GOOGLE MAPS 파리 부르델 미술관
ADD 18 Rue Antoine Bourdelle, 75015
OPEN 10:00~18:00/폐장 30분 전까지 입장/월요일·공휴
일 휴무
PRICE 상설전 무료, 특별전 진행 시 유료
WALK 몽파르나스 타워에서 도보 6분
METRO 12 Falguière 하나뿐인 출구에서 도보 4분
WEB www.bourdelle.paris.fr

④

유럽풍 레트로 감성 지수 100%

우편 박물관

Musée de la Poste

18세기 이후 프랑스 우체국의 역사를
집약한 박물관. 2019년, 6년간의 리노
베이션 공사를 마치고 재개관했다. 프
랑스 대통령이 선출될 때마다 새로운
디자인으로 발행하는, 프랑스 공화국을
상징하는 마리안(Marianne)의 이미지
가 들어간 우표 시리즈가 볼 만하며, 우
체통, 우체부의 제복과 자전거 등이 레
트로 감성을 불러일으킨다. MAP ❾-A

GOOGLE MAPS 파리 우편박물관
ADD 34 Boulevard de Vaugirard, 75015
OPEN 11:00~18:00/폐장 45분 전까지 입장/
화요일 휴무
PRICE 5€/25세 이하 무료/특별전 진행 시 요
금 추가
WALK 몽파르나스 타워에서 도보 5분
WEB www.museedelaposte.fr

⑤ 파리 예술가들의 무덤
몽파르나스 묘지 Cimetière du Montparnasse

페르 라셰즈 묘지 다음으로 큰 묘지로, 사르트르, 보부아르, 보들레르, 생상, 모파상, 브랑쿠시, 갱스부르, 자드킨, 가르니에 등 수많은 유명인이 잠들어 있다. 1824년에 조성되었고 비교적 밝은 분위기라 산책하기 좋다. '계약 결혼'으로 세인의 관심을 끈 사르트르와 보부아르는 함께 묻혀 있으며, <악의 꽃>의 시인 보들레르의 묘비에는 여성들의 립스틱 자국이 도장처럼 찍혀 있다. 널따란 묘지 한가운데 고단한 영혼들을 위로하듯이 두 팔 벌려 서 있는 청동 천사가 잔잔한 여운을 남긴다. MAP ❾-A

위낙 넓어 헤매기 십상이다.
입구 안내소에서 팸플릿을 받거나
유명인의 무덤 위치가 표시된
표지판을 잘 살펴보고 다니자.

GOOGLE MAPS 몽파르나스묘지
ADD 3 Boulevard Edouard Quinet 75014
OPEN 08:00~18:00(토요일 08:30~, 일요일·공휴일 09:00~, 11월 중순~3월 중순 ~17:30)/폐장 30분 전까지 입장
WALK 몽파르나스 타워에서 도보 5분/뤽상부르 정원에서 도보 15분
METRO 6 Edgar Quinet 하나뿐인 출구에서 도보 3분 또는 4·6 Raspail 1번 출구에서 도보 1분

모파상의 묘

보들레르의 묘

프랑스 국민가수,
갱스부르의 묘

신진 작가들을 위한 실험적 공간

까르띠에 현대 예술 재단
Fondation Cartier pour l'Art Contemporain

프랑스의 스타 건축가 장 누벨이 디자인해 1994년에 개관
한 현대 미술관. 회화, 사진, 디자인, 비디오·미디어 아트,
조각, 설치, 패션, 퍼포먼스 등 현대 예술의 장르를 아우른
개인전과 기획전을 1년에 5차례 정도 연다. 5000m²의 유
리창을 통해 자연채광이 되도록 설계한 근사한 전시관과
건물을 빙 둘러싸고 있는 정원(무료입장)도 큰 볼거리. 정원
에서는 야외 콘서트도 종종 열리고, 전시회 테마에 따라 작
품과 정원의 나무들이 어우러지기도 한다. **MAP ❾-B**

GOOGLE MAPS 퐁다시옹 카르티에
ADD 261 Boulevard Raspail, 75014
OPEN 11:00~20:00(화요일 ~22:00)/전시에 따라 다름/월요일·1월
1일·12월 25일·전시 준비 기간 중 휴무
PRICE 11€~(학생·25세 이하 7.50€~)/전시에 따라 다름/정원 무료
WALK 몽파르나스 묘지 동쪽으로 도보 6분/뤽상부르 정원에서 도
보 15분
METRO 4·6 Raspail 2번 출구에서 도보 3분
WEB www.fondationcartier.com

으스스한 지하 무덤 체험

레 카타콩브 Les Catacombes

레 알(Les Halles) 지구에서 1000년 넘게 사용되던 이노상 공동
묘지가 포화 상태에 이르고 악취를 풍기자 버려져 있던 채석장
지하에 유골을 이전해 만든 묘지. 1786년부터 1788년까지 3번
에 걸쳐 이노상 묘지와 다른 공동묘지의 수많은 유골과 시체를
파내 이곳으로 옮겼고, 현재 약 600만 구의 유골이 그대로 노출
된 채 안장돼 있다. 2002년에 박물관으로 지정되면서 전 세계에
서 몰려드는 여행자의 손꼽히는 방문지로 자리 잡았다. 300km
에 이르는 거대한 지하터널 중 약 1.7km 구간을 한 번에 200명
씩 들어가 구경할 수 있는데, 문 열기 전부터 긴 줄이 늘어서기
시작해 1시간 이상 기다리는 것이 보통일 정도로 인기가 많다.
예상 소요 시간은 약 45분. 14세 이하 어린이는 성인과 동반해
야 입장할 수 있다. **MAP ❾-D**

GOOGLE MAPS 파리 지하납골당
ADD 1 Avenue du Colonel Henri Rol-Tanguy, 75014
OPEN 09:45~20:30/폐장 1시간 전까지 입장/월요일·1월 1일·5월 1
일·12월 25일 휴무/온라인 예약 권장
PRICE 29€(18~26세 23€, 5~17세 10€)/일반·18~26세는 오디오 가이드
포함
WALK 까르띠에 현대 예술 재단에서 도보 4분/몽파르나스 묘지 동쪽에
서 도보 5분
METRO 4·6 & **RER** B Denfert-Rochereau 1번 출구에서 도보 1분
WEB catacombes.paris.fr

똑부러진 맛집 고르기
#몽파르나스 #주전부리 #맛집

소문난 곳에는 이유가 있다.
오랫동안 파리지앵과 여행자들이 즐겨 찾은 맛집과 잠시 쉬어갈 수 있는 카페를 소개한다.

몽파르나스를 평정한 크레프리
크레프리 드 조슬랭
Crêperie de Josselin

유독 크레프리가 많은 몽파르나스 지역에서도 독보적인 인기를 누리는 곳. 짭조름한 맛과 강한 버터 향으로 입맛을 홀린다. 식사용 크레페의 간판 조슬랭(Josselin)은 치즈와 달걀, 햄, 버섯이 부드럽게 어우러진다. 크레페 위에 베이컨과 달걀 프라이가 올라간 마레셰르(Maraîchère)도 인기다. 실내를 원목으로 꾸며 전원 분위기가 물씬 나며, 직원들도 친절해 기분 좋게 식사할 수 있다. 현금만 결제 가능. 바로 근처에 자매점인 르 프티 조슬랭(le Petit Josselin)이 있으니 덜 붐비는 곳으로 가자. **MAP ⑨-A**

GOOGLE MAPS R8RG+M5 파리
ADD 67 Rue du Montparnasse, 75015
OPEN 11:30~23:00(화요일 17:30~, 일요일 ~22:30, 유동적 중간 휴식)/월요일·일부 공휴일·7~8월 중 3~4주간 휴무
MENU 조슬랭 13.90€, 마레셰르 13.90€, 시드르 6.60€~
WALK 몽파르나스 타워에서 도보 4분
METRO 6 Edgar Quinet 하나뿐인 출구에서 도보 1분

떨칠 수 없는 크루아상의 유혹
데 갸토 에 뒤 팽
Des Gâteaux et du Pain

한번 맛보면 다른 크루아상은 절대 못 먹는다는 마성의 크루아상으로 유명하다. 피에르 에르메와 라뒤레에서 파티시에로 일하며 실력을 인정받은 클레르 다몽의 파티스리로, 군더더기 없이 깔끔한 모양에 맛도 뛰어난 빵과 케이크를 선보인다. 여러 매체에서 파리 최고로 손꼽힌 크루아상은 '겉바속촉'의 완벽한 조화를 이룬다. 생제르맹데프레에도 지점(89 Rue du Bac)이 있다. **MAP 본점 ⑨-A**

GOOGLE MAPS R8R7+FV 파리
ADD 63 Boulevard Pasteur, 75015
OPEN 09:00~19:30(일요일 ~18:00)/화요일 휴무
MENU 타르트 7€~, 크루아상 1.80€~
METRO 6·12 Pasteur 1번 출구에서 도보 3분
WEB www.desgateauxetdupain.com

아틀리에에서 티 타임
르 로디아
Café le Rhodia

조각가 부르델의 딸이 살던 공간을 그녀의 남편이 개조하여 오픈한 카페. 조각 거장의 미술관 내 카페인데다 아르데코 장식가였던 남편이 디자인한 만큼 의자나 테이블 또한 섬세한 조각같은 느낌을 자아낸다. 카페의 큰 창을 통해 부르델 미술관의 뒤뜰이 보이고, 테라스에서는 앞쪽 정원을 내다볼 수 있다. 식사 메뉴도 준비돼 있다. **MAP ⑨-A**

GOOGLE MAPS le rhodia
ADD 18 Rue Antoine Bourdelle, 75015
OPEN 10:00~18:00(주말 브런치 11:30~16:00)/월요일·일부 공휴일 휴무
PRICE 커피 2.50€~, 파티스리 5€~
METRO 4·6·12·13 Montparnasse - Bienvenüe에서 도보 3분
WEB lerhodia-bourdelle.fr

새롭게 주목해야 할
베르시 & 톨비악

센강을 사이에 두고 마주 보고 있는 베르시(Bercy)와 톨비악(Tolbiac)은 폐선된 철로와 함께 오랫동안 방치돼 있던 창고 밀집 지역이었으나, 1980년대부터 재개발사업을 추진하면서 문화적 명소로 대변신했다. 1995년에 프랑스 국립도서관을 완공하고 1997년에 베르시 공원, 2001년에 베르시 빌라주가 개장하면서 주목받기 시작했다. 어느덧 유럽 도시재생의 아이콘이 된 베르시와 톨비악. 라 데팡스처럼 현대 건축물만 있는 게 아니라 옛 분위기는 지키고 멋은 살려냈기에 클래식한 분위기도 감도는 이 지역은 약간의 이동만 감수한다면 분명 기꺼이 찾아갈 만한 곳이다. 파리의 네 번째 보행자 다리인 시몬 드 보부아르 인도교(Passerelle Simone de Beauvoir)가 두 지역을 연결한다.

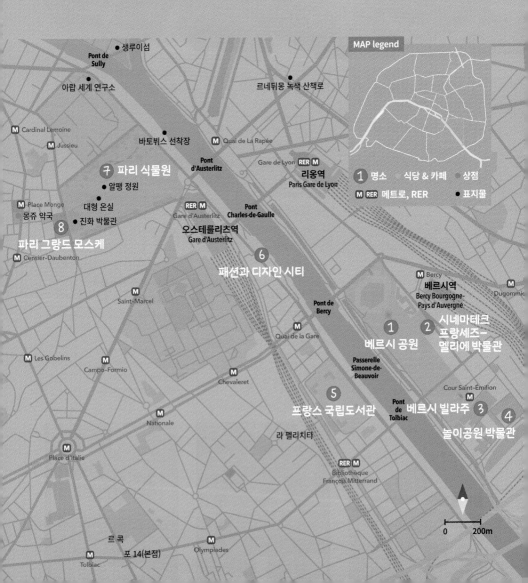

MAP legend

1 명소　　식당 & 카페　　상점

Ⓜ ⓇⒺⓇ 메트로, RER　　■ 표지물

• 생루이섬
Pont de Sully
• 아랍 세계 연구소
• 르네뒤몽 녹색 산책로

Ⓜ Cardinal Lemoine
Ⓜ Jussieu
바토뷔스 선착장
Ⓜ Quai de La Rapée

Pont d'Austerlitz
Gare de Lyon ⓇⒺⓇ Ⓜ
리옹역
Paris Gare de Lyon

7 파리 식물원
• 알팽 정원

Ⓜ Place Monge
몽쥬 약국
• 대형 온실
• 진화 박물관
ⓇⒺⓇ Ⓜ
Gare d'Austerlitz
Pont Charles-de-Gaulle
오스테를리츠역
Gare d'Austerlitz

8
파리 그랑드 모스케
Ⓜ Censier-Daubenton

6
패션과 디자인 시티

Ⓜ Bercy
베르시역
Bercy Bourgogne-
Pays d'Auvergne
Ⓜ Dugommi

Ⓜ Saint-Marcel

Pont de Bercy
Quai de la Gare

1
베르시 공원

2
시네마테크
프랑세즈–
멜리에 박물관

Ⓜ Les Gobelins
Ⓜ Campo-Formio
Ⓜ Chevaleret

Passerelle
Simone-de-
Beauvoir

Cour Saint-Emilion

5
프랑스 국립도서관
라 펠리치타

Pont de Tolbiac
베르시 빌라주 **3**

4
놀이공원 박물관

Ⓜ Nationale
Ⓜ Place d'Italie

ⓇⒺⓇ Ⓜ
Bibliothèque
François Mitterrand

0　　　200m

르콕
포 14(본점)
Ⓜ Tolbiac
Ⓜ Olympiades

1 와인 창고에서 푸른 휴식 공간으로
베르시 공원 Parc de Bercy

루이 14세 시절부터 와인을 보관하던 창고 단지로 쓰였으나 와인 저장 기술이
발달하며 산지에서 바로 병에 담아 판매하게 되자 오랜 기간 버려졌다가 공원
으로 조성되었다. 일부 남아있는 철도 레일이 공원에 정취를 더하며, 동쪽 끝에
는 올망졸망한 마을 형태의 상점가 베르시 빌라주가 있다. MAP ⑩-B

GOOGLE MAPS 베르시공원
ADD 128 Quai de Bercy, 75012
OPEN 24시간/구역에 따라 일출 후 오픈,
일몰 후 폐장
METRO 6·14 Bercy 6번 출구에서 도보 2분

2 고전 영화 팬들의 성지
시네마테크 프랑세즈-멜리에 박물관 Cinémathèque Française-Musée Méliè

영화 컬렉터 앙리 랑글루아가 프랑스 정부의 지원을 받아
1936년에 설립한 고전 영화 전문 상영관. 제2차 세계대전 중
나치에 의해 사라질 뻔한 영화들을 가까스로 보존하고 있는
세계 최고 수준의 영화 자료관으로 평가받는다. 세계의 영화
학도들과 명장들이 이곳에서 상영되는 영화를 보며 꿈을 키
웠고, 1950~60년대에 장 뤽 고다르, 클로드 샤브롤, 프랑수
아 트뤼포 등 프랑스 감독들이 주도한 유럽의 필름 누아르
'누벨바그'의 근원으로 꼽힌다. 입구부터 남다른 건물은 프랑
크 게리가 설계했다. MAP ⑩-B

GOOGLE MAPS 시네마테크 프랑세즈 **ADD** 51 Rue de Bercy, 75012
OPEN 12:00~19:00(토·일요일 11:00~20:00)/상영관·전시관마다 다름/
멜리에 박물관 13:00~19:00(토요일~18:30)/화요일·공휴일 휴무
PRICE 박물관(영화 관람료 포함) 10€(18~25세 7.50€, 17세 이하 5€)/
뮤지엄 패스 /필름 도서관 3.50€/특별전은 전시에 따라 다름
METRO 6·14 Bercy 6번 출구에서 도보 3분
WEB www.cinematheque.fr

3 평일 밤과 일요일을 알차게 보낼 수 있는 곳
베르시 빌라주 Bercy Village

마치 동화 속 작은 마을처럼 앙증맞고 평화로운 공간. 프랑스 전역에서 모인 와인을 보관하던 옛 창고를 개조해 꾸민 쇼핑 단지. 와인을 나르던 기차 철로가 그대로 남아 있는 돌바닥 양옆으로는 한때 와인으로 채워졌던 창고형 건물들이 각각 레스토랑과 각종 숍으로 재탄생해 손님들을 맞는다. 쇼핑을 목적으로 찾는 사람보다는 늦은 시간까지 영업하는 레스토랑과 와인 바에서 밤을 즐기려는 청춘들이 대부분인 곳으로, 베르시 공원이나 리옹역, 베르시역 근처에 숙소를 정한 여행자라면 들러보자. MAP ⑩-D

GOOGLE MAPS 베르시빌리지
ADD Cour Saint-Emilion, 75012(베르시 공원 동쪽 끝)
OPEN 10:00~02:00(상점 ~20:00)/일부 상점 일요일 휴무
WALK 시네마테크 프랑세즈에서 도보 7분
METRO 14 Cour Saint-Émilion에서 바로
WEB www.bercyvillage.com

와인을 보관하던 오크 통의
뚜껑을 활용한 지도 안내판

4 벨 에포크로 타임슬립
놀이공원 박물관
Les Pavillons de Bercy-Musée des Arts Forains

신기한 볼거리와 함께 잠시 벨 에포크로 시간 여행을 떠날 수 있는 곳. 화려한 샹들리에로 장식한 천장과 코끼리 모양의 열기구, 피아노를 치는 유니콘 등 19~20세기 초 놀이기구와 게임기를 보고 있으면 마치 100년 전의 다른 세상에 와 있는 느낌이 든다. 넷플릭스 드라마 <에밀리 파리에 가다>와 영화 <미드나잇 인 파리>에도 등장했다. 연말 시즌 약 일주일과 이벤트 진행일 외에는 홈페이지에서 예약 후 가이드와 동반해서만 입장이 가능하며, 돌아보는데 1시간 30분 정도 소요된다. MAP ⑩-D

GOOGLE MAPS 놀이공원 박물관
ADD 53 Avenue des Terroirs de France, 75012
OPEN 홈페이지에 공지되는 날짜에만 방문 가능/ 온라인 예약 필수
PRICE 18.80€~(4~11세 12.80€~)/시즌에 따라 유동적
WALK 베르시 빌라주 동쪽에서 도보 2분
WEB arts-forains.com

15세기 루이 11세가 창설한 왕실 도서관이 시초

프랑스 국립도서관 Bibliothèque Nationale de France(BNF)

1988년 프랑스 대혁명 200주년 기념사업의 하나로 짓기 시작해 1995년
에 완공한 파리의 대표적인 현대 건축물. 중정을 둘러싼 직사각형 모양의
부지 모서리에 90°로 펼친 책 모양의 건물 4개로 이루어져 있다. 프랑수아
미테랑 도서관(Bibliothèque François-Mitterrand)이라고도 부르며, 2011년
에 대여 형식으로 우리나라에 반환된 외규장각 서적과 세계에서 가장 오
래된 금속활자본인 <직지심체요절(직지심경)>(1377년) 등 1500만 권 이상
의 장서를 보관하고 있다. 마치 숲처럼 조성한 지하 정원이나 센강변의 나
무 계단에 앉아 커피 한잔하며 쉬어가기 좋다. MAP ⑩-D

GOOGLE MAPS 프랑스 국립도서관 **ADD** Quai François Mauriac, 75706
OPEN 09:00~20:00(월요일 14:00~, 일요일 13:00~19:00)/공휴일 휴무
*월요일은 여행자 방문이 제한될 수 있음
PRICE 1일권 5€(17:00 이후·성인을 동반한 15세 이하 무료)
WALK 베르시 공원에서 시몬 드 보부아르 인도교 건너 바로
METRO 14 & **RER** C Bibliothèque François-Mitterrand 2번 출구에서 도보 5분
WEB bnf.fr

파리에서 가장 큰 옥상이 있는

패션과 디자인 시티
Cité de la Mode et du Design(Docks en Seine)

2010년, 센강변에 오랫동안 버려졌던 100년 넘은 창고를 인수해 디자인
거점으로 탈바꿈한 곳. 패션, 디자인, 창작 연구 및 교육 기관인 프랑스 패
션 학교(IFM; Institut Français de la Mode)를 비롯해 만화·애니메이션·비
디오게임 관련 예술 전시회가 열리는 아르 뤼디크 박물관(Art Ludique-Le
Musée), 패션쇼 등 이벤트 공간, 카페, 레스토랑, 센강 산책로, 루프톱 테
라스 등을 갖춘 거대한 복합문화시설이다. 프랑스 건축가 제이콥+맥팔레
인의 작품으로, 파리에서 가장 주목할 만한 현대 건축물 중 하나로 평가받
는다. MAP ⑩-A

GOOGLE MAPS city of fashion and design **ADD** 34 Quai d'Austerlitz, 75013
WALK 프랑스 국립도서관에서 도보 10분
METRO 5·10 & **RER** C Gare d'Austerlitz에서 도보 5분

+ M O R E +

파리에서 가장 유명한 옥상,
카페 오즈 루프톱 Café Oz Rooftop

낮에는 센강을 바라보는 훌륭한 전
망 장소가 되어 주는 패션과 디자
인 시티의 옥상. 밤이 되면 DJ와 함
께 흥겨운 나이트라이프를 즐길 수
있는 바로 변신해 다음 날 아침까
지 시끌벅적한 댄스파티가 벌어진
다. 겨울에는 테라스에 히터가 설
치돼 일 년 내내 왁자지껄한 곳. 평
일 17:00~20:00는 맥주 500cc를
6.50€~, 칵테일을 8€~에 제공하는
해피아워다.

OPEN 17:00~05:00(월요일 ~02:00, 화
요일 ~03:00, 수요일 ~04:00)/겨울철 월·
화요일 휴무/시즌에 따라 유동적

대형 온실
진화 박물관

㉔ 전 세계 희귀 식물과 녹음의 향연
파리 식물원 Jardin des Plantes

23만5000m²(약 7만 평) 면적에 6천여 종의 각종 식물이 식재돼 있는 거대한 단지다. 17세기 초, 루이 13세가 왕족의 건강을 위해 약용식물을 재배하고 연구할 목적으로 설립했고, 대혁명 후 1793년에 정식 식물원으로 거듭났다. 세계 곳곳에서 공수한 희귀 식물을 볼 수 있는 정원과 온실, 진화 박물관, 동물원, 해부학 박물관 등으로 구성돼 있다. 꼭 들려야 할 곳은 수백 년 넘는 나무가 줄지어 서 있는 산책로와 세계 곳곳에서 공수한 희귀 식물을 볼 수 있는 대형 온실(Les Grandes Serres), 알프스나 히말라야 등 고산지대에서 가져온 2000종 이상의 식물을 재배하는 알팽 정원(Jardin Alpin). 공룡을 비롯한 다양한 동식물의 모형과 화석은 물론 직접 참여하고 만져볼 수 있는 진화 박물관(Grande Galerie de l'Évolution)은 가족 단위 여행자에게 인기다. **MAP ⑩-A**

GOOGLE MAPS 파리식물원 **ADD** 57 Rue Cuvier, 75005
OPEN 07:30~20:00(10월 08:00~18:30, 11~2월 08:00~17:30/구역에 따라 다름), 대형 온실 10:00~18:00, 진화 박물관 10:00~18:00/폐장 45분 전까지 입장/행사·날씨에 따라 유동적, 진화 박물관 화요일·5월 1일 휴무, 알팽 정원 11월 중순~2월 휴무
PRICE 식물원 무료, 일부 전시실 유료(대형 온실 9€(3~25세 7€), 진화 박물관 13€(3~25세 10€)/특별전 진행 시 요금 추가)
WALK 패션과 디자인 시티에서 도보 10분/팡테옹에서 도보 10분/생루이섬에서 쉴리교 건너 도보 5분
METRO 5·10 & **RER** C Gare d'Austerlitz에서 도보 1분
WEB jardindesplantesdeparis.fr

프랑스 진화학의 아버지라 불리는 뷔퐁
(Georges-Louis Leclerc de Buffon)

⑧ 프랑스의 보은
파리 그랑드 모스케
Grande Mosquée de Paris

제1차 세계대전 중 프랑스군에 가담해 싸우고 전사한 이슬람교도에 대한 감사의 뜻으로 1926년에 파리시가 세운 이슬람 사원. 스페인에서 발전한 무데하르 스타일로 조성한 푸른색 모자이크 벽과 기둥, 건물 내 정원인 파티오와 작은 분수들이 소박하지만 아름다운 자태를 은근히 뽐낸다. 일반인의 출입은 자유로우나, 기도실은 예배 중에 입장할 수 없다. 건물 뒤쪽에 이슬람식 디저트와 민트 티를 맛볼 수 있는 살롱 드 테가 있다. **MAP ⑩-A**

GOOGLE MAPS 파리 그랜드모스크
ADD 2bis Place du Puits de l'Ermite, 75005(파리 식물원 서쪽)
OPEN 09:00~18:00(행사에 따라 유동적)/금요일·이슬람 휴일 휴무
PRICE 3€
WALK 파리 식물원의 진화 박물관 맞은편
METRO 7 Place Monge 1번 출구에서 도보 4분
WEB www.mosqueedeparis.net

이슬람식 민트 티

베트남 로컬 분위기

#13구 #쌀국수맛집

파리의 차이타운으로 불리는 파리 13구, 톨비악에는 중국음식점도 많지만 베트남 음식점이 유난히 많다.
19세기 후반부터 70여 년간 프랑스의 통치를 받은 베트남 이민자들의 고달픈 삶의 애환을 담아낸
파리의 쌀국수는 우리나라에서 먹는 것보다 훨씬 깊고 진한 맛이 난다. 고수를 싫어한다면 쌀국수를 시킬 때
"상 실랑트호, 실 부 플레(Sans Cilantro, s'il vous plaît)!"라고 말하자.

퍼 뵈프 스페셜

숲 통키누아즈 스페셜

파리에서 가장 유명한 베트남 쌀국수

포 14 Pho 14

키아누 리브스를 비롯해 유명인들의 방문이 이어져 전
세계 여행자들이 꼭 들르는 맛집이 되었다. 정식 이름은
포반꾸온(Phở Bánh Cuốn)이지만 편하게 포 14로 불린
다. 재료를 아낌없이 넣고 오랜 시간 우려 만든 진한 육수
와 탱탱한 면발은 쌀국수의 새로운 기준을 세우기에 충
분하다. 가장 인기 있는 메뉴는 완자와 천엽, 소고기 등이
들어간 퍼 뵈프 스페셜(Phở Bœuf Spécial)과 베트남식 튀
김만두 짜조(Chả Giò). 메뉴판에 영어 설명과 함께 사진,
번호가 적혀 있어 주문하기 쉽다. 팔레 루아얄 근처(17
Rue Molière)와 퐁피두 센터 근처(94 Rue Saint-Martin)에
도 지점이 있다. MAP ⑩-C

GOOGLE MAPS pho 14 129
ADD 129 Avenue de Choisy, 75013
OPEN 09:00~23:00/지점에 따라 다름/일부 공휴일 휴무
MENU 쌀국수 12.40€~, 퍼 뵈프 스페셜 12.50€~, 짜조 8.90€
METRO 7 Tolbiac 3번 출구에서 도보 3분
WEB pho14paris.fr

쌀국수보다 더 인기 많은 공짜 소고기

르 콕 Le Kok

포 14의 대기 줄이 너무 길어 엄두가 나지 않는다면 대
안으로 괜찮은 곳. 고기를 좋아한다면 오히려 포 14보다
더 만족스러운 식사를 할 수도 있다. 쌀국수를 주문할 때
"라 비앙드, 실 부 플레(La viande, s'il vous plaît)!"라고
말하면 뼈째 넣어 국물을 우려내고 남은 뼈와 소고기 한
접시를 공짜로 내주는 인심 좋은 가게이기 때문. 메뉴 중
에서는 기본 쌀국수에 추가 재료가 들어간 숲 통키누아
즈 스페셜(Soupe Tonkinoise Spécial)이 인기다. 큰 사이
즈(Grande)도 있지만 고기를 같이 먹는다면 보통 사이즈
(Petite)로도 충분하다. 결제는 현금만 가능. MAP ⑩-C

GOOGLE MAPS le kok 129
ADD 129bis Avenue de Choisy, 75013
OPEN 12:00~22:00/월요일·일부 공휴일 휴무
MENU 쌀국수 11.50€~, 쌀국수 스페셜 12€~
WALK 포 14를 바라보고 오른쪽에 있다.

짜조

한 접시 가득 내오는
공짜 소고기

개선문 서쪽의 매머드급 공원

불로뉴숲과 그 주변

파리 서쪽에 위치한 불로뉴숲(Bois de Boulogne)은 845ha(여의도 면적의 약 3배)에 달하는 광대한 삼림공원이다. 원래 왕실 소유의 사냥터였던 곳을 나폴레옹 3세가 시민들을 위한 공원으로 재조성한 곳으로, "세계 최고의 도시숲을 만들라"는 황제의 지시에 따라 엄청 공을 들여 만들었다고 한다. 센강이 굽이쳐 흐르는 사이에 푸른 숲과 호수, 꽃 등이 아름답게 어우러져 있어 인상주의 화가들의 작품에도 자주 등장했다. 불로뉴숲 동쪽에 자리한 16구의 고급주택가를 산책하며 색다른 기분을 느껴보는 것도 기분 좋은 경험이다.

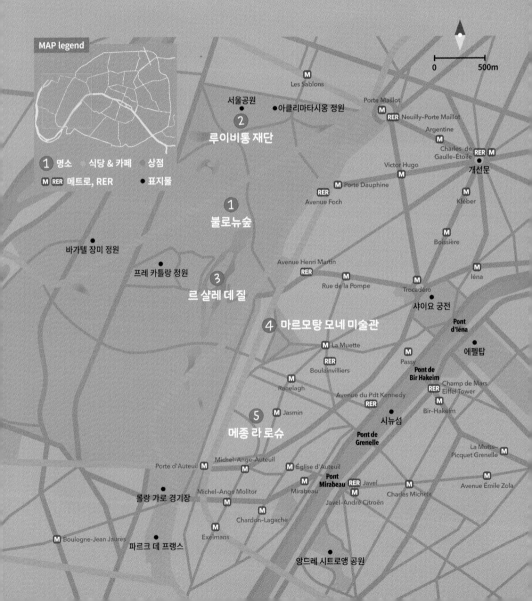

MAP legend

0   500m

① 명소   식당 & 카페   상점
Ⓜ ⓇⒺⓇ 메트로, RER   ● 표지물

Les Sablons

서울공원   ● 아클리마타시옹 정원

Porte Maillot

② 루이비통 재단   ⓇⒺⓇ Neuilly-Porte Maillot

Argentine

Charles de Gaulle-Étoile ⓇⒺⓇ Ⓜ

Victor Hugo   개선문

① 불로뉴숲   ⓇⒺⓇ Porte Dauphine   Kléber

Avenue Foch

Boissière

바가텔 장미 정원

프레 카틀랑 정원   Avenue Henri Martin ⓇⒺⓇ

③ 르 샬레 데 질   Rue de la Pompe   Iéna

Trocadéro

④ 마르모탕 모네 미술관   샤이요 궁전

Pont d'Iéna

Ⓜ La Muette   에펠탑

Passy

ⓇⒺⓇ Boulainvilliers   Pont de Bir Hakeim

Ranelagh   Avenue du Pdt Kennedy   ⓇⒺⓇ Champ de Mars Eiffel Tower

Bir-Hakeim

⑤ 메종 라 로슈   Jasmin   시뉴섬

Pont de Grenelle

Porte d'Auteuil   Michel-Ange-Auteuil   Église d'Auteuil   La Motte-Picquet Grenelle

Pont Mirabeau ⓇⒺⓇ Javel   Avenue Émile Zola

Michel-Ange Molitor   Mirabeau   Charles Michels

롤랑 가로 경기장   Javel-André Citroën

Chardon-Lagache

Ⓜ Boulogne-Jean Jaurès   Exelmans

파르크 데 프랑스   앙드레 시트로엥 공원

① 불로뉴숲 Bois de Boulogne

파리 시내 최대 규모의 도시 공원

불로뉴숲에는 2개의 큰 인공 연못이 조성돼 있고 연못 주변에 조깅 코스와 자전거전용도로가 잘 정비돼 있어 주말이면 현지인들로 붐빈다. 테니스 그랜드슬램 중 하나인 프랑스오픈이 열리는 롤랑가로 경기장(Stade Roland Garros), 세익스페어의 작품 속에 나오는 프레 카틀랑 정원(Jardin Shakespeare), 루이비통 재단, 작은 동물원, 놀이공원, 경마장 등 볼거리와 즐길 거리도 가득하다. 봄이면 1200종 1만 그루의 장미가 만발하는 영국식 정원, 바가텔 장미 정원(Parc Bagatelle-la Roseraie) 또한 큰 볼거리다. 여행자는 앵페리외 호수(Lac Inférieur)나 루이비통 재단을 중심으로 돌아보거나 자전거를 빌려서 다니는 것이 효율적이다. 야간에는 위험하므로 해가 지기 전에 떠날 것. 에투알 개선문에서 서쪽으로 일직선으로 난 포슈 거리(Avenue Foch)를 따라 20분 정도 걸으면 공원 입구에 닿는다. MAP ①

GOOGLE MAPS 불로뉴숲
METRO 1 Porte Maillot, 2 Porte Dauphine, 10 Porte d'Auteuilp 또는 **RER** C Neuilly-Porte Maillot 하차

+MORE+

서울공원 Jardin du Sèoul

루이비통 재단이 있는 아클리마타시옹 정원(Jardin d'Acclimatation) 중앙의 연못 주변에 널따랗게 자리 잡고 있는 서울공원은 파리시와 서울시의 자매결연 10주년을 기념해 2002년에 문을 열었다. 건축에 필요한 모든 자재와 조경용 돌, 나무까지 모든 것을 한국에서 조달해 완성했다. 정문인 피세문, 육각 정자 죽우정, 담양에 온 듯한 느낌의 대숲과 솟대, 경복궁 자경전과 소쇄원, 경주 동궁, 월지 등을 본떠 만든 각종 건축물과 조형물들이 한국의 정서와 아름다움을 담고 있어 감회가 새롭다.

: WRITER'S PICK :
셔틀버스 운행 정보

불로뉴숲 북쪽에 멀리 떨어져 있는 루이비통 재단까지 개선문 근처에서 셔틀버스가 운행한다. 개선문 동쪽의 프리들랑 거리(Avenue de Friedland)에서 15~20분 간격으로 출발하는 셔틀버스를 타면 약 10분 만에 닿는다. 요금은 편도 1€, 왕복 2€. 단, 셔틀버스는 루이비통 재단 홈페이지에서 입장권을 예매한 사람만 이용할 수 있다. 입장권을 예약할 때 셔틀버스도 함께 예약할 수 있는데, 왕복 티켓만 가능하다. 현장에서는 카드로만 결제할 수 있다.

셔틀버스 정류장
GOOGLE MAPS V7FW+JR 파리
METRO 1·2·6 & RER A Charles de Gaulle-Étoile 2번 출구 이용

② 21세기 파리의 새로운 명물
루이비통 재단 Fondation Louis Vuitton

1854년 여행용 트렁크를 만들며 시작된 루이비통이 그동안 수집한 방대한 미술품 컬렉션을 바탕으로 2014년 개관한 현대 예술의 전당. 루이비통의 소장품 전시 외에 기획전과 콘서트, 퍼포먼스 등을 선보이며 연간 100만 명이 넘는 관람객을 동원하고 있다. 배 모양의 아름다운 건물은 스페인 빌바오의 구겐하임 미술관과 LA의 월트디즈니 콘서트홀을 설계한 캐나다 출신의 미국 건축가 프랑크 게리의 작품. MAP ❶

GOOGLE MAPS 파리 루이비통재단 **ADD** 8 Avenue du Mahatma Gandhi, 75116
OPEN 11:00~20:00(금요일 ~21:00, 토요일 10:00~)/전시에 따라 다름/화요일·일부 공휴일·전시 준비 기간 휴무
PRICE 16€(25세 이하 10€, 17세 이하 5€)/일부 특별전 요금 별도/전시가 없는 날은 할인
METRO 1 Les Sablons 2·3번 출구에서 도보 12분
WEB www.fondationlouisvuitton.fr

③

보트를 타고 가는 레스토랑
르 샬레 데 질 Le Chalet des Îles

넓디넓은 불로뉴숲 안에서도 섬 안에 있어 보트를 타고 가야 하는 레스토랑. 20세기 초에 마르셀 프루스트나 에밀 졸라 등이 단골로 드나들며 문학 카페로 사랑받은 곳이다. 찾아가기는 어렵지만 푸른 나무와 색색깔의 꽃이 가득한 주변과 잔잔한 호수를 바라보며 말 그대로 '힐링'을 할 수 있는 곳. 일요일 브런치뿐 아니라 아이들을 위한 런치 세트도 제공해 가족 단위 손님이 많이 찾으니 홈페이지에서 예약하고 가는 것이 좋다. 일단 불로뉴숲으로 들어가 식당 이름이나 'Lac Inférieur' 표지판을 따라 호숫가 선착장을 찾아간 뒤 뱃사공에게 르 샬레 데질에 간다고 하면 태워다 준다(무료). MAP ❶

GOOGLE MAPS V776+94 파리
ADD 14 Chemin de Ceinture du Lac Inférieur, 75016
OPEN 12:00~14:30, 19:30~22:30, 일요일 브런치 12:00~16:00/
겨울철은 단축 운영/일부 공휴일 휴무
MENU 앙트레 16€~, 플라 24€~, 런치 세트 29€~, 일요일 브런치 75€
WALK 불로뉴숲으로 들어서 도보 약 20~30분 후 배에 탑승
WEB chalet-des-iles.com

<인상, 해돋이>

④ 최초의 '인상주의' 그림을 소장한 곳
마르모탕 모네 미술관
Musée Marmottan Monet

인상주의의 탄생을 알린 모네의 <인상, 해돋이>(1872년)와 <수련> 연작 등을 소장하고 있는, 오르세 미술관과 오랑주리 미술관에 버금가는 인상주의 전문 미술관. 쥘 마르모탕과 그의 아들이 기증한 예술품으로 가득한 저택에는 지하부터 2층까지 빼곡히 들어찬 모네와 고갱, 르누아르, 피사로 등의 그림을 비롯해 중세 서적 사본과 고급 앤티크 등 볼거리가 많다. MAP ❶

GOOGLE MAPS 마르모탕모네박물관
ADD 2 Rue Louis-Boilly, 75016
OPEN 10:00~18:00(목요일 ~21:00)/폐장 1시간 전까지 입장/월요일·1월 1일·5월 1일·12월 25일 휴무
PRICE 14€(24세 이하 학생·7~17세 9€)/지베르니 모네의 집 통합권 25€(24세 이하 학생·7~17세 15.50€)
METRO 9 La Muette에서 도보 10분
BUS 32번 Porte de Passy 하차 후 도보 3분(시내로 갈 때는 박물관 입구 맞은편에서 탑승)
WEB www.marmottan.fr

⑤ 단순함의 미학
메종 라 로슈 Maison La Roche

현대 건축의 아버지라 불리는 르 코르뷔지에(1887~ 1965년)가 1923년에 설계한 파리 16구의 저택. 집과 갤러리를 잇는 브리지와 가파른 슬로프, 큰 창문이 달린 복도, 옥상 정원, 식당, 거실 등이 잘 보존돼 있다. 라 로슈가 수집한 그림과 르 코르뷔지에의 회화 작품, 그가 디자인 한 의자와 테이블 등도 볼 수 있다. 현재 르 코르뷔지에 재단이 운영하는 박물관으로 사용되고 있으며, 관람객이 많지 않아 미니멀한 르 코르뷔지에식 공간의 미학을 제대로 느껴볼 수 있다. MAP ❶

GOOGLE MAPS 빌라 라호슈
ADD 10 Square du Dr Blanche, 75016
OPEN 10:00~18:00/일·월요일·공휴일·7월 26일~8월 20일·12월 23일~1월 1일
PRICE 10€(학생 5€, 13세 이하 무료)
WALK 마르모탕 모네 미술관에서 도보 15분
METRO 9 Jasmin 역 1번 출구에서 도보 6분
WEB fondationlecorbusier.fr

구석구석 세계의 건축물 찾기
몽소 공원과 그 주변

긴 역사를 지닌 몽소 공원(Parc Monceau)은 뜻밖의 아기자기하고 귀여운 반전 매력을 지닌 곳이다. 18세기 유행하던 영국식 정원에 피라미드, 풍차, 중국식 요새, 그리스 신전 등을 본뜬 미니어처 건축물을 설치해 구경하는 재미를 더했다. 루이 16세의 사촌이자 프리메이슨이던 루이필리프 도를레앙 공이 조성한 공원이라서 프리메이슨만이 알 수 있는 상징물을 설치한 것이라는 설도 있다. 레트로 감성을 물씬 풍기며, 운행 중인 오래된 회전목마도 여행자들의 인기 포토 스폿으로 유명하다. 주변에는 파리에서 손꼽히는 훌륭한 박물관이 많다. MAP ❶

GOOGLE MAPS 몽쏘공원
ADD 35 Boulevard de Courcelles, 75008
OPEN 07:00~20:00(5~8월 ~22:00, 9월 ~21:00)
WALK 개선문에서 도보 15분
METRO 2 Monceau에서 바로

0 — 100m

MAP legend

① 명소 ● 식당 & 카페 ● 상점
Ⓜ ㎁ 메트로, RER ● 표지물

Ⓜ Villiers

Ⓜ Monceau

세르누쉬 박물관 ①

몽소 공원

Ⓜ Courcelles

니심 드 카몽도 박물관 ②

Ⓜ Ternes

라 메종 뒤 쇼콜라(본점)

③
쟈크마르 앙드레 박물관

Ⓜ Miromesnil

개선문
㎁ Ⓜ Charles de Gaulle-Etoile
● 샹젤리제 거리

Saint-Philippe-du-Roule Ⓜ

서양의 시선으로 바라보는 동양의 예술

세르누쉬 박물관 Musée Cernuschi

몽소 공원을 산책하다가 들르면 좋은 동양미술 전문 미술관. 이탈리아에서 정치 활동을 하다가 프랑스로 망명한 앙리 세르누쉬가 중국, 일본, 인도네시아 등을 여행하며 수집한 예술품 5천여 점을 기반으로 설립했다. 우리에게는 <군상(群像)> 연직으로 유명한 이응노 화백의 작품이 많이 남아있어 특별한 곳. 1960년대 이 곳에서 동양미술학교를 운영했던 이응노 화백은 동베를린 간첩단 조작 사건(1967년)에 연루되어 옥살이를 한 뒤 1983년에 프랑스로 망명했다. **MAP ❶**

김창열 <회귀> 시리즈

<구성>(1974년), 이응노

GOOGLE MAPS V8H6+RX 파리
ADD 7 Avenue Vélasquez, 75008
OPEN 10:00~18:00/월요일·1월 1일·5월 1일·12월 25일 휴무
PRICE 상설전 무료(기부금 2€), 일부 특별전 유료
WALK 몽소 공원 동쪽 출구에서 도보 1분
METRO 2 Monceau 하나뿐인 출구에서 도보 4분
WEB www.cernuschi.paris.fr

 비극이 서린 화려한 저택

니심 드 카몽도 박물관
Musée Nissim de Camondo

가난한 예술가를 후원하고 자선사업에도 힘쓴 부유한 유대인 무이즈 드 카몽도가 베르사유의 프티 트리아농을 본떠 지은 저택. 제1차 세계대전에서 아들을 잃은 후 엄청난 양의 예술품을 파리의 주요 박물관에 기증한 그의 유언에 따라 이 저택은 아들의 이름을 딴 박물관으로 사용되고 있다. 그의 유족들은 제2차 세계대전 당시 모두 아우슈비츠에서 생을 마감했다고 전해진다. **MAP ❶**

*2024년 7월 24일부터 복원 공사로 약 1년간 휴무
GOOGLE MAPS 파리 니심드카몽도
ADD 63 Rue de Monceau, 75008
OPEN 10:00~17:30/월·화요일·1월 1일·5월 1일·12월 25일 휴무/ 예약 권장
PRICE 13€(25세 이하 무료, 오디오 가이드 포함)/ 뮤지엄 패스 / 장식 예술 박물관 통합권 22€(오디오 가이드 포함, 4일간 유효)
WALK 몽소 공원 남쪽 출구에서 도보 4분
METRO 2 Monceau 하나뿐인 출구에서 도보 8분
WEB madparis.fr

3 프랑스에서 가장 아름다운 개인 소장품관
자크마르 앙드레 박물관 Musée Jacquemart André

19세기 파리의 은행가이자 컬렉터였던 에두아르 앙드레와 그의 부인 넬리 자크마르가 기증한 자신들이 살던 대저택을 그대로 전시관으로 바꿔 공개하고 있는 박물관. 집주인 부부가 전 유럽과 중동을 여행하며 수집한 화려한 공예품과 가구, 실내장식을 비롯해 이탈리아 르네상스 회화의 수작들, 그리고 프라고나르, 부셰, 나티에 등 18세기 프랑스 화가들의 작품을 볼 수 있다. 실제 다이닝룸이었던 공간은 현재 카페로 꾸며져 일요일에는 브런치(11:00~14:30), 월~토요일 점심에는 가벼운 식사, 오후에는 케이크와 차 한잔을 즐기기 위해 찾는 은밀한 장소로 입소문이 자자하다. 2023년 8월부터 약 1년간 보수 공사를 위해 휴관 중이다. MAP **3**-C

GOOGLE MAPS 파리 자크마르앙드레
ADD 158 Boulevard Haussmann, 75008
OPEN 2024년 9월 중 재개관 예정
WALK 몽소 공원 남쪽 출구에서 도보 9분/개선문에서 도보 15분
METRO 9·13 Miromesnil에서 도보 7분
WEB www.musee-jacquemart-andre.com

장 마르크 나티에,
<마틸드 드 카니시, 당탱 후작>
(1783년)

+MORE+

함께 들러보면 좋은 파리의 공원들

▪ 뱅센숲 Bois de Vincennes

면적이 여의도의 3.5배에 달하는, 파리에서 제일 규모가
큰 녹지다. 중세에는 왕실 사냥터로 쓰였으나 파리를 재
정비하면서 영국식 공원으로 꾸며 1866년에 개장했다.
주요 볼거리는 서쪽 끝의 도메닐 호수(Lac Daumesnil) 주
변이나 북쪽에 있는 미님 호수(Lac des Minimes)와 꽃의
공원(Parc Flora)에 모여 있다. 7~8월에 꽃의 공원에서 열
리는 파리 재즈 페스티벌 기간에는 입장료(1일권 5€ 정도)
가 아깝지 않을 정도로 훌륭한 공연을 즐길 수 있다. 중세
성채의 웅장한 느낌을 잘 간직하고 있는 뱅센성(Château
de Vincennes)이 공원 북쪽에 있다. **MAP ❶**

도메닐 호수

뱅센성

GOOGLE MAPS 뱅센숲 **PRICE** 뱅센성 13€/ 뮤지엄 패스
METRO 8 Charenton-Écoles & Liberté·Porte Dorée, **METRO
1** Bérault & Saint-Mandé-Tourelle & Château-de-
Vincennes, **RER A** Vincennes & Fontenay-sous-Bois &
Nogent-sur-Marne & Joinville-le-Pont 하차

▪ 몽수리 공원 Parc Montsouris

나폴레옹 3세가 불로뉴숲(서쪽), 뱅센
숲(동쪽), 뷰트쇼몽(북쪽) 공원과 함께
1875년에 파리 남쪽에 조성한 시민
공원. 향긋한 풀내음이 기분 좋게 반
기는 아늑한 공원 내에는 커다란 호
수와 영국의 그리니치 천문대가 본
초 자오선으로 정해지기 이전까지 파
리의 자오선 기준이 되었던 돌기둥이
있다. **MAP ❶**

GOOGLE MAPS 몽수히 공원
ADD 2 Rue Gazan, 75014
RER B Cité Universitaire 하차

▪ 앙드레 시트로앵 공원 Parc André Citroën

센강 남서쪽 끝에 조성된 현지인들의 산책 명소. 공원에는 두둥실 하늘
에 올라 파리 시내를 한눈에 내려다볼 수 있는 높이 32m, 지름 22m의
거대한 열기구 발롱 드 파리(Ballon de Paris Generali)가 있다. 열기구에
서는 센강 위를 수놓은 아름다운 다리는 물론 날씨가 좋으면 멀리 몽마
르트르 언덕도 선명하게 눈에 들어온다. 안전을 위해 지상과 밧줄로 연
결된 채 20분 간격으로 이륙하며, 한 번에 30명을 싣고 150m 정도 높
이까지 올라간다. 날씨가 좋으면 에펠탑(324m)과 거의 비슷한 300m
높이까지 올라간다고. 시뉴섬의 그르넬교에서 센강변을 따라 도보 15
분 거리다. **MAP ❶**

GOOGLE MAPS R7RF+PM 파리
ADD Parc André-Citroën,
75015
OPEN 공원 08:00~21:30(4·9월
~20:30, 3·10월 ~19:30, 11~2월
~17:45), 발롱 드 파리 09:00~
18:45(시즌에 따라 다름)
PRICE 발롱 드 파리 20€(3~11세
15€)
METRO 10 Javel-André Citroën
또는 **RER C** Javel에서 도보 10분
WEB ballondeparis.com

밀레니엄을 기념하여
1999년 등장한 도심형
어트랙션, 발롱 드 파리

379

일탈로 맛보는 이색 여행
테마파크

어린아이를 둔 가족과 '해맑은 나'를 주제로 예쁜 사진 찍기
좋아하는 사람이라면 테마파크가 필수 코스다.
단, 놀이 시설 위주의 테마파크는 평일에 방문해야
관광의 질이 높아진다는 것을 명심하자.

유럽에 하나밖에 없는 디즈니랜드
디즈니랜드 파리 Disneyland Paris

파리에서 동쪽으로 약 32km, RER로 약 45분 거리에 1992년 오픈한 디즈니랜드 파리가 있다. 크게 디즈니랜드 파크, 월트 디즈니 스튜디오 파크, 디즈니랜드 골프장으로 구성된다. 파크 안에는 호텔도 있어 며칠 동안 숙박하며 방대한 규모의 놀이공원을 구석구석 즐길 수 있다. 디즈니랜드 파크는 미키 마우스, 백설 공주, 피터 팬 등 전통적인 디즈니 캐릭터를 테마로 꾸몄다. <잠자는 숲속의 공주>의 성과 화려한 퍼레이드가 이곳의 하이라이트. 스튜디오 파크는 <카>, <토이 스토리>, <겨울 왕국> 등 애니메이션 속 캐릭터와 영화를 콘셉트로 한 공간이다. 전 세계 6개의 디즈니랜드 중 두 번째로 작은 규모지만 유럽의 유일한 디즈니랜드답게 이곳에서만 느낄 수 있는 독특한 매력이 있다. 아시아 지역의 디즈니랜드가 성을 강조한다면 파리는 조경에 더 많은 공을 들여 유럽 취향의 고풍스러운 분위기를 살린 것이 특징. 프낙(Fnac)이나 홈페이지를 통해 최소 5~10일 전에 예매하고 가면 더욱 저렴하게 입장할 수 있으니 참고할 것. 식당은 가격이 비싸고 사람도 많으니 도시락과 음료를 미리 준비해 가자. 앱을 설치하면 더 편리하게 즐길 수 있으니 미리 설치해두자.

GOOGLE MAPS 디즈니랜드파리
ADD Disneyland Paris, 77777
OPEN 스튜디오 파크 09:30~21:00, 디즈니랜드 파크 09:30~23:00/성수기 기준, 요일·시즌에 따라 유동적
PRICE 파크 1곳 62~105€(11세 이하 57~97€), 하루에 파크 2곳 87~130€(11세 이하 82€~), 2일 이상 파크 2곳 156~368€(11세 이하 154~340€)/날짜 지정 예매 기준, 요일·시즌에 따라 유동적
RER A Marne-la-Vallée-Chessy 하차
WEB www.disneylandparis.fr

기원전 50년, 프랑스에서는…
아스테릭스 공원 Parc Astérix

시저의 로마 군대에 맞서 싸우는 골족의 이야기를 코믹하
게 그린 프랑스의 대표 만화 <아스테릭스>를 모티브로 만
든 테마파크다. 공원은 골족, 로마제국, 고대 그리스, 바이
킹, 이집트를 테마로 한 5개의 구역과 식당 및 기념품 숍
이 늘어선 '옛 길'로 이루어져 있다. 곳곳에 만화에 나왔던
캐릭터나 소품이 설치돼 있어 마치 만화 속으로 들어간 느
낌마저 든다.

40여 개의 어트랙션 중 높이 30m, 길이 1230m의 목재
롤러코스터 제우스의 번개(Tonnerre de Zeus)가 가장 유명
하며, 급류타기(Le Grand Splotch), 회전접시(Discobelix)도
인기다. 돌고래 쇼를 비롯해 어트랙션을 즐기는 중간에 쉬
면서 즐길 수 있는 쇼도 마련돼 있다.

©Martin Lewison

GOOGLE MAPS 아스테릭스 파크
ADD 60128 Plailly
OPEN 10:00~18:00(여름철 ~22:00) /요일·시즌에 따라 유
동적
PRICE 42€~/2세 이하 무료
BUS 파리에서 약 30분 소요. 샤를 드골 국제공항 제 3터미
널에서 직행 셔틀버스 이용/블라블라 버스, 플릭스 버스
등에서 직행 셔틀 운행/자세한 안내는 홈페이지 참고
WEB www.parcasterix.fr

하루 만에 프랑스 일주하기
프랑스 미니어처 마을 France Miniature

파리의 에펠탑, 개선문을 비롯해 베르사유 궁전, 아비뇽의
교황청, 아를의 원형경기장 등 프랑스의 관광 명소 100여
개를 30분의 1로 축소한 모형을 펼쳐 놓은 테마파크다. 미
니어처라고 하면 아주 작은 공간이라고 생각하기 쉬운데,
축구장 2개를 합쳐놓은 만만치 않은 면적이라 프랑스가
이렇게 넓은가 싶은 생각이 들 정도다. 프랑스 국토 모양
을 닮은 트랙에서 시속 4km로 달리는 전기차, 8m 높이의
화산에 오르는 등산 코스 등 어린이용 어트랙션도 있다.

GOOGLE MAPS QXG7+J7 엘랑쿠르
ADD Boulevard André Malraux 78990 Élancourt
OPEN 10:00~17:00(토·일요일 ~18:00, 7월 중순~8
월 ~19:00)/시즌에 따라 유동적/9~10월 월·화·금요
일·11~4월 휴무
PRICE 28€(4~11세 22€)/최소 1일 전 온라인에서 날짜
지정 예매 시 1€ 할인
TRAIN 몽파르나스 역에서 라 베리에르(La Verrière)행
기차를 타고 약 45분 후 라 베리에르역에서 내린다.
역 앞에서 5120·5122·5125번 버스를 타고 약 15분
후 프랑스 미니어처(France Miniature) 정류장 하차
WEB www.franceminiature.fr

©Frédéric BISSON

BUS

Hôtel de Ville

69
Champ de Mars

72
Pont
de Saint-Cloud

PARIS
TRANSPORTATION

파리 교통 가이드

우리나라 & 유럽에서
파리 가기

인천국제공항에서 파리의 샤를 드골 국제공항까지 대한항공과 에어프랑스, 아시아나항공이 직항 노선을 운항한다. 소요 시간은 약 12시간. 경유 항공편은 자주 있지만 환승 대기 시간 때문에 20시간이 넘게 걸리기도 한다. 유럽의 다른 나라에서 출발하는 단거리 항공 노선의 경우 샤를 드골 국제공항과 함께 파리의 양대 공항으로 꼽히는 파리 남부 오를리 공항으로 취항하는 항공사가 많다. 저가항공(LCC)은 출발 3~4개월 전에 예약하면 기차 요금과 비슷하거나 더 저렴하지만 시내에서 거리가 먼 보베 공항을 이용하는 경우가 있고, 수하물 요금도 따로 받으므로 고려할 사항이 많다.

샤를 드골 국제공항 Aéroport Charles de Gaulle(CDG)

'루아시(Roissy) 공항'이라고도 불리며 파리의 관문을 담당한다. 터미널이 3개가 있고, 그중 2터미널은 다시 A부터 G까지 7개로 나뉘어 총 9개의 터미널로 이뤄져 있다. 항공사별로 사용하는 터미널이 다르므로 자신이 내리거나 가야 할 터미널이 어디인지 미리 알고 가는 것이 좋다.

■ 입국 심사

비행기에서 내려 'Sortie(출구)'나 'Bagages(수하물)'라고 적힌 표지판을 따라가다 입국 심사장이 나오면 줄을 선다. 순서가 되면 특별한 질문 없이 여권만 확인한 후 도장을 찍어준다. 셍겐 협약에 가입한 유럽의 도시를 경유해 파리로 들어올 때는 경유하는 도시에서 입국 심사를 받으며, 파리에서는 심사 없이 입국장을 통과하게 된다.

■ 수하물 찾고 세관 통과

입국 심사가 끝나면 수하물 찾는 곳에서 짐을 찾은 뒤 세관을 통과한다. 신고할 물품이 없으면 'Nothing to Declare'라고 쓰인 녹색등이 켜진 세관 검사대를 통과해 밖으로 나간다.

샤를 드골 국제공항

WEB www.parisaeroport.fr

주요 항공사별 이용 터미널
대한항공(KE) 2E
루프트한자(LH) 1
부엘링(VLG) 3
싱가포르항공(SIA) 1
아시아나항공(OZ) 1
에미레이트항공(EK) 1, 2C
에어프랑스(AF, 인천발) 2E
에티하드항공(EY) 1
영국항공(BA) 2C, 2D
오스트리아항공(AG) 1
이지젯(EZY) 2D
카타르항공(QR) 1
캐세이패시픽항공(CX) 1
타이항공(TG) 1
터키항공(TK) 1
핀에어(AY) 2B
KLM네덜란드항공(KL) 2G, 2F
LOT폴란드항공(LO) 1

* 가나다순, 출발지나 공항 상황에 따라 터미널은 변경될 수 있다.

: WRITER'S PICK :

**프랑스 입국 시
면세 범위**

담배	일반 담배 200개비, 엽궐련(시가) 50개비
주류	2L(22° 초과 1L), 와인 4L, 맥주 16L
식품	육류나 유제품 제외 1kg 이하
통화	1만€ 미만(현금·여행자수표·주식·채권 포함, 신용카드 제외)
기타	EU 외 국가에서 면세로 구매한 물품은 총액 430€까지(항공과 배로 입국하지 않은 경우는 300€까지)

* EU 회원국 외 국가 거주자 기준

샤를 드골 국제공항 2터미널

샤를 드골 국제공항 구조도

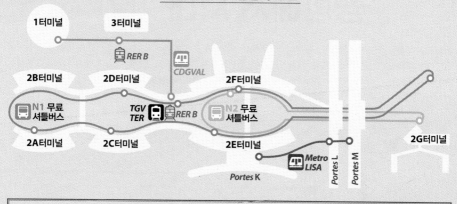

1터미널 3터미널

🚇 *RER B*

🚆 *CDGVAL*

2B터미널 2D터미널 2F터미널

🚌 **N1 무료 셔틀버스**

🚆 *TGV TER* 🚇🚆 *RER B*

🚌 **N2 무료 셔틀버스**

2A터미널 2C터미널 2E터미널 2G터미널

Portes K 🚇 *Metro LISA* *Portes L* *Portes M*

: WRITER'S PICK :

공항에서 알아두면 편리한 프랑스어

한국어	프랑스어	영어	한국어	프랑스어	영어
출구	Sortie	Exit	입국 심사	Contrôle des Passports	Immigration
도착	Arrivées	Arrivals	EU 외 국가	Non EU Nationalité	Non EU Nationality
출발	Départs	Departures	세관	Douane	Customs
수하물 찾는 곳	Bagages	Baggage	환승 터미널	Correspondance Terminal	Flight Connections
수하물 보관소	Consigne	Left Luggage			
셔틀버스	Navette	Shuttle	수하물 분실·파손 신고 센터	Réclamation Bagages	Baggage Enquiries/ Baggage Reclaim
기차역	Gare	Station			
세금 환급	Détaxe	Tax Refund	탑승	Embarquement	Boarding

오를리 공항 Aéroport Paris-Orly(ORY)

터미널 4개로 이루어진 규모가 작은 공항으로, 파리 시내 중심에서 남쪽으로 약 15km 떨어진 4존에 있다. 1·2·3 터미널은 연결돼 있어 걸어서 이동할 수 있다. 4터미널은 3터미널과 도보 5분 정도 거리에 있다. 무료 공항 셔틀버스도 운행하며, 터미널 간 이동 시 시내까지 운행하는 메트로 오를리발(Orlyval)을 무료 이용할 수 있다.

오를리 공항
WEB www.parisaeroport.fr/orly

보베 공항 Aéroport Paris Beauvais(BVA)

라이언에어를 비롯한 저가항공이 주로 이용하는 작은 공항. 파리에서 북쪽으로 약 75km 떨어진 오드프랑스 (Hauts-de-France) 지역에 있다.

보베 공항
WEB www.aeroportparisbeauvais.com

오를리 공항 4터미널

보베 공항

공항에서 시내 가기

공항과 시내 중심을 한 번에 연결하는 공항버스를 비롯해 저렴하고 길 막힐 염려가 없는 교외 전철 RER, 늦은 밤 공항에 도착하는 승객을 위한 심야버스, 택시 등 다양한 교통편을 이용해 파리 시내까지 이동할 수 있다. 도착 당일 파리 시내에서 대중교통을 여러 차례 이용할 예정이라면 1회권(t+)보다는 1회권 10장 묶음 카르네, 나비고, 파리 비지트 등을 구매하는 것이 더 경제적일 수 있으니 잘 따져보고 이용한다.

파리 시내 액세스 맵

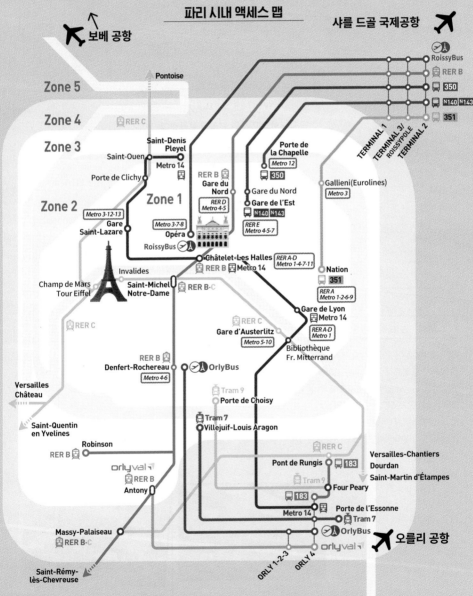

샤를 드골 국제공항에서 시내 가기

파리에서 북동쪽으로 약 23km 떨어진 샤를 드골 국제공항은 일드프랑스 5존에 속한다. 공항버스나 RER이 정차하지 않는 터미널에 내렸다면 무료 셔틀버스 나베트(Navette)나 무료 무인 메트로 CDGVAL을 타고 버스 정류장이나 RER 역이 있는 터미널로 이동한다. 공항에서 1회권 t+(10장 묶음 카르네 포함, RER 역·버스 정류장 근처 매표소·자동판매기에서 판매)을 비롯해 나비고(RER 역·SNCF 사무소에서 판매), 파리 비지트(SNCF 사무소·자동판매기에서 판매) 등 다양한 교통 통합권을 구매할 수 있다. 승차권에 관한 자세한 내용은 392p 참고.

*상황에 따라 t+의 종이 티켓은 10장 묶음인 카르네를 판매하지 않는 경우가 있다. 나비고 이지에는 카르네로 충전 가능하다.

■ 공항버스-루아시버스 RoissyBus

파리 시내까지 가는 가장 간단한 방법이다. 시내 중심에 있는 오페라 가르니에까지 한 번에 간다. 소요 시간은 60분~. 메트로 3·7·8선 오페라(Opéra)역과 RER A선 오베르(Auber)역이 근처에 있으니 버스에서 내려 최종 목적지까지 가는 방법을 잘 따져보고 승차권을 구매하자.

승차권은 버스 대기실 또는 정류장 근처에 있는 자동판매기나 버스 기사에게 구매한다. 기사에게 구매 시 너무 큰 금액권이 아니라면 잔돈을 거슬러준다. 시내에서 공항으로 갈 때도 도착했을 때와 같은 정류장을 이용한다.

PRICE 편도 16.60€(나비고 이지에 충전 시 14.50€), 1~5존 나비고·파리 비지트
OPEN 공항 → 시내 06:00~00:30/15~20분 간격, 시내 → 공항 05:15~00:30/15~30분 간격
METRO 3·7·8 Opéra
RER A Auber
WEB www.ratp.fr

* 트레블월렛이나 트래블로그, 애플페이 등 컨택리스 결제를 지원하는 신용·체크 카드로 공항버스를 탑승할 수 있지만, 오류로 승인되지 않는 경우가 많다. 컨택리스 카드로 결제하고 탑승할 예정이라면 만약을 대비해 현금도 준비한다.

♥ 시내 도착 후 숙소까지 메트로 또는 RER을 이용해 편하게 이동할 수 있다.

💔 출퇴근 시간 등 교통 체증에 따라 소요 시간이 다르다는 것이 가장 큰 단점이다. 파리 관광청 홈페이지(parisjetaime.com)에서 예매할 수 있으나, 수수료가 붙는다.

: WRITER'S PICK :

터미널별 공항버스 정류장

1터미널 32번 출구 앞
2터미널 2A·2C 9번 출구 앞
2B·2D 11번 출구 앞
2E·2F 8번 출구 옆으로 연결된 통로를 따라가면 버스 대기실이 나온다.
2G 무료 셔틀버스 N2번을 타고 2F에서 하차 후 이용
3터미널 출구 앞

*도착층 기준

루아시버스. 2량 굴절버스가 주로 운행하며, 앞문으로 탑승한다.

버스에 타면 1회권은 아래쪽 투입구에 넣어 각인하고, 나비고는 인식기에 터치한다.

루아시버스 티켓

387

■ 교외 전철 RER B

파리 시내와 근교를 오가는 전철의 5개 노선 중 하나. 파리 시내 RER B선 근처에 숙소가 있다면 환승 없이 한 번에 도착할 수 있고, 시내 메트로(지하철)와 티켓을 연계해서 사용할 수 있다. 북역까지 소요 시간은 30분~. 티켓은 매표소나 자동판매기에서 구매한다.

PRICE 1존까지 편도 11.80€(2~4존은 목적지에 따라 다름), 1~5존 나비고·파리 비지트
OPEN 04:50~23:50/6~15분 간격(공항 기준)
METRO 4·5 Gare du Nord, 4·6 Denfert-Rochereau
RER B선의 각 역, C Saint-Michel-Notre-Dame, D Gare du Nord
WEB www.ratp.fr

*2025년 완공를 목표로 공사 중으로, 공사 구간을 운행하는 대체 버스가 동역을 비롯한 시내 몇 곳을 연결한다. 이용 전 홈페이지나 앱에서 확인한다.

: WRITER'S PICK :

각 터미널에서 RER 역 가기

3터미널 Aéroport Charles de Gaulle 1·3 역까지 도보 4분
2터미널 무료 셔틀버스 N1번을 타고 'La Gare SNCF'에서 내린 후
Aéroport Charles de Gaulle 2·TGV 역 이용
1터미널 CDGVAL을 타고 3터미널에서 내린 후 이용

■ 심야버스-녹틸리앙 Noctilien

공항버스나 RER이 운행을 중단한 자정 이후에는 심야버스가 시내 1존의 북역(Gare du Nord)을 거쳐 동역(Gare de l'Est)까지 운행한다. 소요 시간은 북역까지 60분~, 동역까지 65분~. 최종 목적지까지는 다른 심야버스나 택시로 갈아타고 이동한다. 티켓은 자동판매기에서 t+ 2장을 구매해 탑승할 때 개찰기에 2장을 모두 각인한다. 현금 승차 시 5€. 참고로, 공항의 버스 종점 이름은 루아시폴(Roissypole)이다.

 티켓 한 장으로 시내 메트로도 이용할 수 있어서 경제적이다.

 차내에 소매치기가 많다는 게 치명적인 단점. 열차에 따라 중간에 정차하지 않고 지나치는 역이 있으므로 탑승 전 목적지 역에 정차하는지 모니터를 보고 확인한다. 공사 또는 파업 중일 때는 열차를 단축 운행하거나 운행을 중단하기도 하니 교통상황을 미리 파악한 후 이동할 것.

RER은 문에 설치된 버튼을 힘껏 눌러야 문이 열린다.

 택시보다 훨씬 저렴하다.

 현금 승차 시 더 비싸다. 간혹 잔돈이 모자란다며 거슬러주지 않는 경우도 있다.

PRICE t+ 2장(현금 승차 시 편도 5€),
1~5존 나비고·파리 비지트
OPEN 3터미널 기준
N140번: 공항 → 동역 01:00~04:00/1시간 간격, 동역 → 공항 01:00·02:00·03:00·03:40
N143: 공항 → 동역 00:02~04:32/30분 간격, 동역 → 공항 00:55~05:08/30분 간격
METRO 4·5 Gare du Nord, 4·5·7 Gare de l'Est
RER B·D Gare du Nord
WEB www.ratp.fr

*현재 파리에서는 종이 티켓을 줄이고 있기 때문에 공항에서 판매하지 않을 수 있다. 이때 당황하지 말고 현금 승차를 하거나 미리 나비고 구매를 고려하자.

: WRITER'S PICK :

**터미널별
버스 정류장**

1터미널 8번 출구 앞
2터미널 RER·TGV 역 밖(걸어 가거나 셔틀버스 N1번을 타고 'La Gare SNCF'에서 하차, 2G에서는 셔틀버스 N2번을 타고 2F에서 하차)/**시내버스는** 2A~2C 터미널 밖에서도 정차한다.
3터미널 출구 앞
*도착층 기준 / 심야버스 & 시내버스 공통

**일반 버스를
이용한다면
나비고 이지+
카르네 충전!**

시내까지 일반 버스는 t+ 1장으로 갈 수 있는데, 나비고 이지 카드로 카르네(10회권 충전 시 17.35€+카드 구매 비용 2€)를 충전하면 훨씬 경제적이다. 남은 t+는 메트로, RER, 버스 등에서 사용하면 된다. 단, 공항을 오가는 심야버스에서는 사용할 수 없다.

■ 시내버스 Bus

350번이 파리 북쪽의 메트로 포르트 드 라 샤펠(Porte de la Chapelle)역까지 간다. 하차한 곳에서 도보 3분 거리의 정류장에서 38번으로 갈아타면 마레 지구와 시테섬을 거쳐 파리 남쪽의 메트로 포르트 도를레앙(Porte d'Orléans)까지 간다. 351번은 메트로 갈리에니(Gallieni)역 근처 유로라인 버스 터미널을 거쳐 나시옹(Nation)역까지 운행한다. 두 버스 모두 t+로 탑승했다면 메트로나 버스 등으로 환승할 때 새로운 t+ 티켓을 사용해야 한다. 소요 시간은 350번 종점까지 1시간~, 351번 나시옹역까지 1시간 20분~.

PRICE 파리 시내 1존에서 내릴 경우 t+ 1장(현금 승차 시 편도 2.50€), 1~5존 나비고·파리 비지트
OPEN 3터미널 기준 05:30~22:30/30~40분 간격
METRO 12 Porte de la Chapelle(350번)/3 Gallieni, 1·2·6·9 Nation(351번)
RER A Nation(351번)
WEB www.ratp.fr

 공항에서 시내까지 가장 저렴하게 이용할 수 있는 방법!

 시간이 오래 걸리고 짐칸이 없어서 불편하다.

■ 택시 Taxi

가장 비싼 방법이지만 가장 편한 방법이기도 한 택시는 공항에서 시내 1존까지 정액제로 운영한다. 최대 5명까지 탑승할 수 있지만 5명째는 5.50€의 추가 요금을 내야 한다. 홈페이지와 모바일 앱에서 예약할 수 있으며, 결제까지 되는 회사도 있다. 시내 중심인 오페라 가르니에까지 40분 이상 소요된다.

PRICE 파리 시내 1존 기준 센강 북쪽(우안, Rive droite) 56€, 센강 남쪽(좌안, Rive gauche) 65€
OPEN 24시간
TEL 01 45 85 85 85(Alpha Taxi), 01 47 39 47 39(Taxis G7)
WEB www.alphataxis.fr(Alpha Taxi), www.g7.fr(Taxis G7)

 짐이 있거나 심야라도 추가 요금 없이 이용할 수 있다. 정액제라 바가지 쓸 염려도 없다.

 신용카드를 받지 않는 택시가 많으니 현금을 꼭 준비해간다. 교통 체증이 심할 땐 시내까지 1시간 이상 소요된다.

버스 정류장 근처의 시내 교통 안내쇼. 승차권도 판매한다.

하얀색 표시등에 'TAXI PARISIEN'이라고 쓴 공인 택시

: WRITER'S PICK :
파리 시내에서 샤를 드골 국제공항 갈 때 주의점

루아시버스는 내린 곳에서 탑승한다. 시내버스와 RER B선은 공항행인지 확인한 후 이용한다. 단, 버스는 교통 체증이 심하며, RER은 공사 중인 경우가 많으니 시간의 여유를 갖고 이동한다. 공항에서 세금을 환급받으려면 적어도 비행기 출발 시각 3~4시간 전에는 공항에 도착하는 것이 좋다.

오를리 공항에서 시내 가기

4존에 위치한 오를리 공항에서 파리 시내까지는 버스와 메트로, RER, 트램 등이 연결한다.

■ 공항버스-오를리버스 Orlybus

시내까지 가는 가장 편한 방법이다. 메트로·RER과 연결되는 센강 남쪽 당페르로슈로(Denfert-Rochereau)역까지 간다. 티켓은 자동판매기와 정류장 앞 매표소, 버스 기사에게 구매한다. 소요 시간은 25분~. 1·2·3터미널에 내린 경우 2터미널 앞에서 탑승한다.

PRICE 11.50€(나비고 이지에 충전 시 10.30€), 1~4·1~5존 나비고, 1~5존 파리 비지트
OPEN 공항 → 시내 05:25~00:22(10~4월 05:55~), 시내 → 공항 05:00~00:00(10~4월 05:35~)/15~20분 간격
METRO 4·6·7 & **RER** B Denfert-Rochereau
WEB www.ratp.fr

오를리버스

■ 메트로 14호선 Metro

메트로 14호선이 오를리 공항과 파리 북쪽 2존의 생드니 플레옐(Saint-Denis Pleyel)역을 연결한다. 리옹역까지 약 23분, 샤틀레-레알역까지 약 25분 소요. 2024년 6월 말경 개통 예정으로, 요금을 비롯한 자세한 사항은 미정이다. 오를리 공항역~올랭피아데(Olympiades)역 사이는 직통 운행하며, 그 사이의 역은 2025년 말까지 순차적으로 개통할 예정이다.

오를리발

■ 무인 메트로-오를리발 Orlyval

RATP가 운영하는 모노레일 방식의 경전철로, 3존 RER B선 앙토니(Antony) 역까지 수시로 운행한다. 소요 시간은 약 8분. 앙토니 역에서 RER B선으로 환승해서 북역까지 이동한다면 공항에서부터 총 40~50분 예상하면 된다. 티켓은 공항 매표소나 자동판매기에서 구매한다. 앙토니역에서 RER·메트로로 환승이 포함된 티켓도 있다. 1·2·3 터미널은 1터미널 도착층에 있는 오를리 1-2-3역을 이용하고, 4터미널은 출발층 옆의 연결 통로를 따라 가면 오를리 4역이 나온다.

*RER B선은 2025년 완공을 목표로 구간을 나눠 공사 중이므로 이용 전 홈페이지나 앱에서 운행 상황을 확인한다.

PRICE 편도 11€, 1존까지 RER·메트로 환승 통합권 15.40€/공항 내에서 이용 시 무료
OPEN 06:00~23:35/5~7분 간격
RER B Antony
WEB www.orlyval.com

■ 트램 Tram + 메트로 Metro

7번 트램이 3존의 메트로 7선 남쪽 종점 빌쥐프루이 아라공(Villejuif-Louis Aragon)역까지 간다. 소요 시간은 35분~. 티켓은 탑승 전 미리 구매하고, 탑승 후 개찰기에 각인한다. t+를 사용한다면 버스나 메트로로 환승할 때 새 티켓을 써야 한다. 4터미널 출구로 나와 무료 셔틀버스를 타고 한 정거장 뒤 내리거나 1·2·3터미널은 2터미널 출구로 나와 무료 셔틀버스를 타고 두 정거장 뒤 내리면 승차장이 나온다. 4터미널에서 걸어갈 경우 약 5분 소요.

트램

PRICE 트램·메트로 각각 t+ 1장(2.10€), 트램+메트로 통합권 3.80€, 1~4·1~5존 나비고, 1~5존 파리 비지트
OPEN 05:30~00:30/5~15분 간격
METRO 7 Villejuif-Louis Aragon
WEB www.ratp.fr

■ 시내버스 Bus + RER C

183번 버스가 3존의 RER C선 슈아시 르루아 RER(Choisy-le-Roi RER)역까지 간다. 4터미널 출구 앞에서 탑승하며, 소요 시간은 35분~. RER 환승 후 생미셸 노트르담(Saint-Michel-Notre-Dame)역까지 갈 경우 30분 이상 예상하면 된다. RER C는 중간에 노선이 나뉘므로 목적지에 정차하는 열차인지 확인 후 탑승할 것.

PRICE 버스 t+ 1장(현금 승차시 2.50€), RER 2.30€~, 1~4·1~5존 나비고, 1~5존 파리 비지트
OPEN 공항 → 시내 05:00~00:30, 시내 → 공항 05:00~00:30/10~15분 간격
RER C Choisy-le-Roi RER
WEB www.ratp.fr

*RER C선은 공사 중일 때가 많으므로 이용 전 홈페이지나 앱에서 운행 상황을 확인한다.

■ 시내버스 Bus + 트램 Tram

숙소가 메트로 7선 포르트 드 슈아지(Porte de Choisy)역 근처라면 파리 시내까지 가는 가장 저렴한 방법이다. 183번 버스를 타고 로버트 피리(Robert Peary)에서 내려 도보 3분 거리의 푸르 피리(Four-Peary)역에서 9번 트램으로 갈아타고 종점인 1존 포르트 드 슈아지에서 내려 메트로나 버스를 이용해 목적지까지 간다. t+를 사용한다면 트램에서 내려 추가로 버스나 메트로 환승할 때 새 티켓을 써야 한다. 183번 버스 정류장은 4터미널 출구 앞에 있다.

PRICE 버스+트램 t+ 1장(버스 현금 승차 시 2.50€, 트램 환승 불가), 1~4·1~5존 나비고, 1~5존 파리 비지트
OPEN 183번 버스 공항 출발 기준 04:52~ 23:25/10~15분 간격
METRO 7 Porte de Choisy

■ 택시 Taxi

공항을 오가는 택시는 정액제로 운행하며, 주·야간 요금은 모두 같다.

PRICE 파리 시내 1존 기준 센강 북쪽(우안, Rive droite) 44€, 센강 남쪽(좌안, Rive gauche) 36€
OPEN 24시간
WEB www.alphataxis.fr(Alpha Taxi), www.g7.fr(Taxis G7)

+MORE+
심야버스-녹틸리앙 Noctilien

N22번이 1존의 노트르담 대성당을 거쳐 샤틀레(Châtelet)까지 간다. 소요 시간은 약 1시간. N31·N131·N144번은 1존의 리옹역까지 간다. N31번은 4터미널에만 정차하며, 리옹역까지 약 1시간 소요. N131·N144번은 약 1시간 40분 소요된다.

PRICE N22번·N31번 t+ 1장(현금 승차 시 2.50€), N131번·N144번 t+ 2장(현금 승차 시 5€)/1~4·1~5존 나비고, 1~5존 파리 비지트
OPEN 31번 기준 00:55~04:00/30분~1시간 간격
METRO N22번: 4 Les Halles, 1·4·7·11·13 Châtelet N31·N131·N144번: 1·14 Paris Gare de Lyon
RER N22번: A·B·D Châtelet-Les Halles, N31·N131·N144번: A·D Paris Gare de Lyon
WEB www.ratp.fr

보베 공항에서 시내 가기

비행기 도착 시간에 맞춰 직행 셔틀버스가 운행한다. 셔틀버스를 놓치면 택시밖에 없는데, 택시 요금이 140~180€로 무척 비싸니 버스를 놓치지 않도록 주의하자.

■ 셔틀버스 Navette(Aérobus)

메트로·RER 포르트 마이요(Porte Maillot)역 근처의 퍼싱 버스 터미널(Gare Routière Pershing)까지 1시간 15분 이상 소요된다. 2터미널 앞에 정류장이 있으며, 1터미널에서 내린 경우 출구로 나와 오른쪽으로 조금만 가면 정류장이 바로 나온다. 티켓은 1터미널 매표소(버스 출발 시각에 맞춰 오픈)나 1·2터미널 내 자동판매기, 버스 기사에게 구매한다.

PRICE 18€(인터넷 예매 시 16.90€)
OPEN 공항 → 시내: 비행기 도착 20분 후, 시내 → 공항: 비행기 출발 3시간 전
METRO 1 Porte Maillot
RER C Neuilly-Porte Maillot
WEB www.aeroportparisbeauvais.com

파리의 시내 교통

파리의 대중교통은 파리교통공사 RATP가 운영하는 버스·메트로·트램·RER A선과 B선, 프랑스 전국 철도공사 SNCF가 운영하는 근교기차와 RER C~E선으로 이루어져 있다. 그중 여행자가 가장 많이 이용하는 교통편은 우리나라의 지하철에 해당하는 메트로다. 메트로는 티켓이 없어도 밖으로 나갈 수 있어서 무임승차의 유혹을 받게 되지만 객차 안뿐 아니라 역 출구 근처 등 곳곳에서 경찰과 검표원이 수시로 티켓을 검사하니 조심해야 한다. 검표원을 만났을 때 티켓이 없거나 유효하지 않다면 꼼짝없이 벌금(약 50€)을 내야 한다. 공항버스를 제외한 시내 교통편에서는 컨택리스 카드를 사용할 수 없다.

*올림픽 개최로 일부 역은 기존의 개찰구를 철거하고 티켓 개찰기를 벽에 설치했다. 티켓을 개찰하지 않고 탑승할 경우 벌금을 물게 되니 주의한다.

요금 체계

파리는 일드프랑스(Île-de-France) 지역과 묶여 1~5존(Zone, 구역)으로 구분되며, 존과 기간에 따라 여러 종류의 승차권이 있다. 메트로와 RER, 버스, 트램, 기차는 1존 안에서 공통된 티켓과 패스를 사용하며, 2존부터는 조건이 조금씩 다르다.

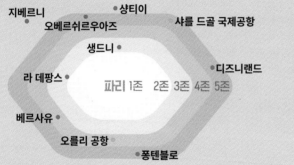

파리 시내 대중교통 정보

RATP
WEB www.ratp.fr

일드프랑스 통합
WEB www.iledefrance-mobilites.fr

SNCF
WEB www.transilien.com
www.sncf.com

승차권의 종류

파리의 승차권은 종류가 매우 다양하다. 공항을 오가는 교통편과 사용 기간, 종이와 카드 등 고려해야 할 요소도 많다. 최근 들어 종이 티켓을 없애고 교통카드를 확장하는 정책을 펼치고 있어 매표소에서 종이 티켓을 구매하려고 해도 카드만 파는 곳이 많다. 파리에서의 일정이 3일 이내라면 1회권 t+와 나비고 1일권을 조합해서 사용하는 것이 가장 경제적이다. 일정이 4일 이상이라면 나비고 데쿠베르트나 파리 비지트 추천. 어린이 할인 혜택이 있는 승차권이 많지 않으므로 아이와 여행할 때 교통비 예산을 넉넉하게 생각해야 한다. 3세 이하는 무료. 모든 승차권에서 오를리발은 제외된다.

■ 나비고 이지 Navigo Easy

1회권 t+를 비롯한 각종 승차권을 충전할 수 있는 교통 카드다. 우리나라의 티머니와 달리 금액이 아닌 승차권 종류를 선택해 충전해서 사용하는 방식으로, 한 번에 한 종류만 충전할 수 있다. 예를 들어 t+ 카르네를 충전한 후 다 쓰지 않고 남아있는 경우 다른 승차권을 충전하면 t+는 사라지니 주의! 카드는 2€로, 메트로 역 매표소나 지정 판매처에서 구매할 수 있다. 환불은 안되지만 타인에게 양도는 가능하다. 카드 구매 시 원하는 승차권을 충전해달라고 하거나 자동판매기에서 충전한다.

 충전 가능 승차권

- 1회권 t+, t+ 10장 카르네/ t+는 총 30장까지 충전 가능
- 나비고 1일권(Navigo Jour/나비고 데쿠베르트 1일권과 동일)
- 나비고 쥔 위켄(Navigo Jeunes Week-end, 나비고 데쿠베르트 요금표 참고)
- 루아시버스, 오를리버스
- 기타 특별 1일권(축제, 기후 등)

■ 종이 승차권

*모든 승차권에서 오를리발은 제외된다.

티켓	가격	내용
1회권, t+ 	2.15€(나비고 이지도 동일) 나비고 이지에 카르네(1회권 10장) 충전 시 17.35€(4~9세 8.65€) *종이 티켓은 1회권만 구매 가능하며, 판매하는 매표소나 자동판매기가 없을 수도 있다. *카르네는 나비고 이지에만 충전할 수 있다.	- 메트로·트램(11호선 제외)은 모든 존, RER·기차는 1존, 버스는 모든 존에서 대부분 사용 가능(일부 지역은 회사에 따라 다름, 공항 및 일부 특별 요금 구간을 오갈 때는 존에 따라 추가 요금 지불) - 루아시·오를리버스 사용 불가. 몽마르트 퓌니쿨레르 사용 가능 - 개시 후 90분 이내 같은 교통수단끼리 또는 메트로 ⇄ RER, 버스 ⇄ 트램 환승 가능. 메트로·RER ⇄ 버스·트램 환승은 불가 - 1존에서 RER 탑승 후 2~5존에서 하차 불가(2~5존에서 탑승도 불가) *공항에서 일반 버스나 트램 이용 정보는 공항 교통편(388p) 참고
파리 비지트 Paris Visite	1~3존 1일권 13.95€, 2일권 22.65€, 3일권 30.90€, 5일권 44.45€ 1~5존 1일권 25.25€, 2일권 44.45€, 3일권 62.30€, 5일권 76.25€ *4~11세 약 50% 할인	- 구매한 존에 해당하는 일드프랑스 지역의 모든 대중교통을 자유롭게 이용할 수 있는 승차권 - 처음 개시한 날부터 티켓 유효기간의 23:59까지 사용 가능 - 요금이 비싼 대신 명소나 백화점 등에서 할인 혜택이 있다. - 관광 안내소에서 구매하면 사용처에 대해 자세한 설명이 적힌 팸플릿도 받을 수 있다. - 구매 후 티켓 뒷면에 이름을 꼭 쓰자.

■ 나비고 데쿠베르트 Navigo Découverte

 주간권, 월간권 등을 충전할 수 있는 카드다. 오를리발을 제외한 일드프랑스 지역의 모든 대중교통수단을 유효기간 내에 무제한 이용할 수 있다. 주의할 점은 주간권의 경우 충전 후 7일이 아니라 월~목요일에 패스를 충전하면 그 주 월요일부터 일요일까지, 금~일요일에 충전하면 그 다음 월요일부터 일요일까지 사용할 수 있다는 것. 월간권은 월말까지 사용 가능하다. 요금은 5€, 환불 및 타인에게 양도 모두 안 된다.

☑ 충전 가능 승차권
- 나비고 1일권
- 나비고 주간권
- 나비고 월간권
- 나비고 쥔 위켄
- 기타 특별 1일권(축제, 기후 등)

☑ 카드 구매 & 사용 방법
- 역 매표소나 지정 판매처에서 구매한다. 일부 역에서는 자동판매기에서 카드 구매 영수증(Navigo Pass)을 매표소에 제출한 후 받는다.
- 카드 속지에 여권과 동일한 성과 이름(Nom et Prénom)을 적고 증명사진을 붙인다.
- 속지의 구멍 난 부분을 카드 뒷면의 번호가 보이도록 겹쳐서 플라스틱 케이스에 넣는다.
- 자동판매기에서 충전한다.

＋ 나비고 데쿠베르트 충전 가능 승차권 요금(어린이 할인 없음)

구분	1~5존	2~3존	3~4존	4~5존
주간권 Navigo Semaine *사용은 월~일요일, 충전은 전주 금요일~해당 주 목요일	30.75€	28.20€	27.30€	26.80€
월간권 Navigo Mois *사용은 1일~말일, 충전은 전월 20일~해당 월 20일	86.40€	78.80€	76.80€	74.80€
1일권 Navigo Jour	1~2(2~3/3~4/4~5)존 8.65€, 1~3(2~4/3~5)존 11.60€, 1~4(2~5)존 14.35€, 1~5존 20.60€ *충전한 당일만 사용 가능 *루아시·오를리버스, 오를리발을 제외한 대부분 대중교통을 해당 존에 한해 당일 23:59까지 이용			
쥔 위켄 Navigo Jeunes Week-end	1~3존 4.70€, 1~5존 10.35€, 3~5존 6.05€ *사용 당일 만 25세 이하 전용 토·일요일·공휴일 1일권 *오를리발을 제외한 모든 일드프랑스 대중교통 사용 가능 *검표 시 신분증을 꼼꼼히 확인하므로 생년월일이 표기된 신분증(여권 포함)이나 여권 복사본 소지 필수			

카드 속지
성과 이름 적는 곳
증명사진 붙이는 곳
(2.50 x 3cm, 약간 달라도 괜찮다.)

☑ 올림픽 특별 요금
- 2024년 7월 20일~9월 8일에만 1~5존 사용 가능
- 공항 교통편 사용 가능
- 1일권 16€, 2일권 30€, 3일권 42€, 4일권 52€, 5일권 60€, 7일권 70€

승차권 구매 방법

승차권은 역내 매표소나 자동판매기, 'ratp' 표시가 있는 담배 가게 타바(Tabac) 등에서 구매할 수 있다. 자동판매기는 프랑스어로 '방트(Vente)'라고 하며, 주로 메트로·RER 역과 버스 종점 및 회차 지점, 트램 플랫폼에 있다. 지폐를 사용할 수 있는 것은 몇 종류 없고, 대부분 동전과 신용카드만 사용할 수 있다. 간혹 자동판매기가 없거나 고장난 곳도 있으니 1회권을 사용한다면 t+를 넉넉히 준비해 다니는 것이 좋다.

아래 예시는 자동판매기에서 나비고 이지에 t+를 충전하는 방법이다. 자동판매기 종류에 따라 약간씩 다르지만 이용 방법에는 큰 차이가 없다. 다른 승차권 충전도 방법이 비슷하고, 영어 화면이 지원되므로 쉽게 이용할 수 있다. 스마트폰 앱 봉주르 RATP(Bonjour RATP)와 일드프랑스 모빌리테(Île-de-France Mobilités)에서 충전할 수도 있다. 자세한 이용 방법은 홈페이지 참고.

WEB www.ratp.fr   www.iledefrance-mobilites.fr

① 카드를 보라색 거치대에 올려놓는다

* 구 나비고 카드에는 주간권과 월간권만 충전 가능하며, 모든 나비고 카드의 유효 기간은 발급 후 10년이다.

② 언어 선택

'English'를 터치해 영어 화면으로 전환한다.

③ 승차권 구매/충전 선택

'Reload Navigo pass'를 선택한다. 종이 티켓이나 나비고 카드 구매권을 사려면 'You don't have a Navigo pass'를 선택한다.

④ 승차권 종류 선택

'Single-journey ticket'을 선택한다.

⑤ 매수 선택

t+ 10장 묶음인 카르네는 '10 (17.35€)- 1 booklet'을 선택한다.

⑥ 최종 확인

승차권 종류와 금액을 확인하고 맞으면 'Validate'를 선택한다.

⑦ 결제하기

신용카드나 지폐를 투입한다. 신용카드를 사용한다면 이후 PIN 번호를 입력한다.

⑧ 영수증 출력 여부 선택

⑨ 충전 중

신용카드로 결제했다면 투입구에서 카드를 빼라는 화면이 나온 후 충전이 시작된다.

⑥ 충전 완료!

현금으로 결제했다면 카드와 거스름돈을 잘 챙겨가자.

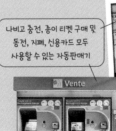

나비고 충전, 종이 티켓 구매 및 동전, 지폐, 신용카드 모두 사용할 수 있는 자동판매기

나비고 충전만 할 수 있는 자동판매기

: WRITER'S PICK :

특별 1일 승차권

파리에서는 폭염이나 폭설·미세먼지 등의 기후 상황과 축제 기간 혼잡함을 피하기 위해 특별 1일권을 할인 판매하는 날이 가끔 있다. 공해 예방 승차권(Antipollution, 3.90€)은 종이 승차권과 나비고 충전 등으로 자동판매기에서 구매할 수 있으며, 당일 공지되니 자동판매기나 매표소 안내문을 잘 살펴봐야 한다. 축제 기간 1일권 판매는 1년에 한두 번 실시한다. 주로 6월의 음악 축제(Fête de la Musique, 4€) 기간에 판매하며, 나비고 이지를 비롯한 카드에 충전만 가능하다.

교통 앱

파리 교통국의 스마트폰 앱 일드프랑스 모빌리테(Île-de-France Mobilités)와 봉주르 RATP(Bonjour RATP)는 실시간 교통 상황은 물론 길 찾기와 추천 교통수단도 알려준다. 나비고 카드 구매와 충전도 가능. 안드로이드 스마트폰 이용자는 실물 카드 없이 스마트폰 터치 만으로 교통편을 탑승할 수 있는데, 카드 발급비를 절약할 수 있지만 오류도 많고 워낙 소매치기가 극성인 파리에서 교통편 탑승 시 스마트폰을 꺼내는 것은 위험하므로 추천하지 않는다.

일드프랑스 모빌리테　　봉주르 RATP

시내 교통편

파리의 주요 교통수단은 메트로다. 메트로는 시내 곳곳을 연결하며 관광 명소까지 쉽게 데려다준다. 지하철역 입구마다 메트로(Metro)를 의미하는 'M' 표시가 있어 쉽게 찾을 수 있다. 너무 늦은 시간이나 출퇴근 시간대만 피한다면 버스도 좋은 이동 수단이다. 숙소 근처를 지나는 버스 노선을 잘 알아두면 시내의 풍경을 감상하며 다닐 수 있다.

■ 메트로 Métro

1~14, 3bis, 7bis까지 총 16개 노선이 1~3존을 운행하며, 이용 방법은 우리나라와 비슷하다. 1선 외에는 안내 방송이 없고, 하나의 플랫폼에 여러 노선이 정차하는 역도 있다. 전광판에 노선 번호와 열차의 종착역, 남은 시간이 표시되니 가려는 방향으로 운행하는지 확인 후 탑승한다.

OPEN 06:00~23:30/2~10분 간격(노선과 출발역에 따라 조금씩 다름)

 1회권 t+(1장, 각인 후 90분 동안 유효), 나비고, 파리 비지트를 메트로 전 구간에서 사용할 수 있다.

■ 교외 전철 RER

A~E의 5개 노선이 일드프랑스의 1~5존을 오간다. 1회권 t+는 출발·도착역이 모두 1존 내일 때에만 사용할 수 있고, 메트로와 환승도 가능하다. 그 외 구간에서는 탑승할 때마다 RER 전용 승차권을 구매하거나 나비고, 파리 비지트 등의 교통 통합권을 사용해야 한다.

OPEN 05:00~01:00/5~20분 간격(노선과 출발역에 따라 조금씩 다름)

RER 역에서 나갈 때 티켓을 다시 개찰하므로 티켓 보관에도 신경 써야 한다. 메트로에서 RER로 갈아탈 때 RER의 존을 구분하기 위해 티켓 개찰기를 다시 통과해야 하는 역도 있다.

하나의 플랫폼에 여러 노선이 정차하며, 급행과 완행, 차량수가 적은 것(Trains Courts)도 있으니 전광판을 꼭 확인한 후 탑승한다.

1존에 정차하는 역이 많지 않아 A선의 리옹역~오페라~개선문, C선의 오스테를리츠역~노트르담 대성당~오르세 박물관 구간은 다른 교통수단보다 빨리 이동할 수 있다.

메트로와 RER의 차량 문 옆 간이 의자는 사람이 많을 땐 이용하지 않는다.

종이 티켓은 아래쪽 투입구에 넣고, 나비고는 위쪽 인식기에 터치한다.

메트로 & RER을 이용할 때 알아두면 좋은 팁

❷ 열차를 타고 내릴 때 버튼을 누르거나 손잡이를 올린다.

❹ RER은 탑승 전 목적지에 정차하는지 반드시 확인한다.

❶ 메트로는 모든 존의 요금이 같다?

메트로만 이용한다면 t+ 1장으로 메트로가 제일 멀리 운행하는 3존까지 갈 수 있다. 그러나 1존 밖의 RER 개찰구로 나가면 벌금(약 50€)을 내야 한다. RER로 환승해 1존 밖에서 하차할 예정이라면 출발지에서 개별 승차권 또는 통합권을 구매한다.

❷ 열차가 도착하면 문이 저절로 열린다?

1·14선을 제외한 메트로 노선과 RER의 차량 대부분의 문은 자동으로 열리지 않으므로 문에 설치된 버튼을 누르거나 손잡이를 위로 올려야 한다. 열차가 정차하면 문을 잘 살펴보고 승하차 한다.

❸ 들어오는 열차에 무조건 탑승하면 낭패!

RER은 메트로와 달리 모든 역에 정차하지 않는다. 급행과 완행 요금이 따로 있지 않지만 역을 몇 개씩 건너뛰는 차량이 많다. 플랫폼에 도착하면 제일 먼저 전광판과 모니터부터 확인하자. 전광판이나 모니터에서 불이 꺼진 역은 정차하지 않고 통과한다는 뜻. 또 C선은 1존부터, 나머지 A·B·D·E선은 2존부터 행선지가 다르며, 노선 종점으로 구분한다.

❹ 어제 탄 지하철이 오늘도 운행할까?

프랑스는 노조의 파업이나 철로 공사로 열차 운행이 중단되는 일이 많다. 이럴 경우를 대비해 파리 교통 앱을 스마트폰에 설치하고 이용하려는 노선의 메트로와 RER 운행 상황을 확인해야 한다. 대중교통이 멈춘 경우 택시는 사용자가 증가해 이용이 어려울 수 있다. 공항이나 기차역 등에서는 우버 등의 대체 교통편이나 한인 픽업 서비스를 이용하는 방법이 있다. 시내에서는 공유자전거 1일권을 구매해 이용하는 것도 대안이 될 수 있다.

❺ 소매치기 조심, 또 조심!

현지 상황에 낯선 여행자는 소매치기의 표적이 되기 쉽다. 개찰기를 통과할 때, 계단을 오르내리거나 에스컬레이터를 이용할 때, 차량에 오르는 순간, 출입문 근처 등이 특히 위험하다. 가방은 꼭 몸 앞에 두고, 안쪽에 자리가 있다면 들어가서 앉자. 스마트폰을 사용할 때도 주의! 또 검표원이라면서 사기치는 사람도 있으니 부정승차나 환승 시 주의하고, ratp 유니폼을 입고 영수증이 출력되는 카드 단말기를 갖고 있는지 잘 살펴보고 대응하자.

■ 버스 Bus

일정에 여유가 있다면 파리의 풍경과 골목골목을 생생하게 감상할 수 있는 버스야말로 가장 추천하는 교통수단이다. '파리의 관광버스'라 불리는 24번, 72번 버스는 센강을 따라 달리며 주요 관광지를 연결해 여행자들에게 인기다. 또 메트로와 RER 역에서 비교적 멀리 있는 팡테옹에는 84번(일요일 운행 안 함), 89번 버스가 바로 앞까지 간다. t+를 사용할 경우 티켓을 처음 각인한 후 1시간 30분 내에 버스나 트램으로 환승할 수 있다. 현금 승차 시 2.50€이며, 이 때 받은 티켓으로는 다른 버스나 트램으로 환승할 수 없다.

OPEN 06:00~23:00/5~20분 간격(노선에 따라 다름)

*일부 노선은 토·일요일·공휴일에 단축 운행하거나 운행하지 않으며, 막차 시간이 21:00 전후인 것도 있다.

카드는 인식기에 터치한다.

1회권은 아래쪽 투입구에 넣는다.

 버스가 가까이 오면 손을 들어 탄다는 신호를 보내야 정차한다. 탑승은 앞문으로 하고, 버스에 타자마자 운전석 옆 개찰기에 종이 티켓을 넣어 탑승일시를 각인하거나 인식기에 카드를 터치한다.
내릴 때는 빨간색 버튼을 눌러 운전석 옆 전광판에 'Arrêt Demande'라는 불이 들어와야 정차하며, 뒷문으로 내린다. 버튼을 눌러야 문이 열리는 버스도 있다.
2량 차량은 가운데 중간문과 뒷문으로도 타고 내릴 수 있으며, 탈 때와 내릴 때 모두 버튼을 눌러야 문이 열린다.

 차내에서 안내 방송은 하지만 빠른 프랑스어 발음이라 알아듣기 어려우므로 버스 안 천장에 설치된 전광판을 참고하는 것이 좋다.

■ 녹틸리앙 & 발라뷔스 Noctilien & Balabus

새벽 00:30 이후에 운행하는 심야버스 녹틸리앙은 노선 번호 앞에 'N' 표시가 있다. 1~2존은 2.50€ 또는 t+ 1장, 1~3존은 5€ 또는 t+ 2장, 1~4존은 7.50€ 또는 t+ 3장, 1~5존은 10€ 또는 t+ 4장을 낸다.

발라뷔스는 여름철 일요일과 공휴일에 시내 동쪽의 리옹역과 서쪽의 라 데팡스 사이를 운행하며, 숫자 대신 'Bb'라는 알파벳으로 노선을 표시한다. 센강을 따라 운행하다 샹젤리제 거리의 개선문에서 3존 라 데팡스의 그랑다르슈(신개선문)로 향한다. t+로는 왕복 환승이 불가하므로 새 티켓을 사용한다.

■ 트램 Tram

총 14개의 노선으로 이뤄진 트램(노면전차)은 주로 외곽 지역을 운행하므로 여행자가 이용할 일은 드물다. 한 번쯤 이용해보고 싶다면 뱅센 숲~방브 벼룩시장 구간을 운행하는 3a번 트램을 타자. 버스와 트램 간 환승은 티켓을 처음 각인한 후 1시간 30분 내에 가능하다. 메트로나 RER와 마찬가지로 탑승 전과 후 문에 있는 버튼을 눌러야 문이 열린다. t+ 사용 시 메트로나 RER로 환승할 수 없으며, 3~4존을 달리는 11·12번 급행도 탑승할 수 없다.

■ 택시 Taxi

'Taxis' 표지판이 있는 승차장을 이용한다. 호텔 데스크에 요청하거나 인터넷이나 스마트폰 앱으로도 예약할 수 있다. 요금은 서울보다 1.5배 정도 비싸다. 교통 체증이 심해 가까운 거리도 10~15€는 예상해야 한다.

거리에 따른 미터기 요금제로 운행하지만 교통 체증이 심해 저속 주행 시에는 거리가 아닌 시간당 요금을 분 단위로 계산한다. 전화로 택시를 부를 경우 4€, 시간 예약 콜은 7€가 추가되며, 택시가 출발하는 지점에서부터 미터기를 켜고 온다. 가까운 거리를 가서 미터기 요금이 적게 나오더라도 최소 요금인 8€를 내야 한다.

✚ 택시 요금(G7 기준, 택시 회사에 따라 조금씩 다름/기본 요금은 최대 4.40€)

구분	A(흰색 등)	B(빨간색 등)	C(파란색 등)
시간대	월~토요일 10:00~17:00	월~토요일 17:00~다음 날 10:00, 일요일 07:00~24:00, 공휴일 24시간	일요일 00:00~07:00
기본 요금	3€	4€	4€
1km당 요금	1.22€	1.61€	1.74€
1시간당 요금	37.90€	50.52€	42.10€
추가 요금	일반 택시의 5명째 탑승자 5.50€ 큰 짐 1개는 무료, 2개째부터 개당 2€ (공항 정액제일 경우 짐 추가 무료)		

*2~5존에서는 평일 07:00~19:00에 B 요금, 그 외 시간대는 요일에 상관없이 C 요금 적용

'TAXI'에 불이 들어온 것이 빈 택시이며, 아래쪽 알파벳에 해당 요금대의 등이 켜진다.

✓ 1회권 t+ 외에 파리 비지트, 나비고 등 모든 교통 티켓과 카드를 이용할 수 있다.

OPEN 녹틸리앙: 00:30~05:30/30분~2시간 간격,
발라뷔스: 4~9월의 일요일·공휴일 12:00~20:00(당일 상황에 따라 운행하지 않는 날도 많다.)

✓ 종이 티켓은 탑승 후 개찰기에 각인하고, 나비고는 인식기에 터치한다. 차량 안에서 검표를 자주 하므로 각인을 잊지 말자.

OPEN 05:30~00:30/5~25분 간격(노선에 따라 조금씩 다름)

✓ 신용카드로 결제할 경우 오류가 많고 복제 위험이 있다. 홈페이지에서 예약해 미리 결제하거나 현금으로 내는 것이 좋다.

OPEN 24시간
TEL 01 45 85 85 85(Alpha Taxi),
01 41 27 66 99(Taxis G7)
WEB www.alphataxis.fr(Alpha Taxi),
www.g7.fr(Taxis G7)

: WRITER'S PICK :

우버 Uber·볼트 Bolt 앱 인기 지역, 파리

우버나 볼트는 지하철이나 버스로 이동하기 어렵거나 여럿이서 움직일 때 유용한 교통수단이다. 앱을 설치하고 신용카드를 등록하면 곧바로 사용할 수 있다. 요금은 택시보다 저렴할 때도 많다. 목적지만 정확하게 입력하면 예상 요금도 미리 확인할 수 있고 별도의 의사소통이 필요 없어 편리하다. 한국에서 앱을 설치해 이용 중이라면 바로 사용할 수 있다.

하루 만에 끝내는 파리 여행
시티 투어 버스

파리의 대표 명소를 운행하는 2층 오픈 톱 버스다. 요금은 다른 도시의 투어 버스보다 비싼 편이지만
파리에 1~2일 머물면서 빠르게 돌아보려면 이용할 만하다.
원하는 명소에 내려서 둘러본 후 다음 버스를 타고 이동할 수도 있고, 한 번에 종점까지 가도 된다.
대표적인 시티 투어 버스로는 투트 버스와 빅 버스 파리가 있다. 티켓은 버스 기사나 시내 사무실에서
구매할 수 있는데, 홈페이지에서 종종 할인 행사를 진행하니 예약하고 가는 것도 좋다.

¤ 투트 버스 TOOT Bus

투어가 다양해 인기가 많고 브데트 파리(Vedettes de Paris)나 샴페인 등을 포함
한 통합 할인 티켓도 판매한다. 나이트 투어(Paris by Night)는 탑승 후 내리지 않
고 약 2시간 동안 파리의 주요 명소를 돌아본다. 시즌에 따라 노선을 추가하거
나 변경하는 경우가 많으니 이용 전 확인한다.

TIME 09:30~18:30(11~3월 ~17:00)/10~30분 간격시즌에 따라 유동적, 나이트 투어
20:00/시즌에 따라 다름
PRICE 1일권(24시간권) 45€, 2일권(48시간권) 53€, 3일권(72시간권) 58€/브데트 파리
포함 1일권 59€/나이트 투어 34€/온라인 예매 시 할인, 4~12세는 약 45% 할인
WEB www.tootbus.com

¤ 빅 버스 파리 Big Bus Paris

한국어 오디오 가이드를 제공하며, 다양한 나이트 투어 노선도 운행한다. 바토
파리지앵(Bateaux Parisiens)을 포함한 통합 할인 티켓도 판매한다. 시즌에 따라
노선을 추가하거나 변경하는 경우가 종종 있으니 이용 전 확인한다.

TIME 10:00~18:30/7~15분 간격(요일과 시즌에 따라 유동적)
PRICE 1일권(24시간권) 47€, 2일권(48시간권) 78€/바토 파리지앵 포함 1일권 62€/
온라인 예매 시 할인, 4~12세는 약 45% 할인
WEB www.bigbustours.com

+MORE+

알뜰 여행자를 위한 꿀팁!
72번 시내버스

센강을 따라 파리의 풍경을 감상할 수 있는 시내버스가 있다. 바로 센강 서쪽의 미라보교에서 동쪽의 리옹역까지 센강 북쪽을 따라 달리는 72번 버스! 에펠탑에서 이에나교를 건너 오른쪽 정류장에서 버스를 타면 40분만에 종점인 리옹역에 닿는다. 반대 방향은 콩코르드 광장~시테섬 구간에서 강변을 벗어나 달리므로 추천하지 않는다.
1일권 이상의 통합권이 있다면 얼마든지 중간에 내렸다 다시 탈 수 있지만 1회권인 t+로 탑승했다면 버스를 탈 때마다 새 t+를 사용해야 한다. 교통권에 대한 자세한 사항은 392p 참고.

TIME 06:00~01:27/8~22분 간격/요일과 시즌에 따라 유동적
PRICE t+ 1장(2.15€, 버스 기사에게 구매 시 2.50€), 나비고·파리 비지테 등
ROUTE 주요 정류장: Pont Mirabeau(미라보교), Pont de Bir-Hakeim(비르아켐교), Pont d'Iena(에펠탑 건너편), Pont Royal(오르세 미술관 건너편), Pont Neuf-Quai du Louvre (시테섬 북쪽 건너편), Gare de Lyon(리옹역) 등

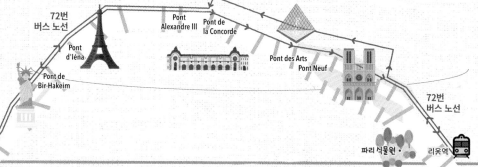

PARIS
SUBURBS GUIDE

파리 근교 가이드

프랑스의 지역 구분

프랑스는 의외로 자연의 혜택을 듬뿍 받은 농업국이다. 국토의 4분의 1을 차지하는 산지를 제외한 나머지는 녹음 짙은 전원지대로, 루아르강·센강·가론강·론강 등 수량 풍부한 4대 강을 지녔다. 또한 지중해, 대서양, 알프스 산맥 등 산과 바다에 면한 지리적 특성 덕에 각 지역마다 독특한 지방색을 띠는 매력적인 땅이다. 프랑스의 행정구역에는 가장 큰 단위로 우리나라의 도에 해당하는 레지옹(Région)이 있다.

센강

② 오드프랑스 Hauts-de-France

PARIS

⑬ 노르망디 Normandie

① 일드프랑스 Île-de-France

③ 그랑데스트 Grand Est

⑫ 브르타뉴 Bretagne

⑪ 페이드라루아르 Pays de la Loire

⑩ 상트르-발드루아르 Centre-Val de Loire

④ 부르고뉴-프랑슈콩테 Bourgogne-Franche-Comté

루아르강

⑨ 누벨 아키텐 Nouvelle Aquitaine

⑤ 오베르뉴-론알프 Auvergne-Rhône-Alpes

도르도뉴강

론강

가론강

⑧ 옥시타니 Occitanie

⑥ 프로방스-알프-코트다쥐르 Provence-Alpes-Côte d'Azur

⑦ 코르스 Corse

① 일드프랑스 Île-de-France

파리를 중심으로 반경 150km 이내 지역. 우리나라의 수도권과 같은 개념의 지역이다. 예부터 왕이나 귀족의 사냥터였던 전원지대로, 루이 14세는 이 지역에 베르사유 궁전을 세우기도 했다.

② 오드프랑스 Hauts-de-France

프랑스의 최북단. 영국 해협을 사이에 두고 영국과 가장 가까워 유로스타가 지나는 지역이기도 하다. 로댕의 <칼레의 시민>의 배경인 칼레가 자리한 지역이다.

① 일드프랑스의 대표 관광지, 베르사유 궁전

❸ 그랑데스트 Grand Est

프랑스 북동부로, 보주산맥 동쪽의 알자스, 서쪽의 로렌과 샹파뉴를 아우르는 지역. 보불 전쟁 때 독일에 약탈당했다가 제1차 세계대전 후 되찾은 사연이 있는 지역이다. 알자스는 프랑스에서 손꼽는 와인 산지이며, 로렌 서쪽에는 샴페인의 본산지인 샹파뉴가 있다.

❹ 부르고뉴-프랑슈콩테 Bourgogne-Franche-Comté

파리 남쪽, 루아르 동쪽의 산악지대로, 14~15세기 부르고뉴 공의 영토로 번성했던 역사가 있는 곳. 콩테 치즈가 바로 이곳의 특산물이며, 중심 도시인 디종의 남쪽으로는 유명한 와인 산지가 이어진다.

❺ 오베르뉴-론알프 Auvergne-Rhône-Alpes

프랑스 중남부와 스위스와 국경을 접한 동남쪽 지역. 중남부의 오베르뉴는 개발이 늦은 대신 자연조건이 좋아 각종 레포츠를 즐길 수 있다. 론알프는 먹을거리의 도시 리옹과 와인 산지 보졸레가 유명하며, 샤모니·그르노블 등 알프스 지방은 아름다운 경관으로 알려져 있다.

❻ 프로방스-알프-코트다쥐르 Provence-Alpes-Côte d'Azur

론강이 흐르는 전원지대인 프로방스와 지중해에 면한 코트다쥐르가 있는 지역이다. 1년 내내 온화한 기후와 아름다운 경치를 지닌 축복받은 땅으로, 마르세유, 아비뇽, 니스, 칸 등의 도시가 있다. 나폴레옹 전쟁 이후 영국인들에 의해 개발된 코트다쥐르 지역은 귀족과 부호들의 리조트는 물론 작은 해변 마을까지도 휴양지로 인기 있다.

❼ 코르스 Corse

지중해에 떠 있는 섬으로, 우리에겐 영어식 이름인 코르시카로 잘 알려졌다. 나폴레옹의 고향이며, 자연이 아름다운 휴양지다.

❽ 옥시타니 Occitanie

스페인 국경과 인접한 프랑스 남단 지역. 서부에는 피레네 산맥이, 동부에는 지중해에 면한 평야가 있어 목축과 와인 산업 등이 골고루 발전했다. 카르카손, 미디운하 등 유적이 많은 곳이기도 하다.

❾ 누벨 아키텐 Nouvelle Aquitaine

대서양과 맞닿은 프랑스 남서부 지역으로, 프랑스에서 가장 큰 면적을 차지한다. 세계적으로 유명한 와인 산지 보르도와 항구 도시 라 로셸이 대표적인 도시다.

❿ 상트르-발드루아르 Centre-Val de Loire

루아르강이 흐르는 일드프랑스 남부에서 프랑스 중부까지의 지역. 강 연안 전원지대에 중세의 성들이 즐비하게 서 있어 프랑스의 정원으로 불린다.

⓫ 페이드라루아르 Pays de la Loire

루아르강이 흘러 대서양과 만나는 프랑스 서부 지역. '낭트 칙령'을 선포한 낭트가 주도이며, 화이트 와인 산지로 유명하다.

⓬ 브르타뉴 Bretagne

대서양 쪽으로 튀어나온 반도 지역으로, 위로는 영국 해협이 있다. 갈레트와 질 좋은 버터, 맛 좋은 굴의 산지이다. 해적의 도시 생말로가 관광지로 유명하다.

⓭ 노르망디 Normandie

북서부의 영국 해협 연안 일대. 특히 노르망디는 경관이 아름다워 세잔이나 모네 등의 화가들이 즐겨 찾던 곳이다. 바다 위에 솟은 수도원 몽생미셸이 있어 여행자도 많이 방문하는 지역이다.

❷ '북쪽의 루브르'라고 불리는 샹티이 성

⓭ 바다 위의 수도원, 몽생미셸

파리의 기차역

파리에는 7개의 기차역이 있다. 출발지와 도착지에 따라 다른 역을 이용하므로 예매할 때 역 이름을 반드시 확인한다. 각 기차역은 메트로, RER 등으로 연결된다. 모바일·PDF 티켓이 아닌 일반 티켓은 탑승 전 플랫폼에 있는 승차권 개찰기에 넣어 탑승 날짜와 시간을 각인해야 한다.

북역 Gare du Nord

파리뿐 아니라 프랑스에서 이용자가 가장 많은 역으로 늘 분주하다. 런던, 브뤼셀, 암스테르담, 쾰른 등 프랑스 북쪽의 주요 도시와 연결되는 국제선 기차 대부분이 정차한다. 파리 근교의 오베르쉬르우아즈나 샹티이 등으로 갈 때도 북역을 이용한다. 관광 안내소는 0층 8번 플랫폼 앞에 있으며, 코인 로커(Consignes)는 지하 1층에 있다. MAP ④-A

METRO 4·5 & **RER** B·D Gare du Nord 하차

생라자르역 Gare Saint-Lazare

파리에 처음 생긴 기차역으로, 인상파 화가 모네가 이 역을 주제로 여러 점의 그림을 그린 것으로 유명하다. 베르사유, 베르농(지베르니행), 루앙, 캉 등으로 향하는 IC·TER 북부선이 정차한다. 규모가 작아 수하물 보관소나 코인 로커는 없다.

MAP ③-C

METRO 3·12·13·14 Saint-Lazare 또는 9 Saint-Augustin 하차
RER E Haussmann-Saint-Lazare 하차

모네가 즐겨 그린 생라자르역 내부

몽파르나스역 Gare Montparnasse

파리 기차역 중 가장 현대적인 역 중 하나. 메트로 출구에서 역까지 연결 통로가 있지만, 노선에 따라 거리가 멀고 역 규모도 커서 여유 있게 도착하는 것이 좋다. 몽생미셸행 버스로 갈아탈 수 있는 렌과 퐁토르송, 돌드브르타뉴 외에 베르사유, 투르, 보르도 등으로 가는 TGV 서북·서남선이 정차한다. 메인 플랫폼은 2층에 있다. MAP ⑨-A

METRO 4·6·12·13 Montparnasse Bienvenüe 하차

동역 Gare de l'Est

스위스와 독일을 오갈 때 주로 이용하며, 북역과는 메트로로 1정거장 거리. 스위스 동부 방면, 오스트리아, 룩셈부르크, 독일 등으로 향하는 국제선과 랭스, 스트라스부르, 콜마르, 샹파뉴 등 TGV 동선이 정차한다. MAP ❹-C

METRO 4·5·7 Gare de l'Est 하차

리옹역 Gare de Lyon(Paris Lyon)

바스티유 광장 남동쪽, 센강 바로 북쪽에 있다. 바르셀로나, 이탈리아, 스위스 서부를 비롯해 퐁텐블로·니스·아를·아비뇽 등 프랑스 남부 지역으로 향하는 기차가 정차하는 큰 역이다. MAP ❿-B

METRO 1·14·7 & **RER** A·D Gare de Lyon 하차

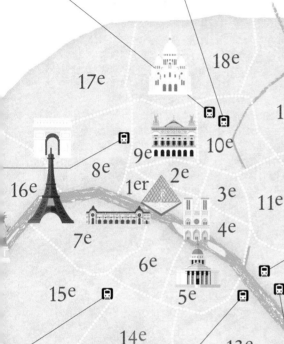

17e

18e

19e

16e

8e

9e

10e

20e

7e

1er

2e

3e

11e

4e

6e

5e

12e

15e

14e

13e

오스테를리츠역 Gare d'Austerlitz

센강을 사이에 두고 리옹역과 나란히 있다. 베르사유, 투르, 블루아 등 IC·TER 서남선이 정차한다. MAP ❿-A

METRO 5·10 Gare d'Austerliz

베르시역 Bercy Bourgogne-Pays d'Auvergne

리옹역 바로 뒤쪽에 있는 작은 역이다. 수하물 보관소도 없고, 정차하는 기차도 적어 한산한 편이다. 역 바로 앞에는 장거리 버스 터미널이 있다. MAP ❿-B

METRO 6·14 Bercy 하차

프랑스 기차 이용법

프랑스는 버스보다 기차 노선이 더 체계적으로 발달해 있다. 파리를 중심으로 프랑스 전국을 거미줄처럼 연결하고 있으며, 국내는 물론 유럽의 주요 도시와도 기차로 연결된다. 단, 파리에서 기차를 이용할 때는 목적지와 이용 시간대에 따라 출발·도착역이 다르므로 예매할 때 잘 확인해야 한다.

프랑스 철도청 SNCF
WEB www.sncf.com(정보 조회), www.sncf-connect.com(예약), www.transilien.com(일드프랑스 메트로, RER, 기차 정보)

고급형 TGV, 테제베 이누이

¤ 고속열차와 장거리 기차 티켓은 일찍 살수록 저렴하다

프랑스에서 TGV와 IC는 기차표를 일찍 예매할수록 요금이 저렴하다. 일정이 확실하다면 최대한 서둘러서 이동 구간별로 티켓을 예매하자. 특히 성수기에는 '파리~몽생미셸', '파리~스트라스부르'처럼 인기 있는 구간은 조기에 매진될 수 있으니 예매를 서둘러야 한다. 단, 할인율이 높을수록 변경이나 환불이 어려우므로 일정을 확정했다면 저렴한 특가 티켓을, 일정이 바뀔 가능성이 크다면 조금 비싸더라도 변경 수수료가 적은 티켓을 선택하도록 한다.

각 지역별 열차 TER과 파리 근교 기차 트랑질리앵(Transilien)은 대부분 고정요금제로 운행하므로 출발 당일 구매해도 요금이 같으며, 좌석을 예약하지 않아도 된다. 철도 패스 소지자는 언제든 예약 없이 TER·트랑질리앵과 IC 2등석을 탑승할 수 있다. 요금이 저렴한 위고(Ouigo) 티켓은 매표소나 자동판매기에서 구매할 수 없고 인터넷·모바일로만 예매할 수 있는데, 이때 유럽에서 발급한 카드로만 결제할 수 있다. 한국 신용카드로 결제할 수 있는 경우도 있지만, 며칠 뒤 취소되는 일이 잦으므로 추천하지 않는다.

장거리 노선 전용
기차표 자동판매기

¤ 프랑스 주요 기차의 종류

- **TGV 테제베** 고속열차로, 좌석을 미리 예약해야 한다.
- **TGV inOui 테제베 이누이** 고급형 TGV로, 노선을 확장 중이다.
- **TGV Lyria 테제베 리리아** 주네브(제네바), 로잔, 바젤, 취리히까지 가는 고속열차
- **Ouigo 위고** 저가형 TGV. 인터넷·모바일 앱으로만 예매할 수 있으며, 수하물 규정도 엄격하다. 유럽에서 발급한 카드로만 결제할 수 있다.
- **IC(Intercités) 앵테르시테** 국내와 일부 국제선을 운행하는 고속열차. 좌석 지정은 선택. 2등석은 좌석 예약이 필요 없다.
- **TER 테르** 알자스, 노르망디, 코트다쥐르 등 지역 단위로 운행하는 기차. 국경을 접한 지역에서는 국제선을 운행하기도 한다. 좌석 예약은 필요 없다.
- **Transilien 트랑질리앵** 파리와 일드프랑스 근교를 다니는 완행열차. 줄여서 트랭(Train)이라고 하며, H, J, N, R 등 노선을 알파벳으로 표기한다. 좌석 예약은 필요 없다.

+MORE+

잊지 말자! 티켓 각인

모바일·PDF 티켓이 아닌 일반 티켓 소지자는 기차를 타기 전에 플랫폼에 있는 승차권 개찰기에 티켓을 넣어 날짜와 시각을 각인해야 한다. 이때 티켓에 따라 개찰기가 다르니 주의할 것.

RER이나 파리 비지트 등의 작은 종이 티켓 개찰기. 이미 개시한 통합권은 각인하지 않는다.

나비고는 인식기에 터치한다.

장거리 기차 승차권을 비롯한 큰 종이 티켓 개찰기

¤ 기차표 예매하기

장거리 기차표 예매는 프랑스 철도청 SNCF 홈페이지나 앱을 통해서 하거나 기차역에 있는 노란색이나 하얀색 장거리(Grandes Lignes) 전용 자동판매기를 이용한다. 철도 패스 소지자는 TGV와 IC 1등석 이용 시 기차역 매표소에서 예약비(3~25€)를 내고 좌석을 예약한다.

TER과 트랑질리앵은 매표소나 파란색·초록색 자동판매기에서 티켓을 구매하고, 철도 패스 소지자의 경우 날짜만 유효하면 별도의 예약 없이 탑승할 수 있다.

■ 온라인 예매

프랑스 철도청 SNCF 홈페이지에서 회원 가입 후 신용카드(또는 체크카드)로 결제하면 이메일·모바일 등 원하는 방법으로 티켓을 수령할 수 있다. 현지 자동판매기에서 수령한다면 결제에 사용한 카드가 필요하니 꼭 챙겨가자. 현지에서 공용 컴퓨터로 결제하는 것은 보안상 위험하므로 조회용으로만 이용한다. 스마트폰 앱 SNCF 커넥션(SNCF Connect)을 통해 예약하면 티켓을 따로 저장하지 않아도 되고, 일정이나 변동사항을 언제든 확인할 수 있어 편리하다.

SNCF 커넥션

■ 기차역(현장) 예매

매표소보다 자동판매기를 이용하면 티켓을 더 빠르고 편리하게 구매할 수 있다. 자동판매기는 대부분 영어 화면을 지원한다.

+MORE+

PDF·모바일 티켓 사용법

철도청 홈페이지에서 예약한 경우 예약 확인 이메일에 첨부된 PDF 티켓을 출력하거나 스마트폰에 저장하면 개찰기에 각인하지 않아도 된다. 기차 안에서도 검표원에게 출력 또는 저장한 PDF 티켓을 보여주면 된다. 단, 티켓의 PIN코드와 QR코드(또는 바코드)가 잘리거나 인쇄 상태가 불량해서는 안 된다.

스마트폰 앱을 통해 예약했다면 'My Trips'에 저장된 QR코드를 검표원에게 보여준다.

기차역에서 알아두면 좋은 프랑스어

Gare 기차역		**Réserver** 예매	
Sortie 출구		**Grandes Lignes** 장거리	
Arrivée 도착		노선	
Départs 출발		**Accueil** 각종 안내소	
Voie 플랫폼		**Consignes** 짐 보관소,	
Billetterie 매표소		코인 로커	
Vente 자동판매기			

: WRITER'S PICK :

교통편 통합 검색 웹사이트 & 앱

정류장, 터미널, 역, 공항 위치부터 운행 시간, 요금까지 현지 교통편의 모든 것을 일목요연하게 상세히 알려주는 교통편 예약 플랫폼을 이용해 여행하는 사람이 늘고 있다. 전 세계에서 가장 많은 160개국 이상의 교통 정보를 제공하는 롬투리오(Rome2rio)와 한국어로 쉽게 예매할 수 있는 유럽 교통 전문 플랫폼 오미오(Omio)가 대표적. 각 플랫폼의 웹사이트나 앱에서 출발·도착 도시명을 입력하거나 지도에서 출발점과 도착점을 표시하면 기차, 버스, 항공 등 이동 가능한 대중교통 리스트가 나온다. 단, 일부 교통편 예매는 수수료가 붙어 비쌀 수 있으니 각 교통편 운영회사의 홈페이지와 요금을 비교한 후 조건이 더 좋은 곳에서 예매한다.

롬투리오
WEB rome2rio.com
APP Rome2rio

오미오
WEB omio.co.kr
APP Omio

연착과 결행이 잦은 프랑스의 기차

프랑스에서는 잦은 파업과 오래된 철로의 고장, 날씨 영향 등으로 기차가 자주 연착되거나 결행된다. 따라서 철도청 홈페이지나 앱에서 운행 정보를 종종 확인하는 것이 필요하다. 예매한 기차가 운행 중단된 경우 다른 티켓으로 교환할 수 있다. 이때 온라인으로 신청하면 처리가 매우 늦으니 현지 기차역의 장거리 전용 매표소에서 교환·환불하는 것이 좋다.

기차가 30분 이상 연착된다면 연착 시간에 따라 배상을 해준다. 기차를 타고 가는 도중에 연착된 것도 물론 포함된다. 배상 신청은 SNCF 홈페이지에서 할 수 있다. 영문 홈페이지 접속한 후 Menu > SNCF at your service > If you're delayed에서 기차 종류를 선택하고 'Dossier Voyage*'에 기차 티켓 코드 6자리를 입력하면 된다. 한국 계좌로 이체받는 방법도 있는데, 인터넷에 다양한 사례가 있으니 검색 후 이용하자.

베르사유

VERSAILLES

파리 서쪽 20km 지점에 있는 베르사유.
이름부터 사람을 끌어들이는 듯한 베르
사유 궁전이 이곳에 있다. "짐이 곧 국가
다"라는 말을 남긴 태양왕 루이 14세가
지어 파리의 정치, 문화, 예술의 중심지
역할을 한 궁전답게 온갖 화려함으로 치
장돼 있다. 하지만 뭐니 뭐니 해도 이곳의
백미는 역시 정원! 광대한 정원과 크고 작
은 분수, 조각들이 한데 어우러져 조형미
의 극치를 이룬다.

베르사유 가는 법

베르사유 궁전은 RER C선과 기차, 버스 등으로 파리와 연결되므로 다양한 방법으로 갈 수 있다. RER은 베르사유 샤토 리브 고슈역과 베르사유 샹티에역, 기차는 베르사유 샹티에역과 베르사유 리브 드루아트역, 버스는 베르사유 궁전 앞에서 내린다. 베르사유행 기차는 고정요금으로 운행하므로 예약하지 않아도 된다. RER 베르사유 샤토 리브 고슈역에서 궁전까지는 도보로 8분, 베르사유 샹티에역과 베르사유 리브 드루아트역에서는 도보로 20분 소요된다. 각 역에서 궁전까지는 표지판이 잘 되어 있어 길을 헤맬 염려는 거의 없다. 베르사유는 일드프랑스 4존에 해당해 당일 여행이 가능하나, 큰 짐을 맡길 곳이 없으므로 최대한 가볍게 움직이는 것이 좋다.

🚃 RER | 교외 전철

앵발리드(Invalides), 생미셸-노트르담(Saint-Michel-Notre-Dame), 오르세 미술관(Musée d'Orsay) 등에서 RER C선을 타고 종점인 베르사유 샤토 리브 고슈(Versailles Château-Rive Gauche)역에서 내린다. RER C선은 3개의 노선으로 갈라지는 데다 종착역 이름에 'Versailles'가 들어가는 노선이 하나 더 있으니, 반드시 'Versailles Château'행을 타도록 한다. 역에서 나오면 바로 길 건너에 맥도날드와 스타벅스, 상점가가 있어 간단히 요기하기에 좋다. 베르사유 샤토 리브 고슈역이 공사 중일 때는 베르사유 샹티에(Versailles Chantiers)행을 탄다.

TIME 04:50~23:50/15~20분 간격(생미셸-노트르담역 출발 시 약 36분)
PRICE 4.15€~/1~4존 이상의 나비고·파리 비지트
WEB www.iledefrance-mobilites.fr, www.transilien.com

💬 RER C선은 파리 시내에 역이 많고, 베르사유 궁전에서 가장 가까운 역에 도착하기 때문에 궁전까지 찾아가기 쉽다. 또 베르사유 샤토 리브 고슈역은 기·종점이므로 파리로 돌아갈 때 앉아서 갈 확률이 높다.

💬 베르사유를 찾는 대부분 여행자가 이용하기 때문에 늘 붐빈다. RER C선은 노선이 복잡해 기차를 잘못 탈 수 있으니 각별히 주의해야 한다.

전광판에 따라 베르사유 샤토 리브 고슈역을 'Versailles Château RG'라고도 한다.

베르사유 샤토 리브 고슈역

+MORE+

베르사유 샹티에역에서 궁전까지 버스 타고 가기

샹티에역 앞에서 4번, EX01번 등의 버스를 타면 궁전 앞까지 편하게 갈 수 있다. 버스에 따라 운행 간격이 들쭉날쭉하기 때문에 무더운 여름이나 체력이 약한 사람이 아니라면 차라리 걸어가는 게 더 속 편할 수 있다. 버스마다 정류장 위치와 내리는 곳도 다르다. 각 버스의 노선도를 보고 궁전에서 가까운 정류장에 하차하는 버스를 확인하고 이용하자.

PRICE t+ 1장(현금 승차 시 2.50€)/1~4존 이상의 나비고·파리 비지트

궁전으로 가는 길을 안내하는 표지판이 곳곳에 있어 찾아가기 쉽다.

🚆 Train | 기차

❶ 몽파르나스(Montparnasse)역에서 TER이나 트랑질리앵(Transilien)을 타고 베르사유 상티에역에서 내린다. 급행열차를 타면 중간에 1~2곳만 정차해 약 12분 만에 도착하지만, 베르사유 상티에역을 그냥 통과하는 기차도 있으니 정차역을 꼭 확인하고 탑승한다. 요금은 RER과 같다.

❷ 생라자르(Saint-Lazare)역에서 기차를 타면 베르사유 리브 드루아트(Versailles Rive Droite)역에 도착한다. 운행 거리가 더 긴 탓에 요금이 더 비싸다.

TIME 05:33~01:15/15~50분 간격(몽파르나스역 출발 시 약 12분)
PRICE 4.15€~(생라자르역 탑승 시 5€~)/1~4존 이상의 나비고·파리 비지트
WEB www.iledefrance-mobilites.fr, www.transilien.com

💙 숙소가 몽파르나스역 근처라면 베르사유까지 가장 빨리 갈 수 있다.

💔 역에서 궁전까지 도보로 20분 정도 걸리는 만만찮은 거리다. 생라자르역에서 출발할 경우 RER보다 요금이 비싸다.

🚌 Bus | 일반 버스

메트로 9호선 종점인 퐁 드 세브르(Pont de Sèvres)역 밖의 버스 정류장에서 171번 버스를 타고 베르사유 궁전 바로 앞 광장 샤토 드 베르사유(Château de Versailles)에서 내린다. 메트로에서 버스로 갈아탈 때 통합권이 없다면 새로운 t+나 현금 2.50€를 내야 한다. 소요 시간은 약 30분. 파리로 돌아갈 때는 궁전을 등지고 정면으로 난 큰길 오른쪽 정류장에서 탑승한다.

171번 버스 표지판 앞에서 줄 서 있다가 탑승한다.

TIME 05:18~00:30/8~10분 간격
PRICE t+ 1장(현금 승차 시 2.50€)/1~4존 이상의 나비고·파리 비지트

💙 1~4존을 커버하는 교통 통합권이 없을 때 베르사유까지 가장 저렴하게 갈 수 있는 방법이다.

💔 교통 체증이 심할 때는 퐁 드 세브르역 정류장에서 궁전까지 1시간 가까이 걸릴 수 있다는 게 가장 치명적인 단점이다.

: WRITER'S PICK :

여행 팁

■ 관광 안내소 Office de Tourisme
베르사유 궁전을 비롯한 명소 입장권과 뮤지엄 패스를 판매하며, 궁전 지도를 무료로 나눠준다.
GOOGLE MAPS R42H+35 베르사유
ADD Place Lyautey, 78000
OPEN 09:30~17:00/월요일·1월 1일·5월 1일·12월 25일 휴무
WALK 베르사유 샤토 리브 고슈역에서 도보 1분
WEB www.versailles-tourisme.com

■ 베르사유의 식당가
베르사유 궁전 입구를 등지고 왼쪽으로 길을 건너면 아담한 느낌을 주는 카페들이 들어서 있다. 또한 궁전을 등지고 정면을 바라보면 가로수가 이어져 있는 큰 길이 있는데, 그 오른쪽 길(Rue de la Chancellerie)을 따라 걷다 보면 사토리 거리(Rue de Satory)가 나온다. 베르사유 맛집 골목으로 규모가 크지는 않지만 프랑스 식당, 중국 식당, 케밥집 등 다양한 식당이 옹기종기 모여 있고, 밤늦게까지 문을 여는 슈퍼마켓도 있다.

: WRITER'S PICK :

**베르사유 궁전
입장을 위한 총정리**

베르사유 궁전은 크게 궁전과 정원, 별궁(그랑 트리아농, 프티 트리아농, 왕비의 촌락), 공원, 마차 박물관, 죄드폼 등으로 이루어져 있는데, 가장 많이 찾는 곳은 궁전과 정원이다. 궁전에 입장하려면 시간이 오래 걸리지만, 정원만 볼 예정이라면 정원 전용 입구(Entrée des Jardins)로 바로 입장할 수 있다. 분수 쇼와 음악 정원을 진행하지 않는 날은 티켓을 사지 않고 바로 정원으로 들어가면 된다.

정원은 궁전 뒤부터 대운하 앞까지며, 대운하부터 별궁을 거쳐 왕비의 촌락까지는 공원으로 분류된다. 궁전과 정원을 둘러보는 데는 2~3시간 소요되며, 별궁과 왕비의 촌락까지 다녀오려면 4~5시간은 족히 걸린다. 따라서 베르사유 전체를 돌아볼 예정이라면 아침 일찍 도착해 궁전부터 둘러보자. 반대로 오후에 도착 예정이라면 정원에서 시간을 보내다가 사람이 적은 오후 3시 이후로 예약해 느긋하게 감상하도록 하자.

*올림픽 기간에는 승마 경기가 진행되며, 일부 입장 제한이 있을 수 있다.

WEB www.chateauversailles.fr

❶ 오픈 시간 & 요금:
궁전은 입장 시각 예약 필수(뮤지엄 패스 소지자·17세 이하 등 무료입장객 포함)

장소	오픈		입장 마감	입장료(예매 시 요금)	휴일
궁전 Château	4~10월 09:00~18:30		18:00	21€/ 뮤지엄 패스	월요일, 1월 1일, 5월 1일, 12월 25일
	11~3월 09:00~17:30		17:00		
정원 Jardin	4~10월 08:00~20:30		19:00	무료/분수 쇼·음악 정원 진행 시 유료 (뮤지엄 패스 불가)	–
	11~3월 08:00~18:00		17:30		
	- 분수 쇼 3월 30일~10월 27일 : 토·일요일 5월 7일~6월 25일 : 화요일 3월 29일, 4월 1일, 5월 8·9·20일, 8월 15일			12€(10.50€), 6~17세 10.50€(9€), 5세 이하 무료	
	-음악 정원 4월 2일~5월 3일 : 화~금요일 5월 10일~6월 28일 : 수~금요일 7월 2일~10월 31일 : 화~금요일 (8월 15일, 분수 쇼 진행 일 휴무) *분수 쇼가 열리는 날은 분수 쇼로 대체			10€, 6~17세 9€, 5세 이하 무료	
	- 야간 분수 쇼 6월 8일~9월 21일 : 토요일 20:30~ 23:05(6월 28일 ~11:45, 7월 14일 ~11:10, 8월 15일 추가 진행)			34€(32€), 6~17세 30€(28€)	
공원 Parc	4~10월 07:00~20:30		19:45	무료	–
	11~3월 08:00~18:00		17:30		
별궁(그랑 & 프티 트리아농, 왕비의 촌락)	4~10월 12:00~18:30 (각 별궁의 정원 ~19:30)		18:00 (정원 19:00)	12€/ 뮤지엄 패스	월요일, 1월 1일, 5월 1일, 12월 31일
	11~3월 12:00~17:30		17:00		
패스포트	1일권 24€/분수 쇼와 음악 정원 진행일 32€, 17세 이하 10€ 분수 쇼와 음악 정원 진행일에 궁전에 무료 입장한 사람은 10€				
	분수 쇼와 음악 정원 진행일 꼬마 기차를 포함한 1일권 39€, 18~25세 17€				

*2024년 기준, 11~3월의 매월 첫째 일요일·17세 이하 궁전과 별궁 무료
*온라인으로 티켓을 구매한 사람만 예약 시각에서 30분 이내 궁전 입장이 보장된다.

❷ 유용한 패스 : 뮤지엄 패스 & 패스포트

패스포트(Passeport)는 유료 구역인 베르사유 궁전과 그랑 트리아농, 프티 트리아농, 왕비의 촌락 등을 묶은 티켓이다. 둘 다 베르사유 궁전 매표소에서도 살 수 있지만, 파리나 베르사유의 관광 안내소, 프낙(Fnac) 등에서 미리 구매하거나 온라인 예매를 하면 매표소에서 줄 서는 시간을 아낄 수 있다. 단, 패스를 소지했더라도 궁전 입장 시각 예약은 필수이므로 홈페이지에서 무료 입장 티켓을 고른 후 입장 시각을 선택해서 예약한다. 궁전으로 들어가기 전 소지품 검사 줄도 만만치 않게 길므로 예약한 입장 시각보다 최소 30분 이상, 성수기의 혼잡한 시간대에는 1시간 이상 여유를 두고 도착해야 한다. 입장 시각 예약을 하지 않은 뮤지엄 패스 소지자는 매표소에서 무료 입장 티켓을 받아야 한다.

❸ 피해야 하는 날과 입장 시간

베르사유는 파리 시내 국립박물관이 문 닫는 화요일에 사람이 많이 몰린다. 따라서 이날은 궁전 방문을 10:00 이전으로 당기거나 15:30 이후로 미루는 것이 좋다.

❹ 가방은 맡기고 들어간다

궁전 안에는 너무 큰 가방이나 삼각대, 음식물은 반입할 수 없고, 소지품 검사를 받은 후 무료 보관소에 맡기고 들어가야 한다. 정원에서 도시락을 먹을 수 있지만, 궁전 내부로는 반입할 수 없으니 짐 보관소에 맡기고 들어간다. 모든 소지품은 궁전 폐장 30분 전까지 찾아야 하므로 오후 늦게 입장했다면 시간 맞춰 나올 것.

❺ 가이드 투어를 이용하면 더 많은 곳을 돌아볼 수 있다

가이드 투어에 참가하면 더 많은 곳을 볼 수 있다. 국립박물관 강사가 안내하며, 영어 가이드도 있다. 루이 15세·16세·마리 앙투아네트의 처소, 오페라 하우스, 왕실 예배당 내부 등이 포함된다. 당일 09:00 이후부터 궁전 입구를 바라보고 오른쪽 건물의 전용 매표소나 홈페이지에서 예매한다. 소요 시간은 약 90분, 요금은 10€.

❻ 무료 오디오 가이드 & 앱을 챙기자

모든 입장권과 패스에는 궁전 오디오 가이드가 포함된다. 한국어도 지원하나, 내용이 재미없다는 평이 대부분이다. 스마트폰 무료 앱 '샤토 드 베르사유(Château de Versailles)'가 설명과 지도, 사진 등이 풍부해 오디오 가이드보다 더 유용하다는 사람이 많으니 미리 설치해 가는 것도 좋다. 한국어도 지원한다.

🅐 비수기에도 10~14시에는 사람이 몰려 줄 서는 시간이 길다.
🅑 정원이나 공원에서 느긋한 피크닉을 즐기는 것도 추천!

❼ 걷기 힘들거나 시간이 없다면

공원이 워낙 넓어서 걸어서 다니려면 시간도 시간이지만, 걷다가 지쳐 제대로 감상하지 못 하는 일이 많다. 꼬마 기차나 자전거 등을 타고 돌아보는 것도 좋은 방법이다.

- 꼬마 기차 : 그랑·프티 트리아농까지 둘러볼 때 유용하다. 각 정류장에서 내려 주변을 둘러본 후 다음 기차를 타고 이동하면 된다. 구간마다 1회씩만 탑승할 수 있으므로 노선에 맞춰 동선을 따라야 한다. 경험 삼아 타본다면 대운하에서 1회권을 사서 탑승해보자. 궁전에서 대운하를 바라보고 오른쪽에 꼬마 기차 매표소와 승차장이 있다. 티켓은 각 정류장에서도 구매할 수 있다.

OPEN 11:10~18:10(7·8월 10:00~, 11~3월 ~17:10)/10~30분 간격 출발/월요일 휴무
PRICE 9€(12~17세 7€, 11세 이하 무료), 1회권 5€/기사에게 신용카드로 구매 가능
ROUTE 궁전 앞 → 프티 트리아농 → 그랑 트리아농 → 대운하 → 궁전 앞

- 자전거 : 어른용은 물론 어린이용까지 다양하게 갖추고 있다. 대여소는 대운하 앞에서 궁전을 등지고 오른쪽을 비롯해 총 4곳에 있다. 대여 시 신분증이 필요하며, 신분증이 없다면 보증금 100€를 맡겨야 한다. 자전거를 훔쳐 가는 일도 있으니 자물쇠와 체인도 준비하자.

OPEN 10:00~18:45(2월 중순~3월 ~17:30, 11월 초~중순 ~17:00)/폐장 30분 전 대여 마감/11월 중순~2월 초 휴무
PRICE 1인용 30분 8€, 1시간 10€(15분 초과 시 2.50€, 이후 30분당 8€), 4시간 21€, 1일(8시간) 23€/2인용 1시간 16€(15분 초과 시 4€, 이후 30분당 12€)/신용카드 사용 가능

- 전기차 : 24세 이상의 국제 운전면허증 소지자만 대여할 수 있으며, 최대 4인까지 탑승할 수 있다. 궁전 앞에서 대운하를 바라보고 왼쪽에 대여소가 있다.

OPEN 10:00~18:45(2월 중순~3월 ~17:30, 11~12월 ~17:00)/폐장 30분 전 대여 마감/1월~2월 중순 휴무
PRICE 기본 1시간 42€(추가 15분당 10.50€)/신용카드 사용 가능

- 대운하 보트 : 직접 노를 저어야 하며, 최대 4인까지 보트에 탈 수 있다. 대운하 시작 지점 오른쪽에 대여소가 있다.

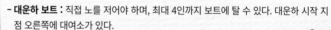

OPEN 11:00~18:45(3월 13:00~17:30, 7~8월 10:00~, 9~10월 13:00~, 11월 초~중순 13:00~17:00)/토·일요일·공휴일에는 10:00~11:00 오픈/폐장 30분 전 대여 마감/11월 중순~2월 휴무
PRICE 기본 30분 16€, 1시간 20€(15분 초과 시 5€, 이후 30분당 16€)

❽ 카페 & 식당

궁전과 정원 곳곳에 카페와 레스토랑, 스낵 가판점이 있다. 하지만 가격 대비 만족도가 떨어지는 편이니 도시락을 준비해 가거나 궁전 근처 먹자골목을 이용하는 편이 낫다.

❾ 기념품 숍

공주풍의 엽서와 거울, 학용품 등 어린이에게 선물하기 좋은 기념품이 많다. 궁전 내에 몇 곳이 있는데, 궁전 입구 근처 왼쪽에 있는 지점이 가장 크다.

대운하
Le Grand Canal

뷔페 분수

원형극장

3 그랑 트리아농

③ Ⓜ
벨베데레
여왕의 극장
앙젤리나
Ⓡ

4 프티 트리아농

③

5 왕비의 촌락 Ⓜ

사랑의 신전

0 100m

공원 입구

공원 입구

공원 입구

공원 입구

공원

Allée des Matelots
Allée des Matelots
⑦ Ⓜ
⑥ ③
①
Allée Saint-Antoine

Allée Saint-Antoine

1 오랑주리
Orangerie

2 정오의 정원
Parterre du Midi

3 물의 정원
Parterre d'Eau

4 북쪽 정원
Parterre du Nord

5 수영하는 님프들
Bain des Nymphes

6 3단 분수의 숲
Bosquet des Trois Fontaines

7 개선문의 숲
Bosquet de l'Arc de Triomphe

8 용의 분수
Bassin du Dragon

9 넵튠의 분수
Bassin de Neptune

10 여왕의 숲
Bosquet de la Reine

11 바쿠스의 분수
Bassin de Bacchus

12 자갈의 숲
Bosquet des Rocailles

13 라토나의 분수와 정원
Bassin et Parterre de Latone

14 아폴로의 목욕탕 숲
Bosquet des Bains d'Apollon

15 케레스의 분수
Bassin de Cérès

16 물의 극장의 숲
Bosquet du Théâtre d'Eau

17 거울 분수
Bassin du Miroir

18 사투르누스의 분수
Bassin de Saturne

19 촛대의 숲
Bosquet de la Girandole

20 왕세자의 숲
Bosquet du Dauphin

21 플로르의 분수
Bassin de Flore

22 별의 숲
Bosquet de l'Étoile

23 왕의 정원
Jardin du Roi

24 열주의 숲
Bosquet de la Colonnade

25 돔들의 숲
Bosquet des Dômes

26 엔셀라두스의 분수
Fontaine de l'Encelade

27 오벨리스크의 분수
Fontaine de l'Obélisque

28 아폴로의 분수
Bassin d'Apollon

① 분수 쇼 진행일 정원 매표소
② 꼬마 기차 매표소
③ 꼬마 기차 정류장
④ 전기차 대여소
⑤ 자전거 대여소
⑥ 보트 선착장
⑦ 세그웨이 대여소

녹색
융단
Tapis
Vert

2 베르사유 정원

1 베르사유 궁전

Pièce d'Eau
des Suisses

오랑주리(정원) 입구

Allée du Potager
R. de l'Indépendance Américaine

Route de Saint-Cyr

Route Saint-Cyr

매표소
명예의 안뜰
Cour
d'Honneur
정문

궁전 입구 정원 입구

Rue des Réservoirs

Boulevard du Roi

Rue de l'Orangerie
Rue du Vieux Versailles
Rue des Récollets

루이 14세 기마상

Ave. Rockefeller

코티 마켓

Rue du Maréchal Joffre

Rue de Satory

Rue de la Chancellerie

Rue des Versailles

R. Neuve Notre Dame

R. Hoche
Rue Hoche

Boulevard de la Reine

Rue Colbert
Aven. Neprveu Sud
Aven. Neprveu Nord

Rue Carnot
Rue Baillet
Rue Reviron

Rue de la Paroisse

Boulevard d'Anguiller
Berthier

Rue d'Anguiller
Berthier

Rue des Missionnaires

베르사유
리브 드루아트역

Rue Royale

d'Anjou

Rue du Général Leclerc

ⓘ Ⓜ
Versailles
Rive Gauche

Avenue de Sceaux
Avenue de Sceaux
Avenue de Sceaux

Ave. du Général de Gaulle

Avenue de Paris

Avenue de Paris

Avenue de Paris

베르사유 샤토
리브 고슈역

Rue d'Imoges
Rue Edouard Lefebvre
Rue Edouard Charton
Rue de Noailles

Rue des États Généraux

Rue de
l'Assemblée
Nationale

Ave. de l'Europe

Place
André Mignot
Rue Georges
Clemenceau

Montbauron

Pierre de

Avenue de Saint-Cloud

Avenue de Saint-Cloud
Rue Jouvencel

Rue de Provence

Rue Maréchal Foch

Rue de la Paroisse

Rue Maréchal Foch

Rue de Provence

Boulevard de la Reine

Albert Joly

Albert Joly

d'Anjou

Rue

Rue

Place
Raymond
Poincaré

RER Ⓒ Versailles Chantiers

베르사유 상티에역

Avenue des États Unis

414

① 꿈의 궁전
베르사유 궁전 Château de Versailles

태양왕 루이 14세(재위 1643~1715)가 강력한 왕권을 과시하기 위해 지은 궁전. 남성적이고 역동적인 바로크 양식과 여성적이고 세련된 로코코 양식이 절묘하게 어우러져 있다. 규모와 예술적 완성도 측면에서 세계적으로 손꼽히는 건축물로, 건축 당시 '꿈의 궁전'이라 불렸으며, 지금은 세계문화유산으로 지정되어 보호받고 있다. 2층 구조로 돼 있는 궁전의 주요 볼거리는 대부분 위층에 집중돼 있으며, 관람 시간은 1시간 30분 정도면 충분하다. MAP 414p

GOOGLE MAPS 베르사유궁전
OPEN 09:00~18:30(11~3월 ~17:30)/폐장 30분 전까지 입장/월요일·1월 1일·5월 1일·12월 25일 휴무/
무료입장객 포함 입장 시각 예약 필수
PRICE 21€/ **뮤지엄 패스** / **패스포트**
WEB www.chateauversailles.fr

: WRITER'S PICK :
베르사유 궁전의 역사

베르사유 궁전의 기원은 1631년 루이 13세가 자그마한 수렵용 성을 지은 데서 시작된다. 루이 13세의 뒤를 이어 5살의 나이에 왕위에 오른 루이 14세는 23살이 되던 1661년, 어머니와 함께 자신을 대신해 섭정하던 추기경 마자랭(Mazarin)이 사망하자 독자적으로 왕권을 행사하기 시작했다. 그는 프랑스 왕의 절대 권력에 어울릴 만한 궁전을 마련하는 동시에 궁전 사람들에게 사냥과 연회, 무도, 연극 등의 여흥을 제공하고 총애하는 여인들을 위한 적당한 장소를 마련하고자 루이 13세가 지었던 수렵용 성 자리에 궁전을 짓기로 결심했다. 궁전 건축은 르 보와 르 브룅에게, 정원은 르 노트르에게 명하여 1668년에 착공했다. 그 후 1672년, 공사는 현재의 자리로 옮겨 계속되었으며, 1685년에 완공되었다. 당대 최고의 프랑스 예술가들이 만들어낸 이 새로운 양식은 이후 유럽 궁전 건축의 모델이 되었고, 음식에서부터 애인을 두는 것까지 이곳에서 일어나는 모든 것들이 전 유럽의 유행이 되고 에티켓이 되었다.
1789년 대혁명으로 왕정이 무너지자 방치되어 폐허가 되어가다가, 1830년 왕당파의 7월 혁명으로 입헌군주가 된 루이 필리프(재위 1830~1848)는 분열된 국민을 결집하기 위해 베르사유 궁전을 박물관으로 개조해 일반에게 공개했다. 궁전은 제2차 세계대전 후 복구되어 지금에 이르고 있다.

바로크와 로코코 예술의 진수
베르사유 궁전 투어

베르사유를 처음 방문하는 사람들을 기다리고 있는 건 어디에 눈을 둘지조차 모를 화려하고 풍성한 볼거리다.
왕실에서 쓰던 가구와 도자기 등은 대부분 혁명 때 훼손되거나 도난당했다고 하는데, 남아 있는 것만으로도
화려함이 차고 넘치는 것을 보면 당시의 사치가 어느 정도였는지 짐작할 수 있다.
베르사유 궁전의 자유 관람은 출입구 A(궁전의 북측)에서 시작하며, 먼저 루이 15세 시대에 만든 왕실 부속 예배당을
둘러본 후 왕의 처소를 지나는 순서로 짜여 있다. 왕의 처소 끝에 있는 거울 갤러리를 지나면 다시 남쪽으로
마리 테레즈에서부터 마리 앙투아네트의 비극적인 마지막 날에 이르기까지 여러 왕비가 생활했던 왕비의 처소를
지나게 된다. 마지막으로 대관식의 방·전투 갤러리 등 루이 필리프 시대에 만든 박물관을 둘러보면 끝!
예상 관람 소요 시간은 약 1시간 30분.

I. Chapelle Royale

왕실 예배당

루이 14세가 예배를 드린 곳. 제단 위의
조각과 앙투안 쿠아펠의 천장화 <세상
에 구원의 약속을 가져다주는 광채에 싸
인 성부>가 화려하다. 2층에는 파이프
오르간이 있는데, 음색이 뛰어나며 예
술품으로서도 가치가 높다. 1층 문 바로
앞, 오르간 맞은편 자리는 왕실 가족만
앉을 수 있었던 특별석이다. 안으로 들
어갈 수는 없지만, 0층과 1층의 각 입구
에서 비교적 다양한 각도로 내부를 들여
다볼 수 있다. 예배당 앞에는 루이 16세
와 마리 앙투아네트의 결혼식을 축하하
기 위해 지은 오페라의 방(L'Opéra Royal)
이 있다.

II. Grand Appartement du Roi 왕의 처소

왕이 집무실, 접견실, 만찬장, 오락실 등으로 사용하던 7개의 방이 있는 곳. 루이 15세와 16세를 거치면서 비너스, 마르스, 헤라클레스 등 그리스·로마 신화에 나오는 신들의 이름이 붙여졌다.

❶ 헤라클레스의 방 Salon d'Hercule

왕실 예배당이 완성되기 전 임시로 이용하던 예배당. 천장에는 그리스·로마 신화에서 가장 힘이 센 영웅 헤라클레스와 관련된 일화가 그려져 있는데, 이는 루이 14세를 헤라클레스에 빗대어 표현한 것이다. 천장의 네 모서리에는 왕의 4가지 덕(힘, 인내, 가치, 정의)을 상징하는 그림이 있다. 베로네세의 <시몬의 집에서의 저녁 식사>가 걸려 있는 남쪽 벽면도 눈여겨볼 만하다.

❷ 비너스의 방 Salon de Vénus

왕의 처소에서 가장 독특한 장식이 있는 곳. 벽면에는 대리석과 대리석처럼 그린 르 브룅(Charles Le Brun)의 그림이 어우러져 착시 현상을 유발한다. 천장의 축복받는 비너스 그림과 고대 로마 장군의 복장을 한 루이 14세의 조각상도 볼만하다.

❸ 디안의 방 Salon de Diane

항해와 사냥의 여신 디안(그리스식 다이아나)의 이름을 딴 곳. 이곳에서 루이 14세가 당구를 즐겼다고 한다. 천장에는 디안의 그림이 있고 중앙에는 이탈리아 바로크의 거장 베르니니가 조각한 루이 14세의 흉상이 있다.

❹ 마르스의 방 Salon de Mars

붉은 벽지 그리고 군사를 상징하는 그림과 부조들로 장식한 긴 방이다. 전쟁의 신 마르스의 이름을 붙인 것에서 알 수 있듯 원래는 근위병을 위해 만든 방이었으나, 본래의 목적과 달리 음악회나 춤을 위한 공간으로 이용되었다.

❺ 머큐리의 방 Salon de Mercure

국왕의 침실로 사용된 방이다. 천장에는 프랑스의 상징인 수탉이 이끄는 전차를 타고 새벽을 여는 머큐리의 모습이 있고 머큐리의 주위에는 수사법, 대수학, 성실성 등을 상징하는 알렉산더, 아우구스투스, 아리스토텔레스, 소크라테스가 둘러싸고 있다. 루이 14세가 사망한 후 9일간 이 방에 시신을 보관했다고 한다.

❻ 아폴로의 방 Salon d'Apollon

황금빛 태양 마차를 끄는 아폴로가 천장을 장식하고 있는 방. 베르사유 궁전에서 가장 호화로운 방이라 소문날 정도로 금·은·보석으로 치장했으나 아우크스부르크 동맹전쟁(1688~1697년) 비용으로 모두 탕진하고 지금은 1701년에 제작된 루이 14세의 초상화가 방문자를 맞고 있다. 초상화에 등장하는 망토의 안감에 쓰인 흰 담비 털은 당시 가장 비싼 옷감이었다고 한다.

III. Galerie des Glaces 거울 갤러리

❶ 전쟁의 방 Salon de la Guerre

국왕의 집무실이었던 곳. 각종 전쟁 기념물로 장식돼 있다. 천장에는 <왕의 초상화가 새겨진 방패를 들고 싸우는 프랑스> 그림이 있는데, 중앙의 방패에 그려진 인물이 루이 14세다.

❷ 거울 갤러리 Galerie des Glaces

왕의 처소와 왕비의 처소를 연결하는 거울 갤러리는 궁전에서 가장 인기가 많은 곳이다. 길이 75m, 높이 13m의 홀로, 정원 쪽으로 17개의 창문이 나 있고, 반대쪽에는 578장의 거울이 설치돼 있어 햇빛에 반사되는 모습이 압권이다.
평범한 거울을 보고 실망하는 여행자도 많은데, 당시에는 거울 한 개 가격이 웬만한 저택보다 비쌌다고 하니, 그때로 돌아가서 상상해 보면 그 의미가 조금 다르게 여겨질 수 있다. 베르사유를 방문한 국빈이나 사신이 국왕을 만나기 위해 사용한 통로였다는데, 만나기도 전에 상대의 기를 누르려는 의도가 엿보인다. 르 브룅의 작품으로 채워진 천장에서는 루이 14세의 모든 업적을 묘사한 30개의 대형 천장화 속에서 마치 고대 로마의 영웅처럼 묘사된 왕의 모습을 찾아볼 수 있다. 1919년에는 제1차 세계대전을 종식한 베르사유 조약이 이 방에서 체결되었고, 지금도 중요한 국제회의가 열리고 있다.

❸ 왕의 침실 Chambre du Roi

화려한 침대가 있는 공식적인 왕의 침실로, 거울 갤러리 중앙 벽과 연결돼 있다. 침대 앞 나무 칸막이는 왕이 침대에 있을 때 업무를 보고하는 사람과의 경계를 나타낸다. 침실 양쪽에 집무실이 있었음에도 침대 위에서 업무를 보았다고 하니 왕의 권력이 얼마나 강력했는지 짐작할 만하다.

IV. Grand Appartement de la Reine 왕비의 처소

마리 앙투아네트 시절 호화롭게 개조한 이 방은 대혁명 당시 베르사유에 침입한 파리 시민 수천 명의 분노를 증폭시킨 곳으로 유명하다. 오랑주리 정원의 전경이 잘 보이도록 설계되었으니 창가에서 사진 찍는 것을 잊지 말자.

❶ 왕비의 침실 Chambre de la Reine

루이 14세의 왕비부터 마리 앙투아네트까지 3명의 왕비가 사용한 화려한 침실. 프랑스 혁명 후 이 방의 가구들은 대부분 경매에 부쳐졌는데, 워낙 양이 많아 처분하는 데 1년이나 걸렸다고 한다. 19명의 왕자와 공주가 태어나 '출산의 방'으로도 불렸다. 당시 프랑스에는 신하와 귀족들이 왕비가 출산하는 전 과정을 지켜보는 게 관행이었다고 한다. 마리 앙투아네트는 둘째 아이를 낳을 때부터 산파만 방에 머물도록 했으나, 왕비가 옷을 갈아입는 것까지 공개하던 관행을 견디지 못해 종종 궁전을 떠나 별궁에 머물렀다고 한다.

❷ 만찬 대기실 Antichambre du Grand Couvert

왕이 평상시 식사하던 곳. 음악 신동 모차르트가 루이 15세와 함께 식사한 곳이기도 하다. 이곳에서 왕과 왕비는 벽난로를 등진 채 호화로운 정식 의자에 앉고, 공작 등의 귀족들은 등받이가 없는 의자에 앉아서 식사했다고. 왼쪽 벽면에는 마리 앙투아네트의 초상화가 여러 점 걸려 있는데, 그중 비제 르 브룅이 그린 <마리 앙투아네트와 그녀의 아이들>이 특히 유명하다.

V. Musée de l'Histoire de France 프랑스 역사 박물관

궁전의 양쪽 건물은 프랑스 혁명 이후 루이 필리프가 박물관으로 개조해 일반 전시실처럼 꾸몄다.

❶ 대관식의 방 Salle du Sacre

루이 필리프가 나폴레옹을 기념하기 위해 만든 방으로, 장교 시절부터 황제 이후까지 나폴레옹을 모델로 그린 그림 여러 점이 걸려 있다. 그중 자크 루이 다비드의 대작 <1804년 12월 2일, 나폴레옹의 대관식>에서 방의 이름을 땄다. 원작은 루브르 박물관에 있고, 이 방에 있는 그림은 작가가 추가로 그린 것. 원작보다 크기가 약간 작은 것 외에는 거의 비슷하지만 눈에 띄는 다른 점이 있는데, 바로 나폴레옹의 여동생 중 한 명인 폴린의 드레스 색이다.

❷ 전투 갤러리 Galerie des Batailles

왕실 친척들의 처소로 쓰이던 곳. 선거를 통해 왕이 된 루이 필리프가 프랑스의 위대함을 고취하기 위해 거대한 전시실로 만들었다. 프랑스가 승리를 거둔 전쟁 중에 35개 장면을 양쪽 벽에 걸었으며, 프랑스 왕자들과 전쟁에서 숨진 수석 사령관, 장성, 원수의 이름이 새겨진 청동의 명각문, 82인의 흉상도 볼 수 있다. 가장 유명한 작품은 들라크루아의 <타유부르 전투(Bataille de Taillebourg)>(1837년)다.

419

프랑스에서 가장 아름다운 정원

② 베르사유 정원 Jardins de Versailles

베르사유의 진수는 궁전보다는 정원에 있다. 베르사유 정원은 화단과 분수, 조각 등이 기하학적으로 배치된 대표적인 프랑스식 정원이다. 여의도 면적의 3배에 가까운 800ha의 대지에 20만 그루의 나무와 산책로, 뱃놀이를 즐기던 운하가 조성돼 있고, 20여 개의 분수와 200여 점에 이르는 조각품이 어우러진 정원은 말 그대로 '장관'을 연출해 낸다.

정원 초입 라톤의 분수에서 대운하 초입까지는 걸어서 15분 정도 걸리지만, 중간에 대리석 조각과 아름다운 프랑스식 정원을 두루두루 둘러보려면 1~2시간은 족히 걸린다. 십자 형태로 설계된 대운하를 제대로 보려면 운하 한편에서 대여해 주는 자전거를 이용하는 것이 좋다. MAP 414p

GOOGLE MAPS 베르사유 정원
OPEN 08:00~20:30(11~3월 ~18:00)/폐장 1시간 30분 전(11~3월에는 30분 전)까지 입장
PRICE 무료/분수 쇼 진행 일 12€, 음악 분수 진행일 10€/ 패스포트
WEB www.chateauversailles.fr

+MORE+

분수 쇼를 보려면 시간 체크 필수!

하절기에 진행하는 분수 쇼는 대개 오후 4~5시에 끝난다. 분수 쇼 진행일에 베르사유 방문을 오후에 할 예정이라면 정원과 분수 쇼를 먼저 보고 궁전 입장을 천천히 하는 것으로 계획하자. 참고로 6월 중순~9월 중순에는 분수 쇼가 야간에도 진행되며, 22:50부터 불꽃놀이가 펼쳐진다.

베르사유 정원 산책

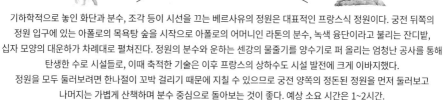

기하학적으로 놓인 화단과 분수, 조각 등이 시선을 끄는 베르사유의 정원은 대표적인 프랑스식 정원이다. 궁전 뒤쪽의
정원 입구에 있는 아폴로의 목욕탕 숲을 시작으로 아폴로의 어머니인 라톤의 분수, 녹색 융단이라고 불리는 잔디밭,
십자 모양의 대운하가 차례대로 펼쳐진다. 정원의 분수와 운하는 센강의 물줄기를 양수기로 퍼 올리는 엄청난 공사를 통해
탄생한 수로 시설들로, 이때 축적한 기술은 이후 프랑스의 상하수도 시설 발전에 크게 이바지했다.
정원을 모두 둘러보려면 한나절이 꼬박 걸리기 때문에 지칠 수 있으므로 궁전 양쪽의 정돈된 정원을 먼저 둘러보고
나머지는 가볍게 산책하며 분수 중심으로 돌아보는 것이 좋다. 예상 소요 시간은 1~2시간.

Point 1 오랑주리 Orangerie

궁전에서 대운하를 바라보고 왼쪽에 있는 조각 같은 정원.
가운데 분수를 중심으로 여섯 면으로 나뉜 잔디밭과 화분에 담
긴 오렌지 나무들, 기하학적 모양으로 정리된 나무들은 인간의
힘으로 자연을 정복할 수 있다고 믿은 자신감의 산물이다. 정원
을 설계한 망사르(Jules Hardouin Mansart)의 최고 작품으로 평
가된다.

라토나의 분수 Bassin de Latone

Point 2

궁전에서 내려오면 만나게 되는 4단 케이크 같은 분수.
태양의 신 아폴로와 달의 여신 다이아나의 어머니인 라토나
여신의 이름을 따왔다. 맨 아래는 거북이와 악어 조각, 그
위에는 개구리 조각들이 물을 내뿜고 있는데, 이는 부르봉
왕가에 대항한 귀족들이 일으킨 프롱드의 난(La Fronde) 동
조자들을 비유한 것이다.

Point 3 녹색 융단 Tapis Vert

라토나의 분수에서 대운하까지 조성
된 잔디밭. 당시 루이 14세와 이탈리
아 바로크의 대가 베르니니가 합심해
로마에 학교를 세웠는데, 그때 유학
을 떠난 젊은 프랑스 예술가들이 남
긴 조각상이 녹색 융단을 지키는 듯
좌우에 늘어서 있다.

Point 4 아폴로의 분수 Bassin d'Apollon

태양의 신 아폴로가 전차를 타고 일
출 시각에 바다에서 떠오르는 모습을
역동적으로 표현했다.

Point 5 대운하 Grand Canal

십자 모양으로 조성된 운하의 길이는
세로 1.7km, 가로 1km 정도로, 루이
14세 시절 베네치아에서 보내온 곤돌
라를 운하에 띄웠다는 기록이 있다.
지금도 보트를 빌려주고 있으니 연인
이나 친구와 함께 노를 저으며 베르
사유의 또 다른 낭만을 즐겨보자.

각 처소를 오가며 정원을 감상할 수 있도록 설계한 열주

③ 루이 14세의 휴양지
그랑 트리아농 Grand Trianon

루이 14세가 퇴임 후 여생을 보내기 위해 짓기 시작해 1687년에 완공한 곳. 처음엔 루이 14세의 정부이던 몽테스팡 부인을 위해 지었다가 맹트농 부인과 사귀면서 현재의 모습으로 확장했는데, 여성에게 바치는 별궁답게 장밋빛의 대리석으로 지은 웅장한 건물과 내부 장식에서 루이 14세의 화려한 일상을 엿볼 수 있다. 황후의 거처(Appartement de l'Impératrice)에 있는 거울 갤러리(Salon des Glaces)와 형형색색의 대리석으로 만든 정원의 뷔페 분수(Buffet d'Eau)는 그랑 트리아농의 백미로 꼽힌다. 아폴로의 분수에서 20분 정도 걸어가면 나온다. MAP 414p

GOOGLE MAPS 그랑트리아농
OPEN 12:00~18:30(11~월 ~17:30)/폐장 30분 전까지 입장/월요일, 1월 1일, 5월 1일, 12월 31일 휴무
PRICE 12€(그랑 트리아농, 프티 트리아농, 왕비의 촌락 통합권)/ **뮤지엄 패스** / **패스포트**

거울 갤러리

신고전주의 양식의 단아한 궁전

비밀스럽게 숲속에 있는 사랑의 신전

④ 마리 앙투아네트의 뜻대로!
프티 트리아농 Petit Trianon

루이 15세가 만든 식물원과 궁전이 있는 곳으로, 그랑 트리아농 바로 옆에 있다. 1762년 루이 15세가 그의 애첩과 함께 지내기 위해 지었는데, 루이 16세는 마리 앙투아네트가 첫딸을 출산한 기념으로 그녀에게 선물로 주었고, 실내장식도 그녀의 취향에 따라 변경했다. 이후 나폴레옹은 황후인 마리 루이즈에게 이 궁전을 주었다. 내부는 장밋빛의 소품들로 꾸며져 있다.

프티 트리아농에서 왕비의 촌락으로 가다 보면 흰 기둥이 둥글게 늘어선 가운데에 큐피드상이 있는 작은 신전이 나온다. 마리 앙투아네트가 애인 페르젠과 밀회를 나누었다는 사랑의 신전(Temple de l'Amour)이다. MAP 414p

GOOGLE MAPS 프티트리아농
OPEN & **PRICE** 그랑 트리아농과 같음

 마리 앙투아네트를 위해 만든 마을
5 왕비의 촌락
Hameau de la Reine

화려한 궁전과는 어울리지 않는 12채의 소박한 가옥이 모여 있는 촌락이다. 1783년 마리 앙투아네트를 위해 전통 가옥과 호수 등으로 전형적인 프랑스 전원 풍경을 그대로 재현해낸 것. 실제로 마리 앙투아네트는 이곳에서 농사일을 하거나 소젖을 짜는 등 평범한 농촌의 일상을 즐겼다고 한다. 사랑의 신전에서 프티 트리아농을 바라보고 오른쪽 다리를 건너 7분 정도 걸어가면 나온다. MAP 414p

GOOGLE MAPS 베르사유 왕비의 집
OPEN & PRICE 그랑 트리아농과 같음

: WRITER'S PICK :

프랑스 왕의 정부(情婦) Maîtresse-en-Titre

궁정 사회의 결혼은 정략으로 얽혀 있었기 때문에 어차피 '사랑'은 이들 결혼의 필수 조건이 아니었다. 루이 14세와 루이 15세는 각각 15명의 정부를 두었으며, 왕비와 귀족들 역시 종종 정부를 두었다. 몽테스팡 부인은 루이 14세와 10년 넘게 사귀었고, 루이 15세의 정부이던 퐁파두르 부인은 국정에도 관여했다. 루이 16세와 마리 앙투아네트는 둘 다 애인 만들기에 관심이 없었기에 인맥을 이용해 영향력을 행사하고 싶어 하던 귀족들의 실망이 이만저만 아니었다고 한다. 그래서인지 그들을 향한 유언비어가 유독 많았으며, 좋게 말해 순진했기 때문에 혁명기에 유연하게 대처하지 못해 비극적인 막을 내린 것으로 해석된다.

비운의 패셔니스타 마리 앙투아네트

마리 앙투아네트와 친하던 여류 화가 비제 르 브룅(Vigée Le Brun)이 루브르 살롱 전시회에 출품한 왕비의 초상화가 구설수에 올랐다. 고귀한 왕비가 어찌 보면 여신 같고 어찌 보면 속옷을 입은 것처럼 보였기 때문. 숱한 비난이 일자 푸른 드레스를 입은 모습으로 고쳐 그렸지만, 이미 공개된 왕비의 '슈미즈(속옷) 룩'은 이후 혁명기 내내 유럽 여인들 사이에 유행하는 스타일이 되었다.

사치의 상징으로 비난받던 마리 앙투아네트는 사실 역대 왕비들과 비교하면 상당히 검소했다. 프랑스 왕실 문화에 적응하지 못한 그녀는 귀족의 시샘과 음모에 휩싸인 채 시민의 갖은 오해 속에 결국 형장의 이슬로 사라지고 말았다.

> 비제 르 브룅이 다시 그린
> <마리 앙투아네트, 프랑스의 여왕>.
> 프티 트리아농에 전시돼 있다.

오베르
쉬르우아즈

AUVERS-sur-OISE

파리에서 북서쪽으로 30km 떨어진 작은 마을 오베르쉬르우아즈. 현대인에게 가장 사랑받는 화가 반 고흐가 머물다가 자살로 생을 마감한 곳으로 유명하다. 반 고흐는 이곳에서 70일간 머물면서 무려 70개 이상의 작품을 남겼는데, 그의 마지막 작품으로 알려진 <까마귀가 있는 밀밭>, <닥터 가셰의 초상> 등이 대표적이다. 작은 마을이지만 작품 속 배경이 그대로 남아 있어 그를 사랑하는 사람들에게 기대 이상의 큰 감동을 안겨주는 곳. 천천히 거닐며 명화 속 장소를 확인해보자.

오베르쉬르우아즈 가는 법

파리 시내에서 기차로 약 50분 거리에 있는 오베르쉬르우아즈는 일드프랑스의 5존에 속한다. 보통 1회 이상 갈아타고 가야하므로 이동 시간을 여유있게 잡아야 한다.

🚆 Train | 기차 or 🚆 + 🚌 Train + Bus | 기차 + 버스

❶ 북역에서 페르상 보몽(Persan Beaumont)행 근교 기차 트랑질리앵을 타고 발몽두아(Valmondois)에 내려 퐁투아즈(Pontoise)행으로 갈아타고 오베르쉬르우아즈(Auvers-sur-Oise)역에 내린다. 약 1시간 15분 소요.

❷ 북역이나 생라자르역에서 퐁투아즈행 기차를 타고 생투앙로몬(St-Ouen-L'Aumôn)역이나 퐁투아즈에서 내려 크레이(Creil)행으로 갈아타고 오베르쉬르우아즈역에서 내린다. 경유하는 역과 갈아탈 기차의 도착 시각에 따라 50분~1시간 30분 정도 소요된다.

❸ 북역이나 생라자르역에서 기차를 타고 발몽두아나 퐁투아즈에 내려 역 앞에서 95-07번 버스를 타고 오베르쉬르우아즈(Mairie - Auvers-sur-Oise)에서 내린다. 발몽두아에서 버스를 탔다면 약 10분, 퐁투아즈에서 버스를 탔다면 약 25분 걸린다. 1시간 10분~1시간 50분 소요.

오베르쉬르우아즈역에서 나와 왼쪽으로 걸어가면 반 고흐 공원이 나온다. 오베르쉬르우아즈는 마을 규모가 작아 한나절 정도면 주요 명소를 다 걸어서 돌아볼 수 있다. 역 근처에 카르푸(08:00~20:00, 일요일 09:00~13:00)가 있다.

TIME 05:26~20:41/15분~1시간 간격(북역 출발 기준)
PRICE 5€~/1~5존 이상의 나비고·파리 비지트
WEB www.iledefrance-mobilites.fr, www.transilien.com

*시즌과 요일에 따라 운행 스케줄이 자주 바뀌니 이용 전 다시 한번 확인한다.
*환승 기차는 파리발 기차 도착 후 1~30분 후 출발로 유동적이다.
*북역에서 출발하는 기차는 노선에 따라 퐁투아즈역에서 환승하는 경우도 있다.

💙 3월 마지막 주 토요일 또는 4월부터 10월까지 토·일요일·공휴일에는 직행기차가 1회 운행한다. 보통 09:30 전후에 파리 북역에서 출발한다. 오베르쉬르우아즈역에서 파리로 가는 기차는 18:15 전후에 1회 있다. 요금은 일반 기차와 같고, 운행 스케줄은 매년 바뀐다.

💬 환승 시간이 불규칙적이고, 당일 상황에 따라 기차 사정이 유동적이니 여행 전 교통편 홈페이지를 통해 확인할 것.

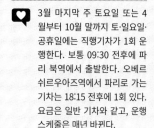

+ M O R E +

기차 이용 시 주의사항

파리에서 오베르쉬르우아즈까지 가는 기차 구간은 낡은 철로와 기차의 고장으로 인한 연착이 잦은 편이므로 아침 일찍부터 여유를 갖고 유연하게 움직이는 것이 좋다. 1회권 티켓을 산다면 왕복(Retour)용 편도 티켓 2장을 구매하자. 오베르쉬르우아즈역은 규모가 작아서 역무원이 자리를 비우거나 자동판매기가 고장 난 경우가 많아 티켓을 사지 못할 수 있다.

일드프랑스를 오가는 근교 기차. 신형과 구형 기차 모두 다닌다.

오베르쉬르우아즈역

: WRITER'S PICK :
여행 팁

■ 관광 안내소 Office de Tourisme

반 고흐의 그림 배경지를 표시한 그림지도를 판매한다. 한국어 지도도 있는데, 7~8월 이후엔 없을 때가 많다. 엽서와 책, 소품 등의 기념품도 판매한다.

GOOGLE MAPS 35CF+F4 오베르쉬르우아즈
ADD Parc Van Gogh, 38 Rue du Général de Gaulle, 95430
OPEN 4~10월 09:30~13:00, 14:00~18:00(토·일요일은 쉬는 시간 없음),
11~3월 10:00~13:00, 14:00~16:30/월요일·12월 24일~1월 1일·일부 공휴일 휴무
WALK 역에서 나와 길을 건너 왼쪽으로 가면 나오는 공원 안에 있다. 도보 2분
WEB www.tourisme-auverssuroise.fr

■ 추천 코스

오베르쉬르우아즈를 여행하는 가장 일반적인 방법은 반 고흐와 인상파의 흔적을 따라 가는 것. 소요 시간은 2~3시간 예상하면 된다. 시간 여유가 있거나 인상파 화가에 관심 이 많다면 모네와 세잔에게 영향을 준 도비니(Charles-François Daubigny, 1817~1878년) 의 박물관과 아틀리에에도 들러보자.

오베르쉬르우아즈역 → 도보 1분 → 반 고흐 공원 → 도보 2분 → 라부 여관 → 시청사 → 도보 7분 → 오베르쉬르우아즈 성당 → 도보 5분 → <까마귀가 나는 밀밭> 배경지 → 도보 4분 → 오베르쉬르우아즈 묘지

1 오베르쉬르우아즈 마을의 입구

반 고흐 공원 Le Parc Van Gogh

긴 돌담에 둘러싸여 그냥 지나치기 쉬운 이 조용한 공원에는 최초의 입체파 조각가 자드킨(Ossip Zadkine)이 반 고흐에게 헌정한 작품이 있다. 누구와도 함께할 수 없다는 외로움이 서린 반 고흐의 얼굴과 앙상하게 마른 몸에서 한평생 생활고와 고독에 시달린 예술가의 혼을 느낄 수 있다. MAP 426p

GOOGLE MAPS 35CF+96 오베르쉬르우아즈
WALK 기차역에서 도보 1분

2 예술가의 마지막 숨결이 깃든 방

라부 여관(반 고흐의 집) Auberge Ravoux(Maison de Van Gogh)

반 고흐가 살던 간소한 다락방이 2층에 남아 있다. 반 고흐가 생레미드프로방스에 있는 정신병원을 떠나 이 곳으로 이사 온 것은 미술 애호가이자 그를 진심으로 이해해주던 정신과 의사 가셰 박사 때문이었다. 1890 년 5월부터 당시 일반 노동자의 일당 수준인 하루 3.50프랑에 숙식을 제공하는 라부 여관 2층의 제일 작은 다락방에 투숙하면서 반 고흐는 마치 뭔가에 씐 사람처럼 붓을 잡고 약 70일간 70점이나 되는 작품을 완성했다. 하지만 결국 같은 해 7월 27일, 마을 한편에서 권총으로 자살을 도모해 자신의 방에서 이틀간 괴로워하다 숨을 거두고 말았다. 이후 '자살자의 방'이라는 이유로 이 방에 머무는 사람이 한 명도 없었다고 한다. 그 후 아무도 신경 쓰지 않던 라부 여관은 1987년 벨기에 사업가가 인수한 뒤 반 고흐가 살던 당시의 모습으로 복원되었다. 내부에는 반 고흐의 작품이 단 한 점도 없고, 0층에 당시의 모습을 그대로 간직한 식당 오베르주 라부(Auberge Ravoux)가 있다. MAP 426p

GOOGLE MAPS 반고흐의집 95430
ADD 52 Rue du Général de Gaulle, 95430
OPEN 3월 6일~11월 24일(매년 조금씩 다름) 10:00~18:00/폐장 30분 전까지 입장/월·화요일·11~2월 휴무
PRICE 10€(12~17세 8€)
WALK 반 고흐 공원에서 도보 2분/기차역에서 도보 3분
WEB www.maisondevangogh.fr

반 고흐의 그림을 전시할 날을 고대하며 걸어 놓은 빈 액자

오르세 미술관에 소장된 작품

③ 그림처럼 새하얀 모습 그대로
오베르 시청사 Mairie d'Auvers-sur-Oise

라부 여관 바로 맞은편에 있는 오베르
시청사는 반 고흐의 그림 속 모습 그
대로 변함없이 서 있다. 반 고흐는 이
작품을 여관 주인 라부에게 선물했는
데, 라부는 반 고흐가 죽은 후 동네를
방문한 화가에게 헐값에 넘겼다고 한
다. **MAP 426p**

GOOGLE MAPS 35CC+3P 오
베르쉬르우아즈
ADD 17 Rue du Général
de Gaulle, 95430
WALK 라부 여관 바로 앞

<오베르 시청사 La Mairie d'Auvers>,
개인 소장

+MORE+

수 르 포르슈 Sous le Porche

시청사 바로 앞 광장 입구의 카
페. 반 고흐의 그림에 등장하는
인물인 양 테라스에 자리를 잡
고 와인이나 칵테일 한잔하는
사람이 많다. 음식의 완성도도
높으니 반 고흐의 시선으로 라
부 여관과 시청사를 바라보는
시간을 즐겨보자.

OPEN 10:00~14:00, 19:00~22:00
(화요일 10:30~14:30)/월요일·일부
공휴일 휴무

④ 그림처럼 삐뚤한 작은 성당
오베르쉬르우아즈 성당
Église Catholique Notre-Dame-de-l'Assomption d'Auvers-sur-Oise

반 고흐의 후기 작품 중 걸작으로 꼽히는 <오베르 성당>의
배경. 어두운 하늘 아래에 서 있는 13세기 고딕 양식의 성
당은 구불거리는 두 갈래 길과 어우러지며 함께 요동치는
것처럼 보인다. 반 고흐는 하늘에는 진한 코발트색을, 건물
에는 보라색을, 정원에는 녹색과 장미색을 사용했고 군청
색, 오렌지색, 노란색 등으로 화려함을 더했다. 그의 천부
적인 색채 감각을 엿볼 수 있는 이 작품은 화려한 색채, 단
순한 구도, 소용돌이치는 붓질이 어우러져 강렬하면서도
불안정한 에너지를 내뿜는다. 성당은 그림 속 강한 인상과
는 달리 조용하고 고즈넉한 모습으로 반 고흐를 사랑하는
이들을 맞고 있다. **MAP 426p**

GOOGLE MAPS 오베르쉬르우아즈 성당
ADD Place de l'Eglise, 95430
WALK 라부 여관에서 도보 7분/기차역에서 도보 4분

<오베르 성당 L'Église d'Auvers>,
파리 오르세 미술관 소장

⑤ 반 고흐의 마지막 작품
<까마귀가 나는 밀밭> 배경지
Champ de Blé aux Corbeaux

반 고흐의 마지막 작품으로 알려진 <까마귀가 나는 밀밭>의 배경이 된 곳. 그림 속에서 노랗게 타들어 가는 밀밭 위로 소용돌이치는 어두운 하늘이 그려져 있다. 하늘에는 먹구름이 잔뜩 끼어 있고, 한 무리의 까마귀 떼가 불길한 기운을 전한다. 그림 전체를 지배하는 거친 붓질은 강렬함을 넘어 죽음 직전의 격정과 절박함을 느끼게 한다. 현재 이 그림은 암스테르담 반 고흐 박물관에서 소장하고 있으며, 그림과 같은 배경은 6월 말~7월 말에 볼 수 있다. MAP 426p

GOOGLE MAPS 35FG+P8 오베르쉬르우아즈
WALK 오베르쉬르우아즈 성당에서 도보 5분

: WRITER'S PICK :
불멸의 화가, 빈센트 반 고흐

'불멸'이라는 단어가 이토록 잘 어울리는 화가가 또 있을까. 살아서는 화가로서 인정받지 못해 극도로 가난하게 살다가 37세의 젊은 나이에 자살로 생을 마감했지만, 그가 남긴 작품은 세월을 견뎌 반 고흐에게 '불멸'의 이름표를 남겼다.

절친한 친구였던 고갱이 그려준 초상화 때문에 다투다 스스로 귀를 자를 만큼 괴팍한 성격에 우울한 삶을 살았던 것과 달리 반 고흐는 선명한 색채 대비와 소용돌이치는 듯한 붓놀림으로 밝고 생명력이 넘치는 작품을 주로 그렸다. 네덜란드에서 태어났지만 프랑스에서 주로 활동했기 때문에 <해바라기>, <별이 빛나는 밤> 등 우리에게 알려진 작품은 모두 프랑스를 배경으로 하고 있다. 가난했던 탓인지 작품 속 그의 소재는 생활 속 풍경과 소소한 일상을 담고 있는데, 그림 속에 나온 장소는 지금까지 그 모습을 그대로 간직하고 있는 곳이 많아 친숙한 느낌을 더하고 있다.

반 고흐와 테오가 잠든
오베르쉬르우아즈 묘지
Cimetière d'Auvers-sur-Oise

반 고흐는 동생 테오가 보는 앞에서 생을 마감했다. 테오는 평생을 정신적·경제적으로 지원해 준 후원자였으며, 반 고흐가 유일하게 터놓고 이야기 할 수 있는 상대였다. 형을 잃은 슬픔 탓인지 그 후 1년도 지나지 않아 테오도 죽음을 맞이했고, 테오의 부인 요안은 그의 유해를 화장해 1914년 형 옆에 안치하고, 하나의 덩굴을 둘의 무덤 위에 심었다. 훗날 요안은 반 고흐가 테오에게 보낸 편지 663통, 테오와 요안에게 보낸 편지 9통, 테오가 반 고흐에게 보낸 편지 39통을 정리해 책으로 출간했고, 덕분에 반 고흐를 연구하는 귀중한 자료로 쓰이고 있다. MAP 426p

GOOGLE MAPS 35FH+R8 오베르쉬르우아즈
WALK 까마귀가 나는 밀밭에서 도보 4분/오베르쉬르우아즈 성당에서 도보 6분

박물관에서 가장 귀한 대접을 받는 압생트 스푼 컬렉션

⑦ 예술가들이 사랑한 초록2 요정
압생트 박물관
Musée de l'Absinthe

반 고흐가 즐겨 찾던 압생트 카페를 개조해 만든 박물관. 고갱과 헤어진 괴로움에 압생트를 마시던 반 고흐가 취한 상태에서 이를 초록 요정(La Fée Verte)으로 착각해 자신의 귀를 잘랐다는 일화 덕분에 초록 요정이란 별명을 얻었다. 작은 규모의 박물관 안에는 당시 모습을 보존한 바와 압생트를 마시는 기구, 관련 자료와 그림 등이 촘촘히 전시돼 있다. 코폴라 감독이 영화 <드라큘라>를 촬영할 때 영화의 완성도를 위해 꼭 필요하다며 대여를 요청했던 압생트 스푼 컬렉션이 자랑거리다. MAP 426p

GOOGLE MAPS 35C9+P5 오베르쉬르우아즈
ADD 44 Rue Alphonse Callé, 95430
OPEN 3월 초~10월 말 토·일요일 13:30~17:30/시즌에 따라 유동적/10월 말~3월 초·3월 초~10월 말 월~금요일 휴무
PRICE 6€/박물관+압생트 시음 10€
WALK 라부 여관에서 도보 4분
WEB www.musee-absinthe.com

<저녁노을의 풍경>, 암스테르담 반 고흐 미술관

⑧ 반 고흐가 바라본 저녁노을
오베르 성 Château d'Auvers

반 고흐가 그린 <저녁노을의 풍경(Paysage au Crépuscule)>의 배경이 된 성. 17세기에 건축한 소박한 곳으로, 지금은 길도 나고 건물도 들어서는 등 많이 변화해 그림과 같은 장면을 볼 수 없어 아쉽다. 프랑스식으로 아기자기하게 꾸민 정원을 지나 성 안으로 들어가면 오베르쉬르우아즈와 인연이 있던 인상주의 화가들의 작품과 사진 등을 볼 수 있는 전시관이 있다. 전시에 따라 작품 영상을 벽과 설치물에 쏘아 환상적인 분위기를 자아내는데, 그림 속으로 들어가는 듯한 기분에 아이들이 특히 좋아한다. 4~9월 수~일요일 점심시간에는 성 뒤편에 레스토랑이 문을 연다. 북쪽 건물은 17세기에 건축된 온실로, 인공 동굴과 님프 분수가 볼만 하다. MAP 426p

GOOGLE MAPS 오베르성
ADD Chemin des Berthelées, 95430
OPEN 정원 09:00~19:00(10~3월 ~18:30), 전시관 10:00~17:00(시즌에 따라 유동적)/월요일(공휴일인 경우 유동적 오픈)·전시 교체 기간·12월 말~1월 초 3주간 휴무
PRICE 성 일부와 정원 무료, 특별전 12€(학생·7~17세 7.50€)
WALK 압생트 박물관에서 도보 4분/라부 여관에서 도보 6분
WEB www.chateau-auvers.fr

+**MORE**+

오베르쉬르우아즈에서 그린
반 고흐의 또 다른 작품들

■ **<도비니의 정원 Le Jardin de Daubigny>**, 바젤 쿤스트 박물관 소장

반 고흐가 그린 <도비니의 정원> 3개 중 하나로, 오베르쉬르우아즈에서 그린 다른 그림에 비해 불타오르는 듯한 붓질의 터치가 덜해 얌전하고 밝은 느낌이다. 그 때문에 이 그림이 반 고흐 최후의 작품이라는 것이 확실시되고 있다. 그림 배경지는 현재 개인 주택으로 출입이 제한된다.

■ **<오베르 계단 L'Escalier d'Auvers>**,
　세인트루이스 예술 박물관 소장

라부 여관 입구를 등지고 오른쪽에 보이는 좁고 가파른 계단이 그림의 배경이다. 야트막한 언덕길과 계단의 각도, 사람들의 자세는 청년기부터 노년기까지 '인생'이라는 길을 걷고, 오르고, 내려오는 인간의 삶을 의미한다.

■ **<비 La Pluie>**,
　카디프 웨일스 국립박물관 소장

반 고흐의 무덤 가까이에서 마을을 바라본 풍경이다. 비를 시각화한 세로 붓 터치가 그의 심경을 보여준다. 화면 가운데에 비를 맞으며 외롭게 홀로 나는 까마귀의 모습에서 반 고흐의 고독함과 처참한 심정이 느껴진다.

■ **<아들린 라부의 초상 Portrait d'Adeline Ravoux>**, 클리블랜드 예술 박물관 소장

라부 여관 주인의 딸 아들린을 그린 3개의 초상화 중 하나. 당시 아들린은 13살이었는데, 완성된 초상화가 자신과 닮지 않은 성숙한 여인의 모습이어서 실망이 컸다고 전해진다.

■ **<우아즈 강가 Bords de l'Oise>**,
　디트로이트 예술 학교 소장

'강변'을 뜻하는 '라 그르누예르'라는 제목으로도 알려진 그림. 마네, 르누아르, 쇠라 등 인상파 화가들은 햇살 좋은 날 강에서 물놀이를 즐기는 모습을 화면에 즐겨 담았다. 지금은 그림과 같은 풍경이 남아 있지 않다.

퐁텐블로

FONTAINEBLEAU

파리 남동쪽, 일드프랑스 끝자락에 있는 퐁텐블로는 베르사유 궁전의 모델이 된 퐁텐블로성으로 유명하다. 성 주위에 펼쳐진 숲은 파리가 있는 일드프랑스 1존보다 넓은 2만5000ha(약 756만 평)에 이르며, 아름다운 산책길이 조성돼 있어 마치 영화 속의 한 장면을 걷는 듯한 기분이 든다.

"프랑스의 역사를 알려면 역사책을 펼치는 대신 퐁텐블로성에 가보라"는 말이 있을 정도로 유서 깊은 퐁텐블로성은 12세기 초 루이 7세부터 나폴레옹 3세에 이르기까지 34명의 프랑스 왕이 거쳐 간 장구한 역사를 간직하고 있다. 나폴레옹은 이 성을 특히 사랑했는데, 아이러니하게도 그에게서 프랑스 황제 타이틀을 빼앗고 엘바 섬으로 추방한 퐁텐블로 조약이 이 성에서 체결됐다.

퐁텐블로 가는 법

파리 시내에서 기차로 약 40분 거리에 있는 퐁텐블로는 일드프랑스의 5존에 속한다. 직행기차가 다니지만, 공사나 사고로 운행 중 지연되는 일이 잦으니 시간에 여유를 두고 일정을 계획하자.

🚊 Train | 기차

파리 리옹(Lyon)역에서 믈룅(Melun)이나 몽타르지(Montargis), 몽트로(Montereau)행 TER 또는 트랑질리앵을 타고 약 40분 후 퐁텐블로-아봉(Fontainebleau-Avon)역에서 내린다. 이때, 퐁텐블로-아봉역에 정차하지 않는 기차도 있으니 꼭 확인한 후 탑승한다.

퐁텐블로성까지는 기차역 플랫폼에서 역 출구를 바라보고 왼쪽에 있는 버스 정류장에서 샤토(Château) 방향 1번 버스를 타고 10분 정도 가거나 40분 정도 걸어간다. 버스는 성 정문 앞에는 서지 않으니 샤토(Château) 정류장에서 내려 퐁텐블로성 북쪽에 있는 디안의 정원으로 들어간다. 시간대에 따라 성 방향으로 가는 다른 버스가 추가될 수 있으니 정류장에서 샤토행 버스를 먼저 찾아보자.

TIME 06:16~22:38/30분~1시간 간격
PRICE 기차 5€~+버스 2.50€/기차·버스 모두 1~5존 나비고·파리 비지트
WEB www.iledefrance-mobilites.fr
www.transilien.com

*시즌과 요일에 따라 운행 스케줄이 자주 바뀌니 이용하기 전 다시 한번 확인한다.

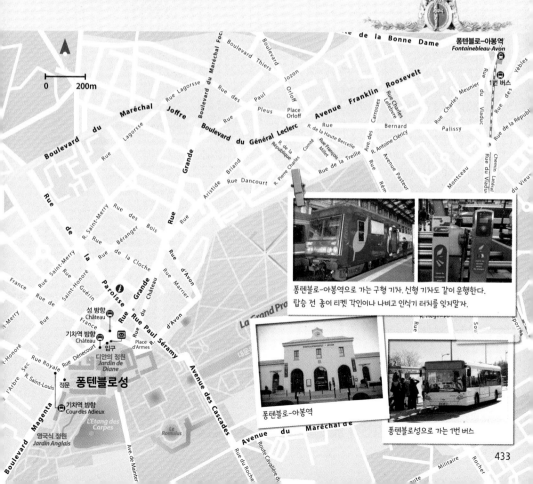

퐁텐블로-아봉역으로 가는 구형 기차. 신형 기차도 같이 운행한다.
탑승 전 종이 티켓 각인이나 나비고 인식기 터치를 잊지말자.

퐁텐블로-아봉역

퐁텐블로성으로 가는 1번 버스

433

나폴레옹의 마지막을 배웅한 궁전

퐁텐블로성 Château de Fontainebleau

12~15세기에 지은 퐁텐블로성은 각 왕들이 증·개축해 다양한 양식의 건물 형태를 보여주고 있다. 하지만 대부분 프랑수아 1세가 만들어서, 많은 건물들의 외관에 프랑수아 1세의 머리글자인 'F'자가 새겨 있다. 정면 입구에 있는 명예의 안뜰(Cour d'Honneur)은 나폴레옹이 엘바 섬으로 떠날 때 근위병들에게 이별사를 고하던 곳으로, '이별의 광장'이라고도 한다. 성안에는 화려하게 장식된 방이 많은데, 특히 무용의 방(Salle de Bal)은 현란할 정도의 실내장식이 볼거리이다. 나폴레옹 1세 박물관(Musée Napoléon I)에는 나폴레옹과 황실 가족이 남긴 도자기, 의상, 회화, 조각, 세공품, 무기 등이 전시돼 있고, 나폴레옹을 비롯해 이곳에 머물던 황제와 왕을 포함한 가족들의 초상화도 있다.

성 뒤쪽으로 조성된 정원과 넓은 숲, 호수, 산책길도 아름답기로 유명하다. 정원은 영국식과 프랑스식이 혼재돼 있어 두 양식의 아름다움을 동시에 엿볼 수 있다. 다른 성들처럼 아기자기하게 가꾼 정원은 아니지만 싱그러움이 가득한 산책로가 매력적이다. 산책로마다 심은 나무의 종류가 달라 서로 전혀 다른 분위기를 연출한다. MAP 433p

퐁텐블로성을 지금의 모습으로 확장한 프랑수아 1세

GOOGLE MAPS 퐁텐블로궁전
ADD Château de Fontainebleau, 77300
OPEN 성 09:30~18:00(10~3월 ~17:00)/폐장 45분 전까지 입장, 정원 09:00~19:00 (11~2월 ~17:00, 3·4·10월 ~18:00)/겨울철 일부 구역 휴장/화요일·1월 1일·5월 1일·12월 25일 휴무
PRICE 정원 무료, 성 14€(18~25세 12€)/예술 전공 학생 및 1~6월·9~12월 매월 첫째 일요일 무료/ 뮤지엄 패스
WEB www.chateaudefontainebleau.fr

프랑수아 1세 갤러리

무도회장

다이아나 갤러리

퐁텐블로성 관람 포인트

퐁텐블로성 입장료에 포함된 곳은 그랑 아파르트망과 나폴레옹 1세 박물관 등이다. 성의 1층이 나폴레옹 1세 박물관이며, 그랑 아파르트망의 여러 방과 연결된다. 더 많은 소장품이 있는 프티 아파르트망과 사냥 박물관, 가구 박물관 등은 가이드 투어(5~10€, 성 입장료 포함 신청 시 약 2€ 할인)를 신청해야 입장할 수 있다.
기본 입장료에 포함된 곳만 둘러보는 데는 2시간 정도 걸린다. 입장료에는 오디오 가이드(한국어 없음)가 포함되나, 뮤지엄 패스 소지자 등 무료입장하는 사람은 대여비 4€를 별도로 내야 한다.

Point 1 명예의 안뜰
Cour d'Honneur

말들이 퍼레이드를 하던 곳이어서 '백마의 안뜰(Cour du Cheval Blanc)'이라는 별칭이 붙은 곳. 정면에 보이는 건물 가운데에 있는 둥그런 모양의 독특한 계단이 바로 이 성의 상징인 페라슈발 계단(Escalier du Fer-à-Cheval)이다. '말발굽'이라는 이름처럼 말발굽 모양의 계단 아래로 마차나 기마병이 통과할 수 있게 만들어졌다.

Point 2 그랑 아파르트망
Grands Appartements

트리니테 예배당

수십 개의 갤러리와 방, 무도회장, 또 다른 아파르트망으로 구성된 넓은 공간으로, 마치 성당처럼 돔까지 만들고 화려하게 장식했다. 화려한 천장화와 금장식이 눈을 사로잡는 트리니테 예배당(Chapelle de la Trinité), 이탈리아 예술가들을 데려와 프랑스 르네상스의 기반을 마련한 르네상스의 방(Salles Renaissance), 진짜 금으로 치장한 벽에 이탈리아 예술가들의 작품이 가득한 프랑수아 1세 갤러리(Galerie François I), 무도회장(Salle de Bal)을 눈여겨보자. 그 중 프랑수아 1세 갤러리는 레오나르도 다빈치의 <모나리자>가 프랑스에서 처음 전시된 역사적 장소이기도 하다. 그밖에 80m에 이르는 도서관, 다이아나 갤러리 입구에 있는 나폴레옹이 수집한 대형 지구본도 빼놓지 말자.

Point 3 정원과 공원, 숲
Jardins et Parc, Bois

베르사유 궁전의 정원을 설계한 르노트르가 디자인한 대화단과 정자가 있는 잉어 연못, 직선으로 뻗은 대운하, 영국식 정원, 다이아나의 정원 등으로 이루어진 공간이다. 공원과 숲을 먼저 둘러보다 정작 성안으로 못 들어갈 수 있을 정도로 매력적인 산책로들이 이어진다.

물에 비친 정자의 자태가 아름다운 잉어 연못

435

밀레의 <만종>이 탄생한 곳
바르비종 Barbizon

풍텐블로 숲에서 가까운 전원마을로, 1830년경부터 유명한 화가들이 모여들어 대자연과 농민을 주제로
그림을 그리던 곳이다. 후에 바르비종파로 불린 화가 중 한 명인 밀레는 이곳에서 <만종>, <이삭줍기> 등을 탄생시켰다.
중심 거리인 그랑드 거리(Grande Rue)를 따라 늘어선 화가 관련 기념관과 카페 등이 마을 분위기를 돋운다.

바르비종 가는 법

풍텐블로-아봉역에서 기차로 두 정거장 떨어진 믈룅(Melun)역에서 버스를 타고
간다. 그러나 버스 배차 간격이 길어서 일정 맞추기가 어려우므로, 일행을 모아
택시를 타는 것을 추천한다. 풍텐블로에서 바르비종의 그랑드 뤼(Grande Rue)
까지는 9km 정도며, 믈룅역에서는 약 10km로 택시 요금은 편도 25€정도 나온
다. 바르비종에서 돌아올 때 대기하고 있는 택시가 없다면 관광 안내소나 문을
연 카페에 들어가서 콜택시를 부탁한다.

자전거를 빌려 타고 가는 방법도 있는데, 자전거로 바르비종까지는 40~50분 소
요된다. 시간과 체력에 여유 있는 여행자라면 해볼 만하다. 자전거는 풍텐블로
성 근처의 대여점에서 빌릴 수 있다.

■ 바르비종 관광 안내소
Office de Tourisme de Barbizon

GOOGLE MAPS CJW3+27 바르비종
ADD Place Marc Jacquet, 77630
OPEN 2월 중순~11월 중순 09:30~13:00, 14:00~17:30,
11월 중순~2월 중순 10:00~13:00, 14:00~17:00(일요일 09:00~
13:00)/월·화요일·일부 공휴일·동절기 유동적 휴무
WALK 그랑드 뤼가 시작하는 사거리에서 도보 4분
WEB www.fontainebleau-tourisme.com

■ 자전거 대여소
A la Petite Reine

GOOGLE MAPS CM4X+HV 풍텐블로
ADD 14 Rue de la Paroisse, 77300
TEL 01 60 74 57 57, 09 63 41 50 84
OPEN 09:00~19:00(토요일 ~18:00, 일요일·공휴일 ~17:00)/월요
일·일부 공휴일 휴무
PRICE 시간당 10€~, 1일 20€~, 헬멧 3€~/대여 시 여권과 보증
금 필요(신용카드 임시 결제)
WALK 풍텐블로성 정문에서 도보 8분, 풍텐블로성 북쪽 입구에
서 도보 5분
WEB www.alapetitereine.com

바르비종의 중심 거리, 그랑드 뤼

간 여인숙-
바르비종 화가 박물관
Auberge Ganne-Musée départemental
des Peintres de Barbizon

옛날 밀레와 루소, 앵그르 등이 묵었
던 임시 숙소. 호텔이 없던 당시, 마땅
히 모일 곳을 찾지 못한 예술가들이
간이라는 노인의 가게로 모였다. 곳
곳에 그들이 남긴 낙서가 있어, 그것
을 바라보는 것만으로도 그들과 같이
호흡을 하는 것 같다.

GOOGLE MAPS CJW3+F3 바르비종
ADD 92 Grande Rue, 77630
OPEN 10:00~12:30·14:00~17:30(7·8월
~18:00)/화요일·1월 1일·5월 1일·12월
24~26·31일 휴무
PRICE 6€(18~25세 4€)
WALK 관광 안내소에서 도보 3분

©Patrick

테오도르 루소의 집
Musée Théodore Rousseau

루소의 아틀리에가 있던 곳. 한동안
루소 박물관으로 쓰이다가 주요 전시
물은 간 여인숙으로 이관해 흔적만
남아 있다. 입구에는 파티스리가, 헛
간이었던 곳은 성당 등이 들어섰다.

GOOGLE MAPS CJW3+6W 바르비종
ADD 55 Grande Rue, 77630
WALK 간 여인숙에서 도보 2분

밀레의 화실 겸 집
Maison-Atelier de JF Millet

그랑드 뤼에 있는 농가 풍의 2층집
으로, 예전에 밀레가 살던 곳이다.
1849년에 이곳으로 온 밀레는 오전
에는 농사일을 하고, 오후에는 바르
비종을 풍경으로 그림을 그렸다.

GOOGLE MAPS CJV5+P5 바르비종
ADD 27 Grande Rue, 77630
OPEN 10:00~12:30, 14:00~18:00(9~6월
~17:30)/4~10월 화요일·11~3월 화·수요
일·1월 1일·12월 25일 휴무
PRICE 6€(4~12세 5€)
WALK 테오도르 루소의 집에서 도보 3분

샹티이

CHANTILLY

파리 북쪽, 일드프랑스를 막 벗어난 근교의 작은 도시, 샹티이. 프랑스 귀족의 우아한 취향이 묻어나는 성에는 루브르 박물관에 필적할 만큼 방대한 작품을 소장한 콩데 박물관이 있다. 보티첼리, 라파엘로, 들라크루아, 푸생 등의 걸작을 감상하고 난 후 훗날 베르사유 정원을 설계한 르노트르가 디자인한 정원을 거닐며 평온함을 느껴보자.

샹티이는 생크림의 본고장이기도 하다. 레전드급 요리사 바텔 François Vatel 이 개발한 샹티이 크림을 듬뿍 얹은 아이스크림도 꼭 맛보자.

샹티이 가는 법

파리 시내에서 기차로 약 25분 거리에 있는 샹티이는 일드프랑스 5존 바로 밖, 오드프랑스(Hauts-de-France)에 있다. RER D선으로도 갈 수 있지만, 2배 이상의 시간이 소요되므로 기차를 이용하는 것이 좋다.

🚃 or 🚈 Train or RER | 기차 또는 교외 전철

❶ 파리 북역에서 크레이(Creil)행 TER을 타고 샹티이-구비외(Chantilly-Gouvieux) 역에서 내린다. 기차는 0층의 플랫폼에서 출발하며, 약 25분 만에 샹티이-구비외역에 도착한다. 직행과 환승편이 있으니 노선을 잘 보고 선택한다. 샹티이행 TER은 일드프랑스 교통권을 사용할 수 없으니 티켓은 따로 구매한다.

❷ 북역을 비롯한 샤틀레-레알(Chatelet-Les Halles), 리옹역(Gare de Lyon) 등에서 크레이행 RER D선을 타고 45분~1시간 후 샹티이-구비외역에서 내린다. 일드프랑스 교통권 소지자는 라 본 블랑슈(La Borne Blanche)~샹티이-구비외 구간 티켓을 추가로 구매해야 한다.

기차에서 내려 역 출구를 바라보고 왼쪽으로 가면 버스 정류장이 나온다. 역에서 성으로 가는 버스는 DUC, 센리스(Senlis)행 645번, 셔틀(Navette Touristique, 토·일·공휴일에만 운행) 3종류가 있으며, 645번은 1€, 나머지는 무료다. DUC와 셔틀은 샤토(Château)에서 내린다. 645번은 노트르담 뮈제 두 슈발(Notre-Dame Musée du Cheval)에서 내려 5분 정도 걸어간다. 성에서 역으로 가는 DUC 버스는 막차가 일찍 끊긴다는 것도 알아두자(평일엔 16:34, 토요일엔 17:07). 역에서 성까지는 약 2km로, 숲과 가로수가 그림 같은 풍경을 연출해 일부러 걸어가는 사람도 많다.

TIME 기차 06:40~22:28/30분~1시간 간격(TER 기준), DUC 버스 1일 5회
PRICE 9€~(5€ 프로모를 종종 하니 sncf 홈페이지 확인)
WEB www.transilien.com, www.sncf-connect.com
chateaudechantilly.fr/acces/(버스 스케줄 확인)

*시즌과 요일에 따라 운행 스케줄이 자주 바뀌니 이용 전 다시 한번 확인한다.

💬 TER 왕복권과 성 입장료를 포함한 패키지 티켓을 25€에 판매한다(11세 이하 어린이 동반 시 1€ 추가로 이용 가능). 정가보다 약 10€나 저렴하며, 아이가 있다면 더 경제적이다. 티켓은 역 매표소와 샹티이성 홈페이지(chateaudechantilly.fr/acces/)에서 구매할 수 있다.

💬 1~5존 나비고를 비롯한 통합 교통권으로 RER을 타고 다녀왔다는 사람이 많은데, 검표원을 만난다면 벌금을 내야한다. 돌아올 때도 마찬가지로 출발지가 5존 밖이므로 일드프랑스 교통권으로는 RER도 탑승할 수 없다.

샹티이-구비외역

샹티이성으로 가는 무료 DUC 버스

위인의 다리
Pont des Grands Hommes

비너스 신전
Temple de Vénus
영국식 정원
Jardin Anglais

사랑의 섬
Île d'Amour

로노트르의 화단
(프랑스식 정원)
Parterre à la Française
d' Andre Le Nôtre

Quai de la Canardière
Rue des Cascades

죄 드 폼
Jeu de Paume

영국·중국식 정원
Jardin Anglo-Chinois

오두막

Rue Connétable
Rue Connétable

ℹ️ 대형 마구간 ❶

콩데 박물관

정원 ❸

Route du Roi
Route d'Avilly

Rue d'Aumale
Chemin des Officiers

라 카피테느리
샹티이성 ❷

앙기앵 성
Château d'Enghien

Route du Roi
Route du Quinconce

샹티이 경마장
Hippodrome de Chantilly

Étang de Sylvie

la Plaine des Aigles

0 ——— 200m

① 성보다 더 거대한 마구간
대형 마구간 Grandes Écuries

18세기 초 콩데(Condé) 가문이 건축한 거대한 마구간으로, 240여 마리의 말을 동시에 수용할 수 있는 부의 상징으로 군림해왔다. 현재는 말에 관한 자료와 다양한 예술품, 마차뿐 아니라 실제 말도 볼 수 있는 박물관(Musée Vivant du Cheval)으로 일반에 공개하고 있다. 승마와 사냥을 위한 말은 물론 마장마술 공연(Équestre)을 위한 말 등 총 40여 마리가 사육되고 있다. 중세 복장을 한 기수들이 화려한 마술을 뽐내는 말 공연은 시즌에 따라 하루 1~2회 진행한다. 운이 좋으면 공연을 보지 않아도 승마 학교와 경주용 말을 훈련시키는 모습을 경마장에서 볼 수 있다. **MAP 439p**

GOOGLE MAPS 5FVH+CJ 샹티이
ADD Château de Chantilly, 60500
OPEN 10:00~18:00(10월 말~3월 말 10:30~17:00)/폐장 1시간 전까지 입장/화요일·1월 중 2~3주 휴무/행사로 종종 휴장하니 방문 전 홈페이지 확인 필수
PRICE 성+정원+대형 마구간 18€(7~17세·학생 14.50€), 정원 9€(10월 말~3월 말·7~17세·학생 7€), 말 공연 24€~(공연에 따라 다름, 성 입장권과 같이 구매 시 할인) [뮤지엄 패스] (말 공연은 제외)
WEB www.chateaudechantilly.fr

대형 마구간

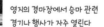
영지의 경마장에서 승마 관련 경기나 행사가 자주 열린다

말 공연

+MORE+
당대를 주름잡던 명문가, 콩데 Condé

콩데 가문의 시조 루이는 1560년 개신교(위그노)와 가톨릭교의 마찰로 일어난 '앙부아즈의 음모' 사건 당시 개신교 세력에 가담해 주요 세력으로 떠올랐다. 당시 프랑스 왕조 가문이던 발루아의 남자들이 사고와 질병, 전쟁 등에 휘말려 대가 끊기자 치열한 암투 끝에 부르봉 가문의 앙리 4세가 왕위를 물려받았고, 앙리 4세의 삼촌인 루이는 단숨에 왕실의 일원이 되었다. 계속된 종교전쟁에 가담해 우여곡절이 많았으나, 그랑 콩데(Grand Condé) 때부터 왕과 함께 가톨릭교로 개종하고 왕실의 신뢰를 쌓으며 루이 14세의 섭정 자문 회의에 참여할 정도로 전성기를 누렸다.

성 입구 쪽에서
바라본 모습

② 물 위에 뜬 아름다운 궁전
샹티이성 Château de Chantilly

물 위에 뜬 듯 우아하게 서 있는 르네상스 양식의 성. 프랑스인들이 귀족의 궁전 중에서 가장 아름다운 성이라 자부하는 곳으로, 보는 방향에 따라 전혀 다른 모습을 자랑한다. 15세기 말 몽모랑시 가문이 성을 건축하기 시작했고, 1643년 콩데 가문이 정원을 조성했으나 프랑스 혁명 때 대부분 파괴되었다. 그 후 콩데 가문의 마지막 인물인 오말 공(Duc d'Aumale)이 19세기 말에 재건했다.

샹티이성 자체가 바로 그 유명한 콩데 박물관(Musée Condé)이다. <베리 공의 지극히 호화로운 기도서>(평신도를 위해서 쓰여진 개인용 기도서)와 프랑스에 단 두 장밖에 없는 <구텐베르크 성서>의 양피지 필사본을 비롯한 희귀 서적, 라파엘로·보티첼리 등의 르네상스 거장과 앵그르·들라크루아 등의 회화 작품을 소장하고 있다. 말 박물관 맞은편의 죄 드 폼에서는 특별전도 종종 열린다. MAP 439p

GOOGLE MAPS 샹티이성
OPEN & PRICE 대형 마구간과 동일

샹티이 크림

③ 베르사유 궁전의 모델이 된 정원
정원 Jardin

샹티이성의 정원은 크게 3개로 나뉜다. 성 입구의 몽모랑시 기마상 옆 계단 위에 서면 보이는 넓은 화단과 십자 모양의 대운하가 프랑스식 정원인 르노트르 정원(Le Jardin à la Française d'André Le Nôtre)이다. 르노트르는 훗날 베르사유 궁전과 정원도 설계했다. 르노트르 정원 서쪽은 호수와 나무, 잔디밭, 산책로가 자연스럽게 조성된 영국식 정원(Jardin Anglais)으로, 비너스 신전과 사랑의 섬 등이 있어 사진 찍기 좋은 포토 포인트다. 동쪽은 작은 폭포와 정자, 오두막이 오밀조밀 모여 있는 영국~중국식 정원(Jardin Anglo-Chinois)이다. 이 오두막(Le Hameau)을 본떠 만든 것이 베르사유에 있는 '왕비의 촌락'이다. 이곳에서 유명한 샹티이 크림이 처음 만들어졌는데, 오두막(3월 초~11월 중순 12:00~18:00, 화요일 휴무)과 성 안에 있는 레스토랑 라 카피테느리(La Capitainerie, 12:00~18:30, 월·화요일 휴무)에서 맛볼 수 있다. 샹티이 크림을 곁들인 디저트 14~17€. MAP 439p

GOOGLE MAPS 5FWP+9V3 샹티이
OPEN & PRICE 대형 마구간 참고, 공원 구역은 ~20:00(10~3월은 유동적)

르노트르 정원

영국식 정원

©Yana Wolf

콩데 박물관

콩데 박물관은 프랑스의 자랑이라고 해도 좋을 만큼 귀중한 예술품의 보고라고 할 수 있다. 성 안으로 들어가면 나오는 명예의 홀에는 오디오 가이드와 안내문을 제공하는 간이 부스가 있다. 입장권을 구매할 때 안내문을 받지 못했다면 이곳에서 챙겨 가자. 반가운 한글 안내문도 있다. 명예의 홀 오른쪽으로 가면 회화를 전시한 방들이 있고, 앞으로 가면 귀족의 생활상을 볼 수 있는 거처와 '오말 공의 도서관'으로 불리며 일반에게 공개하는 고서 전시실이 있다.

왼쪽에 있는 명예의 대계단(Grand Escalier d'Honneur)은 건축 초기의 모습을 보존한 주요 유물로, 난간을 만지지 말라는 경고문이 있으니 주의할 것. 대계단 옆으로 돌아 뒤쪽으로 내려가면 예배당으로 연결된다. 예상 관람 시간은 약 1시간 30분.

I. Galeries de Peintures 회화 갤러리

빽빽하게 걸린 그림이 관람자를 압도하는 회화 갤러리는 오말 공의 애장품을 모아놓은 원형의 방(Rotonde)을 비롯해 몇 개의 방으로 나뉜다. 원형의 방 끝에는 라파엘로의 <삼미신>과 <오를레앙의 성모> 그리고 모작인 줄 알았다가 뒤늦게 진품으로 판명된 <로레테의 성모>를 비롯해 피에로 디 코시모의 <시모네타 베스푸치의 초상>과 필리포 리피의 <아하수에르에게 선택받는 에스더> 등이 있는데, 이 방은 신전(Santuario)이라는 이름이 붙었을 정도로 중요하게 대접받는다.

이 외에도 보티첼리의 <가을>, 앵그르의 <자화상>과 <비너스의 탄생>, 반 다이크·푸생·뒤러·루벤스 등의 작품과 프랑스 왕실 가족을 그린 그림, 스테인드글라스와 도자기, 태피스트리, 공예품 등이 여러 방에 나뉘어 전시되고 있다.

라파엘로 <삼미신>

라파엘로 <오를레앙의 성모>

II. Cabinet des Livres 고서 전시실

세상에서 가장 아름다운 책이라는 찬사를 받는 15세기 랭부르 형제의 <베리 공의 지극히 호화로운 기도서(Très Riches Heures du Duc de Berry)>가 있는 곳이다. 아쉽게도 언제 끝날지 모르는 복원에 들어갔지만, 전시실 입구 복도에 복제품을 전시해놓았다. 내부에는 복제 과정과 책에 대해 설명해주는 영상 자료와 장서, 고지도, 필사본 등이 전시돼 있다.

<베리 공의 지극히
호화로운 기도서>

III. Grands Appartements
그랑 아파르트망

웬만한 왕궁보다 화려한 곳임을 확인할 수 있는 곳으로, 응접실과 사무실, 음악실, 전투 갤러리, 왕자의 침실 등이 모여있다. 여러 혁명을 거치는 동안 많은 약탈을 당했지만, 오말 공의 노력으로 웅장함과 화려함이 재구성되었다. 19세기 중반 이후 훼손되지 않고 지금까지 잘 보존된 공작과 공작부인 전용 거처는 가이드 투어로만 돌아볼 수 있다.

IV. Chapelle
예배당

하얀 대리석과 어우러진 천장의 섬세한 금색 문장과 장식은 화려함보다 고고한 느낌이다. 이곳의 매력 포인트는 주제단에 가려진 뒤쪽의 기념비다. 오말 공이 먼저 세상을 뜬 자녀들과 부인의 묘를 장식하기 위해 만든 검은 조각상과 비석이 바로 그것. 현재 오말 공 가족의 유해는 이곳에 없고 오말 공의 본가인 오를레앙 가문의 묘지로 이장되었다.

443

지베르니

GIVERNY

센강가에 펼쳐진 경치가 아름다워 많은
예술가가 정착한 지베르니. 인상파의 거
장 모네는 이곳에서 반평생을 보내며 전
세계 사람들의 사랑을 받는 <수련> 연작
을 그렸다. 모네의 집과 작업실, 그리고
물 위에 흐드러지게 가지를 드리운 버드
나무와 수련, 꽃이 어우러진 정원에는 모
네를 기리는 사람들의 발길이 끊임없이
이어진다. 모네의 집과 정원을 둘러본 후
에는 아기자기한 멋으로 가득한 지베르
니 마을에서 여유롭게 산책하며 꽃과 풀
이 자아내는 향기에 취해보자.

지베르니 가는 법

파리에서 북서쪽으로 약 80km 떨어진 노르망디의 지베르니는 마을 중심까지 기차가 가지 않아 셔틀버스로 갈아타고 가야 한다. 또 겨울에는 문을 닫아 성수기에 항상 사람이 많이 몰리니 시간에 여유를 두고 일정을 계획한다.

🚈 + 🚌 Train + Bus | 기차 + 셔틀버스

파리 생라자르역에서 지역 급행열차 TER이나 고속열차 IC를 타고 베르농(Vernon)에서 내려 셔틀버스로 갈아타고 모네의 집이 있는 마을 입구에 내린다. 기차는 IC가 TER보다 조금 더 빠르며, 일찍 예매하면 요금도 더 저렴하다. 셔틀버스는 역에서 'Bus Giverny' 표지판을 따라가면 나오는 정류장에서 기차 도착 시각에 맞춰 1~3대가 연달아 출발한다. 마을 입구까지 20분 정도 걸리는데, 입석이 없으니 성수기에는 역에서 나와 줄부터 서자. 요금은 왕복 10€(당일만 유효)이며, 버스 기사에게 티켓을 구매한다.

버스에서 내려 모네의 집까지는 걸어서 5분 정도 걸린다. 표지판이 곳곳에 있고, 마을 자체가 워낙 작아 길 찾기는 쉽다. 베르농역과 지베르니에는 짐을 맡길 수 있는 시설이 없으니 최대한 짐을 가볍게 싸서 가고, 오후에는 사람들이 몰려 버스를 타거나 입장하는 데 오래 걸리니 되도록 오전 일찍 도착하자.

TIME 기차 05:54~21:12/50분~2시간 간격
셔틀버스 09:32, 11:17, 13:22, 15:17, 18:07(토·일·공휴일 09:32, 11:27, 12:22, 13:27, 15:27)/2024년 3월29일~11월 1일 베르농역 출발 기준/지베르니 → 베르농역 첫차 10:20, 막차 19:20(토·일·공휴일 18:20)
PRICE 기차 9€~, 셔틀버스 왕복 10€
WEB www.sncf-connect.com
fondation-monet.com(버스 스케줄 확인)
*시즌과 요일에 따라 운행 스케줄이 자주 바뀌니 이용 전 다시 한번 확인한다.

> 종이 티켓은 기차 탑승 전 각인 필수!

베르농행 기차표는 장거리 전용 자동판매기(지폐 불가)와 매표소에서 판매한다.

베르농행 TER 기차

지베르니로 가는 셔틀버스

마을 입구 주차장에 내려 안내판을 따라간다.

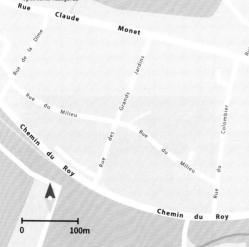

🚩 생트라드공드 성당
Église Sainte-Radegonde
Rue Claude Monet
Rue de la Dîme
Rue du Milieu
Chemin du Roy
Jardins
Grands
Rue des
Colombier
Rue du Milieu
Rue du
Rue Blanche Hoschedé
지베르니 인상주의 미술관
Le Clos Morin
Le Clos Morin
Le Clos Morin
지하도
Chemin
Rue
Le Pressoir
Rue Hélène Pillon
Rue Claude Monet
입구
ℹ️
모네의 집과 정원
du Roy
Chemin du Roy

N
0　　100m

🚌 셔틀버스 정류장

인상파 거장이 남긴 꿈결 같은 정원

모네의 집과 정원 Maison et Jardins Claude Monet

모네가 살아생전에 아끼던 정원과 집으로, 그가 <수련(Nymphéas)>
시리즈를 그린 곳이다. 모네가 직접 정원과 연못을 만들었으며, 화가
로서의 명성을 얻은 후의 삶(1883~1926)을 모두 이곳에서 보냈다. 현
재 이곳은 모네의 생활상을 엿볼 수 있는 박물관으로 공개되고 있지
만, 그의 작품들은 이곳에 없다. 그의 작품은 주로 파리(오르세·오랑주
리·마르모탕 모네 미술관)에 전시돼 있고, 이곳에 있는 그림들은 대부분
그가 평소에 수집했던 일본 그림이다.

모네의 집은 크게 집과 정원이 있는 북쪽(입구가 있는 쪽)과 연못이 있
는 남쪽으로 나누어지며, 그 가운데 찻길이 지나간다. 찻길 아래로 난
길을 지나면 그림의 배경이 된 수련 연못이 나온다. 모네는 나무와 꽃
의 모종을 구하기 위해 파리 식물원을 부지런히 오갔으며, 당시 구하
기 힘들던 일본 연꽃을 공수하려고 정치가와 귀족의 인맥을 동원하기
도 했다. 계절마다 색다른 멋이 있지만, 정원의 꽃들이 활짝 피는 5~6
월이 특히 아름답다. 모네의 집과 정원을 모두 돌아보는 데 1시간이면
충분하다. **MAP 445p**

GOOGLE MAPS 지베르니 모네의집
ADD 84 Rue Claude Monet, 27620
OPEN 3월 29일~11월 1일 09:30~18:00/폐장 30분 전까지 입장/11월 2일~3월
말 휴무(매년 조금씩 다름)
PRICE 11€(7~18세·학생 6.50€)/마르모탕 모네 미술관 통합권25€(24세 이하 학
생·7~17세 15.50€)/오랑주리 미술관 통합권 23.50€
BUS 버스에서 내려 큰길로 나가기 직전 오른쪽 샛길로 가면 나오는 지하도를
건너 'Maison et Jardins Claude Monet' 표지판을 따라 도보 5분
WEB www.fondation-monet.com

모네의 무덤이 있는
생트라드공드 성당
(Église Sainte-Radegonde)

+MORE+

지베르니 인상주의 미술관
Musée des Impressionnismes

모네의 집 가까이에 인상주의 미술관
이 있다. 19~20세기 미국과 프랑스
인상파 화가들의 작품을 주로 전시하
고 있으며, 특별전도 자주 열린다. 지
베르니에 온 김에 인상주의 작품을
더 보고 싶다면 들러볼 만하다. 예쁘
게 가꾼 정원도 볼거리다. **MAP 445p**

GOOGLE MAPS 3GGJ+GG 지베르니
ADD 99 Rue Claude Monet, 27620
OPEN 10:00~18:00/1월 1일·12월 25일·
특별전 준비 기간 휴무/2024년 11월 초
~2025년 3월 말 휴무
PRICE 6€(특별전 진행 시 ~15€)/정원은 상
황에 따라 유료 입장/4~6·10~11월 첫째
일요일 무료
WEB www.mdig.fr

몽생미셸

MONT SAINT-MICHEL

바다 위의 수도원 몽생미셸은 수도사들이 고행의 길을 걷듯 먼 육지에서 직접 날라 온 돌을 하나하나 깎고 쌓아 만든 곳이다. 중세 시대부터 순례자들이 끊이지 않던 성지였으나, 지리적 위치 탓에 많은 전쟁과 침략을 겪은 사연 있는 곳이기도 하다. 19세기부터 펼쳐진 국가적인 차원의 복구 작업으로 예전의 모습을 많이 되찾아 연간 300만 명 이상이 들르는 관광 명소로 자리 잡았다. 조명으로 은은하게 빛나는 야경 또한 놓치기 아까우니 특히 여름철에는 하루 정도 묵어가는 여행을 계획해보는 것도 좋다.

몽생미셸 가는 법

몽생미셸은 파리에서 기차를 타고 브르타뉴의 렌역이나 퐁토르송, 빌디외 레 포엘레 등에서 내려 버스로 갈아타고 가는 것이 일반적이다. 몽생미셸을 당일치기로 다녀오려면 여행 당일의 각 교통편 스케줄을 미리 확인하고, 돌아올 때의 기차표도 예매해 두는 것이 좋다. 몽생미셸의 야경을 감상하거나 가장 큰 밀물이 들어오는 대만조로 길이 사라졌다가 나타나는 현상을 보려면 1박은 필수다. 대만조 시각은 관광 안내소 홈페이지(bienvenueaumontsaintmichel.com)에서 확인할 수 있다.

🚆 + 🚌 Train + Bus | 기차 + 버스

파리 몽파르나스(Montparnasse)역에서 TGV를 타고 렌(Rennes)역이나 빌디외 레 포엘레(Villedieu Les Poeles), 퐁토르송(Pontorson) 등에서 내려 몽생미셸행 버스로 갈아타고 종점에 내린다. TGV는 프랑스 철도청 SNCF 홈페이지와 매표소, 자동판매기에서 예매한다. 철도 패스 소지자는 기차역 매표소에서 예약료 (10~25€)를 내고 좌석을 예약한다.

퐁토르송과 몽생미셸을 연결하는 버스는 대만조 때를 제외하면 섬 입구까지, 대만조 때는 몽생미셸 수도원에서 약 2.5km 떨어진 주차장까지 간다. 그 외 모든 버스는 주차장에 도착하며, 이곳에서 무료 셔틀버스(Navette)를 타고 약 5분 후 섬 입구에서 내린다. 걸어서 간다면 35분 정도 소요된다.

❶ **기차+버스 통합권을 구매한 경우:** 프랑스 철도청 SNCF에서 기차표를 살 때 목적지를 몽생미셸로 지정하면 파리에서 몽생미셸까지 직행기차와 버스 통합권을 살 수 있다. 기차는 1일 1회 07:32에 출발하며, 버스 환승역은 시즌에 따라 변경된다. 버스에 탈 때는 통합권을 기사에게 보여주기만 하면 된다. 파리에서 몽생미셸까지 빌디외 레 포엘레역 경유편 이용 시 총 3시간 50분, 퐁토르송역 경유편 이용 시 총 4시간 30분 소요. 두 역 모두 기차역 바로 앞에 버스 정류장이 있다.

❷ **통합권을 구매하지 않는 경우:** 기차와 버스 티켓은 각각 구매해야 하지만 렌역을 경유하면 이동 시간을 조금 더 조금 더 단축시킬 수 있다. 렌역에 도착한 후 버스 터미널(Gare Routière) 표지판을 따라 밖으로 나가면 버스 터미널이 바로 보인다. 버스 터미널의 전광판에서 목적지를 확인하고 줄을 선다. 버스 승차권은 버스 터미널 매표소(Espace KorriGo)나 버스 기사에게 구매한다. 파리 몽파르나스역에서 렌역까지 기차로 1시간 25분~2시간, 렌역에서 몽생미셸까지 버스로 약 1시간 10분 소요.

렌역에서 퐁토르송역까지 1회 환승 후 버스로 갈아타고 가는 방법도 있다. 이 경우 파리에서 퐁토르송역까지 총 소요 시간은 3시간 20분~4시간 40분, 퐁토르송역에서 몽생미셸까지는 약 25분 소요. 역 밖으로 나가면 버스 정류장이 바로 보이며, 요금은 버스 기사에게 지불한다.

❶ **기차+버스 통합권을 구매한 경우**

TIME 07:32/1일 1회
PRICE 29€~
WEB www.sncf-connect.com

❷ **통합권을 구매하지 않는 경우**

1) 렌역에서 환승할 경우

TIME 기차 06:45~21:12/20분~1시간 20분 간격, 버스 08:45·10:45·12:45(4~9월 기준, 그 외 기간은 단축 운행)
PRICE 기차 19€~/버스 15€(왕복 25€), 4~25세 12€(왕복 20€), 3세 이하 무료
WEB www.sncf-connect.com(기차) keolis-armor.com(버스)

*기차표 예매 시 'Grande vitesse'라고 표시된 기차는 요금이 저렴한 대신 구형 차량이며, 짐 추가 및 좌석 지정 시 추가 요금이 있다.

*몽생미셸 → 렌역 버스 출발 시각: 10:00, 17:00, 18:00(4~9월 기준, 그 외 기간은 단축 운행)

2) 개별 티켓 구매 후 퐁토르송역에서 환승할 경우

TIME 기차 07:32·08:40·13:54·14:41/ 요일과 시즌에 따라 다름, 버스 08:55~19:00/30분~3시간 간격(여름 성수기 월~금요일 기준, 토·일요일·공휴일은 단축 운행)
PRICE 기차 21€~, 버스 3.10€
WEB www.sncf-connect.com(기차) www.ot-montsaintmichel.com (버스 정보)

몽생미셸행 기차 티켓은 장거리 전용 자동판매기나 매표소에서 판매한다. 종이 티켓은 개찰기에 각인 필수!

TGV

렌역

퐁토르송과 몽생미셸을 연결하는 버스.

❶ 주차장 내 관광 안내소 Centre d'Information Touristique

각 지역을 연결하는 교통편과 숙박, 레스토랑, 가이드 투어 등을 안내한다. 무료 지도와 각종 팸플릿을 제공하며, 무료 화장실과 현금 인출기 등을 갖추고 있다. 테러 위험으로 수하물 보관소는 현재 운영하지 않는다. **MAP 451p**

GOOGLE MAPS JF6V+X6 beauvoir
ADD Le Bas Pays, 50170
OPEN 09:00~19:00(10~3월 10:00~18:00)/1월 1일·
12월 25일 휴무
BUS 버스에서 내려 몽생미셸을 바라보고 오른쪽 대각선 방향에 있는 긴 목조 건물. 도보 2분
WEB www.projetmontsaintmichel.com

❷ 몽생미셸 섬 입구의 관광 안내소 Office du Tourisme

주차장에 들르지 않았다면 이곳의 관광 안내소를 이용하자. **MAP 452p**

GOOGLE MAPS JFPQ+2QQ 몽생미셸섬
ADD Grande Rue, 50170
OPEN 10:00~18:00(10월 ~17:30(일요일 ~17:00), 11~2월 ~17:00, 3월 09:30~)/일부 공휴일 휴무
WALK 섬 입구로 들어서자마자 오른쪽으로 도보 1분. 우체국과 같은 건물에 있다.
WEB www.ot-montsaintmichel.com

❸ 슈퍼마켓과 식당가

수도원이 있는 섬으로 들어가면 좁은 골목(Grande Rue)을 따라 레스토랑과 상점, 호텔이 빽빽하게 들어서 있다. 워낙 많은 사람이 몰리는 곳이라 가격도 비싸고 불친절하기로도 유명하다. 주차장에서 출발한 셔틀버스가 중간에 정차하는 루트 뒤 몽(Route du Mont) 정류장 옆에도 간식거리를 파는 상점이 있다. 그중에서도 숙소가 모여 있는 몽생미셸 대로(Route du Mont Saint-Michel)에 있는 기념품 및 특산품 판매점 몽생미셸 갤러리(Les Galeries du Mont Saint-Michel)는 슈퍼마켓을 겸하며, 섬 안에 있는 가게들보다 저렴하다. 바로 옆에는 간단히 식사할 수 있는 브리오슈 도레가 있다.

몽생미셸 갤러리

그랑드 뤼

OPEN 몽생미셸 갤러리 09:00~18:30/상황에 따라 유동적 오픈
WEB www.le-mont-saint-michel.com

❹ 몽생미셸 무료 셔틀버스, 나베트 Navette

몽생미셸행 버스가 도착하는 주차장의 관광 안내소 앞에서 섬 입구까지 무료 셔틀버스가 다닌다. 07:30~24:00에 약 12분 간격으로 운행하며, 숙소가 모여 있는 루트 뒤 몽(Route du Mont)과 포토 포인트로 유명한 댐이 있는 플라스 뒤 바라주(Place du Barrage) 정류장을 거쳐 섬 입구에 도착한다.

Départ navettes
accès libre

Departure shuttles
free access

❺ 추천 코스

육지와 연결된 섬 몽생미셸은 멀리서 보면 섬 전체가 바다에 떠 있는 성처럼 보인다. 육지와 연결된 도로는 단 하나로, 버스나 차에서 내린 다음 모두 이 길로 걸어서 들어가거나 셔틀버스를 타고 간다. 섬 내의 주요 거리인 그랑드 뤼(Grande Rue) 양쪽에는 선물 가게, 호텔이나 레스토랑이 즐비하다. 성당과 수도원은 섬 꼭대기에 있으며, 이 외에도 골목골목에 박물관과 성당이 숨어 있다. 성벽을 따라 쌓은 탑에 오르면 바다와 육지의 모습을 감상할 수 있다. 썰물 때에는 평소에 보기 힘든 수도원의 서쪽과 북쪽까지 갯벌을 걸어가서 볼 수 있으며, 대만조 때에는 성안까지 물이 차오른다.

대만조 때의 모습

ROUTE 몽생미셸 주차장 → 셔틀버스 5분 → 몽생미셸 섬 입구 → 도보 7분 → 몽생미셸 수도원

+ M O R E +

몽생미셸 투어

몽생미셸까지는 가는 방법이 복잡하고 시즌 및 선로 공사나 날씨, 파업 등에 따라 기차 일정이 자주 바뀌기 때문에 파리에서 여행사 투어를 이용해 다녀오는 것이 편리하다. 투어는 아침 8시경 출발해 밤 10시경 도착하는 당일치기 일정이 많으며, 주변의 해안 도시를 한두 군데 더 돌아보거나 노르망디에서 하룻밤 묵었다 오는 등 투어 회사별로 상품이 다양하다.

몽생미셸에는 짐 보관소가 없어요!

몽생미셸 전 구역에서 테러의 위협으로 수하물 보관소 운영을 전면 중단했다. 또 수도원 안에는 배낭을 비롯해 작은 사이즈의 캐리어도 들고 들어갈 수 없다. 당일치기 여행자라면 짐을 최대한 가볍게 하고 가고, 파리에 들르지 않고 다른 도시로 이동할 예정이라면 호텔이나 상점에서 제공하는 수하물 보관 서비스를 이용해 보자. 몽생미셸에서 서비스를 제공하는 업체의 예약이 마진되었거나 없다면 렌역이나 퐁토르송역 등의 도시에서 찾아보자. 단, 최소 하루 전에 예약하고 가야 한다.

PRICE 짐 1개당 6€~
WEB www.nannybag.com

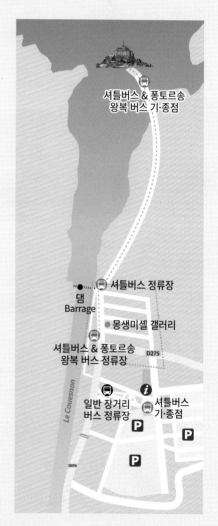

셔틀버스 & 퐁토르송 왕복 버스 기·종점

셔틀버스 정류장

댐 Barrage

몽생미셸 갤러리

셔틀버스 & 퐁토르송 왕복 버스 정류장

D275

Le Couesnon

일반 장거리 버스 정류장

셔틀버스 기·종점

D976

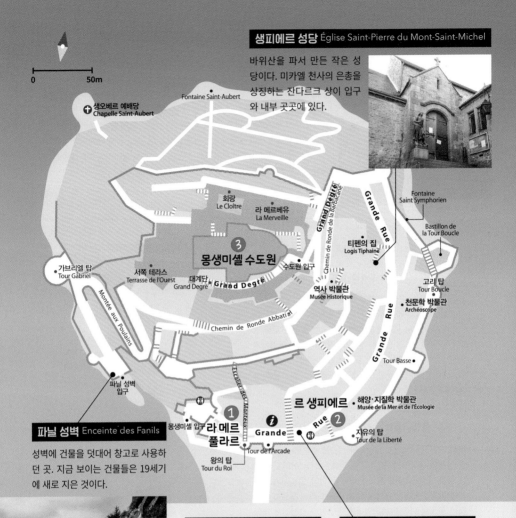

0   50m

생피에르 성당 Église Saint-Pierre du Mont-Saint-Michel

바위산을 파서 만든 작은 성당이다. 미카엘 천사의 은총을 상징하는 잔다르크 상이 입구와 내부 곳곳에 있다.

· 생오베르 예배당
Chapelle Saint-Aubert

Fontaine Saint-Aubert

Fontaine Saint Symphorien

회랑
Le Cloître

라 메르베유
La Merveille

Grand Degré

Grande Rue

Chemin de Ronde de la Barbacane

③

Bastillon de la Tour Boucle

티펜의 집
Logis Tiphaine

몽생미셸 수도원

가브리엘 탑
Tour Gabriel

서쪽 테라스
Terrasse de l'Ouest

대계단
Grand Degré

수도원 입구

Grand Degré

역사 박물관
Musée Historique

고리 탑
Tour Boucle

천문학 박물관
Archéoscope

Montée aux Poulains

Chemin de Ronde Abbatial

Escalier des Monteux

Grande Rue

Tour Basse

파닐 성벽 입구

①

몽생미셸 입구 라 메르
풀라르

왕의 탑
Tour du Roi

Tour de l'Arcade

ⓘ

Grande

르 생피에르

Rue

②

· 해양·지질학 박물관
Musée de la Mer et de l'Écologie

자유의 탑
Tour de la Liberté

파닐 성벽 Enceinte des Fanils

성벽에 건물을 덧대어 창고로 사용하던 곳. 지금 보이는 건물들은 19세기에 새로 지은 것이다.

탑 Tour

가브리엘 탑(Tour Gabriel), 왕의 탑(Tour du Roi), 자유의 탑(Tour de la Liberté), 고리 탑(Tour Boucle) 등 13~16세기에 약 50m 간격으로 탑을 건축했다. 전투 때 대포를 쏘기 위해 뚫어놓은 구멍과 돌을 굴려 떨어뜨리던 곳 등 곳곳에 전쟁의 흔적이 남아 있다. 탑에 오르면 바다와 육지의 전경이 멋지게 펼쳐진다.

그랑드 뤼 Grande Rue

섬 입구에서 수도원 입구로 올라가는 길. 이름은 '큰길'이지만 실제로는 상점, 식당, 호텔 등이 양쪽에 촘촘히 들어서 매우 좁다.

① 달걀요리의 진수
라 메르 풀라르 La Mère Poulard

1888년에 문을 연 호텔 겸 레스토랑. 몽생미셸을 찾은 전 세계 유명인이 맛본 여주인의 오믈렛과 비스킷으로 몽생미셸의 필수 방문 코스로 자리 잡았다. 오믈렛은 치즈와 달걀, 크림으로 만들어 우리 입맛에 느끼할 수도 있으니 일행이 여럿이라면 하나만 시켜 맛을 보고 다른 요리를 주문하는 것을 추천한다.

맞은편에는 샌드위치와 음료 등을 파는 테라스(La Terrasse de La Mère Poulard)가 있고, 골목 안쪽으로 들어가면 지점도 있다. 이곳 역시 오믈렛을 비롯해 간단한 요리를 제공하며, 전망은 오히려 더 좋다. 골목 곳곳에 풀라르 비스킷을 판매하는 상점이 있다. MAP 452p

라 메르 풀라르의 대표
메뉴, 오믈렛

GOOGLE MAPS 라 메르 풀라르
ADD BP 18 Grande Rue, 50170
TEL 02 33 89 68 68
OPEN 11:30~21:30
MENU 오믈렛 39€~, 세트 메뉴 55€~
WEB www.lamerepoulard.com

② 라 메르 풀라르와 함께 몽생미셸을 대표하는 호텔 겸 레스토랑
르 생피에르 Le Saint-Pierre

노르망디 지방의 명물인 오믈렛과 양고기를 맛볼 수 있는 곳. 새끼 양고기구이(Carré d'Agneau Rôti au Thym)는 허브를 사용해 특유의 누린내가 나지 않으며, 특제 소스의 감칠맛이 일품이다. 이곳에서 운영하는 호텔은 15세기 가옥을 잘 보존한 곳으로도 유명하다. MAP 452p

GOOGLE MAPS JFPR+42 몽생미셸섬
ADD Grande Rue, 50170
TEL 02 33 60 14 03
OPEN 11:30~21:00
MENU 새끼 양고기구이 32€~, 세트 메뉴 26.80€~
WEB www.auberge-saint-pierre.fr

노르망디와 브르타뉴의
또 다른 특산물,
양고기구이

③ 성 미카엘의 산
몽생미셸 수도원
Abbaye du Mont-Saint-Michel

해안에서 2km 정도 떨어진 섬에 우뚝 솟은 장엄한 건물로, 708년 사제 오베르가 꿈에 연속해서 세 번 출현한 성 미카엘의 계시를 받아 짓기 시작했다고 한다. 하지만 공사는 16세기까지 이어지는 난공사였고, 처음 예배당을 완공한 이후 계속 그 위에 층을 더하면서 로마네스크에서 고딕 양식으로 건물 형태가 바뀌었다. 외관만 보면 수도원이라기보다 성채 같은 느낌을 주는데, 실제로 영국과 백년전쟁(1339~1453)을 치를 당시에 요새 역할을 했다. 15세기 후반부터 일부를 감옥으로 사용하기 시작했고, 프랑스 혁명 중에는 체제에 반대하는 종교계와 정치계 인사들을 투옥해 '바다 위의 바스티유'라 불리기도 했다. 그 후 빅토르 위고를 비롯한 각계 인사들이 국가의 보물이라며 복구 운동에 나서자 1863년 나폴레옹 3세가 감옥을 폐쇄하고 수도원을 복원하기 시작했다. 1979년 유네스코 세계문화유산으로 지정되었고, 지금도 여전히 복원 중이다. MAP 452p

GOOGLE MAPS 몽생미셸 수도원
ADD Abbaye du Mont-Saint-Michel, 50170
OPEN 09:30~18:00(5~8월 09:00~19:00)/폐장 1시간 전까지 입장/조수 간만의 차에 따라 유동적으로 오픈/1월 1일·5월 1일·12월 25일 휴무
PRICE 13€/오디오 가이드 5€
WEB www.abbaye-mont-saint-michel.fr

바다 위의 신비한 수도원

몽생미셸 수도원 산책

3층으로 이뤄진 수도원은 본당이 있는 상층부를 먼저 둘러본 후 중간층, 하층으로 내려가도록 동선이 구성되었다.
운이 좋으면 성당에서 진행하는 미사 시간과 맞아떨어질 수 있는데, 이때 들려오는 아름다운 성가 소리는
수도원을 둘러보는 동안 잔잔한 감동을 더한다. 반가운 한글 안내서가 있으니 챙겨서 올라가자.

I. Étage Supérieur 상층

❶ 서쪽 테라스 Terrasse de l'Ouest

전망이 탁 트여 주변의 경관을 감상하기에 좋은 곳이다.
날씨가 좋은 날에는 멀리 몽생미셸에서 서쪽으로 35km
떨어진 쇼제 군도(Îles Chausey)까지 보인다.

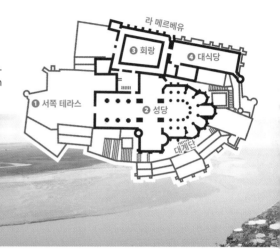

455

❷ 성당(본당) Église Abbatiale Saint-Michel

노르만 양식(고딕 양식 바로 이전의 양식으로, 높은 벽과 목조 천장 사이사이에 새겨 놓은 기하학무늬가 특징)으로 지은 성당. 본당의 첨탑 맨 꼭대기를 장식하고 있는 금빛 조상의 주인공은 오베르 주교의 꿈에 등장해 이곳에 수도원을 세우라고 명령한 대천사 미카엘이다.

❸ 회랑 Cloître

기도실로 가는 길을 따라 만든 지붕이 있는 회랑으로, 날씨가 험악한 날에도 수도사들이 비나 눈에 젖지 않게 하려고 만들어졌다. 기둥은 모두 석회암으로 돼 있다.

+ M O R E +

라 메르베유 La Merveille

1204년에 화재로 전소된 후 지은 고딕 양식의 건물로 대식당(상층), 회랑(상층), 기사의 방(중간층)이 여기에 속한다. 라 메르베유란 '기적'이라는 뜻으로 본당의 북쪽에 자리하고 있으며, 수도사들의 생활을 위한 일종의 종합실이다.

❹ 대식당 Réfectoire

밝은 빛이 환하게 들어오길 바란 건축가의 의도에 따라 독특한 채광창이 나 있는 식당이다. 수도사들은 각자 벽을 보고 앉아 조용히 식사했다고 한다. 대식당에 있는 계단을 따라 내려가면 손님의 방이 나온다.

오베르 대주교의 이마에 상처를 내는 미카엘 천사의 부조. 대식당에서 손님의 방으로 내려가는 계단 벽에 있다.

II. Étage du Milieu 중간층

❶ 손님의 방 Salle des Hôtes

성지 순례를 온 귀빈들을 맞이하던 곳으로, 연회장과 취침실로 쓰였다고 한다. '손님 한 명 한 명에게 그에 합당한 대우를 하라'는 베네딕트 수도회의 가르침에 따라 꾸며졌고, 주로 왕이나 귀족이 사용했다.

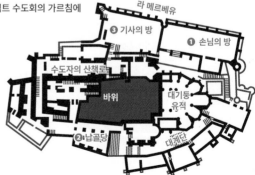

❷ 납골당 Ossuaire

과거 수도사들의 납골당으로 쓰인 곳이다. 커다란 도르래는 원래 수도원 위로 물건을 나르는 도구였으나, 수도원이 감옥으로 쓰이면서 죄수들을 위로 올리는 역할을 하기도 했다.

❸ 기사의 방 Salle des Chevaliers

고딕 양식으로 지은 이 방은 원래 필사본실로 사용되던 곳으로, 당시에는 아무나 들어갈 수 없는 금역(禁域)이었다. '기도와 노동'이라는 베네딕트 수도회의 규율에 따라 수도사들은 노동을 했는데, 그중 필사도 주요 노동 중 하나였다.

III. Étage Inférieur 하층

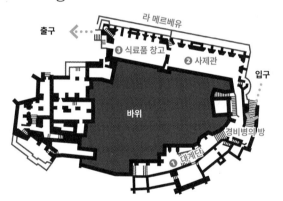

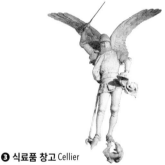

❶ 대계단 Grand Degré

입구에 들어서자마자 제일 먼저 보이는 큰 계단. 과거 전쟁이 나면 곧바로 봉쇄되어 위의 본당을 지키는 역할을 했다.

❷ 사제관 Aumônerie

로마네스그 양식으로 지은 이 방은 걸인들을 수용하던 곳이었다. 방 한쪽에 두레박을 설치해 상층에 있는 대식당에서 음식을 내려받았다고 한다. 창가에 붙어 있는 2개의 쓰레기 처리구는 음식 찌꺼기를 내려보낼 때 쓰였다.

❸ 식료품 창고 Cellier

본토에서 공급받은 식료품을 저장하던 곳. 대식당과 두레박을 연결해 식료품을 올려보냈는데, 그 두레박 통로가 구석에 있다. 지금은 기념품 상점과 전시관으로 사용하고 있다.

457

예술가의 흔적이 가득한
옹플뢰르 & 에트르타
Honfleur & Étretat

프랑스 북서부의 영국 해협과 맞닿은 지역, 노르망디는 깎아지른 듯한 절벽과 끝없이 펼쳐진 해안선이 무척이나 아름다운 곳이다. 이 절경에 반한 쿠르베와 모네, 세잔 등의 화가들이 이곳의 풍경을 그림에 담기도 했다. 바이킹의 후손이 정착한 곳이며, 숱한 영화와 드라마의 소재가 된 '노르망디 상륙작전'과 <괴도 뤼팽>의 무대이기도 하다. 노르망디 전통 목조 주택과 바다가 그림같이 어우러지는 해안을 산책하며 이국적인 분위기에 취해보자.

에트르타 & 옹플뢰르 가는 법

파리 생라자르역(Paris Gare Saint-Lazare)에서 기차를 타고 르 아브르역(Gare du Havre/Le Havre)으로 간다. 르 아브르역에서 각 도시로 가는 버스로 갈아탄다. 르 아브르까지는 파리에서 약 2시간 10분 소요되며, 에트르타까지는 버스로 약 1시간, 옹플뢰르까지는 약 30분 소요된다. 옹플뢰르는 생라자르역에서 기차를 타고 트루빌-도빌(Trouville-Deauville)역에서 내려 버스로 갈아타고 갈 수도 있다.

두 도시 모두 기차와 버스 운행 횟수가 적고, 운행 스케줄도 시즌과 요일에 따라 자주 변경된다. 게다가 느긋한 프랑스 사람의 기질 덕에 시간을 제대로 지키지 않는 버스 기사도 많아 계획이 어긋나기 십상이다. 렌터카를 이용하는 경우가 아니라면 파리에서 출발하는 여행사 투어 상품을 이용하는 것을 추천한다.

프랑스 철도청 SNCF
WEB www.sncf-connect.com

옹플뢰르 버스
WEB www.nomadcar14.fr

에트르타 버스
WEB www.transports-lia.fr

노르망디의 진주
옹플뢰르 Honfleur

알록달록한 전통 목조 가옥과 요트, 바다가 어우러진 항구의 풍경이 마치 한 폭의 그림 같아 '노르망디의 진주'라 불릴 정도로 아름다운 도시다. 센 강이 대서양과 만나는 하구의 북쪽에 위치한 르 아브르가 현대식 항구로 개발되면서 남쪽에 자리한 옹플뢰르는 주요 무역항의 자리를 내주고 쇠퇴해 관광 항구로 변신했다.

화려하던 과거를 증명하듯 프랑스에서 가장 오래된 목조 성당인 생트카트린 성당(Église Sainte-Catherine)이 항구 바로 옆에 있다. 4세기 초에 처음 지었으나, 15세기에 장인들이 바이킹의 건축 방식으로 도끼만 사용해 새로 지었다. 종탑과 성당 본체가 떨어져 있는 점과 고딕 양식이면서도 목조로 지은 점이 특이하다. 따뜻한 목재의 질감 덕에 돌로 지은 성당보다 훨씬 아늑하고 평화로운 분위기다.

모네의 스승인 외젠 부댕(Eugène Boudin), 수많은 광고와 영화에 등장하는 '짐노페디'를 작곡한 에리크 사티(Erik Satie)가 이곳 출신이며, 그들의 생가는 현재 박물관으로 운영되고 있다.

옹플뢰르 관광 안내소
GOOGLE MAPS C69M+9R 옹플뢰르
WEB www.ot-honfleur.fr

아몽 절벽에서 바라본
아발 절벽

화가들이 사랑한 코끼리 절벽

에트르타 Étretat

버스에서 내려 해안으로 가면 정면에는 짙푸른 바다가, 양쪽으로는 깎아지른 절벽이 끝없이 펼쳐지는 자연의 경이로움을 만나게 된다. 상부 노르망디(Haute-Normandie) 해안에 100km 이상 길게 이어지는 절벽 사이사이에 들어선 마을 중에서도 에트르타는 유독 예술가들의 사랑을 독차지했다. 양쪽 절벽 사이가 500m에 불과한 이 작은 마을은 예술가들이 작품으로 남기기 전에는 잘 알려지지 않은 그들만의 숨겨진 비밀 장소였던 것. 바다를 바라보고 왼쪽에 있는 아발 절벽(La Falaise d'Aval)에는 모파상이 별명을 붙인 '코끼리바위'와 '바늘'이 있다. 쿠르베, 부댕, 코로, 모네 등 내로라하는 화가들의 작품에 등장하는 절벽이다. 쿠르베는 폭풍우가 지나간 후 고요해진 하늘과 바다가 펼쳐진 모습을, 코로는 풍차가 있는 평온하고 순박한 모습을, 모네는 해가 지는 바다 한편에 우뚝 선 코끼리바위의 모습을 담아냈다. 이 풍경을 더 멋지게 감상하려면 오른쪽 아몽 절벽(La Falaise d'Amont)에 오르자. 20분 정도 가파른 언덕을 올라가면 대서양을 배경으로 펼쳐진 절벽과 하늘이 어우러진 풍광이 힘들게 올라온 수고를 싹 잊게 한다. 14세기에 지어진 언덕 위 예배당과 벤치는 멋진 풍경의 정점을 이루는 사진 배경으로도 인기다.

아몽 절벽

에트르타 관광 안내소
GOOGLE MAPS P654+28 에트르타
WEB www.lehavre-etretat-tourisme.com

459

Index

THIS IS
디스이즈파리
PARIS